拿破崙·希爾的成功法則

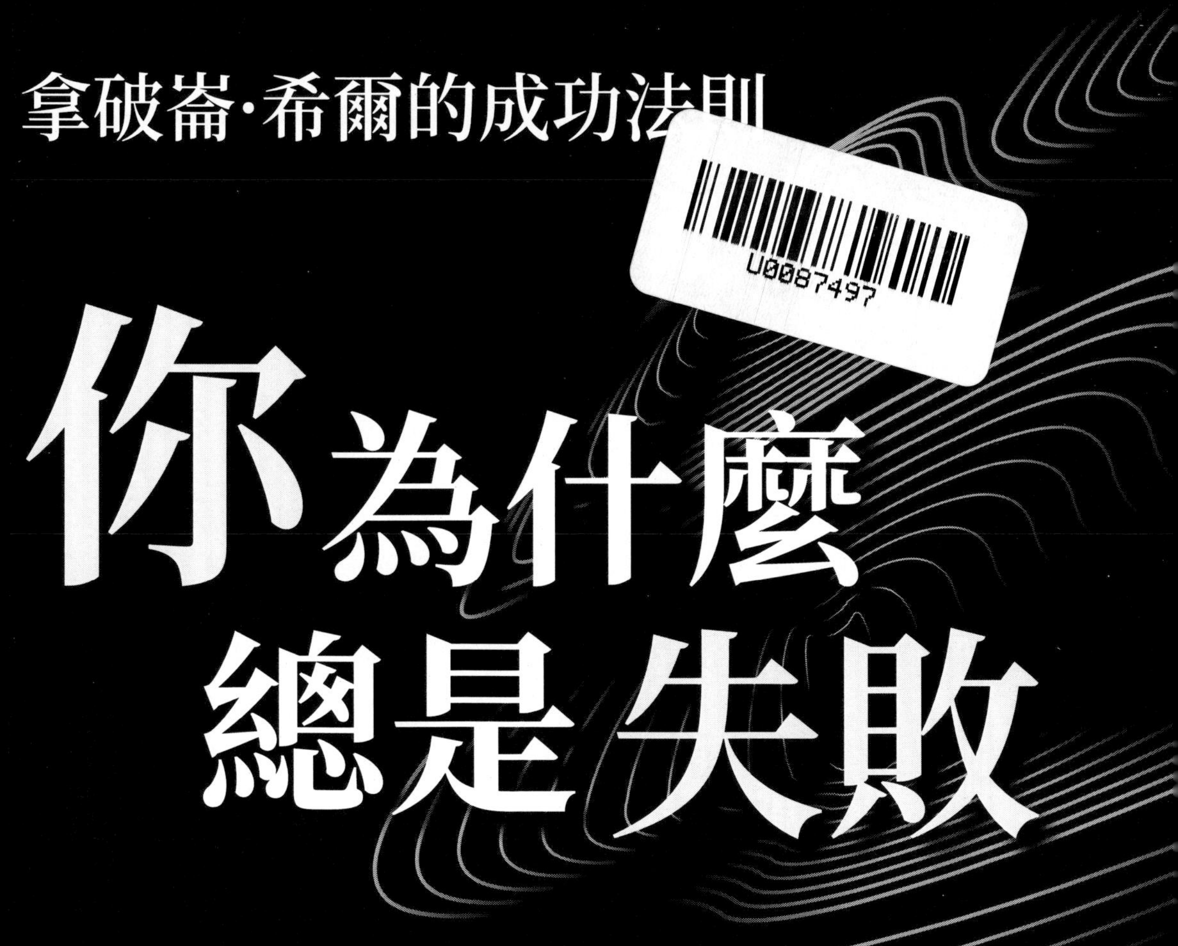

你為什麼總是失敗

（美）拿破崙.希爾　著
宋奕婕　編譯

人生勝利組方程式（案例加強版）

歷久彌新的17項法則，改變命運的成功學經典

輪船大亨羅伯特·達拉則曾說：
「如果我在50年前就學到這十七項法則，
可能只需要一半的時間就能取得目前的成就。」

你為什麼總是失敗
拿破崙・希爾的成功法則，人生勝利組方程式（**案例加強版**）

目錄

第 10 章 激發情緒潛能

第 11 章 合理安排你的時間與金錢

第 12 章 保持身心健康

序

你知道拿破崙· 希爾成功學的巨大影響力嗎？

拿破崙· 希爾是美國成功學勵志專家，成功學、創造學、人際學的世界頂尖培訓大師。他的著作《成功規律》、《人人都能成功》、《思考致富》等被譯成 26 種文字，在 34 個國家出版，暢銷兩千多萬冊，是所有追求成功者必讀的教科書，數以萬計的政界要員、巨賈富豪都是他著作的受益者。由於他建立了全新的成功學理論，因而在人際學、創造學、成功學等領域有著比卡內基更高的地位。

拿破崙· 希爾經過數十年的研究，總結出了最有價值、規律性的十七項法則。他的成功學問世後，美國市場上的「成功學」、「致富學」圖書，無不是以希爾博士的十七項法則創新。

他創立了「拿破崙· 希爾基金會」，這個基金會逐漸成為美國成功人士的「進修學院」，希爾本人也被譽為「百萬富翁的創造者」，十七項法則則被譽為「鑄造富豪」的法則。

幾十年來，在美國政商二界中，那些追求金錢和權勢的成功者，幾乎沒有誰沒有受到過拿破崙· 希爾和他的十七項法則的恩澤和影響。

美國的第 26 任總統狄奧多· 羅斯福、第 27 任總統霍華德· 塔虎脫、第 28 任總統伍德羅· 威爾遜、第 32 任總統富蘭克林· 羅斯福、汽車大亨亨利· 福特、石油大王洛克菲勒、出版大王海福納、柯達公司總裁伊士曼等人，都是「成功學十七項法則」的印證者、受益者和支持者。

印度聖雄甘地與希爾博士會面並讀了他的著作後，要求他的追隨者都盡量學習拿破崙· 希爾的成功學，希望藉此幫助印度擺脫貧窮。雖然甘地這個願望未能完全實現，但不知多少印度富豪，皆因看過希爾的著作而致富。

1910 年，希爾成為一位菲律賓社會活動家奎松的政治顧問。在提供給奎氏政治方案之餘，希爾更將他的「成功學」傾囊相授，令奎氏的「成功意識」大大增強；24 年後，奎松成為菲律賓總統。

你為什麼總是失敗
拿破崙‧希爾的成功法則，人生勝利組方程式（案例加強版）

風靡西方商界的《世界上最偉大的推銷員》的作者奧格‧曼狄諾曾經為希爾再版的著作作序，序中這樣說：「我想從我的經驗談起。多年前，由於我自己的愚昧無知和累累錯誤，我失去了我一切寶貴的東西——我的家庭、我的房子和我的工作，幾乎赤貧如洗，如盲人瞎馬。我開始到處流浪，尋找自己，尋找能使我賴以度日的種種答案……我終於在希爾的著作中找到了我所需要的答案。」

曼狄諾是這樣看待希爾對他人生的決定意義，而細心的讀者不難看出，在《世界上最偉大的推銷員》一書中，曼狄諾幾乎再現了拿破崙‧希爾十七項法則的精神原形。

拿破崙‧希爾曾以十七項法則作實驗，在第一次實驗中，他訓練了三千名毫無經驗的推銷員。不到 6 個月，他們賺進了 100 萬美元，並付給希爾 3 萬美元作為酬謝。

輪船大亨羅伯特‧達拉則認為：「如果我在 50 年前就學到這十七項法則，可能只需要一半的時間就能取得目前的成就。」

當讀者明瞭以上事實後，應該相信這部全面闡發 17 項法則的希爾成功學著作會給你的人生帶來什麼。

現在放在你面前的是一本調節人的感情、天性、情緒、思想和行為習慣的寶典。是一套教你力爭上游、開發心理潛能，以達到人生目標的科學操作術。

我們都相信：人，都應當有夢；

人，都應當實現美夢；

人，都應當掌握這種實現美夢的工具！

所以，我們把此書奉獻於讀者的面前，願每個人都美夢成真。

前言

1883 年 10 月 26 日，拿破崙· 希爾出生於佛吉尼亞的一個貧寒家庭。在他 10 歲時，母親便過早離開人世。18 歲時，正在上大學的希爾便已開始在一家雜誌社工作了。從此，不甘平庸的希爾抱著一股強烈的成功熱望，開始了他艱難而曲折的人生之旅。

希爾的一生都在追尋、探索和實踐成功之道。20 世紀初時，希爾已透過自己的不懈努力取得了很大的成就。1937 年，希爾集中精力完成的《思考致富》一書，使他擁有了將近 2000 萬的讀者群。希爾所創立的「拿破崙· 希爾基金會」已成為美國各界成功人士的一所「進修學院」，他的 17 項法則則堪稱為「鑄造富豪」的黃金定律。

透過畢生的研究，希爾在自己的著述中歸納出了最有價值也最具規律的 17 項成功法則，這 17 項法則涵蓋了人類取得成功的所有主觀因素，只要人們沿著這 17 個台階前進，就會攀登上那輝煌的頂峰。他的成功學也使得「成功」這種看似神秘的抽象概念變成了具體的、可操作的、可實現的目標。

聞名遐邇的人際關係學大師卡內基，對希爾所做出的成就有著高度的評價，他說：「我一生的最大成就之一，就是幫助希爾完成了他的『成功學』，這比我自己的成果更重要。他的成功學是一門『經濟的哲學』，是異於蘇格拉底、柏拉圖與西方思想史的哲學體系——它不僅是一種幫助人脫離貧困、實現經濟富裕的方法，更是一門幫助人建立完善人格、享受豐盛人生的大學問。」

愛迪生這樣評價希爾所做的工作：「我感謝您花了這麼長的時間完成『成功學』……這是一套很完滿的哲學，追隨您學習的人，將會得到很大的益處。」

如今，希爾的成功學已傳遍世界，人們不分國界、不分地域、不分民族、不分膚色、不分性別、不分年齡、不分學歷、不分貧富，都在閱讀他的書籍，從他的書中汲取著信心和力量。

第 1 章 積極的心態

人生成敗在心態

你的心態是你命運的燈塔。

消極的心態是失敗、疾病與痛苦的源流，而積極的心態是成功、健康與快樂的保證！你千萬要記住，你的心態決定了許多事情的成功與否，無論情況怎麼樣，都要抱著積極的心態，別讓你的滿腔熱情被沮喪取而代之了。

你的生命可以價值連城，也可以一無是處，都取決於你怎麼選擇。拿破崙· 希爾認為，一個人只要選擇了積極心態，就一定會到達成功的彼岸，選擇了消極心態，則只會遭遇失敗。

有些人只是暫時擁有積極的心態，當他們遇到挫折時，就失去了信心。他們一開始是對的，但是一遇到挫折，則表現出消極低沉的心態，甚至開始麻痹自己，慰藉自己，封閉自己，期望天上會掉下芝麻。他們不了解消極心態產生的後果。

一般來說，持續的消極心態會產生兩種十分嚴重的後果：其一是消極的心態會在關鍵時刻為你帶來疑慮，其二便是使你的希望最終破滅。

就第一種後果而言，我們可以看出，一個人如果在生活中總是尋找消極的東西，那麼這種態度就會成為一種難以克服的習慣，這時即使出現了大好的機會，消極的人也會看不見抓不著，他會把每種情況都看做一種障礙，一種麻煩。障礙與機會有什麼差別呢？其關鍵就在於人們對它的態度，積極的人往往把挫折當做是成功的基礎，並將挫折轉化為機會；消極的人則往往把挫折當成成功的絆腳石，讓機會悄悄溜走。我們常說無所用心便是這樣，你不難發現，面對同樣的機會，心態積極的人能獲得人生中有價值的東西，進而充分運用它；心態消極的人則會眼睜睜看著幸福漸漸遠去，心裡雖然懊悔，卻看不到有任何行動。

積極的心態可以使你克服困難，發現自身的力量，有助於你踏上成功的彼岸；

消極的心態卻會在關鍵時刻使你產生疑慮，使你錯失良機。拿破崙·希爾曾說過一個十分有趣的故事，故事是這樣說的：

在美國南方某州，人們一般都用燒木柴的壁爐來取暖。有一個樵夫，他供應木柴給某一戶人家已長達兩年之久了，他知道木柴的直徑不能大於 18 公分，否則就不適合那家人特殊的壁爐。但是，有一次，他送去給這個老主顧的木柴大部分都不符合規定的尺寸，主顧發現這種情況後打電話給他，要他調換或者劈開這些不合尺寸的木柴。

「我不能這樣做！」這位樵夫說，「這樣所花費的工錢就會比全部的柴價還要高。」主顧不得已只好自己來劈那些木柴。

大概在劈了一半的時候，他注意到一根非常特別的木頭，上面有一個很大的節疤，節疤明顯地被人鑿開又堵塞住了。這究竟是什麼人幹的呢？他不禁自問道，他掂量了一下木頭，覺得它很輕，彷佛是空的。他用斧頭把它劈開，一個發黑的白鐵卷掉了出來。他蹲下去，拾起白鐵卷打開一看，令他驚訝萬分的是，白鐵卷裡竟包著一些很舊的 50 美元和 100 美元的鈔票，他數了數恰好有 2250 美元。

從這些鈔票的顏色可以看出，它們藏在這個樹節裡已有許多年了。

主顧唯一的想法是使這些錢回到它真正的主人那裡。

於是，他立即打電話給那位樵夫，問他從哪裡砍了這些木頭。

但是，這位樵夫的消極心態卻使他說出了這樣的話：

「那是我自己的事。小心你的嘴，如果你繼續亂問，我是不會放過你的。」

主顧儘管做了多次努力，還是無從知道這些木頭是從哪裡砍來的，也不知道是誰把錢藏在樹內的。

十分明顯，這個故事並不是要諷刺什麼，而是說明了一個道理：具有積極心態的人發現了錢，而具有消極心態的人卻對錢視而不見。

可見，好運在我們每一個人的生活中都是存在的，然而，以消極的心態對待生活的人卻會阻止好運造福於自己。

只有具有積極心態的人才會抓住機遇，並進而從不利的環境中獲得某種成功。在另一方面，消極心態則會使你看不到希望，從而激發不出任何動力。消極的心理會摧毀人們的信心，使希望破滅。

消極頹廢就像一劑慢性毒藥，吃了這服藥的人會慢慢變得意志消沉，失去任何動力，成功就會離具有消極心態的人越來越遠。

關於這一嚴重後果，拿破崙· 希爾同樣說過一個十分有趣的故事：

約翰· 格里爾是一匹良種賽馬，曾經在多次賽馬比賽中取得過勝利。

1902 年 7 月，在阿查德市將舉行一次德維爾賽馬大獎賽，約翰· 格里爾是其中的種子選手之一，並極有可能戰勝另一匹每戰必勝的良種賽馬——「戰鬥者」。

於是，它被精心地照料、訓練，兩匹馬終於在賽場上相遇了。

這是一個極為莊嚴隆重的日子，起跑線上萬人矚目。比賽開始了，這兩匹馬沿著跑道並排朝終點奔去，跑了 1/4 的路程，它們不分高下，一半的路程過去了，它們仍然並駕齊驅，在僅剩 1/8 的路程的時候，它們似乎還是齊頭並進。然而就在一剎那間，格里爾突然使勁向前竄出，跑到了最前面。

很明顯，對於「戰鬥者」的騎士來說，這是一個十分危急的時刻。因為，任何人都看得出，約翰· 格里爾是在與他的「戰鬥者」進行一場生死搏鬥。於是，他便在賽馬生涯中第一次用皮鞭持續地抽打著坐騎。

而對於「戰鬥者」來說，騎士似乎在放火燒它的尾巴。它猛衝到前面，終於與約翰· 格里爾拉開了距離。約翰· 格里爾就在這一瞬間喪失了全部的鬥志。約翰· 格里爾原本是一匹精神抖擻的馬，並且它很有希望在這場比賽中獲勝。但是，這次比賽它卻最終失敗了，這個打擊使它從此一蹶不振，在這之後的任何比賽中它都只是應付一下，再也沒有獲勝過了。

人雖然不是賽馬，但是人也會在經受挫折後最終一蹶不振。

你不難發現，儘管他們也曾經有過輝煌的時刻，但是他們只要一遇到挫折，便立即呈現出灰暗、消沉的心理狀態。

他們是那樣的悲觀失望，看不到任何成功的希望，從此一敗塗地。消極悲觀的人，他們對將來總是感到失望。在他們的眼中，玻璃杯永遠不是半滿的，而是半空的。

事實上，消極心態不僅會產生兩種主要後果，而且還具有傳染性，人們大概都知道物以類聚、人以群分的道理。

對於那些結婚多年的夫婦來說，他們的行為在不知不覺間會變得越來越相像，甚至連外貌也很相似，而彼此心態的同化則是最明顯不過的。毫無疑問，跟消極心態者相處久了，你就會受他的影響。時常和具有消極心態的人接觸，你就會像受到原子輻射一樣，如果輻射劑量小、時間短，你尚有存活的希望，若是持續輻射，那就會有喪命的可能了。

另外，消極心態還限制了人的潛能。一個人的行為方式，不可能永遠與他的自我評價脫節，具有消極心態的人不但會想到外部世界最壞的一面，而且總想到自己最壞的一面，他們不敢祈求，所以往往收穫很少，遇到一個新觀念，他們總是說：

「這事根本行不通！」

「我從沒有這麼做過！」

「不這樣做不是也過得很好嗎？」

「誰敢冒這種風險！」

「現在條件還不成熟吧！」

「這可不是我們的責任！」

在《聖經·箴言》第23章第7節中，以色列歷史上最偉大的智者之一所羅門就說：「他的心怎樣思量的，他的為人就是怎樣的。」

你不可能取得你自己並不曾追求的成就，你不相信自己能達到的成就，自然你就不會去爭取。很明顯，當一個心態消極的人對自己的事業不抱很大期望的時候，他自然就會給自己取得成功的能力打一個大大的折扣，不言而喻，他成了自己潛能的最大敵人。你一定要牢記，頹廢、消極是你失敗的源泉——你一定要想盡辦法遏制這股暗流，不要讓這種錯誤的心態使你淪為一個可悲的失敗者。

積極心態是成功者的勳章

有的人總喜歡說，他們現在的境況是別人造成的，環境決定了他們將處在怎樣的人生位置上。這些人常說他們的想法無法改變，但事實上，他們的處境根本不是周圍環境造成的。說到底，如何看待人生，完全由你自己決定。

維克托· 法蘭克爾是二戰時納粹德國某集中營的一位倖存者，他說：「在任何特定的環境中，人們還有一種最後的自由，那就是選擇自己態度的自由。」馬爾比·D·馬布科克也曾說：「最常見同時也是代價最大的一個錯誤，是你認為成功有賴於某種天才、某種魅力、某些我們不具備的東西。」

其實，成功的要素掌握在你自己的手中，成功是心態積極的結果，你究竟能飛多高，並非完全由你的某些其他的因素決定，而是由你自己的心態所制約的。

拿破崙· 希爾說，你從來不會見到持消極心態的人能夠取得持續的成功。即使碰運氣能取得暫時的成功，其成功也只能是曇花一現，轉瞬即逝。

成功人士的首要代表，在於他的心態。一個人如果心態積極，樂觀地面對人生，樂觀地接受挑戰和應付各種麻煩事，那他就成功了一半。

我們必須面對這樣一個客觀的事實：在這個世界上，成功卓越者少，失敗平庸者多。成功卓越者活得充實、自在、瀟灑，失敗平庸者過得空虛、艱難、猥瑣。

為什麼會這樣？仔細觀察，比較一下成功者與失敗者的心態，尤其是關鍵時候的心態，我們就會發現「心態」是導致人生截然不同的決定性因素。

在推銷員中，廣泛流傳著一個這樣的故事：兩個歐洲人一起到非洲去推銷皮鞋，由於炎熱，非洲人向來都是打赤腳，第一個推銷員看到非洲人都打赤腳，立刻失望起來，他想：「這些人都打赤腳，怎麼會來買我的鞋呢？」於是，他放棄努力，失敗沮喪地回來了。而另一個推銷員看到非洲人都打赤腳，驚喜萬分：「這些人都沒有皮鞋穿，看來這皮鞋市場大得很呢！」於是他想方設法，引導非洲人購買皮鞋，最後發大財而回。這就是一念之差導致的天壤之別。同樣是非洲市場，同樣面對打赤腳的非洲人，由於一念之差，一個人灰心失望，不戰而敗；而另一個人滿懷信心，大獲全勝。

拿破崙· 希爾曾說過這樣一個故事，對我們每個人都極有啟發。

塞爾瑪陪伴丈夫駐紮在一個沙漠的陸軍基地裡。她丈夫奉命到沙漠裡去演習，她只能一個人留在陸軍的小鐵皮房子裡，這裡天氣熱得受不了，也沒有人陪她談天說地，因為這裡只有墨西哥人和印第安人，而他們不會說英語。她非常難過，於是就寫信給父母，說想要丟開一切回家去，她父親在寫給她的回信中只有一句話，這句話裡的深刻寓意卻永遠鐫刻在她的心中，完全改變了她的生活。這句話就是：

兩個人從牢中鐵窗望出去，一個看到了泥土；一個卻看到了星星。

塞爾瑪反覆讀著這封信，越讀越覺得慚愧，終於，她決定要在沙漠中找到星星。塞爾瑪開始和當地人交朋友，他們的反應使她非常驚奇，她對他們的紡織、陶器表示興趣，他們就把平時最喜歡且捨不得賣給觀光客的紡織品和陶器送給了她。塞爾瑪開始研究那些引人入迷的仙人掌和各種沙漠植物，又學習有關土撥鼠的知識。她觀看沙漠日落，還尋找海螺殼，這些海螺殼是幾萬年前這裡還是海洋時留下來的……原來使人難以忍受的環境竟變成了令她興奮、流連忘返的奇景。那麼，是什麼使塞爾瑪的內心有了這什麼大的轉變呢？

沙漠並沒有改變，印第安人也沒有改變，唯一改變了的是塞爾瑪的念頭和心態。

一念之差，使塞爾瑪把原先認為惡劣的情況變為一生中最具有意義的冒險。她為發現了新世界而興奮不已，並為此寫了一本書，以《快樂的城堡》為書名出版了。

塞爾瑪從自己造的牢房裡走出來，終於看到了星星。

事實上，在我們的日常生活中，之所以潛伏著那麼多的失敗平庸者，主要是由於心態觀念有問題，遇到困難，他們只是選擇一條容易的退卻之路，他們消極地說：「我不行了，我還是退縮吧。」結果陷入失敗的深淵。而成功者遇到困難，仍然會抱著積極的心態，用「我要！我能！」「一定有辦法」等積極的意念鼓勵自己，於是便能想盡辦法，不斷前進，直至成功。愛迪生試驗失敗幾千次，從不退縮，最終成功地創造了照亮全世界的電燈，就是一個最好的例證。

因此，拿破崙·希爾說，一個人能否成功，關鍵在於他的心態，成功者與失敗者的差別在於成功者具有積極心態，而失敗者則運用消極的心態去面對人生。

成功者運用積極心態支配自己的人生，他們始終用積極的思考、樂觀的精神支配和控制自己的人生；失敗者則是受過去的種種失敗與疑慮所引導和支配，他們空虛、悲觀、失望、消極、頹廢，最終還是走向了失敗。

運用積極心態支配自己人生的人，擁有積極奮發、進取、樂觀的心態，他們能樂觀向上地正確處理人生中遇到的各種困難、矛盾和問題。運用消極心態支配自己人生的人，心態悲觀、消極、頹廢，不敢也不願意解決人生所面對的各種問題、矛盾和困難。

拿破崙·希爾告訴我們，我們的心態在相當程度上決定了我們人生的成敗：

1. 我們怎樣對待生活，生活就怎樣對待我們。
2. 我們怎樣對待別人，別人就怎樣對待我們。
3. 我們在一項任務剛開始時的心態決定了最後能有多大的成功，這比任何其他因素都重要。
4. 人們在任何重要團隊中地位越高，就越能找到最佳的心態，難怪有人說，我們的環境——心理的、感情的、精神的——完全由我們自己的態度來創造。

當然，有了積極心態並不能保證事事成功，但積極心態肯定會改善一個人的日常生活。積極心態並不能保證他凡事心想事成，只有當積極心態和事業成功定律的其他要素緊密結合後，才會達到成功的彼岸。但沒有積極的心態則一定不能成功。

積極心態的基本原則

積極心態的基本原則是：你能使你自己的大腦準備好成功的先決條件。實際上，從你現在的思維模式便能預測你將來是否能成功。現在，我們要對所說的「成功」一詞加以界定。當然，我們所講的並非純粹的成功，而是指比這更難做到的功業，即如何使你的生活過得更有意義、更有效率。它指的是，作為一個人，你事業成功了；面對困難，你能自我控制，有條不紊，不被難題困擾，而且能提出解決之道。我們為自己定下的目標是：過成功的生活，成為有創造力的人。人的成就絕不會超過一個人的理想，心存高遠的人成就也會很大，而燕雀之志也就只能小打小鬧一番。

一位心理學家曾說：「在人的本性中有一種傾向：我們把自己想像成什麼樣，就真的會成為什麼樣子。」這裡的想像並不是漫無目的的狂想。自己對自己有著怎樣的心理影像十分重要，因為這個影像會成為事實。

思想是行為的先導。如果你預先想像自己的成功，你便會去實施使其達成的行為。只要我們運用積極心態的原則，每個人都會成功。這個原則就是，即使諸事不順，也絕不輕言放棄，更不能消極地認為自己與成功無緣。即使在最惡劣的情況下仍然會有出路，有了這個隱藏的秘訣，你便能從失敗轉向成功，由絕望轉向快樂。

著名心理學家威廉·詹姆斯說過：「世界由兩類人組成：一類是意志堅強的人，另一類是意志薄弱的人。後者面臨困難和挫折時總是逃避，畏縮不前。面對批評時，他們極易受到傷害，從而灰心喪氣，所以，等待他們的也只有痛苦和失敗，但意志堅強的人不會這樣。他們來自各行各業，有體力勞動者，有商人，有母親，有父親，有教師，有老人，也有年輕人，然而他們心中都有股與生俱來的堅強特質。所謂堅強的特質，是指在面對一切困難時，仍有內在勇氣去承擔外界的考驗。」

有一天，希爾剛走出辦公室，攔了一輛計程車，一上車便感覺到司機是個很快活的人。他吹著口哨，一會兒是電影《窈窕淑女》中的插曲，一會兒是國歌。看他樂不可支的樣子，希爾感覺很好奇，便搭腔說：「看來你今天心情不錯！」

「當然！為何要心情不好？我最近悟出了一個道理，情緒暴躁和消沉都對自己沒好處，因為事情隨時都會發生轉機。」接著，司機講述了一個發生在他自己身上的故事。

那天一早，這位司機開車出去，想趁上班高峰期多賺點錢。天氣寒冷，用手一摸鐵皮，好像馬上就會被粘住似的。不幸的是，他的車開出沒多久，車胎便爆了。他也快氣炸了！他拿出工具來，邊換輪胎，邊嘟囔著。可是天氣太冷，只要工作一會兒，便需要停下來，暖暖手指頭。就在這時，一輛卡車停了下來，司機跳下車。使他更為驚訝的是，卡車司機居然開始動手幫他忙。輪胎修好之後，他一再道謝，但是卡車司機揮揮手，不以為然地跳上車走了。

司機接著說：「因為這件事，我整天心情都很好。看來事情總是有好有壞，人是不會永遠倒楣的。起初因為輪胎爆了我很生氣，後來因為卡車司機幫忙心情就變好了。好運似乎也跟著來了。那天早上忙得不得了，客人一個接著一個，所以口袋裡進的錢也就多了。先生，塞翁失馬，焉知非福。不要因為一件事情不如意就心煩，事情隨時都會有轉機的。」

這就是個積極心態的例子，我們在生活中隨時隨地都可以發現這類例子。那位司機說，從此以後，他再也不會讓人生中的不如意來困擾他了。他將一生信奉這種理論，他認為世事隨時會有轉變，隨時都可能否極泰來，這就是真正的積極心態。這種積極的心態一定會發揮功效，當你面對難題時，如果你期待能撥雲見日，並能樂觀以待，事情終將如你所願，因為好運總是與積極思想者站在同一邊。一個擁有積極心態的人心中常能存有光明的遠景，即使身陷困境，也能愉悅地走出來，迎向光明。

事實上，人生就是如此。我們難免會遇到無數挫折、困難及煩惱，但這並不意味著你注定會被打敗。如果你秉持真誠的信念，勇敢地面對人生，堅信好運必將光臨你，你就能突破重圍，任何難題都將迎刃而解。這一點適應於每一個人，每一種場合。

在紐約附近有一個小鎮，鎮上有一個名叫吉姆的男孩，他十分可愛，也是一個真正的男子漢，一個真正意志堅強的人。他天生就是個頂尖運動高手，不過在他剛入中學不久，腿就瘸了，並迅速惡化為癌症。醫生告訴他必須要動手術，他的一條腿便被切掉了。出院後，吉姆拄著拐杖返回學校，高興地告訴朋友們，說他將會安上一條木頭做的腿，他笑著說：「到時候，我便可以用圖釘將襪子釘在腿上，你們誰都做不到。」

足球賽季一開始，吉姆立刻去找教練，問他是否可以當球隊的管理員。在練球的幾個星期中，他每天都準時到球場，並帶著教練訓練攻守的沙盤模型。他的勇氣和毅力很快便感染了全體隊員。有一天下午他沒來參加訓練，教練非常著急。後來才知道他又進醫院做檢查了，而且病情已惡化為肺癌。醫生說：「吉姆只能活 6 周了。」

吉姆的父母決定不將這個噩耗告訴他，他們希望吉姆能在生命的最後時刻，盡量過平靜的日子。所以，吉姆又回到了球場上，他仍然帶著滿臉笑容來看其他隊員練球，給他們加油鼓勵。因為他的鼓勵，球隊在整個賽季中保持了全勝的紀錄。為慶祝勝利，他們決定舉行慶功宴，並準備送一個全體球員簽名的足球給吉姆。但是餐會並不圓滿，因為吉姆身體太虛弱沒能來參加。

幾周後，吉姆又回來了，除了臉色十分蒼白之外，他仍是老樣子，滿臉笑容地和朋友們有說有笑。比賽結束後，他到教練的辦公室，整個足球隊的隊員都在那裡。教練還輕聲責問他：「怎麼沒有來參加餐會？」「教練，你不知道我正在節食嗎？」他的笑容掩蓋了臉上的蒼白。

其中一位隊員拿出要送給他的勝利足球，說道：「吉姆，都是因為你，我們才能獲勝。」吉姆含著眼淚，輕聲道謝。教練、吉姆和其他隊員還談到下個賽季的計畫，然後大家互相道別。吉姆走到門口，以堅定冷靜的目光回頭看著教練說：「再見，教練！」

「你意思是說，我們明天見，對不對？」教練問。

吉姆的眼睛亮了起來，他堅定的目光化為一縷微笑。「別替我擔心，我不會有事的。」說完話，他便離開了。兩天後，吉姆離開了人世。

原來吉姆早就知道他的死期，但他能坦然接受，這說明他是一個意志堅強、思想樂觀的人。他將悲慘的事實轉化為富有創意的生活體驗，或許，有人會說，他畢竟還是死了，積極的心態最終也未能幫他多少忙。至少吉姆知道憑藉信仰的力量，在最壞的環境中能創造出令人振奮而溫暖的感覺。他並不像鴕鳥一樣將頭埋進沙堆，逃避事實。他完全接受了命運，但他決定不讓自己被病痛擊倒，他也從未被擊倒過。雖然他的生命如此短暫，但他仍把握了它，他將勇氣、信仰與歡笑永遠留在了他所認識的人們心中。一個能做到這一點的人，你還能說他的一生是失敗的嗎？

這就是積極心態的力量，這便是意志堅強的結果，這便是拒絕被打敗的人，這也就是盡你一生所有的勇敢去面對人生的偉大勇氣。

有時候，積極心態之所以無效，最重要的原因之一是：我們還沒有真正去實行這一原則。積極心態需要不斷訓練、學習及持之以恆。你必須願意主動去實行，而且有時候要經過一段時間後才能見到成效。

積極心態使你出類拔萃

拿破崙·希爾認為，積極的心態能帶來以下回報：

1. 帶來成功環境的自我意識；
2. 生理和心理的健康；

3. 獨立的經濟；
4. 真心喜歡而且能表達自我的工作；
5. 內心的平靜；
6. 驅除恐懼的信心；
7. 長久的友誼；
8. 長壽而且各方面都能獲得平衡的生活；
9. 免於自我設限；
10. 了解自己和他人的智慧。

紐約的零售業大王伍爾沃斯的青年時代非常貧窮。那時的他在農村工作，一年中幾乎有半年的時間是打著赤腳度過的。他創富的秘訣就是讓自己的心靈充滿積極思想，僅此而已。他借來 300 美元，在紐約開了一家商品售價全是 5 美分的店，全天營業額還不到 1.5 美元，不久後便經營失敗了。以後他又陸續開了 4 個店鋪，有 3 個店都以失敗告終。就在他幾乎喪失所有信心的時候，他的母親來探望他，緊緊握住他的手說：「不要絕望，總有一天你會成為富翁的。」就在母親的鼓勵下，伍爾沃斯面對挫折毫不氣餒，更加充滿自信地開拓經營，最終一躍成為全美一流的資本家，建立了當時世界第一高樓，那就是紐約市有名的伍爾沃斯大廈。

其實不只是伍爾沃斯，幾乎所有白手起家的創富者，無獨有偶都具有一個共同的特點，那就是積極的心態。他們運用積極的心態去支配自己的人生，用樂觀的精神去面對一切可能出現的困難和險阻，從而保證了他們能不斷地走向成功的終點站。而許多一生潦倒的人，則普遍的精神空虛，以自卑的心理、失落的靈魂、悲觀的心態和消極的人生目的作前導，其後果只能是從失敗走向新的失敗，並且永駐於過去的失敗之中，不再奮發。

福勒是美國路易斯安那州的一個佃農家庭的黑人孩子，他們一家過著窮困潦倒的日子。福勒 5 歲時就開始農活，9 歲就靠趕騾子賺錢了。這並不是什麼稀罕的事，農民和窮人家的孩子都這樣，這些家庭認為他們的貧窮是命運安排的，所以，他們並不奢望生活有所改善。但小福勒的母親是個優秀的農婦，她決不這樣認為，她知道她這貧困的家庭存在於一個快速發展的世界中，一定是哪裡出了問題。於是，她說：「嗨，福勒，我不願意聽到你們說：這些都是上帝的旨意。不，聖經裡的每一個字都想讓我們富起來，你為什麼不去做一個出人頭地的人呢？」這段話在福勒的心靈中刻下深深的烙印，以致改變了他的一生。

「我要致富、我要出人頭地！」福勒對母親說。他決定把經商作為生財的一條捷徑，最後他選擇了經營肥皂。從此，他作為流動銷售員叫賣肥皂達 12 年之久。後來他獲悉供應他肥皂的那家公司將拍賣，售價是 15 萬美元。當時他已存有 2.5 萬美元，於是他與那家公司達成了協定：他先交 2.5 萬美元的保證金，然後在 10 天之內付清餘款。如果 10 天過了付不出，他將同時喪失那筆作為自己全部儲蓄的保證金。機會終於來了，但風險極大，然而福勒很積極地去做這件事並最終成功了。後來他是這樣告訴別人的：「我心中有數，雖然當時的情況太冒險。我從客戶、朋友、信貸公司和投資集團那裡獲得了援助。在第 10 天的前夜，我已籌集了 11.5 萬美元，但還差 1 萬美元。我怎麼也沒有辦法了，真要命！那時已是深夜了，我在幽暗的房間裡一遍又一遍地做禱告，渴盼奇蹟能夠在此刻出現。可是我知道奇蹟之說是騙人的，於是毅然走出房門，我要再尋找，仔細地搜尋。夜已深了，我沿芝加哥 61 號大街走去。走過幾條街後，我看見一所承包商事務所亮著燈光，我激動地走了進去。在那裡，寫字台旁坐著一個看起來因為經常熬夜工作而疲乏不堪的人，我一下子放鬆了許多。我好像曾經見過他，我告訴自己必須勇敢些、再勇敢些。」

「‘先生，您想賺 1000 美元嗎？’我直接地進入談話。」

「這句話使得這位承包商嚇得向後仰去。‘是呀，親愛的，’他答道。」

「我一聽見‘親愛的’這個詞，立刻就愉快了起來。‘那麼，親愛的，請給我開一張 1 萬美元的支票；當我奉還這筆借款時，我將另付 1000 美元給你。’我對他誠懇地說。我接著就把其他借款給我的先生們的名單及簽有親筆字的借款單給這位承包商先生看，並詳細地解釋了我這次商業冒險的具體情況，承包商很感動，支持了我。這樣，我就如期地付出了買肥皂公司所需的資金，有了這家公司，以後的一切都很自然地發展起來了。」

福勒先生最後向我們強調的是：萬事開頭難，在開始行動的時候一定要樹立你積極的心態，不管它將使你冒著怎樣的危險去完成。

有些人雖然有積極的心態，但是一遇到挫折就會失去信心，他們不了解成功需要用積極的心態不斷地嘗試。

據說李嘉誠的成功就是基於戰勝貧困的渴望。就是這種積極的心態，使他步步高升。

1943 年，不滿 15 歲的李嘉誠因父親病逝，家裡一貧如洗，不得不輟學打工。由於抱著「我不要窮，我要賺錢」的積極心態，他在泡茶掃地、當學徒、當店員、當推銷員的早年打工生涯中努力學習和思考，開發著自己經商賺錢的潛能。

「我不要做高級打工仔！ 我要創立自己的企業！」

經歷七年的奮鬥，22 歲的李嘉誠結束了打工生涯，為自己樹立了更積極成功的心態——一個宏偉的「我要創業」的目標。

打工的經歷開發了青年時期的李嘉誠立身處世和經商的部分潛能，使他增強了信心。1950 年，他放棄一家塑膠企業總經理的職位，自己開辦了「長江塑膠廠」，成為一個主宰自己命運的老闆。

積極的心態將使你成為強者、勇敢者、勝利者、成功者、英雄、聖者！

也許你現在已經確信一點，積極的心態與消極的心態一樣，它們都能對你產生一種作用力，不過兩種作用力的方向相反，但作用點相同，這一關鍵的作用點就是你自己。

為了獲取人生中最有價值的東西，為了獲得自己家庭的幸福和事業的成功，你必須最大限度地發揮積極心態的力量，以抵消消極心態的反作用力。只有這樣，你才會有成功的希望。

正確認識積極心態

大千世界，芸芸眾生，人們無時無刻不在盼望著早日實現自我的人生價值，每個人都在企盼著發財致富，終日企盼著事業的成功。但是，怎樣才能成功，通向成功之路的起點究竟在哪裡呢？

拿破崙·希爾告訴我們，你如果要想成功，首先就應該確認你自己是否有一種積極的心態。

積極和消極兩種截然不同的心態，具有兩種驚人的力量：其一，使人登峰造極，一覽眾山小，即積極心態；其二便是消極心態，它使人終身陷在低谷，即使爬到巔峰，也會被它拖下來。這兩種巨大的力量既能吸引財富、成功、快樂和健康，又能排斥這些東西，奪走生活中的一切。

那麼，心態是如何影響人的呢？ 在馬斯洛的行為心理學看來，當你有一種信念或心態後，你把它付諸行動，就更能加強並助長這種信念了。

比如，你有一個信念，就是你能夠很好地完成自己承擔的工作，這時你在工作中會很有信心，你常常這樣想，並在實踐中想方設法去做好工作，於是，信心就會更強。這就是你的行動加深了你的心態。

又比如，你欣賞一個人，你喜歡他，你就會主動與他溝通交往。然後，你就會不斷發現這個人的優點，從而更喜歡他或她。這是情緒和行為相應的一種反應。

同時，對你自己也一樣。你很喜歡自己，或者你壓根兒就不喜歡自己，其情形也會截然不同。

當一種心態存在以後，你的行為就會幫你加強這種心態。

所以有的孩子或者女人，他們哭起來總是越哭越傷心，這就是哭的這種行為促使他們在發洩自己的情緒，彼此的因和果就混淆在一起了。所以，當你確信自己能力的時候，你就會覺得自信會為自己帶來成功。

事實上，這個世界上沒有任何人能夠改變你，只有你能改變自己；沒有任何人能夠打敗你，也只有你自己可以。因此，無論你自身條件如何惡劣，只要你抱著積極的心態，並將它和成功法則的其他法則相結合，就可能達到成功的彼岸。否則，無論你自身條件如何優秀，機會如何千載難逢，只要你的心態是消極的，則你的失敗也是必然的。

美國總統富蘭克林·羅斯福就是因為隨時都保持一種積極的心態，而成就事業的典型。

富蘭克林· 羅斯福 8 歲的時候，本是一個脆弱膽小的男孩，臉上時常顯露著一種驚懼的表情。他的呼吸總像喘氣似的，在背誦什麼東西的時候，雙腿總是不斷發抖，嘴唇也顫抖不已，回答問題時吐詞含糊不清，而且不連貫，回答完了就會十分頹廢地坐下來。或許，按照一般的情況，像他這樣的小孩，自我感覺一定很敏感：他將會迴避任何活動，不喜歡交朋友，成為一個隻知自憐自怨的人。 但事實上，羅斯福並沒有這樣。他雖然先天有些缺陷，卻保持著一種積極、奮發、樂觀、進取的心態，這種積極的心態激發了他的奮鬥精神。 他的缺陷促使他更加努力地去奮鬥，也並未因為同伴對他的嘲笑便降低了自己向前邁進的勇氣。他喘氣的習慣變成了一種堅定的呼吸聲。他以堅強的意志，咬緊自己的牙床使嘴唇不顫動。就是憑著這種奮鬥的精神，憑著這種積極的心態，羅斯福終於成為了美國歷史上最偉大的總統之一。

他並不因為自己的缺陷而氣餒，甚至還將自己的這種缺陷加以很好的利用，使其變為自己勇敢進取的資本，變為自己向上的扶梯，從而登到了成功的頂點。

在他步入晚年的時候，已經有很多人知道他曾有嚴重的身體缺陷，但是美國人民仍然一如既往地熱愛他。

富蘭克林· 羅斯福的成功是神奇的、偉大的，然而先天加在他身上的缺陷又是那樣的嚴重，但他卻能毫不灰心地走下去，直到成功。

像他這樣的人，如果停止奮鬥而自甘墮落，應該說是相當自然而平常的事，但是他卻不是這樣。他從來不落入自憐的羅網裡，這種羅網害過許多比他所擁有的缺陷要輕得多的人。沒有人能想像這位受到人們廣泛愛戴的總統，竟會有如此悲哀的童年而如今又有如此偉大的信心。

假使他十分注意自己身體的缺陷，或許他會花費許多時間去洗「溫泉」，喝「礦泉水」，服用「維他命」，並花時間去航海旅行，坐在甲板的睡椅上，希望自己儘早恢復健康。但他沒有把自己當作嬰兒看待，而是要使自己成為一個真正的人。

他看見別的強壯的孩子玩遊戲、游泳、騎馬、做各種極難的體育活動時，他也強迫自己去打獵、騎馬、玩耍或進行其他一些激烈的活動，使自己變為最能吃苦耐勞的典範。

他看見別的孩子用剛毅的態度對付困難、克服恐懼的情形時，他也會用一種探險的精神去對付所遇到的可怕的環境。如此，他也覺得自己勇敢了。當他和別人在一起時，他覺得他喜歡他們，並不迴避他們。由於他對每個人都感興趣，從而自卑的感覺無從發生。

他覺得當他用「快樂」這兩個字去對待別人時，就不覺得懼怕別人了。而且在未進大學之前，他已由自己不斷的努力，有系統的運動和生活，將健康和精力恢復得很好了。

他利用假期在亞利桑那追趕牛群，在洛磯山獵熊，在非洲打獅子，使自己變得強壯有力。

會有人對於他的勇敢發生疑問嗎？ 可是千真萬確，羅斯福便是那個曾經膽怯懦弱的小孩。

羅斯福使自己成功的方式是如此的簡單，然而卻又是如此的有效！ 這是每個人都可以做到的。

羅斯福成功的主要因素在於他的心態和他的努力奮鬥。正是他這種積極的心態激勵他去努力奮鬥，最後終於從不幸的環境中找到了成功的秘訣。

「我是自己命運的主宰，我是自己靈魂的領導。」這句話告訴我們：因為我是自己心態的主宰者，所以也自然會變成命運的主宰者。心態會決定我們將來的機遇。

這句話也強調，無論心態是破壞性的還是建設性的，這個法則都會完全應驗。運用這種積極的心態，你就能把心中的各種念頭和態度變成現實。

大多數人都以為成功是突然降臨的，其實每一個人最大的才能正是自己積極的心態，它一點也不神秘，而正確的心態是由「正面」的特徵所組成的。比如信心、誠實、希望、樂觀、勇氣、慷慨、容忍、機智與豐富的常識等等都是正面的。至於消極的心態的特性都是反面的，它們是消極、悲觀、頹廢的心理態度。

心態改變潛能

你認為你行，你就行；你認為你能成功，你就能成功；你認為你能開發潛能，你就能開發潛能。

拿破崙· 希爾曾經說過這樣一個故事：一個星期六的早晨，一個牧師正在為講道詞大傷腦筋，他的太太出去買東西了，外面大雨傾盆，小兒子又煩躁不安，無事可做。後來他隨手拿起一本舊雜誌，順手翻一翻，看到一張色彩鮮麗的巨幅圖畫，那是一張世界地圖。於是他把這一頁撕下來，把它撕成小片，丟到客廳的地板上說：「強尼，你把它拼起來，我就給你兩毛五分錢。」

牧師心想強尼至少會忙上半天，誰知不到十分鐘，他的書房就響起敲門聲，他兒子已經拼好了，牧師真是驚訝萬分，強尼居然這麼快就拼好了。每一片紙都整整齊齊地排在一起，整張地圖又恢復了原狀。

「兒子啊，怎麼這麼快就拼好啦？」牧師問。

「噢，」強尼向父親說道，「很簡單呀！ 這張地圖的背面畫著一個人。我先把一張紙放在下面，把人的圖畫放在上面拼起來，再放一張紙在拼好的圖上面，然後翻過來就好了。我想，假使人的圖畫能拼得對，地圖也該拼得對才是。」

牧師忍不住笑起來，給他一個兩毛五的硬幣：「你把明天講道的題目也給了我了。」他說，「假使一個人是對的，他的世界也是對的。」

這個故事有著非常深刻的意義：如果你不滿意自己的環境，想力求改變，則首先應該改變自己。假如你有積極的心態，你四周所有的問題都會迎刃而解。

約翰· 雪爾曼· 庫柏是美國最受尊敬的法官之一，但他小時候卻是一個懦弱的孩子。庫柏在密蘇里州聖約瑟夫城一個貧民窟裡長大，他的父親是一個移民，以裁縫為生，收入微薄。為了讓家人可以取暖，庫柏常常拿著一個煤桶，到附近的鐵路去撿煤塊。庫柏為必須這樣做而感到困窘，他常常從後街溜出溜進，生怕被放學的孩子們看見了。

但是，那些孩子還是會看見他，特別是有一夥孩子常埋伏在庫柏回家的路上襲擊他，以此取樂。他們常常把他的煤渣撒在街上，這些孩子的行為使庫柏回到家裡就掉眼淚。所以，庫柏總是生活在或多或少的恐懼和自卑的狀態之中。

然而，此時發生了一件事，這種事在我們改變失敗的生活方式時總是會發生的。庫柏因為讀了一套書，內心受到了極大的鼓舞，從而在生活中採取了積極的行動。這本書是荷拉修·阿爾傑著的《羅伯特的奮鬥》。

在這本書裡，庫柏讀到了一個與自己境遇很相像的少年的奮鬥故事。那個少年遭遇了巨大的不幸，但是他以勇氣和道德的力量戰勝了這些不幸。庫柏也希望自己具有這種勇氣和力量。

接下來的日子裡，這個孩子讀了他所能借到的每一本荷拉修的書。當他讀書的時候，他就進入了主角的角色中。整個冬天他都坐在寒冷的廚房裡閱讀。書中那些勇敢和成功的故事，不知不覺地使他養成了一種積極的心態。

在庫柏讀了那本荷拉修的書之後一個月，他又到鐵路上去撿煤塊。隔著一段距離，他看見那幾個孩子在他的後面飛奔而來。他最初的想法是轉身就跑，但很快地，他記起了他所欽佩的書中主角的勇敢精神，於是他把煤桶握得更緊，一直向前大步走去，猶如他是荷拉修書中的一個英雄。

這是一場惡戰。三個男孩子一起衝向庫柏，庫柏丟開鐵桶，揮動雙臂進行抵抗，庫柏的這一舉動，使這三個恃強淩弱的孩子大吃一驚。庫柏的右手猛擊到一個孩子的嘴唇和鼻子上，左手猛擊到這個孩子的胃部。這個孩子便停止打架，轉身溜跑了，這也使庫柏大吃一驚。同時，另外兩個孩子正在對他進行拳打腳踢。庫柏設法推走了一個孩子，把另一個打倒，用膝部猛擊他，而且發瘋似的揍他的腹部和下巴。現在只剩一個了，他是孩子王，已經跳到庫柏的身上，庫柏用力把他推到一邊，站起身來。大約有一分鐘，兩個人就這麼面對面站著，狠狠瞪著對方，互不相讓。

後來，這個孩子王一點一點的退後，然後拔腿就跑。庫柏也許出於一時氣憤，又拾起一塊煤炭朝他扔了過去。

庫柏這時才發現自己的鼻子掛了彩，身上也青一塊、紫一塊。這一仗打得真好。這是他一生中最重要的一天，那一天之後他已經克服了恐懼。

約翰·庫柏並不比那三個少年強壯多少，那些壞蛋的兇悍也沒有收斂多少，不同的是他的心態已經有了改變。他已經學會克服恐懼，臨危不懼，再也不怕別人的欺負。從現在開始，他要自己來改變自己的環境，他果然做到了。

透過運用積極心態，約翰·庫柏戰勝了懦弱，戰勝了恐懼，最終成為全美國最受尊敬的法官之一。

透過運用積極心態，最終會獲得成功，這是一條亙古不變的真理。

如何培養你的積極心態

拿破崙· 希爾認為，對於一個堅定的成功者而言，樂觀向上的精神是走向成功的必要條件之一。不過，為了培養你的樂觀精神，你卻必須遵循以下必要的步驟：

一、不要做一個受制於自我的困獸，而要衝出自製的牢籠

你只要抱著樂觀主義，就必定是實事求是的現實主義者。這樣，樂觀主義和現實主義這兩種原則便成為解決生活與工作問題的孿生兄弟。

最不值得與之交往的朋友，是那些悲觀主義者和一些只會取笑他人的人。

真正的朋友，應該是那種說「沒有什麼大不了，只是些小麻煩罷了！」的人。

在你幫助朋友時，不要僅僅只是去分擔他或她的痛苦或者說些愚昧的話。如果要建立親密的關係，你和你的朋友就必須擁有共同的人生價值和目標。

二、多了解他人的痛苦與不幸是十分有益的

情緒低落時，你不妨去訪問孤兒院、養老院、醫院，看看世界上除了自己的痛苦之外，還有多少不幸的人。

如果情緒仍不能平靜，你不妨積極地去和這些人接觸，深入他們的生活，和他們同歡喜共憂愁。

當然，和孩子們一起散步或者做遊戲也是一個調整自己情緒的好辦法。

努力把你不好的情緒，轉移到幫助別人身上，並重建自己往昔的信心。

通常只要改變一下環境，就能改變自己的心態和感情。

三、聽聽愉快、歡愉的音樂

不要去看早上的電視新聞。你只要瀏覽一下第一版的新聞就足夠了，它已足以讓你知道將會影響你生活的國際或國內新聞。

不妨看看與你的職業及家庭生活有關的當地新聞。

不要經不起好奇或是誘惑而浪費時間去閱讀別人悲慘故事的詳細新聞。

開車上學或上班途中，聽聽電台的音樂或自己的音樂。

如果可能的話，你也可以和一位持有積極心態的人共進早餐和午餐。

晚上不要坐在電視機前花費過多時間，要把時間花在你所愛的人身上，比如和他們談心。

四、改變你的習慣用語

不要說「我累壞了」，而要說「忙了一天，現在真輕鬆」。

不要說「你們怎麼不自己想想辦法」，而要說「我知道我該怎麼辦」。

不要總是在集體或團隊中抱怨不休，而要試著去讚揚身邊的每一個人。

不要說「上帝啊，為什麼偏偏找上我」，而要說「上帝，請考驗我吧」。

不要說「這個世界簡直就是亂七八糟」，而要說「我得先把自己家裡收拾好」。

五、學習龍蝦精神

龍蝦的生命歷程可以成為你學習的榜樣。龍蝦在某個成長的階段裡，會脫掉外面那層具有保護作用的硬殼，因而很容易受到敵人的傷害。這種情形將一直持續到它生長出新的外殼為止。 生活中發生某些變故是很正常的。

每一次變化發生，你總會遭遇到陌生及令你措手不及的意外事件。只是，發生變化時，你不能躲起來，從而使自己變得更懦弱。

相反，你應該敢於去應付危險的狀況，對你未曾見過的事物，要培養出堅定的信心。

六、重視你自己的生命

碰到不幸或是痛苦的時候，千萬不要說：「只要吞下一片毒藥，所有的事情就可獲得解脫。」

你不妨這樣想：健康積極的心態將協助我渡過難關。

你所交的朋友，你所去的地方，你所聽到或看到的事物，全都記錄在你的記憶中。由於頭腦在指揮身體的行動，因此你不妨去進行一些高級的和樂觀的思考。

當別人問你為何如此高興時，你不妨這樣告訴他們：「我情緒高昂是因為服用了‘快樂’。」

七、從事有益的娛樂和教育活動

你不妨看看那些介紹自然美景、家庭健康及文化活動的媒體。

觀看電視節目或電影時，要根據它們的品質與價值來決定其取捨，而不是注意其商業價值或是某種突然而起的轟動效應。

八、盡量表現你身體的健康

在行動或是談話中，你應盡量表現出此時此刻你的健康狀況很棒。

你應該每天都對自己做積極的自言自語，不要老是想著一些小毛病，像感冒、頭痛、擦傷、抽筋、扭傷以及一些小外傷等。如果你對這些小毛病太過注意了，它們將會成為你最好的朋友，經常來「問候」你的。

你腦中想些什麼，你的身體就會表現出來。

要專門想著家庭的好處，注意整個家庭的健康環境。

在撫養及教育孩子時，這一點特別重要。

有一些父母，似乎比其他人更關心孩子的健康與安全，殊不知，他們這樣卻反而使他們的孩子變成了意志軟弱的人。

九、不妨隨時向他人傳達你積極、開朗的狀態

在你生活或工作中，只要可能或是方便，就寫信、拜訪或打電話給現在需要幫助的每一個人。

向他人顯示你良好的心態，並把它傳導給別人。

此外，在鍾煉自己積極心態的過程中，你不妨參考下面的小技巧：

1· 昂首走路。

一個人的肢體行動能顯示他的精神狀態，如果你看到一個人低垂雙肩、駝背走路，你可以斷定的是，這個人肯定肩負著無法承擔的重任。當某些事情摧毀了一個

人的精神，不可避免地也要壓垮他的身體，於是，他便變得彎腰駝背了。悲觀消極的人，總是低著頭、眼睛朝下走路；而有信心的人，走起路來總是昂首闊步，眼睛看著他想達到的目標。

2·恰到好處地與人握手。

握手的方式也能向別人透露不少自身的秘密。比如，力度柔軟的握手者自信心很低。許多人為了掩飾自己的缺點，握手的時候故意過分用力和顯示傲慢的態度，其實，這是虛張聲勢。擠壓式的握手方法，則是為了補償其信心的缺乏。這種人的一舉一動過分極端，以致無法讓人相信他是一個真正有信心的人。沉穩而不過分用力的握手，把對方的手適度地握緊，則表示「我是生氣勃勃，穩紮穩打的」，這才是代表著自信的握手方式。

3·坐姿要不失身份。

你坐著的時候，要盡量把背挺直，將雙腿靠近。當你舒服地坐著時，不能降低自己的身份；當你聽你對面或旁邊的人談話時，你可以擺出一種輕鬆的而不是緊張的坐姿；你在聽別人講述時，可以透過微笑、點頭或輕輕移動位置來表明你的興趣與品位。請注意電視上一些訪問節目的主持人，他們的坐姿和傾聽的態度就是一種藝術。

4·運用手勢表現你的進取精神。

當輪到你說話時，可以先透過手勢來吸引傾聽者的注意力，同時，強調你談話內容的重要性：

(1) 身體前傾，把手肘撐在桌子上，將手指頭輕輕併攏；

(2) 摘下眼鏡，然後強調你的論點；

(3) 用手輕快地撩撩頭皮。但你絕不要這麼做：

(4) 身體後仰，以典型的答辯的姿態把雙臂抱在胸前；

(5) 擦碰鼻子；

(6) 清理嗓門；

(7) 用手遮掩嘴巴；

(8) 讓口袋裡的鑰匙或硬幣叮噹作響。

花點時間檢查一下自己積極和消極的手勢，你將發現，積極的手勢將不僅能使你的自我感覺良好，而且也可以使你和聽眾更接近；而消極的手勢將把你與聽眾的距離拉得更遠。

不管你打算採用哪種手勢，它們的運用都必須有助於聽眾對你所說的內容的理解。

5· 聲音做到誠摯自然。

聲音是交往的最重要的手段，正如姿態一樣，聲音也向別人表現著自己。你可以用錄音的方式把自己的話錄下來，然後進行檢查。

最有效果的聲音，是誠摯自然的，飽含信心與精力，還隱含著一種輕鬆的微笑。

6· 坦然的目光會增加你的信心。

沒有什麼比你看著對面或旁邊的人的方式更能說明你的自信心。當你與對方交談時，無論你覺得怎樣的害怕或躊躇都要看著對方，在直接凝視著對方的同時，帶著一種友好的微笑。這樣，你將更容易說出任何你必須說出的話。

這種直接的注視，不應是死盯著看，當然你更不應居高臨下俯視別人。你不能也不應該一直是盯著與你交談的人，而要不時地移開一下視線，否則，將會使對方感到忐忑不安。不過，在轉移視線時，不應去看地板，因為這很容易被人視為缺乏安全感和穩定性；也要避免目光游移，因為如果你東張西望，從不讓目光在談話物件身上停留一定的時間，無異於向對方發出了一個警告的信號：「注意，我暗中已有自己的打算。」

7· 表現出豪邁的一面。

成功者總是以自己的尊嚴面對世界。他們每時每刻都在用自己的舉止言談告訴人們：「我是一個有教養、有道德的人，我應該受到你們的尊敬。」

如果有人不尊敬他們，他們就會糾正這種情況。比如有人取笑地說：「喂！ 老兄，你腦袋是不是有點兒問題啊？ 開會竟忘了帶檔案。」成功者便會和藹而堅定地打斷他的話，糾正說：「這次我確實是忘記了，但絕對不是因為我腦袋有問題。」

人們在受到傷害或侮辱時，常常不敢做出正當的反應，而是說一些傻話，或感到羞辱，或是惡語相向，最後以結怨告終，數日之後他們還在想著這件丟臉的事，越想心裡越覺得不是滋味。要學會以一種從容而友好的方式來對付別人的污蔑，這對於增加你爭取成功的技能將是十分有益和寶貴的。

8· 自我介紹時，名字不僅在最初要說，最後還要重複一次。

自我介紹時，最值得注意的重點之一，就是自己的名字要盡量說清楚。我們經常可看見有些人在嘴中喃喃自語，而別人卻一點兒也聽不見，這種自我介紹可以說是最差勁的自我表現。因為，第一，對方既然聽不清楚你在說些什麼，自然也就無法記住你的名字；第二，這種說法好像是特意告訴對方，讓對方感覺到你自己低沉以及消極的性格，進而表露出對自己不利的一面。因此，自己的名字，最重要的就是要一個字一個字地說清楚。

此外，自我介紹時，不僅最初要報上自己的大名，如果想再加上嗜好或其他有關自己的情形，那麼建議你最後再說一次自己的名字。這麼一來，不僅可使對方易於記憶，同時你所表現出的姿態也會給對方一種積極的印象。

9. 說話時把「否定式」改為「肯定式」，可表現出積極性。

只要稍加注意，相信你一定會發現有許多人在談話時，經常使用「不可能」、「不能」或「不行」等否定詞。有了這種習慣以後，即使當事人再有能力，也會給人一種幹勁不足的印象，從而得不到好評。

此外，因為經常使用否定句，還會使對方的積極性有被潑冷水之感，從而令對方覺得不愉快，結果必然不會圓滿。

像這種不善於自我表現的人，便常常會吃虧。因為不論你有無幹勁，對方都一無所知，當然也就不會把事情交給你做了。

因此，這一類人平常談話時，最好盡量學習使用肯定句。譬如「我可能做不好」或「我並不想做」等語句，可改用「這件事可能很難，但我會盡量去做」等這類說法。

最後值得一提的是，凡是對方所提出的構想或意見，均可回答以「這個方法很好」或「這樣做可能會成功」等肯定式答覆。因為不論任何事都有優點和缺點，而你這種說法即等於對其優點做徹底的肯定。簡而言之，對所有事都可肯定的人，是不會令人產生不良印象的。

10. 對別人的言談表示同意時，可稍微說些附和的話。

所謂「會聽話的人」，也就是很會幫腔的人。譬如「啊！」等震驚的表情，或「哦！ 原來如此！」等恍然大悟般的說法，都可以適時表現出你在用心聽講，進而使對方也跟著你熱心起來。

關於這一點，訓練有素的播音員便儼然如專家了。他們會對本來就已知的事，裝出不知道的樣子，以加強可聽性。

這種向對方表示自己很熱心在聽他說話的情形，也就是你幫腔的方法或關心的表達，要完美地辦到這一點，並非中途插一句話這麼簡單。

通常，人在驚訝或高興時，都會隨著「哦！ 真的嗎？ 嚇我一大跳」或「我好高興呀！」等說法而表現適當的感情。但是，如果你面無表情，而嘴中卻說：「真的嚇人呢！」對方也不會感覺到你想表達的心情，反而認為你在敷衍他。

經過多年的研究，拿破崙· 希爾認為，以上這些方法對於塑造一種積極的心態有著不同凡響的作用，這些細微的細節很有可能助你最終獲得成功。

積極心態的力量

凡世間有所建樹的人，都是因為憑藉了一種積極的、建設性的心態。是創造力、積極進取精神和激勵人心的力量支撐和構築著所有成就非凡者。一個精力充沛、信心十足的人總是創造條件使自己心中的願望得以實現。他知道，任何事情都不會自動發生，所以他總是主動地推動事情的發生。

許多積極主動的人，他們由於自信心的毀滅而變得消極被動起來。他們逐漸對自己失去了信心，這或許開始於其他人暗示他們的無能，或他們認為自己不能取得成就的自卑，或者是他們認為自己不能勝任目前職務的想法。很快，因為這種微妙的心理暗示作用，他們的創新精神被無情地削弱了，他們再也不像從前那樣滿腔熱情、勁頭十足地去做任何事情了。他們漸漸失去了快刀斬亂麻、雷厲風行、果斷處事的能力，他們不敢處理一些重大的事情，事業心也受到了打擊。他們的思想很快就會變得動搖起來。所以，他們就不會像以前那樣成為領導者，而只能成為追隨者。

我們一定要從心底堅信，我們的精神力量和思想力量可以幫助我們實現自己決心要做的任何事情。就是這種滿懷信心的期待能使我們集中全部的精神力量去竭盡全力成就事業。換句話說，我們所有的精神力量會跟我們的期待、我們的決心保持高度的一致。

我們渴求並決心要完成我們全力以赴的事情，這會在現實生活中提供給我們一幅必須努力使之實現的藍圖。這幅藍圖會成為我們心中的願望，這種願望將促使富於創造力的我們去實現自己的人生價值。

懷有偉大的期待和決意達到目標的人，根本不會去在意成功道路上的障礙，因為憑著決心和勇氣，他總能順利地克服妨礙成功的許多困難，但這些困難常常使得那些意志薄弱和優柔寡斷的人霉運不斷。

例如，如果我堅持認為自己是一個無關緊要的小人物，沒有地位和價值，自己也比不上其他人，那麼，一段時間後，我就會真的開始相信這一切，緊接著，我的「思想機器」開始複製這種「無關緊要的小人物」的暗示。假如我流露出自己無能的思想，那麼，這種暗示就會不可避免地被編織進我的生活中，然後，我就會在我的生活中表現出懦弱、失敗和沮喪。

但是，如果我的想法與上面所述截然不同，我能堅定地認為自己是宇宙中所有優點的繼承者，如果我堅定地認為所有優點都將屬於我，都將落到我頭上，就好像是我與生俱來就有這樣的權利，如果我堅定地宣稱具有高尚的品質，如果我堅定地宣稱自己完全可以實現偉大、崇高的人生目標，如果我堅定地宣稱自己擁有力量和健康，而跟疾病、弱點、混亂無緣，那麼，這種充分自信的心態就使得我樂觀積極，極富創造力，這種心態就會促進我們完成所渴望的事情。

建設性的思想表明健康和事業的成功，而消極的思想則意味著悲慘、疾病和眾多的痛苦。建設性的思想是人類的保護者，它能使人類免於各種痛苦、貧困和疾病。失敗者都是些思想消極的人，而成功者則都是些思想積極且極富創造性的人。

很多事情會砸鍋，往往是因為我們在思想消極時說了「是」，如果我們當時思想積極的話，我們就會在這些事情上說「不」。我們常常是在思想消極時做了虧本生意。同樣，我們思想消極時常常也會做出投資失策及各種各樣的蠢事來，因為我們這時的判斷力是不完善的，所以常常漏洞百出。

所以，人在思想消極時是不適合邁出重要一步的，也不適合做出重大決定。

我們犯錯誤之時，我們不走運之時，我們栽跟頭之時，我們做出糊塗決定之時，往往也就是我們多多少少有點氣餒和沮喪之時，往往也就是我們心態不平衡之時。在這種情況之下，我們願意竭盡全力地使自己的處境變得好一點兒，我們也願意使自己獲得一種確定感，希望徹底驅除盤踞在心頭的恐懼和擔憂。

當我們思想消極時，我們一定會失敗。當我們積極向上時，當我們正在創造成就時，消極的、沮喪的、不健康的和混亂的思想根本影響不了我們。當我們無所事事時，消極方面的思想，諸如恐懼、擔憂、焦慮、仇恨和嫉妒等就開始大行其道。因為積極的思想力量忙於創造業績，所以，我們忙碌時就不會為消極的、極具破壞性的思想所困。思想消極的人常常都是焦慮和情緒極度沮喪的犧牲品。

人應該理性地對待任何事情。心理能力總是熱忱回應我們身體發出的指令，但是，它們反對一切隨隨便便的方式。它們就像是戰士，必須有一個指揮他們的將軍和統帥才行。

面對任何事情都不應該膽怯，應該有良好的心態，有自己的獨立思想，從容不迫地面對各種突發事件。很多人身上這種習慣性的思考力量或習慣性的精神力量非常微弱，使得他們沒有充分的精力集中心智去取得更大的成就。

當我們第一次見到一個人時，不管他是誰，我們都能迅速地分辨出他的精神力量是積極主動的還是消極被動的，因為他說的每一句話都表明了他本身所具備的特質。

具有非常力量的人是思想積極的人。一些人的思想是如此地積極，如此的富有建設性，他們的舉止言行總是具有令人信服的力量，以致一般的人總是本能地聽從他們的號令。世界總是為最剛毅的人讓路，因為他們的舉止言行懾服人心，他們的話語具有令人信服的力量。

人們根本不會停下來去分析為什麼要跟隨這麼一位強有力的人物。人們總是本能地被具有超凡心智的人吸引過去。

我們經常會遇到一些陌生人，這些人總是給人以積極上進的印象，我們會立即覺得這種人一定會在事業上大獲成功，他們必定會為自己開闢一條成功的道路，必定會一帆風順。而另一些人則給我們留下了意志薄弱、思想消極的不良印象，我們會認為他們是失敗者，認為他們根本不能為自己開闢出一條成功的道路。你要想取得一定的成就，那麼，你積極的心理能力必定要占支配地位。

使人的一生取得持久的成功是一切藝術中最精湛的一門藝術。如果我們受到了很好的教育和訓練，我們就能很容易做到這一點。但實際上，因為我們的思想大部分時間都處於消極頹唐和無所事事的狀態，又因為我們的心靈受這種消極思想的支配，導致我們根本無法成功。

在進入社會之前，大學生假如沒有得到有關積極或消極心態方面知識的訓練和教育，則極可能在較短的時間內垮掉。他的懷疑、恐懼和自卑，他的卑怯、消極和他沮喪的情緒，可能會徹底毀掉他那積極和極富創造力的心靈，並會使他的心靈變得消沉起來，而這種變化常常是在不經意之間發生的。

對於一個學生或一個年輕小夥子來說，學會怎樣使自己的心靈最富創造力，學會怎樣使思想始終保持一種積極的狀態，學會怎樣避免有可能帶來不良影響的事情，遠比他學會各種拉丁語系的語言、學會希臘語以及懂得世界上各門學問更要有意義。我們經常看到一些大學生總是無法成功，這主要是由於他們的思想為消極觀念所主導，創造力極度缺乏。其實只需用短短幾個月的時間去訓練他們的心理能力和完善他們各方面的承受能力，那些存在諸多缺陷和不足的人就會從這種正確的思想中受益匪淺。他們從這種正確的思想中獲得的益處，甚至要比他們從整個大學課程中獲得的益處還要多。

積極的、建設性的思想十分有助於發展人的創造力，而創造力就是人最重要的精神特質。如果你此時的思想傾向於消極，如果你感到自己現在缺乏創新精神，那麼，透過養成一種對一切事保持積極心態的習慣，你很快就會成倍的增強你的創造力。即使你在休閒、娛樂時，這一點也很重要。

不管我們給心靈這台編織機提供什麼樣的圖案，我們的心靈編織機都會將它編織出來。不管我們的理想充滿和諧還是混亂不堪，不管我們的理想是充滿真知還是謬誤百出，不管我們的理想是充滿勇氣還是膽怯害怕，我們的心靈編織機都能將它再現出來。這種思想上的特點將會很快地再現在我們身上。事實表明，不斷地確信自己已經成為了自己所渴望的理想人物，這會對自己有所幫助。不要說你希望成為什麼人，而是你此時確實已經是你希望成為的那種人。你將會驚異地發現，你很快就扮演了你希望扮演的角色；你將會驚異地發現，你所渴望擁有的東西透過你的不懈努力終於得到了。

只要我們心中堅持著自己所渴望的人生信念，只要我們心中有一幅健康、健全、完美的圖案，只要我們的心中有一幅沒有缺陷的理想人類的圖景，那麼，我們每個人都會變得無比的偉大。

只要生長過程停止了，只要土壤、空氣、陽光、雨露中的化學因素不再作用於花草、樹木、植被，那麼，那些有害的元素就會馬上乘虛而入，腐蝕和毀滅就成了必然的事。同樣的道理，一旦人類的發展和創造性因素處於劣勢，一旦人類對自身的進步失去了信心，那麼，使人頹廢和沉淪的力量就會胡作非為，橫行無忌。

在使心靈免遭不良苗頭的影響方面，正確的心態也有著非常有效的作用。例如，假如你堅決地拒斥你在一些邪惡的環境中所被迫體驗感受的各種邪惡，那麼，你的這種態度將對那種邪惡力量產生一種難以估量的反作用力。

如果我們心中確立了一個明確的奮鬥目標，如果這個主要目標成了我們的一個生活習慣，如果我們竭盡全力、殫精竭慮地向著我們的宏偉目標奮力前行，那麼，我們一定能夠有所作為。很快，這就會產生一股強大的潮流，這股潮流使所有事情都朝我們所期望的方向流動。

我們必須注意會引起混亂的兩種思想逆流，一種是仇恨、妒忌和心胸狹隘的思想;一種是怨憤、邪惡的思想，因為所有這些思想都是我們內心裡潛伏的最大敵人。

製造混亂的所有心情往往都會抵消我們的努力。要想獲得成功，我們必須有和諧、平靜的心境，我們的思想必須自由。準確地說，我們所有的思想必須是創造性的而非破壞性的。勇氣、信心和決心之類的思想是獲得成功的不竭的精神動力。

只要失敗的人能從心底裡清除他們失敗的思想，那他們就一定能取得成功。學會清掃思想垃圾，學會清除恐懼、焦慮和各種妨礙人進步的思想，學會使頭腦充滿朝氣、充滿希望和催人奮進的思想，這是一門偉大而精湛的藝術，也是使人具有一種積極心態的藝術。

確定改變態度

當你確定了目標時，你還不知道自己的態度如何；這時應該控制自己的心態，直至達到目標。這並不是很難做到的事情，你只要在潛意識中牢牢記住自己的目標就行了。

曾經，我在一個偏遠的城鎮工作時，就勸告過那裡的人們改變不利於社會穩定和經濟繁榮的心態。他們有著消極的態度，特別是在對待別人的宗教信仰方面。

有一次，我看到了德里一所小學的照片集，我問主人：「你怎麼知道他們是天主教徒還是佛教徒？他們看起來都一樣。」

「噢，」他說，「我們只要問一問‘你在哪所學校上學’，如果你的學校與我的不同，那我對你就會有偏見，實際上這是一種仇視的心理。實際上，只有在我知道了你與我上不同的學校之後，我才會仇視你。」

我們所有人都曾有過類似的偏見，有時我們甚至不知道那是偏見，你是什麼時候形成對男人和女人的態度的？也許你根本就不知道，你只是接受了整個文化中的偏見和恐懼而已。也許直到你在印度或香港開了公司時，你才知道自己有這種偏見。在世界融合的趨勢下，你必須改變對你的行為進行限制的態度。

一、記下思維歷程

你現在正朝著自己的理想不斷進取和努力嗎？你在為理想努力的過程中遇到困難了嗎？你在打電話、與人接觸、準備考試時遇到過困難嗎？

在日記中，記錄下你的行為，觀察你的一言一行，你周圍人的行動，他們是向著自己的目標理想在努力嗎？或者他們是否說過想成為冠軍，卻根本不去訓練？學習並研究一下人類行為，特別是你自己的所作所為。例如，你也許想成為一個出色的推銷員，那你為什麼每天早早回家了，而不去尋找顧客呢？

二、想像行為後果

也許你會發現，在你實現理想的過程中，你卻在逃避你真正想要的結果，因為你有一個消極的態度，你花費了很多時間和精力有意識地躲避。所以你必須誠實地問問自己：這只是偶然的躲避行為，還是會讓我做不想做的事？

你如果不喜歡你身邊的這個人，你肯定會繞道而行。如果你認為會有一個尷尬的場面或負面結果出現，那你就會選擇躲避行為；你只是無意識地這樣做，你的潛意識試圖使你免受傷害。

三、樹立雄心壯志

你應該花更多的時間樹立你的雄心壯志。例如，你想成功地撫養好孩子，有了這個雄心壯志之後，你才會與孩子們在一起。也許你想成為出色的地產商，但你卻不喜歡與人打交道，你甚至在確定目標時才發現你並不擅長此道。當你覺得自己缺乏實現理想的條件時，你就會放棄目標，你也許會說：「我天生不是個推銷員，我不適合幹這一行。」

在你的生活中，你已經接受了許多有關什麼可以做、什麼不可以做的教導，你有許多甚至連你自己都不知道的思想，一旦你遇到難題，他們才會顯現出來。如果你沒有雄心壯志，你就不會改變上述那種消極的躲避態度。

四、激發創造潛能

當你特別想要什麼或想做什麼時，你就會有無窮的創造力。當你看到自己喜歡的異性時，你會有很豐富的想像力。你會主動和她搭訕：「噢，我過去不知道你是走這條路回家的。」你過去當然不知道，只是你想和那個人一起走，所以你的靈感噴湧而出。

如果有一天，你非常想去看一場橄欖球賽，但又有很多事要處理，那麼這些事你一定能完成得又快又好，你可以觀察一下。

幾年前，黛安夫婦想在牧場裡蓋座木頭房子。當他們確定這一想法後，就開始四處打聽造過木屋的人，他們還看了許多有關木屋的雜誌與材料。不久以後，他們自己就成了木屋專家了。所以你先得確定目標，再不斷學習，然後你就會發揮自己的創造潛能。

一次，我和一位朋友散步，他是一位了不起的攝影師，當時我們正走在由會議中心去餐廳的小路上。突然，他停下來說道：「別動，現在的光線和色溫正好。」他走過去，拍了一張只開了一朵花的黑莓樹的照片。我沒有看見那朵花，他卻看見了，並且在光線和色溫恰到好處時拍下了那張照片。當時我們正在聊天，而他卻抓住了這個不期而遇、創造性的機會。

另外，一旦意識到自己有消極態度，就要用積極的詞語描述我們的情緒，控制自己的行為。

例如，你還記得小時候學騎自行車的情形吧，你看到路上有一塊石頭，你根本不想碰到它，但卻偏偏撞上了。以後，在你騎車的技術熟練後，你再看到路上有石頭時，就會先看看前面的路，然後繞過去。

在你開始確定目標或端正態度時，當你要撞到石頭上時（一種消極態度），你應該問自己：「我真的想這樣嗎？」你讓自己描述一下：「我怎樣才能達到目標？如果這並不是我想要的，我為什麼要往下做？」就這麼簡單，然後你把想法描述下來。「如果這是我的問題，那沒有這個問題時，我會怎麼樣呢？」把這一過程寫下來，就像是你已了解問題，你一邊描述，一邊寫下來；你在寫的過程中就在進行肯定。你在描述一種積極的反應，積極的情緒，你要使自己成為下意識進程中的一部分。

想要改變態度是需要花一些時間的，需要多次的肯定，但你一旦改變了態度，你就會有長足的發展。

豐富心智

一個人擁有正確的心態，那他就會創造出不同凡響的奇蹟。善於處理危機的自我創富者，往往都是為自己在成功之路上創造了各種有利於自己的條件，而不是死死抱住自己原有的那些東西。這也就是拿破崙·希爾所說的：「善用你的積極心態，不要讓消極的東西占據了你的腦袋。」在他的《思考財富》一書裡，他舉過這麼一個例子：

愛華達州的兩個農夫辛普森和茲威格，他們各自經營著自己的農場，以種植馬鈴薯為主。這兩個人並不滿足於只當一個種植馬鈴薯的農夫，他們認為每個人都可以創造自己的市場，而無需搶奪他人的市場。這種積極的心態，使辛普森創立了辛普拉特冷凍食品公司，並成為麥當勞連鎖店馬鈴薯的主要供應商；茲威格則創立了奧愛食品公司。

這兩人成功的原因都是因為擁有「豐富心智」，他們深信：自然與人性足以實現任何夢想；我的成功不全然是別人的失敗，別人的成功也不會剝奪我的機會。

在過去 25 年裡，根據考察企業和個人的經驗，希爾觀察到豐富心智會消除狹隘的想法和敵對關係，而卓越與平庸的分歧也在於此。

希爾的一生也經歷了許多豐富心智與貧乏心智的交鋒。當擁有豐富心智時，他相信別人，願意和別人共同生活，能夠欣賞彼此的成就。這是由於他察覺到力量的泉源在於差異，個體並非一模一樣，每個人都應該截長補短。

有豐富心智的人，注重互利的原則，溝通時先要求了解別人，再求被人了解，他們心理上的滿足並非來自擊敗他人，或與他人比較。這些人沒有占有慾，不要求他人照自己的話做，其安全感並非建立在別人的意見上。

豐富心智來自內在的安全感，而不是外在的排名、比較、意見或關係之上。如果自身的安全感是從這些俗物而來，那這些東西就會影響到他們的生活。「貧乏心智」的主張者認為機會是稀少的，若同事獲得升遷，朋友得到認同或有重大成就，自己的安全感或自我身份就將受到威脅，即使口頭上讚譽有加，內心卻是痛苦不堪。這些人的安全感是和他人比較而來，而不是來自對自然法則與原則的信仰。

愈堅持以原則為重心，愈能培養出豐富心智。願意與他人分享權力、利潤和認同，也愈能為他人的功成名就感到自豪。別人的成就對自己的影響是正面的，而非負面的。

豐富心智主張者希爾和斯通指出，豐富心智有七項特徵：

一、回歸正確的來源

信念是最基本的資源，也是其他資源的根本。生活若集中在其他資源，如配偶、工作、金錢、財務、樂趣、領導者、朋友、對手之上，就會產生扭曲與依賴心理。

豐富心智的人從內在安全感的源泉中汲取動力，並保有平和、開朗、信任、為他人成就而自豪的心態。他們重新開拓、塑造自己的生命，培養豐富的感情，以滋長舒適、內省、期望、指導、保護和寧靜的心靈。他們期待回到心靈的源泉，如果缺少這方面的滋潤，甚至只工作數小時，也會產生退縮的症狀，好像身體缺乏水及食物。

二、尋找孤寂，享受自然

擁有豐富心智的人善用時間，他們會為自己尋找獨處的機會；心智貧乏的人，由於本性喜歡喧囂，獨處時往往感到寂寞。人們應該培養獨處的能力，享受寧靜與孤寂，常常進行反省、寫作、聆聽、準備、想像、沉思、放鬆等活動。

三、經常養精蓄銳

每天鍛煉心智與體能，以保持身心巔峰。

在心智方面，我們建議培養廣泛且深入的習慣。比如加入培養主管的訓練課程，再慢慢地增加紀律與責任感。若能不斷充實自己，經濟上的安全感就不會依附在工作、老闆或人為制度上，而是靠自己的能力。未解決的難題是個龐大的未知領域，對有創見的人和能為自己創造價值的那些人而言，這裡永遠充滿機會。

波勒在所著《無限的機會》一書中認為，無法經常養精蓄銳的人，不但會發現自己的反應遲鈍，自己也變得陳腐不堪，為生存只好小心翼翼，採取防衛手段，並以安全為重，開始為自己打上一副金手銬。

四、樂意為他人服務

為了培養內在安全感，有些人願意盡力服務他人，並不求名利，但與日俱增的內在安全感與豐富的心智，就是最好的回報。

五、與別人維持長期良好關係

配偶或親密夥伴，在我們失去信心時，仍會關愛並相信我們。心智豐富的人會與許多人維持這種關係，當察覺到某人正在十字路口彷徨時，就會不辭辛苦地表達對那人的信任。

六、寬恕自己與他人

心智豐富的人不會為自己的愚蠢行為或社交過失而自責，也不會在意他人的莽撞。過去或明日的夢想不是他所關切的，這些人很理性地活在現在，仔細規劃未來，並靈活面對變動的環境。他們充滿幽默感、坦承錯誤並學著寬恕，滿懷喜悅去做能力範圍內的工作。

七、解決難題

這些人就是答案的一部分，知道如何將人與問題分開，把思考高度擺在整體利益上，而不在立場上爭辯。別人會慢慢察覺他們的誠意，合力為解決問題貢獻心力。在這種交流過程中產生的解決方案，比妥協、折衷的方案好得多。

第 2 章 明確目標

明確目標的力量

對於你來說，你的過去或現在是什麼樣並不重要，你將來想要獲得什麼成就才是最重要的。

永遠對你的未來懷有遠大的理想，否則你壓根就不會做成什麼大事，說不定還會一事無成。

現在畢竟是現在，過去則早已成為過去，誰能預料得到你的將來會是什麼樣子呢？ 有什麼能比將來更重要呢？

人們一般都知道，優秀的企業或組織都有 10 年至 15 年的長期目標。在這樣的企業或組織中，其決策或管理層總是在反省自己：「我們希望公司在 10 年後是什麼樣的呢？」他們總是按照這樣的想法來進行各項努力。對於他們來說，新的工廠並不是為了適應今天的需求，而是要滿足 5 年、10 年以後的需要。各研究部門也是在針對 5 年或 10 年以後的產品進行著各種研究和設計。

毫無疑問，你會從這樣的企業規劃與發展策略中得到某種成功的啟示，那就是：你也應該計畫 10 年以後的事情。

如果你希望 10 年以後變成什麼樣，那麼現在你就必須讓自己開始改變。

當然，對於你來說，這是一個很嚴肅的問題。

就像沒有計劃的生意做著做著就會走了樣，沒有了生活目標的人慢慢也會蛻變成另一個人。因為沒有了目標，我們根本無法成長。

那麼，這一切都是怎麼發生的呢？ 我們不妨還是用拿破崙希爾的故事來說明。

拿破崙· 希爾有一隻名叫「花生」的混血小狗，它活潑、聰明、可愛，是他兒子的開心果。一次，希爾的兒子提出和他一起為「花生」蓋一間狗屋，希爾答應了。於是，他們立刻動手，很快就把狗屋蓋好了。但是，由於他們的手藝太差，狗屋蓋得很糟糕。

狗屋蓋好不久，有一位朋友來訪，朋友忍不住問希爾：「樹林裡那個怪物是什麼？難道是狗屋嗎？」

希爾說：「那正是一間狗屋。」

朋友隨即指出了狗屋的一大堆毛病，又說：「你為什麼不事先計畫一下呢？如今蓋狗屋都是要照著藍圖來做的。」

不知你能從這個狗屋的故事中學到什麼。其實，在計畫你的未來時，不妨先為自己的未來畫個藍圖，千萬不要忽略了這一步。

一般來說，一個人獲得的成就要比他原先的理想小一點兒。所以你在計畫你的未來時，眼光要遠大一點才好。

拿破崙·希爾曾教過一位學員，他為自己制訂了一個未來10年的工作與生活計畫。

在這份計畫中，你可以看出，當學員在規劃自己住宅的時候，他就好像已經看到住宅將來的模樣了。

在計畫中，學員是這樣幻想的——或許你能從中受到某些啟示：

「我希望有一棟鄉下別墅，房屋是白色圓柱構成的兩層樓建築，四周的土地用籬笆圍起來，說不定還有幾個魚池，因為我們夫婦倆都非常喜歡釣魚。房子後面還要蓋個都貝爾曼式的狗屋。我還希望有一條長長的、彎曲的車道，兩邊樹木林立。

「但是一間房屋不見得是一個可愛的家。為了使我們的房子不僅是個可以吃住的地方，我還要盡量做些有價值的事，當然我們絕對不能背棄信仰，要盡量參加教會活動。

「10年以後，我會有足夠的金錢和能力供全家坐船環遊世界，這一定要在孩子結婚獨立以前早日實現。如果沒有時間的話，我就分成四五次，作短期旅行，每年到不同的地方去遊覽。

「當然，這些要看我的工作是不是很成功才能決定，所以要實現這些計畫，必須加倍努力才行。」

這個計畫是5年以前制訂的。他當時有兩家小型的「一角專賣店」，現在已經有了 5 家，而且已經買下 17 英畝的土地準備蓋別墅。他的確是在逐步實現他的目標。

你的工作、家庭與社交是緊密相關的，每一方面都跟其他方面有關。

但是影響最大的卻是你的工作。要知道，你家庭的生活水準，你在社交中的名望，大部分是由你的工作成就來決定的。

美國一個管理研究基金會曾經做過一次大規模的研究，希望找出擔任傑出主管所必備的條件。他們對全美的工商企業、政府機關、科學工程以及宗教藝術的一些領導者進行了問卷調查，他們得出了一個令人信服的結論：主管最重要的條件就是不斷追求進步。

其實，社會學家瓦那梅克先生早就忠告過我們，在他看來，一個人除非對他的工作、未來懷有積極進取的願望，並樂意去做，否則他肯定是做不出什麼成就的。

事實上，你如果妥善地運用你的進取心，你的身上往往就會產生十分驚人的力量。

拿破崙·希爾曾和一位學生有過一次十分有意義的談話。這位學生經常在大學報紙上發表作品，他的天分很高，有從事新聞事業的潛力。

這位學生畢業前，拿破崙·希爾問他：「畢業以後打算做什麼？準備搞新聞工作嗎？」

這位學生想了想說：「雖然我非常喜歡寫作和報導新聞，而且也發表過一些作品，可是新聞工作淨報導些零零碎碎的消息，我懶得去做。」

拿破崙·希爾大約有 5 年沒有聽到這位學生的消息。

有一天晚上，拿破崙·希爾忽然在奧爾良遇到了他。當時這位學生已經是一家電子公司的助理人事主任，他向拿破崙·希爾表達了他自己對這份工作的極度不滿。

他不無懊悔地說：「老實說，我的待遇很高，公司也有前途，工作又有保障，但是我壓根兒就是心不在焉，我很後悔沒有一畢業就參加新聞工作。」

從這位學生的身上，你可以看出，他對於許多事情都心存不滿，甚至已經對自己的工作產生了厭惡情緒。他將來根本沒有什麼前途，除非他立刻辭職，參加新聞工作。

要知道，成功是需要完全投入的，只有完全投入你真正喜歡的行業，才能迎來成功的一天。

事實上，如果這位學生當初按照他自己的喜好去做的話，或許他早就在新聞媒體事業方面小有成就了。而且從長遠來看，他的待遇也會比目前高得多，並且有更大的成就感。

目標不僅是你追求的最終結果，它在你整個的人生旅途中都發揮十分重要的作用。

目標是你成功之路的里程碑，它所發揮的作用是十分積極的。

在拿破崙希爾看來，明確的目標對於你成功的未來將會產生無法估量的價值，主要表現在：

一、目標可以使你看清自己的使命

每天，你都可能遇到對自己的人生和周圍的世界不滿意的人。

只是，你也許還不知道，在這些對自己處境不滿的人當中，有98%的人卻對自己心目中喜歡的世界沒有一幅清晰的藍圖。

他們沒有改善生活的目標，沒有用一個人生的目標去鞭策自己。結果，他們就只能繼續生活在一個他們無法改變的世界上。

有一次，一位醫生向拿破崙·希爾講到了自己的退休問題。這位醫生對活到百歲以上的老人的共同特點做過大量研究。

在一次講演中，這位醫生叫聽眾思考一下長壽者的共同特點。大多數聽眾以為這位醫生會列舉食物、運動、節制煙酒以及其他能影響健康的東西。

然而，令聽眾驚訝的是，醫生告訴他們，這些壽星在飲食和運動方面沒有什麼共同特點，他們的共同特點是對待未來的態度——他們都有人生目標。

制訂人生目標未必能使你活到100歲，但它卻必定能增加你成功的機會。

人生如果沒有目標，你將會一事無成，你只能永遠碌碌無為的活在這世上。

美國一位著名的企業總裁比尼曾說：「一個心中有目標的普通職員，會成為創造歷史的人；一個心中沒有目標的人，只能是個平庸的職員。」

二、目標有助於你安排事情的輕重緩急

制訂目標的一個最大的好處是有助於你安排日常工作的輕重緩急。

沒有目標，你就很容易陷進跟理想或是與目標無關的日常瑣碎事務當中。

一個忘記最重要事情的人，只會成為瑣事的奴隸。

有人曾經說過：智慧就是懂得該忽視什麼東西的藝術。相信你能明白這個道理。

三、目標引導你發揮潛能

美國一家傳媒曾經報導，有 300 條鯨魚在追逐沙丁魚時，不知不覺被困在了一個海灣裡。

對此，評論員佛列克· 布朗· 哈里斯這樣評論說：「是這些小魚把海上巨人引向了死亡。鯨魚因為追逐小利而暴死，為了微不足道的目標而空耗了自己的巨大能量。」

沒有目標的人，就像上面報導的那些鯨魚，他們有巨大的力量與潛能，但他們把精力都集中在小事情上，而小事情使他們忘記了自己本應做什麼。

當然，要發揮潛力，你必須全神貫注於自己的優勢方面。

目標能助你集中精力。

不僅如此，當你不停地在自己有優勢的方面努力時，這些優勢就會進一步得到發展。

拿破崙· 希爾告訴我們，在達到目標時，你自己成為什麼樣的人比你得到什麼東西更重要。

四、目標使你有能力把握現在

只有成功人士能把握現在。

人是在現實中透過努力來實現自己的目標的。希拉爾· 貝洛克曾說：「當你做著將來的夢或者為過去而後悔時，你唯一擁有的現在卻從你手中溜走了。」

雖然目標是朝著將來的，是有待將來實現的，但目標卻使你有能力把握住現在。

事實上，大的任務是由一連串小任務和小步驟組成的，實現任何理想，都要制訂並且達到一連串的目標。每個重大目標的實現都是靠幾個小目標小步驟實現的結果。

所以，如果你把自己的精力集中在此時此刻手邊的工作上，心中明白你現在的種種努力都是為實現將來的目標鋪路，那麼你就肯定會一步步走向成功。

五、目標有助於你評估事業的進展情況

如果你仔細觀察，你不難發現，那些不成功的人往往都有個共同的毛病，他們極少評估自己在事業方面取得的進展。他們大多數人要麼就是壓根兒不明白自我評估的重要性，要麼就是根本無法評估自己在事業方面取得的進步。

六、目標為你提供了一種自我評估的重要手段

如果你的目標是具體的，它看得見也摸得著，那麼你就可以根據自己與最終目標的距離來評估目前取得的進步。

有位自稱為發明家的人為他的最新發明製作了漂亮的模型，這個模型有無數的飛輪、齒輪、滑輪和電燈，一按電鈕就動起來，而且燈會亮。

有人問：「這個機器是做什麼的？」

發明家回答說：「它不能做什麼，但是，這機器的運轉不是挺優美的嗎？」

這聽起來難道不滑稽可笑嗎？

有了目標，我們就不會像那個發明家一樣了。

七、目標使你未雨綢繆

對於那些成功的人士來說，他們總是提前決斷，而不是事後補救。

他們提前謀劃，而不是坐在那裡等待別人的指示。

他們不允許別的人操縱他們的工作進程。

不事前謀劃的人是不會進步的。也許你早就知道諾亞方舟的故事，諾亞並沒有等到下雨了才開始造他的方舟吧。

目標能說明你事前為自己好好的謀劃，目標迫使你把要完成的任務分解成可行的步驟。

要想製作一幅通向成功的交通圖，你就必須先有目標才行。

美國歷史上的著名政治家富蘭克林早就說過：「我總認為，一個能力很一般的人，如果有個好計畫，他是會大有作為的。」

八、目標使你把工作重點從工作本身轉到工作成果上

那些不成功的人總是將工作本身與工作成果混為一體。他們以為大量的工作，尤其是艱苦的工作，就一定會帶來成功。

但任何活動本身並不能保證成功，且不一定是有用的。要讓一項活動有意義，就一定要使它朝向一個明確的目標。

也就是說，成功的尺度不是你做了多少工作，而是你究竟取得了多少成果。

法國博物學家讓亨利· 法布林所做的一項研究結果最能說明這一問題了。

法布林研究的是巡遊毛蟲。巡遊毛蟲在樹上排成長長的隊伍前進，由一條蟲帶頭，其身後緊跟著另外的夥伴。

法布林把一組毛蟲放在一個大花盆的邊上，使它們首尾相接，排成一個圓形。這些毛蟲便開始行動了，像一個長長的遊行隊伍，沒有頭，也沒有尾。法布林在毛蟲隊伍旁邊擺了一些食物，但這些毛蟲想吃到食物就必須解散隊伍，不再一條接一條前進。法布林預料，毛蟲很快會厭倦這種毫無用處的爬行，而轉向食物。

可是毛蟲沒有這樣做。出於純粹的本能，毛蟲沿著花盆邊一直以同樣的速度走了 7 天 7 夜。 要知道，它們這樣走，會一直走到餓死為止的。

毛蟲遵守著它們的本能、習慣、傳統、經驗、慣例，或者隨便你叫它什麼好了。它們幹活很賣力，但終無所獲。

許多不成功的人就跟這些巡遊毛蟲差不多，他們自以為忙碌就是成就，做事本身就是成功。可是事實上，他們卻一無所獲。

目標恰好有助於你避免這種情況的發生。

如果你制訂了目標，又定期檢查工作進度，你自然就會把重點從工作本身轉移到工作成果上了。單單用工作來填滿每一天，這對你來說根本不意味著成功。

取得足夠的成就來實現你的目標，這才是評估你的成績大小的正確方法。

隨著一個又一個目標的實現，你就會逐漸明白實現目標需要的力氣究竟有多大了。

不僅如此，你往往還能悟出如何用較少時間來創造較多的價值，這會反過來引導你制訂更高的目標，實現更偉大的理想。隨著工作效率的不斷提高，你對自己、對別人也就會有更加準確的看法了。

你難道不這樣認為嗎？

選擇你的目標

在你的日常生活和工作中，你會發現，許多人似乎是不分白天黑夜地埋頭苦幹。但是，當你問他們這樣是為了什麼的時候，他們大多會搖頭作答，甚至無言以對。因此，事實上，他們雖然在幹，卻對自己的明天與未來一片茫然。

他們根本就沒有目的與目標。

或許，有一天他們能突然悔悟，但是這時他們的狀況似乎已經和當初確定的目標失之交臂了。

你是否有一個明確的目標呢？

你必須要有一個目標，否則你就會難以實現你的理想，正像要你從一個從未到過的地方回來一樣。

除非你有準確、固定、清晰的目標，否則你就不會察覺到自己的最大潛能到底有多少。

你永遠只會是一個「徘徊中的普通人」，儘管你本可以是個「有意義的特殊人物」。

一個沒有目標的人就像一艘沒有舵的船，永遠漂流不定，只會到達失望、灰心和喪氣的海岸。

美國財務顧問協會的前任總裁路易斯·沃克曾經接受過一位記者有關穩健投資計畫的採訪。

其間，記者問道：「使人無法走向成功的因素到底是什麼呢？」

沃克不假思索地回答：「模糊不清的目標。」

記者請沃克進一步解釋什麼是「模糊不清」。

沃克說：「我在幾分鐘前就問你，你的目標是什麼？你說希望有一天可以擁有一棟山上的小屋。這就是一個模糊不清的目標。問題就在‘有一天’，這個時間不夠明確。因為不夠明確，成功的幾率也就不大。」

沃克緊接著又說：「如果你真的希望在山上買一間小屋，你就必須先找出那座山，計算你想要的小屋的價值，然後考慮通貨膨脹，算出 5 年後這棟房子值多少錢。接著你必須確定，為了達到這個目標你每個月要存多少錢。如果你真的這麼做了，你可能在不久的將來就會擁有一棟山上的小屋。但如果你只是說說，夢想就可能不會實現。」

在這裡，沃克告訴你的其實是，夢想是令人愉快的，但沒有配合實際行動計畫的模糊夢想，則只是妄想而已。

為強調這一點，我們不妨再為你講一個有趣的故事，相信從這個故事中我們總能悟出點兒什麼。

有一位妻子叫他的丈夫到商店買火腿。丈夫買完後，妻子就問他為什麼不叫肉販把火腿末端切下來。

聽了妻子的話，丈夫不解地問為什麼要把末端切下來。

妻子則回答說，她母親就是這麼做的。

這時妻子的母親正好來訪，他們就問她為什麼總是切下火腿的末端。

沒想到妻子的母親回答說，她母親也是這樣做的。

於是，為了得到最終的答案，他們便決定去問妻子的外祖母，以解決這個困擾三代的「火腿末端之謎」。

最終，外祖母的答案竟是：她之所以切下末端是因為當時的燒烤爐太小，無法烤出整隻火腿罷了。

現在你可以明白，即便是為了一個火腿的末端，這位外祖母也是有她行動的理由的。

那麼，你做事都有你行動的理由嗎？

在你的一生中，你有過明確的目標嗎？

你的目標是怎樣的，是具體的還是空泛的，是長期的還是短期的？拿破崙·希爾是這樣告訴你的：

沒有長期的目標，你就可能會被短期的種種挫折所擊倒。

理由再簡單不過了，沒人能比你自己更關心你的成功。

或許，你會發現，在你的日常生活和工作中，有人在試圖為你的進步與成功設置種種障礙。

但實際上，阻礙你進步與成功的最大敵人不是別人，正是自己。

別的人或許可以使你暫時停止你的進步與事業，而你自己卻是唯一能使你永遠堅持下去的人。

如果你沒有長期的目標，暫時的阻礙就可能成為永遠堵塞你前進的東西。家庭問題、疾病、車禍及其他你無法控制的種種情況，都可能是你成功與事業的重大障礙。但是，只要你有長期的目標，它們都只會是暫時的。

當然，透過有關拿破崙· 希爾成功學的講解，你慢慢就會知道該如何去面對消極與積極的因素，並對這種消極與積極的因素作出正確的反應。

你會明白：一次挫折，無論它的大小怎樣，它既成為起點，使你不斷進步，也可以成為絆腳石，使你倒退。

當你剛開始設定長期的目標時，不要嘗試去克服所有的阻礙。如果所有困難一開始就被消除得一乾二淨，便沒有人願意嘗試有意義的事情了。

比如，你早上離家之前，查詢一下網站所有的路口交通燈是否都變綠了，外人可能會認為你大驚小怪。你應該知道，你是一個一個的通過紅綠燈，你不僅能走到你目力所及的地方，而且當你到達那裡時，你經常能見到更遠的地方。

查理· 庫爾曾說：「成為偉大人物的過程並不像急流般的尼亞加拉瀑布那樣傾瀉而下，而是緩慢的一點一滴聚集而成。」

偉大與接近偉大的差異就是是否能領悟到：如果你期望成功，你就必須每天朝著你的長期目標踏踏實實工作。

舉重選手都知道，如果他想實現偉大的目標，他就必須每天去鍛煉肌肉。

每一對想培育出有教養的可愛孩子的父母，他們都知道孩子的人格與信仰的形成是每天不斷培養而成的結果。

每天的目標是人格最好的顯示器，它包括奉獻、鍛煉與決心。

目標遠大會給人帶來創造性的火花，使人有可能取得成就。

正如約翰· 賈伊· 查普曼所說：「世人歷來最敬仰的是目標遠大的人，其他人無

法與他們　　相比……貝多芬的交響樂、亞當· 斯密的《國富論》，以及人們贊同的任何人類精神產品……你熱愛他們，因為這些東西不是做出來的，而是由他們創造性地發現的。」

那些成功的人士都是這樣取得成功的。

對於那些奧運金牌的獲得者來說，他們的成功並不僅靠他們的運動技術，而且還靠其遠大目標的推動。

商界領袖也一樣。

政界精英亦然。

遠大的目標就是推動人們前進的夢想。隨著夢想的實現，你會明白成功的要義是什麼。

沒有遠大的目標，人生就沒有瞄準和射擊的物件，就沒有能給你帶來希望的更加崇高的使命。

還是道格拉斯· 勒頓說得好：「你決定人生追求什麼之後，你就做出了人生最重大的選擇。要想如願，首先要弄清你的願望是什麼。」

有了理想，你就看清了自己最想取得的成就是什麼。有了目標，你就會有一股順境也好逆境也罷都要勇往直前的衝勁，你的目標使你能取得超越你自己能力的東西。

你必須要有遠大的目標。當你有了遠大的目標時，你才會有偉大的成就。

自古以來偉大的領導人物都有一個明確的目標，這是他們領導眾人的基礎。追隨者如果知道他們的領袖是位胸懷遠大目標的人，並以一種無畏的勇氣堅持行動，去實現這一目標，他們一定會心甘情願地追隨這位領袖。當一位有著明確目標的騎士握緊韁繩時，即使是一頭倔強的馬也可以感受出來，會很溫順聽從這位騎士的指揮。當一位有著明確目標的人行經人群時，眾人都會閃至一旁，給他讓出一條道路來。但如果某人猶猶豫豫，讓人感到他自己也不知　道要去向何方，那麼人們將會擋住他的去路，拒絕給他讓路。

即便在家庭教育中，父母培養孩子時，如果缺乏明確的目標，造成的損害也是很大的，而且也很容易察覺得到。孩子們很快就能覺察出父母的懷疑態度，並很自然地利用這種態度來應付父母。具有明確目標的人，無論在什麼時候都會受到他人的景仰與關注，這是生活中一個亙古不變的真理。如果一艘輪船在大海中失去了舵手，在海面上打轉，它很快就會耗盡燃料，無論如何也到達不了岸邊。事實上，它所耗掉的燃料足以使它來往於海岸和大海好幾次。一個人若沒有明確的目標，以及為實現這一明確目標而制訂的確定計畫，不管他如何努力工作，都會像一艘失去方向的輪船。辛勤的工作和一顆善良之心並不完全能使一個想要獲得成功的人達到目的，假使他並未在心中確定自己所希望的明確目標，他又怎能知道自己已經獲得了成功呢？

每棟高樓大廈聳立之前，一開始就要有一個「明確的目標」，另加一張藍圖作為其明確的建築計畫。試想一下，如果一個人蓋房子時，事先毫無計畫，想到什麼就蓋點什麼，那將會是什麼樣子。

然而，現實生活中，我們很多人就是在沒有明確目標或計畫的情況下盲目的接受教育，然後找份工作，或開始從事某一行業。難怪他們這些人中獲得成功的人很少！其實，現代科學已能夠提供相當準確的方法來分析人們的個性，以幫助其決定自己大致適合的事業。

一個人能否獲得成就，取決於其所具有的綜合能力。能力就是「各種努力的組合」，而組合的第一步就是要有「明確的目標」。因此我們很容易看出，目標真是我們行事時不可或缺的原動力。當一個人選定一項明確的目標之前，他會把自己的所有精神和思想浪費在很多分散細小的項目上，這樣他不但無法獲得任何能力，反而會變得優柔寡斷、膽小懦弱。

只需借助一個小小的放大鏡，你就可以明白「各種努力組合」的價值。你可以利用一個放大鏡，把太陽光集中於一個點，長時間集中於此，陽光會變得十分熾熱，這時，可以在厚紙板上燒出一個洞，甚至燃燒起來。如果把放大鏡（明確的目標）拿走，讓太陽光照射在同樣的厚紙板上，即使照射萬年這塊紙板也不可能會被燒掉。

1000顆乾電池，如果用電線把它們正確地組合連接起來，將可產生足夠的電力，讓一台大型的機器轉動。但如果把這些電池一顆顆分開，將沒有任何一顆電池能夠帶動機器，即使短短的一瞬間也辦不到。你的思想活動過程也完全如此。當你把自己所有的能力組合起來，朝著生命中「明確的目標」前進時，就可以獲得一種令人驚奇的力量。

鋼鐵大王安德魯· 卡內基給人們提出了這樣一個忠告：「把你所有的雞蛋放在同一個籃子裡，然後看好這個籃子，不要讓任何人把它踢翻。」

很顯然，這一忠告意在告訴我們，不要因為從事次要工作而分散我們的精力。卡內基是位頗有見地的企業家，他懂得如何讓大多數人專注於某項工作，並集中精力去做，最終他們將把這項工作完成得很出色。

有一次，一位沒有雙腿的男子遇見了一位瞎子。這位男子為了證明自己是位有「遠見」的人，就向瞎子提議，如果他們兩人聯合起來，可以對雙方帶來莫大的好處。他對瞎子說：「你讓我爬到你的背上去，這樣我就可以利用你的腿，而你可以利用我的眼睛。我們兩人合作協調起來，做起事來就可以更快一點。」果不其然，兩人經過合作，產生了更大的力量。這一點值得我們一再強調，因為世界上最大的財富就是利用這種相互合作的原則而累積起來的。一個人單槍匹馬，不管他自己具有多強的組織能力，終其一生，他所能成就的事情也只是微乎其微的。但如果一個人能夠與別人合作，他所能取得的成就將無限巨大！

如果你經常觀看比賽就不難發現，獲勝的一隊肯定是隊員之間配合最默契的隊，他們獲勝靠的是其卓越的團隊精神。人生這場大賽也同樣包含了這樣的道理呀！

在你爭取成功的奮鬥過程中，你應該時時記著，你必須知道你所要的是什麼，你必須清楚知道「明確的目標」，以及如何透過團結合作去實現你的明確目標。一般而言，幾乎每個人都有一個目標——那就是渴望賺到大錢。但在拿破崙· 希爾看來，這算不上是一項明確的目標。在你的目標尚未明確之前，你仍必須作出決定，確定自己打算將以哪種方式賺錢。如果你只是說，你將從事某個行業來賺錢，這一點是不夠的。你必須決定究竟要從事哪種行業，以及如何開展這一業務。

拿破崙· 希爾曾經對 16000 人做過調查，在所使用的問卷中，有一個問題：「你生命的明確目標是什麼？」許多人的回答是：「我生命中的明確目標是服務於這個社會，並賺錢過日子。」很顯然，這種回答就像「坐井觀天」的青蛙對宇宙大小的評判那般毫無意義。

如何設定你的目標

拿破崙·希爾的成功學告訴我們，設定一個合適的目標，等於達到目標的一半。毫無疑問，你的目標一旦設定，成功就會容易多了。

你要保持高效率，制訂目標就不應該只此一次。你不能訂好目標後，就安安心心躺下睡覺，訂出來的目標還需要隨時檢查、規劃、執行，你還必須以長遠的眼光評估，因為客觀情況下有時需要你靈活調整。環境改變，情況改變，你的觀點改變，你所確定的目標也必須相應修改。

你一定要記住：在實現目標的過程中，進步比達到既定目標更加重要。

制訂目標應該成為你的生活方式。每一個人都必須在某一點起步，只有這樣，才有可能成為一個時時都想著自己目標的人。

但是，大多數人並非天生就有這個本領，要具備這樣的本領，有時需要學習。有些人總是把目標用籠統的語句表達，比如說：「當一名成功的醫師。」有的則比較具體，如：「要發明能有效治療胃痛或頭痛的藥物。」

廣泛的事業目標也有用，因為它們有整體的觀點，可以解放想像力，幫助我們探究所有可能的選擇。但廣泛的目標卻不能使我們確定「自己到底想要做什麼」。由於這個緣故，我們需要更具體的事業目標。

每個人都有自己的事業宏圖，並以能實現自己的理想形象為滿足。拿破崙·希爾建議說：「你必須先確定目標，在腦中繪製一幅最好的事業形象，使它栩栩如生。然後運用想像力，使它和你形影不離，同起共坐，同心協力，最終達到目標。」

為什麼要擁有一個具體的事業目標呢？

具體來講，選擇一個明確的主要目標，有著心理及經濟上的兩項理由。

一個人的行為總是與他的主要思維互相配合，這是一項公認的心理學原則。刻意深植在腦海中、並維持不變的任何明確的主要目標，在下定決心實現之際，這個目標將滲透到整個潛意識，並自動影響外在行動。

第 2 章 明確目標

如何設定你的目標

心理學上有一種方法，你可以利用它將明確的目標深刻印在潛意識中，這個方法就是所謂的「自我暗示」，也就是你不斷對自己提出各種暗示。這等於是某種程度的自我催眠，但不要因此就對它產生恐懼。拿破崙就是借助這個方法，使自己從出身低微的科西嘉窮人，最後成為法國的皇帝；林肯也是借助同樣的方法，走出了肯塔基山區的一棟小木屋，最後成為世人矚目的美國總統。

只要你能確定，你所努力追求的目標，將為你帶來永久的幸福，你就不用害怕這種「自我暗示」。但一定要清楚，你明確的目標具有建設性，它不會為任何人帶來痛苦，它將為你帶來安詳及成功。你就可以按照你了解的程度運用這項方法，迅速達成目標。

潛意識就像一塊磁鐵，當它徹底與任何明確目標發生關係之後，它就會吸引達成這項目標所必備的條件。

以上是從心理學觀點來談，現在，再來看看這個問題的經濟因素。

當一個人選定某一項明確目標之前，他會將精力浪費、分散在很多事物上，這不但使他無法獲得任何成績，反而使他變得優柔寡斷。你應該把精力集中，朝生命中一個明確目標前進，充分利用合作或凝聚，並經由這個方法產生力量。

一個人的精力和才智極其有限，面面俱到者終將一事無成。我們都了解見異思遷的人，他們一下子覺得「我能成為一名偉大的軍事家」，一會兒又認為「我要做一名著作等身的大文豪」，一下又改口說「我要創業易如反掌」。這類人是天才幻想家，最終只能是一事無成的失敗者。

拿破崙曾說：「戰爭的藝術就是在某一點上集中最大的優勢兵力。」

拿破崙在緊急情況下從來不會躊躇，他總是立即抓住自認為最明智的做法，即使犧牲了其他所有可能的計畫和目標也在所不惜，因為他從不允許其他的計畫和目標不斷擾亂自己的思維和行動。這是一種有效的方法，充分體現了勇敢決斷的力量。換句話說，就是要立即選擇最明智的做法和計畫，而放棄其他所有可能的行動方案。

根據歷史記載，拿破崙之所以遭遇滑鐵盧的慘敗，就是因為他沒有快速決斷，而在此之前，他總能在緊急關頭快速化險為夷。

憑藉偉大的意志力，拿破崙的鐵騎幾乎征服了整個歐洲。無論是在重要的戰役中，還是在微小的細節上，他同樣能迅速決策。這就像是一塊巨大的凸透鏡，它能聚集太陽的光線，甚至可以熔化最堅硬的岩石。

美國鋼鐵巨頭安德魯·卡內基告誡年輕人說：「獲得成功的首要條件和最大秘密，是把精力和資源集中於所做的事業上，一旦開始，就決心要成為龍頭，要出類拔萃，要點點滴滴改進，要用最好的狀態盡力投入。」

有一位女士決定進入銷售事業，而這個工作目標對她而言，似乎是小了一點。這位女士及她的先生，在拿破崙·希爾的一次講座上與拿破崙·希爾相識。這對夫婦很貧窮，然而在演講結束後，他們都受到非常大的鼓舞。拿破崙·希爾認為，每個人選擇成功目標，就好像從菜單上選擇想吃的菜一樣——選擇沒有對錯之分。我們的選擇對我們而言無疑是正確的，也是我們想要擁有的，接下來的問題，便是努力實現這個目標。

拿破崙·希爾問這位女士的先生，在他生命中想要什麼？ 他給了一個非常例行性的回答——車子、房子、遊艇及其他物質財產，他的目標集中在他「想擁有什麼」，而不是他「想成為什麼」或「想做什麼」。

然後拿破崙·希爾問這位女士想要什麼，她說：「我有兩個女兒，我愛她們勝過我自己。每天我送她們去學校，心裡很清楚她們是學校裡穿得最糟糕的兩個女孩，等明年學校拍集體照的那一天，我要讓我的女兒穿著全新、漂亮的衣服去學校，而不是穿著我們從二手貨店挑出來的衣服。」

這位女士是真正清楚她所想要達到的目標，而且如果我們引導她，從正確的方向開始朝目標前進，她絕對有足夠的動力來達成這個目標。

對於其他的人而言，這個目標似乎太微不足道；但對這位女士來說，卻是一個非常偉大的目標。目標的大小並不是重點，最重要的是要有目標，一個你真正想要達成的目標。

大約一年多後的某天，那位女士打電話給拿破崙·希爾說：「我想寄給你一張照片，我不會覺得難為情或令你感到尷尬，因為我想讓你知道，我的女兒真的穿著新衣到學校照相。」

她終於實現了拿破崙· 希爾對她的期望，但更重要的是，她實現了自己當初想要達成的目標。

由此看來，目標具體明確，才能有益於成功。不具體、不明確的目標終歸只是空想。目標不應是一些虛詞，如美好的未來、幸福的生活、巨大的成就等。當你設定一個目標時，必須先在心裡想像自己實現目標時的情境，描繪一幅完整清晰的成功景象，並隨時將那幅景象刻在腦海中;倘若如此，總有一天你的目標會變成現實。

事實上，在發展個人事業的過程中，具體目標與你個人渾然一體。所以，你必須首先充實自己的知識，豐富自己的人生經驗，樹立高尚的理想和正確的人生觀，從而開始創造自己的理想人生。但只有理想，只有所謂的具體事業目標遠遠不夠，你還必須立刻採取切實的行動實現它。

希爾建議，假如你有一個廣泛的事業目標，而你想要擬訂一個具體計畫，下面就是你應該做的：在紙的頂端寫下那個廣泛的目標，然後自問：「我的具體目標是什麼？」並把它們記錄下來。現在，這些目標已經足夠具體了，能提供你所需要的說明了嗎？ 假如仍舊不能，再就每一點發問：「我如何達到這個目標？」最後你會發覺，眼前出現的是金字塔形的靶心圖表，塔尖是廣泛的目標，底部則是無數具體的目標，它們直接指向具體的行動計畫。

具體明確的目標，由於具有形象化的特點，它會牢牢地釘在你的記憶中，它會像電腦軟體，輸入你的大腦，進入你的潛意識，在不知不覺中引導你朝目標方向行動。

明確的目標讓我們有所依據行動，否則我們就會像無頭蒼蠅一樣到處亂竄。當我們有了目標與方向時，就有理由不斷前進，不斷成長，開創新天地，發揮創造力。

鋼鐵大王安德魯· 卡內基正是制訂了明確目標並使之實現的人。

卡內基原本是一家鋼鐵廠的工人，但他憑著製造及銷售比其他同行更高品質產品的明確目標，漸漸成為全美最富有的人之一，並且還在全美國的小城鎮中捐蓋圖書館回饋社會。

他的明確目標已不只是一個願望而已，它已形成了一股強烈的慾望，而只有發掘出你的強烈慾望才能使你獲得成功。

認識願望和強烈慾望之間的差異極為重要，我們每個人都希望得到更好的東西——金錢、名譽、尊重等，但大多數的人僅僅只是把這些當做一種願望。如果知道自己最希望得到什麼，如果對達到自己的目標的堅定性已到了執著的程度，而且能以不斷的努力和穩健的計畫來支持這份執著的話，那麼你就已經是在發展明確的目標了。

慾望，是你明確人生目標的決定性因素。沒有人能夠替你選擇你最想要的，一旦你決定了什麼是你最想要的東西，它會立即成為你明確的目標，並一直占據你腦海中最重要的位置，直到把它轉變為事實，令你感到滿意為止——除非其他慾望占據了主要位置。

這裡有兩個重要的心理原則需要了解並記住：

第一，人類身體上的每一種自發性行動，都是經由大腦引發、控制和指引。

第二，潛意識中存在的任何思想或念頭，將會產生一種相應的感覺，並要求你把那種感覺轉變成適當的行動，並與潛意識中的那種感覺保持絕對一致。

例如，如果你想要眨眼睛，而你腦海中並沒有相反的力量阻止這項行動，這時運動神經將透過大腦指揮系統傳達想法，相應的運動立即產生。我們也可以從另一個角度來說明這個原則，例如，你選擇了一項明確的目標作為你一生的事業，並已下定決心實現這一目標。從你作出這一選擇的那一刻起，這項目標就成為你潛意識中最重要的一個念頭，你將不斷尋找各種事實、資料和知識，利用它們完成這項目標。

要想實現一個人生命中明確的目標，這個目標應該建立在一種強烈的慾望之上。科絕對、毋庸置疑地證明，經由自我暗示的原則，強烈的慾望將充滿整個身體與腦海，並確實將頭腦轉變為一塊強力磁鐵，只要慾望的最終目的合理，頭腦就可以吸引它。對於那些無法了解這一點的人，我們可以用另一種方式來闡述這個理論。例如，光是渴望擁有一部汽車，汽車不會自動開到你的眼前；但如果對一部汽車懷有強烈慾望，這種慾望將導致適當的行動，或許能讓你做到以分期付款的方式買下一部汽車。

僅僅渴望自由，永遠無法使那些身受桎梏的人獲得自由，除非他擁有強烈獲得自由的慾望，並採取合法的具體行動才能重獲自由。從慾望到現實有一連串的步驟。首先，要有熱烈的慾望，然後把這一慾望確定為一項具體的明確目標，最後採取適當行動以實現那一目標。記住，這三步是獲得成功所必需。

喬治· 派克製造出了世界上最好的鋼筆，雖然他是在威斯康辛州的傑尼斯維這個小鎮開創他的事業，但他能把產品行銷到全球各地，世界上每一個國家都有該公司的鋼筆陳列出售。在幾十年前，派克先生在他腦中訂立了一項明確的目標，這一目標就是要生產出世界上最好的鋼筆。他以實現這項目標的強烈慾望作為他「明確目標」的基礎。如果社會中的一位上層人士身上帶了一支鋼筆，那它很有可能就是一支派克鋼筆，這是派克先生成功的最佳證明。

這個世界從來沒有像今天這樣充滿眾多的機會。從各方面來看，各種人才的需求正在不斷增加，諸如能夠製造更有效捕鼠器的人、速記能力更強的人、挖水溝挖得比別人好的人，或是能夠經營好一家旅館的經理人等，這些人才都是各行各業所熱烈追求的。

讀完本章的內容之後，你應該先作出決定：什麼是你一生中的主要目標，把它寫下來，貼在你每天早上起床之後和每晚就寢之前都容易看得到的地方。

不要拖延，你已經知道，你將燃燒的木材必須由你自己來砍，你喝的水要靠你自己來挑，你生命中明確的主要目標更要由你自己來決定，那麼為什麼不儘快實行你早已知道的道理與原則呢？

從現在開始，分析你的慾望，找出你所真正需要的，然後下定決心去得到它。當你要選擇你「明確的目標」時，必須謹記，不能把目標訂得太高太遠。另外還要記住一個永遠不變的真理：如果不在一開始就訂下明確的目標，那麼你將一事無成。如果你生命中的目標模糊不清，你的成就也將難以確定，即使有的話，也會顯得微不足道。要先弄清楚你自己需要什麼，什麼時候需要，你為什麼需要，以及你打算如何得到。

你明確的主要目標應該成為你的「嗜好」。你應該隨時帶著這項「嗜好」行動，你應該帶著它睡覺、吃飯、玩耍、工作，和它生活在一起，時時「想」著它。這樣它才會眷念於你。

不管你需要的是什麼，只要你真的有想得到它的心理，那麼你就一定會得到。

你現在已擁有了成功的鑰匙。現在所要做的，只是打開成功殿堂的大門，然後走進去。但必須是你主動走到殿堂門前，它是不會走到你面前的。如果你對這些法則尚不熟悉，你最初的進度一定不順利。你將跌倒很多次，但一定要爬起來繼續往前走。很快你將爬到山頂，你將看到下面山谷中豐富的財產，那將是你信心與努力的豐厚報酬。

目標必須靠自己去實現

拿破崙·希爾的成功學深刻地揭示出「化目標為成功」的現實必然性和可能性，它也同樣告訴了你所必須採取的具體步驟。

行動是成功之母。

你可以界定你的人生目標，並認真制訂各個時期的計畫，但如果你不行動，還是會一事無成。

如果你不行動，在這裡我們不妨為你設想一下後果，比如說，你想計畫去歐洲旅遊。

為此，你為自己制訂了一個十分詳細的旅行計畫，花了幾個月的時間來閱讀自己所能找到的有關歐洲各國的各種資料——法國、德國、義大利等國家的歷史、地理、哲學、文化、藝術等。

你還研究了整個歐洲的地圖，仔細研讀了一些旅遊指南，並為此準備了旅行的必需品（比如藥品什麼的），並制訂了詳細的日程表，而且最後也已經預訂了飛往法國巴黎的機票。

總之，可以說是萬事俱備只欠東風了，而你並沒有付出行動。

大約 1 個月後，也就是你預定回國的日子之後的某日，你在大街上碰到一位要好的朋友。

朋友問：「此次歐洲之行有何觀感？」

毫無疑問，如果你不是自欺欺人地大講一番夢中的歐洲之行，你肯定回答：「哎呀，我 壓根兒就沒去！」

或許，你還會說出一大堆自我解嘲似的原因。

而你肯定想不到，朋友在聽了你那一大堆原因後，已經對你這個人的品性與人生態度了然於胸；或許，他也已經對你為人處世的能力大打折扣了。

試想，今後你的朋友還敢和你合作任何事業嗎？

因為事實上，與其說你是一個思想者，還不如說你是一個隻知空想的夢想家。

當然，但願這只是我們在這裡對你的一種設想。因此，你必須牢記：沒有行動的人只是在做白日夢。

冥思苦想，謀劃如何有所成就，是不能代替身體力行和實踐的。

成功目標實現的過程是循序漸進的過程，沒有經過許多波瀾壯闊的曲折就成功的例子實在是少之又少。

當我們「迂迴前進」時，並沒有改變原來的目標，只是選擇了另一條道路而已，目的地並不會改變。

規定一個固定的日期，一定要在這個日期之前把你想做的事情做好。如果沒有時間表，你的船永遠不會「靠岸」。

在你的有生之年，當「現在就做」的提示從你的潛意識閃現到你的意識中，要求你做應該做的事情時，應該立刻投入適當的行動，這是一種能使你成功的良好習慣。

這種良好的習慣是事業成功的有效途徑，它將影響到日常生活及事業的每一個方面。它可以使你迅速完成你不喜歡做的事，它能使你在面對不愉快的問題時，不至拖延，它能幫助你抓住那些寶貴的、一經失去便永遠追不回的時機。

拿破崙· 希爾在將目標變為現實這方面為我們做出了好榜樣。

1908 年，年輕的希爾在田納西州一家雜誌社工作，同時又在上大學。由於工作上的傑出表現，他被雜誌社派去訪問偉大的鋼鐵製造家安德魯· 卡內基。卡內基十分欣賞這位積極向上、精力充沛、有闖勁、有毅力、理智與感情又平衡的年輕人，他對希爾說：「我要你用 20 年的時間，專門研究美國人的成功哲學，然後給出一個答案。但除了寫介紹信為你引薦這些成功人士之外，我不會對你做出任何經濟支持，你肯接受嗎？」年輕的希爾相信自己的直覺，勇敢地承諾「接受」！以至數年後，希爾在他的一次演講中說：「試想一下，全國最富有的人要我為他工作 20 年而不給我一丁點兒薪酬。如果是你，你會對這建議說 YES 還是 NO？如果識'時務'者，面對這樣一個'荒謬'的建議，肯定會推辭的，可我沒有這樣做。」

在卡內基對希爾的挑戰中就包括了明確的目標——研究美國人的成功哲學，以及達到目的的時限——20 年。長談之後，在卡內基的引薦下，希爾遍訪當時美國最富有的 500 多位傑出人物，對他們的成功之道進行了長期研究，終於在 1928 年，他完成並出版了專著《成功定律》一書。從 1908 年開始，到 1928 年完成並如願以償，正好是 20 年。

《成功定律》這本書震動了全世界，激發了千千萬萬的人去致富或成名。

7 年以後，希爾做了羅斯福總統的顧問。與此同時，他又開始撰寫《思考致富》，這本書於 1937 年出版。隨後，他又將《成功定律》與《思考致富》兩本書加以總結，得出成功學領域著名的 17 項成功法則，明確的目標正是這 17 項成功法則之一。而將目標變為現實的步驟是拿破崙·希爾親身經歷所得。

立刻行動吧！制訂目標，變目標為現實，你會發現你離成功已越來越近。

實現目標的捷徑

人們一直很想知道，人要如何才會達成心願？在很久以前，人們就相信那些做出輝煌成績的人在追求成功的過程中會留下痕跡。人們深信，我們能分毫不差地學習別人的做法，就能夠做出和他們相同的成就，因為種瓜得瓜、種豆得豆。就好像一對夫婦在結婚二十五載之後，依然一往情深，我們可以從他們的生活中找出他們的相處之道，並運用於自己的婚姻生活裡，並期望能得到相同的結果。

在一個偶然的機會裡，希爾發現了一門叫做神經語言學的學科，簡稱 NLP。顧名思義，神經與腦子有關，語言就是意念表達。簡單地說，NLP 就是研究語言對神經的影響。我們相信自我控制神經系統的能力有特別之處。那些表現不凡的人，就是透過神經系統傳送特別的資訊，以致有不凡的成就。

NLP 研究的是人們用什麼傳送方式，能使自己達到最積極的狀態，進而採用最佳的做法去行動。雖然神經語言學只是一門學術理論，但它的功效之大卻是我們以往聞所未聞的。在以前，只有精神病醫生和少數從事預言占卜的人知道。

當希爾第一次看到它的功效時，立即就認定那是以前從未經歷過的東西。當時有一位 NLP 的專家正在為一位患恐懼症有三年之久的婦女治療。不到 45 分鐘，她的恐懼就消失了，令希爾看得不覺愣住，決定要一窺其究竟。NLP 提供一個系統的架構，讓我們能控制頭腦，使我們不僅能掌握自己的態度和行為，也包括旁人的反應和行為，說得更明白一些，它就是一門告訴你如何善用頭腦來達成心願的科學。

拿破崙· 希爾又告訴我們，NLP 完全提供了我們一直在尋找的東西，讓我們握有開啟神秘之門的鑰匙，得知為何某些人能夠不斷地做出最令人滿意的結果，就像有些人能夠在早晨快速且容易地清醒並且朝氣蓬勃，他們是怎麼辦到的？ 既然要先有行為才會有結果，那麼是哪一種特殊的心理和生理行為，能在清晨產生輕易清醒的神經生理過程？ 答案就在 NLP 裡。NLP 有一個先決條件，就是人人的神經系統都是相同的，如果某個人能做某件事，　　只要你用相同的方式去運用你的腦子，那麼你也能做同樣的事。

這種從他人身上準確地找出他們達到特殊成就的不尋常過程，就稱之為模仿。

別人能夠做到，我們同樣能夠做得到。這跟我們的意願無關，只涉及使用的方法，也就是參照那些人是怎麼去做的就行了。如果某人是拼單字高手，那麼他必然有一套讓你也成為此中高手的方法，只要四五分鐘便可學習。如果你有位與子女溝通很在行的朋友，你也可用相同的方法做到。

當然，比較複雜的就需要更長的時間去模仿和複製。不過，在你不斷調整和變更的過程當中，你若有強烈的意願和十足的信心，那麼任何人、任何事都可學成。有許多例子顯示，有些人之所以能達到目標，是靠多年之功，歷經無數的失敗，才找出一套特別之道。但是你可別走他們的老路，只要遵循使他們成功的經驗，不需花費像他們那樣多的時間，也許不用多久就可以達到像他們那樣的成就。

能推動和震撼世界的人，往往都是那些擅長模仿的人，他們精於學習的藝術，能踩著別人的腳印前進而不是貿然向前闖，因為他們知道生命有限。在日常生活中，若你留意市場上暢銷書排行榜，你就一定會發現，排名前幾名的，絕大多數的書裡都包含一些教你能表現得更佳的模式。例如彼得·杜拉克在《創新與企業家精神》一書中，就指出要做一位傑出的企業家及創新者所需的特別做法。他說得十分明白：「創新不是一個非常特殊且微妙的過程，而成為一個企業家也並無神秘與神奇之處，別以為他們是天生的成功者，那可是經過訓練才學會的。」別懷疑他的話，他就是因強調模仿的技巧而被視為現代企業管理學之父的。另外，像《一分鐘經理人》一書，就是有關人際溝通、簡化並有效管理人際關係的典範著作，裡面列舉了很多美國最傑出經理人的範例。再如《追求卓越》一書，則提供了一份全美最成功企業的範例。當然，像這類的書不勝枚舉。

相信本書裡面也包含了許多範例，教你控制心智、身體和與他人之間的聯繫，進而做出驚人的成果來使你的人生事業獲得巨大的成功。此外，希望你不單學會這些成功的模式，更盼望你能超越他們，創立自己的模式。

學好這種模式，我們完全可以使一個人進步。但拿破崙·希爾更希望我們能了解它的過程、架構和法則，這樣才能在複製上成功，無往不勝。不要只學會各種模式，要不拘一格，不斷地尋找更多、更新而且更有效的方法，去實現你事業成功的心願。

你要像個偵探，像個測量員，不斷地質疑並找出別人得以成功的痕跡來。拿破崙·希爾和羅賓曾尋找出使手槍射擊更準確的模式，提升了美國陸軍射手的射擊水準。他們曾觀察空手道高手的打法，從而學會了其中的精髓。他也幫助過職業運動員，提高他們的成績。這一切研究，都是從那些水準高的人歷次的表現中找出模式，並告訴他們如何運用，再現佳績。

人生大部分的學習，其基本觀點之一，就是從他人的成功裡汲取經驗。在科技領域中，無論是工程或電腦設計，每往前跨一步，都是循著先前的發現而突破。在商界裡不向前人學習，就必然會遭遇很多挫折。這個道理是我們都深信不疑的。

然而，在人類行為的世界，大部分人卻依然使用過時理論及資料。我們中有許多人，還在那種 19 世紀心智行為的模式中打轉。例如把某件事命名為「沮喪」，你知道會怎樣？我們就真的開始沮喪起來。真的，那些理論真是絲毫不爽的預言呢！不過，本書可教你一套可以立即實現美夢的技術、原則、規律和方法。

模仿對每個人而言都不困難，事實上，我們每時每刻都在模仿。孩子是怎麼學會說話的？ 體壇新手是怎麼跟前輩學習的？ 一個有抱負的商人又是怎麼成立他的公司的？ 全是模仿來的。在這裡舉個商場中簡單的模仿例子。現代社會有個通性，就是在甲地可行的，往往在乙地也能適用。所以有些人能夠在商場賺大錢，就是透過我們所說的模仿方式。如果有人在東京開了一家生意興隆的巧克力糕餅店，那你看著吧，在台北也會成立相同的店；如果有人在台北經營一樁專門供應奇裝異服以達到吸引顧客效果的生意，很有可能在高雄和台中都很快會有類似的生意出現。所以有很多人事業成功，就是在市場尚未飽和之前，把甲地成功的做法，依樣畫葫蘆搬到乙地去，就這麼成功了。類似的情形下，你也可以擷取別人業已證明有效的方式再複製一個。如果可能，再改進一下，成功對你來說就有如探囊取物一般了。

當今世界，最成功的模仿者應首推日本。日本令人目眩的經濟發展背後是什麼？ 是了不得的創新？ 可能有一些吧，但是如果你翻開過去幾十年的工業歷史，就會發現很多重大的新產品或尖端的科技並不是發源於日本。日本人只不過是剽竊了美國的點子和商品，包括從汽車到半導體的一切東西，再加以巧妙的模仿，保留精華，改進其餘部分。

卡內基被公認為世界首富，你知道他是怎麼辦到的嗎？ 很簡單，他模仿洛克菲勒、摩根和其他金融鉅子。他留意那些人的一舉一動，研究他們的理念，模仿他們的做法，於是，他就有了今天。所以，成功者與失敗者之間的差異，不在於他所處的境地，而在於他選擇以什麼角度去看待自己，從哪些方面去著手行動。

透過相同的模仿程式，你讓你自己很快地得到所追求的結果後，仍要繼續尋找能在短時間內取得傑出成就的其他思想行為模式，並整理成一個體系，這被稱為「最佳績效技巧」，而其做法就構成本書的主幹。

雖然書中介紹了許多模式，但我們要再次強調，希望各位不僅熟用這些模式，而且能不斷創造出屬於你自己的模式和做法。有句話說得好，對任何事別太過自信，否則總有失靈的時候，不錯，NLP 是件有力的工具，但那只是讓你用來拓展你自己的方式和做法，沒有任何做法是永遠暢通無阻的。

模仿絕不是一件新事物，每一位偉大的發明家都是沿著他人的發現創造出新東西來的，每個孩子也是從他周圍的事物開始去模仿的。

但是，值得各位注意的是，我們中有許多人總是漫無目標、胡亂模仿，往往隨意地向某甲拿一點，向某乙取一點，結果卻忽視了更重要的東西。有時從這裡模仿了些好的，卻又從那裡模仿了些壞的，雖然有心向我們所尊敬的人學習，但卻不知從何處下手。

在你身旁充滿著你想像不到的機會和方法，希望你能像個模仿者一樣開始思考，經常留意那些成功者的行為方式。如果看見某人表現突出，自己心裡就立刻跳出一句話：「他是怎麼辦到的？」我也希望你能不斷地追求卓越，從你所看到的每件事裡開發特點，並學到有效的做法，那麼只要你願意努力，便能有相同的成就，獲得巨大的成功。

將目標進行到完成

任何有目標的計畫都必須全力以赴，堅持到底，否則你永遠無法得到你想要的一切。

亨利· 福特在成功之前因失敗而破產過 5 次。邱吉爾直到 62 歲才成為英國首相，他最偉大的貢獻是在成為老年人後完成的，那時的他已經經過了無數次失敗和挫折的洗禮。18 位出版人拒絕了理查· 巴哈的 1 萬字的短篇故事《天地一沙鷗》，最後才由麥克米倫出版公司於 1970 年發行。到了 1975 年，這本書僅在美國一地就售出 700 萬本。

在成功的過程中，堅毅是無可取代的。但我們時常會發現，許多失敗的人都是有特殊天分的。他們擁有許多大好的機會，只因為太快放棄而未能成功，他們的熱情也在一夜之間為懶惰和不耐煩所取代。

堅毅和決心是能否完成工作的關鍵。如果你想成功，你就必須將計畫進行到底。

拿破崙· 希爾認為，不管你做什麼，都要下定決心，全力以赴。

萊莉喜歡她的馬——愛麗絲，但現在，她生氣、傷心、失望而沮喪。此前，她一連花了幾個星期來清洗、裝扮和訓練這匹馬，就為了這次大型的展示活動。這天，她淩晨 3 點就爬了起來，細緻入微地給愛麗絲梳洗裝扮，從頭到腳給它修飾了一番，一絲一毫都沒放過。愛麗絲的鬃毛被編成了漂亮的辮子，它的尾巴修飾得像一件藝術品；它的皮毛像擦過的金屬一樣閃閃發亮；它的蹄子在陽光的照耀下閃閃發光；還有馬轡、韁繩、馬鞍，都被擦洗得乾乾淨淨。萊莉的裝扮也毫無瑕疵，她像個嬌小可愛的洋娃娃一樣走進了大會的賽場。但是愛麗絲在比賽時該跳的時候卻偏偏不跳。由於命令下了三次它都沒有跳，便被取消了參賽資格。這就意味著萊莉這幾十天來的辛苦工作都付之東流，她贏得桂冠的夢想也化成了泡影。

當你受到挫折時，你可能會縛起雙手，失去你所擁有的東西；或者你會挽起袖子，讓自己有個新的開始，找回你想要的東西。萊莉· 金克拉，這位 16 歲的小姑娘，她決定重新去找到她想要的東西——一匹可以奪冠的馬。她給愛麗絲標了一個價碼，並在報紙上登廣告出讓。她堅持不降價，經過一番討價還價，她終於如願以償。她把這筆錢存入銀行，開始尋找另一匹理想的馬。萊莉拜訪當地的馬房，參觀馬的展覽，閱讀每一份登載有關馬的資訊的報刊，最後她終於得到一匹漂亮但有點「嫩」的馬——巴特· 拉姆，它是一匹出生兩年後就被閹割了的小馬。萊莉和巴特· 拉姆第一次相見，便互相喜歡上了對方——但還有個小問題，巴特· 拉姆的身價，要遠遠超過萊莉轉讓愛麗絲所得的錢。但萊莉堅決不要父母的經濟援助。

這種情形只會放慢萊莉前進的腳步，但決不會阻止她繼續向前。因為萊莉認為如果想要什麼東西就必須去爭取。她還相信實現目標的基本法則是：你能看到多遠，你就能走多遠，當你到達了你目所能及的地方時，你就會發現你還能看得更遠。為了買下巴特· 拉姆，茉莉用轉讓愛麗絲得來的錢作為本錢，然後列出一個湊齊那筆錢款的計畫。她找到了一份工作，用賺來的錢付清了帳目。她還找來行家幫助她訓練巴特拉姆，一切費用自己支付。萊莉和巴特拉姆經過長時間的辛苦訓練，終於開始贏得一場又一場比賽。萊莉房間的牆壁上掛滿了各種顏色的獎牌，她獲得了比她為巴特· 拉姆付出的多 4 倍的獎金。

人生的目標就像遠方的獵物，你必須用意志去瞄準，用恆心去射擊。意志和恆心是缺一不可的。

有恆心才是一個人成功的根本，沒有恆心的人，遇到困難就容易灰心，遇到險阻就會中途放棄。

哥白尼之所以成名，就是因為他對天文學的鑽研有一種持之以恆的決心；拿破崙之所以成功，就是他對軍事上有一種持之以恆的決心；哥倫布之所以成名，就是他對新大陸的探索有一種持之以恆的決心；發明蒸汽機的瓦特，發明輪船的富爾敦，以及愛迪生、馬可尼等無數成功成名的人物，都是因為對自己所研究的事業抱有一種特有的決心。那些著名的政治家、哲學家、文學家也都是如此。

可以這麼說，世界上如果有 100 個人的事業獲得了巨大的成功，那麼，走向成功的道路就至少有 100 條。然而，請想像這樣一個人，死神在他事業的路上如影隨形，他卻矢志不移地走向了成功。他就是家喻戶曉的諾貝爾獎的奠基人——弗萊德·諾貝爾。

1864 年 9 月 3 日，就在這天，寂靜的斯德哥爾摩市郊，突然爆發出一聲震 耳欲聾的巨響，滾滾的濃煙霎時沖上天際，一股股火焰直竄雲霄。僅僅幾分鐘的時間，一場慘禍發生了。當驚恐萬分的人們趕到現場時，只見原來的一座工廠只剩下殘垣斷壁，火場旁邊，站著一位 30 多歲的年輕人，這場突如其來的慘禍已使他面無人色，渾身不住地顫抖著……

這個大難不死的青年，就是後來聞名於世的弗萊德·諾貝爾。諾貝爾眼睜睜地看著自己所創建的硝化甘油炸藥實驗工廠化為灰燼。人們從瓦礫中找出了五具屍體，四人是他的親密助手，而另一個是他正在上大學的小弟弟。五具燒得焦爛的屍體，令人慘不忍睹。諾貝爾的母親得知小兒子慘死的噩耗，悲痛欲絕；年邁的父親因大受刺激而引起腦溢血，從此半身癱瘓。然而，諾貝爾在失敗面前卻沒有動搖。

事情發生後，警察局立即封鎖了爆炸現場，並嚴禁諾貝爾重建自己的工廠。人們像躲避瘟神一樣地避開他，再也沒有人願意出租土地讓他進行如此危險的實驗了。但是，諾貝爾沒有退縮。幾天以後，人們發現在遠離市區的馬拉侖湖上出現了一隻巨大的平底駁船，駁船上並沒有裝什麼貨物，而是裝滿了各種設備，一個年輕人正全神貫注地進行實驗。毋庸置疑，他就是在爆炸中得以死裡逃生，卻被當地居民趕走的諾貝爾！

無畏的勇氣往往令死神也望而卻步。在令人心驚膽戰的實驗裡，諾貝爾依然持之以恆地行動，他從沒放棄過自己的夢想和他心中的目標。

皇天不負苦心人，他終於發明了雷管。雷管的發明是火藥史上的一項重大突破，隨著當時許多歐洲國家工業化進程的加快，開礦山、修鐵路、鑿隧道、挖運河等都需要炸藥。於是，人們又開始親近諾貝爾了。他把實驗室從船上搬遷到斯德哥爾摩附近的溫爾維特，正式建立了第一座硝化甘油工廠。接著，他又在德國的漢堡等地建立了炸藥公司。一時間，諾貝爾研製的炸藥成了搶手貨，而他的財富也與日俱增。

然而，諾貝爾好像總是與災難相伴。不幸的消息又接連不斷地傳來，在舊金山，運載炸藥的火車因振盪發生爆炸，火車被炸得七零八落；德國一家工廠因搬運硝化甘油時發生碰撞而爆炸，整個工廠和附近的民房變成了一片廢墟；在巴拿馬，一艘滿載著硝化甘油的輪船，在大西洋的航行途中，因顛簸引起爆炸，整個輪船葬身大海……

一連串駭人聽聞的消息，再次使人們對諾貝爾望而生畏，甚至把他當成瘟神和災星一樣恨之入骨。面對接踵而至的災難和困境，諾貝爾沒有一蹶不振。他的毅力和恆心使他對已選定的目標義無反顧，永不退縮。在奮鬥的路上，他已經習慣了與死神朝夕相伴。

大無畏的勇氣和矢志不渝的恆心最終激發了他心中的潛能，他最終征服了炸藥，嚇退了死神。諾貝爾取得了巨大的成功，他一生共獲專利發明權 355 項。他用自己的巨額財富創立的諾貝爾獎，被國際學術界視為一種崇高的榮譽。

諾貝爾成功的經歷告訴我們，恆心是實現目標過程中不可缺少的條件，恆心是發揮潛能的必要條件。恆心與不懈的追求結合之後，便形成了百折不撓的巨大力量。

只要你眼光看準一個目標，將計畫堅持進行到底，你一定會成功。

堅定的決心能創造奇蹟

決心獲得成功的人都知道，進步是一點一滴不斷努力的結果。

房屋的砌成是一磚一瓦的累積；

足球比賽的最後勝利是由一次一次的得分積累而成的；

商店的繁榮也是靠著一個一個的顧客創造的；

每個重大的成就都是一系列的小成就綜合而成的。

著名的作家兼戰地記者西華 萊德先生，曾在1957年4月號的美國《讀者文摘》上撰文，記述了他的成功歷程。他在文章中表示，在他的一生中，他所收到的最好忠告就是：繼續走完下一里路。

在這裡，你不妨讀讀他的文章。

「第二次世界大戰期間，我跟幾個人不得不從一架破損的運輸機上跳傘逃生，結果迫降在緬印交界處的樹林裡。當時我們唯一能做的就是拖著沉重的步伐往印度走，全程長達140英里，而且必須在8月的酷熱中和季風所帶來的暴雨侵襲下，翻山越嶺，長途跋涉。

「才走了1個小時，我其中一隻長筒靴的鞋釘就扎到了另一隻腳。傍晚時雙腳都起泡出血，像硬幣那般大小。我能一瘸一拐地走完140英里嗎？別人的情況也差不多，甚至更糟糕。他們能不能走呢？我們以為完蛋了，但是又不能不走。為了在晚上找個地方休息，我們別無選擇，只好硬著頭皮走完下一英里路……

「當我推掉其他工作，開始寫一本25萬字的書時，心一直安靜不下來，我差點想放棄一直引以為榮的教授頭銜，也就是說幾乎不想幹了。

「最後我強迫自己只去想下一個段落怎麼寫，而非下一頁，當然更不是下一章。整整6個月的時間，除了一段一段不停地寫以外，什麼事情也沒做，結果居然完成了。

「幾年以前，我接了一件每天寫一個廣播劇本的工作，到目前為止一共寫了2000個。如果當時簽一張'寫作20個劇本'的合約，我一定會被這個龐大的數字嚇倒，甚至把它推掉的。好在我每次只是寫一個劇本，接著又寫一個，就這樣日積月累真的寫出了這麼多。」

從西華·萊德的文章裡你是否悟到了點兒什麼？

你難道不覺得西華·萊德的「繼續走完下一里路」的主張對你也很有用嗎？

按部就班做下去是唯一能實現目標的聰明做法。

人們都知道抽煙有害健康，但是，想要戒煙的人總是不斷地在戒，卻又不斷地在抽，戒煙的辦法也是嘗試了一個又一個，卻都沒有效果。

其實，最好的戒煙辦法就是一個小時又一個小時地堅持下去，以小時為時間單位不斷地重複下去。

這個辦法並不是要求他們一開始就下決心永遠不抽，而只是要他們決心不在下一個小時抽煙而已。

當這個小時結束時，只需把他的決心改在下一小時就行了，當抽煙的慾望慢慢有所減輕時，時間就延長到兩小時，再延長到一天，最後直到完全戒除。

那些一下子就想戒除的人一定會失敗，因為心理上的感覺一時消除不了。要知道，一小時的忍耐很容易，可是永遠不抽就並非易事了。

想要實現任何目標，都必須按部就班做下去才行。

對於那些初階經理人員而講，不管被指派的工作多麼不重要，都應該看成是「使自己向前跨一步」的好機會。

踏踏實實地做每一件細小的工作都是你將來擔當更重要工作的必要的積累。

一位推銷員每做成一筆交易時，他就為自己邁向更高的職位積累了條件。

一位教授每一次的演講，一個科學家每一次的實驗，都是向前跨一步、更上一層樓的好機會。

有些時候，某些人從表面看來似乎是一夜成名，但是如果你仔細看看他們的歷史，就知道他們的成功並非偶然。事實上，他們早已投入了無數心血，為成功打好了堅實的基礎。

那些暴起暴落的人，聲名來得快，去得也快。他們的成功往往也只是曇花一現而已，因為他們並沒有深厚的根基與雄厚的實力。

富麗堂皇的建築物都是由一塊塊獨立的石塊砌成的。單獨的每塊石塊本身並不美觀，但是當其按照規劃被堆砌到一起時，它們卻變得那樣的美輪美奐了。

成功也是如此。

你的下一個想法不論看來多麼不重要，你都要設法將其變成邁向最終目標的一個步驟，並且馬上去實行。

時時記住下面的問題：

「這件事對我的目標有沒有說明？」

如果答案是否定的，你自己不必去做；如果是肯定的，就要加緊推進。

我們無法一下子成功，只能一步步走向成功。

所謂優良的計畫，就是自行確定的每個月的進度。

想想看，你該怎樣才能提高自己的效率。

你應該經常留意那些小事，以便增強你承擔大事的能力與條件。

規劃目標的方法

一、規劃未來遠景

思想深邃的人不光只看到自己的現狀，還注重自己未來的發展。如果你沒有長期的眼光，很難建立有意義的事業。

從現在起的 10 年之中，你想做什麼呢？ 一個為期 10 年的事業規劃，必然會摻雜些幻想，誰知道以後會發生什麼事呢？ 由於可能出現許多未能預料、未可預知的事，任何一幅「未來藍圖」都不可能完全實現，但令人驚訝的是，卻有那麼多人真的實現了他們的長遠目標。國外成功學家做的「立契蒙調查」中有 11 個人（占全部 20%）正在從事他們 16 歲以前就憧憬的事。

未來藍圖不僅是目前趨勢的合理延伸，它還需要配合價值觀、信念和直覺，把可能性和心志做成新的組合。

長遠事業的建立，最常見的阻礙也許就像有些人所表示的這種感覺，他們說：「我不太確定自己到底想要幹什麼，所以我只是做一天算一天。」

缺乏長期計畫的指引，往往使一個人不能集中衝刺的力量。成功人士斷言，先準備好再上路，這是至關重要的。

這樣做不但可以建立事業，也利於個人發展。人只有努力去完成計畫，才會知道如何能使自己成功。凡是在事業基礎奠定階段忽略了計畫發展的人，後來都不太可能趕上那些擁有完備計畫的人。

未來藍圖是人的必要工具，它集中了創業者的思想，給人以有序感和目標感。但「藍圖」得來不易，他們以情感為基礎，而人類情感卻是邏輯思考無法滲透的。事實上未來藍圖是靠發現得來的，而不是追求得到的，它是透過省思、創見的感覺得來的。

有人發現，成功的事業需要異乎尋常的創意，並需要人從當前思路的限制中脫離，以便拓展開闊眼界。傑瑞便覺得這一點很重要，他敘述這個過程時說：「我的事業受 1976 年買的一本書影響最大，如果我告訴你書名，你大概不會相信，這本書叫《苦行僧的故事》，那是一本蘇菲教徒的故事集，其中有個故事深得我心。故事是說，一天晚上，有個人遺失了一把鑰匙，他就在燈光下找了許久。其實，他的鑰匙落在了比較暗的地方，但他卻一直在最明亮的地方尋找。我深為這個故事所迷惑——人，的確是習慣停留於自己熟悉的範圍內。從此，我決心大膽嘗試，突破這種慣性，而且對每件事情都抱著疑問的態度。只要不放過每一個問題，通常都會發現一片新的天地。」

患肌肉退化症的瑪格麗特，以她個人的獨特方式補充說明了這一點。她說:「對我而言，生命是質的問題，不只是量的問題，我本可以把我的生命看做是個悲劇，但我決心不這樣想。我漸漸對生命中一些簡單的事物有了新的看法，比如平安、美麗、朋友。我學會了感激，並走出個人自私的範疇，從一個完全不同的角度看世界。」這種觀念是豐富而吸引人的，它為未來生活提供了動力。

看清自己的慾望，是個人動力的重要來源。所以，「真心想要什麼，才比較可能實現」。這看似荒謬的觀念，現在已愈來愈受支持了。

這當中的假設是，如果你極為渴望某件東西，你實際去爭取的可能性就會增加。

二、描繪事業藍圖

設定事業生涯的藍圖時，有一部分可以是幻想，但不應是不符合實際的空想，它有五個基本步驟：

1· 明確的假定。

在繪製藍圖時影響你事業的內外假定，都要明確表達出來，而且要測驗它們有無合理的連貫性和現實性。

2· 詳細的設定。

有效的未來藍圖就像建築師的模型，而不是二維的圖畫。

有用的未來藍圖一定要完全清晰可辨，這是確保該圖不致沒有價值或僅流於形式的先決條件。不詳盡的藍圖只是一種空幻的冒險，因為它給人虛幻的指引，而沒有可作正確決定的必要深度。所以，凡想依靠虛幻夢想，而不將思考付諸理性分析的創業者，是拿自己的未來在冒險。

3· 令人振奮的圖景。

有用的未來藍圖是樂觀而有激勵作用的，因為對前途抱著悲觀看法無疑是一種錯誤。

包含有希望和進步的未來藍圖給創業者的好處最大，它提供途徑讓人表達充滿積極力量的情緒。傑瑞，一個成功的企業家，便深知令人振奮的藍圖的價值，他曾這樣接受記者的採訪：

記者：你向來都是如何決定投入一項新的冒險的呢？

傑瑞：一部分是勇氣問題。我先看清楚吸引我的是什麼，然後開始思考，看我對這些有什麼感覺，我希望能迸發興奮的心情。我們比我們所想像的還聰明，如果事情的前景是不錯的，我可以感覺得出來。

記者：大部分是「感覺」問題嗎？

傑瑞：起初是，但之後我會把這些觀念交給自己反覆思考，我從每個角度推敲，絕不潦草做這個評測。假如觀念能夠抵擋住這樣嚴酷的考驗，到那時候——只有到那時——我才會認真去想如何實施它。

記者：所以這是心與智的結合。

傑瑞：正是，但其中還有一個成分，我稱它為「吸引力」。例如，我可能相信某事，但仍對它沒有興趣；我必須對那件事有興趣，而且是被強烈地吸引才投入進去，這才是走對了路。

4. 切合實際的長期目標。

有效的未來藍圖絕對不可能是不可思議的。假如未來藍圖只有理論上的可能性，但未來面臨的情況很難預料，什麼事都可能出現，又怎能測試未來藍圖實際與否呢？

安東尼· 羅賓告訴我們，聰明的創業者不會把他（她）的未來，放在假設會有許多奇蹟出現才能把事情做成的基礎上。

5. 堅定的原則。

事業的未來藍圖可說是一份豐富的報告書，它呈現了你此生希望實現的事業。這些事業不可避免地與信念及價值觀有關，假如你不知道什麼事值得去做，你怎能辨別該往哪裡走呢？

卡洛琳對這一點說得很清楚：「我一向希望受人讚賞，我隨時準備為權宜利害犧牲自己的一部分生活；生活品質是藉藝術和經常接觸美好事物而提升的，我沒有辦法證明這一點，但我卻如此深信。所以，要使這一點成為事實，對我而言非常容易。」

卡洛琳發現，她的價值觀是她未來藍圖的主要源泉，她會設法使一些信念成為事實。她已經發現一些澄清價值的原則，這些原則可作為一份有用的價值檢查表。一幅未來藍圖應符合這七個標準：

（1） 是自由選擇的。

（2） 是從幾個選擇中挑出來的。

（3） 每種選擇的結果，都一一做過評估。

（4） 所做的選擇備受重視，而且使人感覺「不錯」。

（5） 你對之感到驕傲，而且願意告訴別人。

（6） 你打算以行動來完成你的未來藍圖。

（7） 它適合你的整個生活模式。

6. 瞻望未來。

回答下列七個問題，作答前要充分思考，用鉛筆寫下來，以便你可以補充或迅速更改。

（1） 我想到哪 10 種目標，可以作為長期事業？

(2) 其中有哪些是我真正喜歡的？

(3) 吸引我的有哪些方面？為什麼？

(4) 哪些因素妨礙我自由選擇？如何妨礙？

(5) 回顧前四題答案，選出一個清晰、有意義，而且可以實現的藍圖，寫一段大約 100 字的敘述。

(6) 我怎樣才能讓別人完全了解我的藍圖？

(7) 我有沒有別的可能與之產生衝突的長期目標（將目標和衝突種類分列出來）？

以上是未來藍圖的報告大綱。撥點時間沉思，除了智力之外，也運用情感來幫助你。等你覺得已清楚要往哪裡走了，便可以繼續做下一步。

7・確定你的藍圖。

20 年來，商業界的成功者都漸漸注意到「市場」的重要，而由此引發的經營科學，使很多公司能決定什麼商品或服務可以繼續發展以保持自我優勢。

創業者若將自己視為「商品」，並且運用既成的市場學技巧做類似的分析，也可以從中獲益良多。

回答下列三個問題，找記事本寫下答案。除非你覺得很有信心，否則用鉛筆寫下來，並準備一塊橡皮擦。

(1) 我們每個人都擁有一些才能、技巧和資源等，可能別人想買，這一些就是我們「能出售的屬性」。回想你過去的時光，並把你目前能出售的屬性列出來，以便評估他們可能對「雇主／使用人」的吸引力。

(2) 現在你得想一想你的「競爭者」，就是也能夠提供你想提供的特質的團體、人、機構或電子系統。

① 把你今天面臨的實際競爭者列出來，並區分為「極弱」、「弱」、「中等」、「強」、「極強」各等級。

② 想一想往後 10 年內這些競爭者的可能變化，有什麼新因素可能影響他們競爭力的強弱？

(3) 接著考慮你要做什麼努力，才能發展出可以出售的新資產，藉此幫助你實現你的未來藍圖？

① 當你面對競爭時，你嘗試獲取什麼可以出售的新屬性？

② 往後兩年內，你計畫取得什麼可以出售的新屬性？

③ 你目前投資於發展可以出售的新屬性的時間比率是多少？

三、規劃頂尖目標

我們不要把賺很多錢當做是我們人生最重要的目標，大多數出類拔萃的人，都是以取得行業中的世界最頂尖的成功作為目標。

當你成為世界最頂尖的成功者時，會得到非常大的成就感，會感覺生命非常有意義，因為你每天都在不斷地自我成長、自我鞭策、自我操練，讓自己精益求精。

這樣的一個學習態度和精神，這樣的一個不斷自我超越的理念，會讓你感覺生命非常有價值，自己對人類也特別有貢獻。生命的動力，是來自於不斷地讓自己成功，不斷盡自己所能，來服務所有的顧客，提供給他們最佳的產品，和他們分享最好的理念，讓每一個人都可以獲益。

不斷地超越，是他們之所以成為頂尖人物的秘訣。例如，全世界最偉大的籃球巨星——麥克· 喬丹，他一直以成為世界最頂尖的籃球超級巨星為目標，一直以讓他所屬的芝加哥公牛隊得到冠軍為使命。

當麥克· 喬丹完成這兩個目標的時候，他的收益是巨大的，有無數的公司每年會付出幾百萬甚至幾千萬美金，要讓麥克· 喬丹使用他們的產品，成為他們的廣告代言人。

只要你能夠成為最優秀的人物，最好的結果也就會發生在你身上。

當你要得到一切最美好的事物，你就必須把自己變成最好的人，把成為行業中世界最頂尖的人物作為你人生的最終目標，這樣的話，你一定可以實現你的夢想。

四、規劃可達目標

我發現，很多公司都設立了目標，但他們都設立了一個遙不可及的目標，他們覺得把目標定得高一點，員工會表現得好一點，可是，並不完全是這樣的。

達到目標的決心是一定要有的，但假如目標設得太高而沒有達成，往往會帶給屬下非常大的挫折感。

人是很理智的，人之所以會行動，是因為他有成功的經驗，而有了失敗的經驗後，他就會停止不動。

最重要的是，我們要怎麼樣創造一個成功的經驗？ 如果要創造一個成功的經驗，就必須設定一個合理的目標來說明我們達成。

一旦有人可以達成這個目標的時候，他會覺得很有信心，很有動力，下一次，他會想辦法達成更大的目標。

這跟很多人學得的設定目標的方式都不一樣。而一個循序漸進的目標體系，通常會讓組織成長得更加快速，因為他們知道這樣一來他們一定會成功。

當他們相信自己的時候，他們的行動自然會出現，當他們不相信的時候，他們自然會害怕、恐懼、拖延、尋找藉口。

不妨你也為你的企業設立一個合理的可達成的目標，看看他們的潛能是否會被快速激發出來。

第 3 章 多付出一些

在工作之中融入愛的精神

只要將愛融入一個人所從事的任何工作中，這項工作的品質就會立即提高，數量也將大為增加，因工作而引起的疲勞感反而會相應的減少。

若干年前，有一群社會主義者——他們自稱為「合作者」。他們在路易斯安那州組織了一個集體農莊，買下幾百畝農地，開始為實現一個理想而工作。他們擬訂了一套制度，讓每個人去從事他最喜愛的工作。因為他們相信，只有這樣才能為他們在生活上帶來更大的幸福，進而減少大部分的憂愁。

他們的設想是不支付薪資給任何人。每個人的勞動成果歸大家享有。他們擁有自己的牧場、自己的製磚廠、自己的牛群和家禽等，還有自己的學校和印刷廠。透過印刷廠，他們出版了一份報紙。一位來自明尼蘇達州的瑞典移民也加入了這個集體農莊，根據他自己的要求被分配到印刷廠工作。過不了多久，他卻抱怨說自己不喜歡這項工作，於是他被調到農場工作，負責開拖拉機。但他只幹了兩天，就又受不了了。因此他又申請調職，分到了牛奶場工作。偏偏他又和那些乳牛處不來，於是再一次調職，這一次是到洗衣店工作，但也只待了一天而已。他就這樣一一試過裡頭的每一份工作，卻沒有一樣是他喜歡的。看來他並不適合這種合作式的生活方式，而他自己也打算退出這個集體農莊。

但就在這個時候，突然有人想到，有一項工作是他尚未嘗試過的。於是他領到了一輛獨輪手推車，被派去把製作好的磚頭從窯裡運到磚場上堆放整齊。一個禮拜過去了，他沒有發出任何怨言。當問到他是否喜愛這項工作時，他回答說：「這正是我所喜歡的工作。」

想想吧，竟然有人會喜歡搬磚的工作！不過，這個工作倒是很適合這個瑞典人的天性。他可以一個人做，而且這個工作不需要動腦，又不需承擔多大的責任，這正是他所希望的。

他一直做著這項工作，直到所有的磚都被運完並擺好為止。隨後他就離開了這個集體農莊，因為沒有運磚的工作可做了。他說：「這種美好平靜的工作已經結束，所以我想我該回明尼蘇達州了。」

當一個人從事他所喜愛的工作時，他能輕鬆地比該做的做得更好、更多。由此可見，每個人都有責任去找出一份他自己最喜愛的工作。

以愛的精神為自己喜歡的事情付出的勞動，過去不會白費，將來也不會白費，從前不會失敗，將來也永遠不會失敗。

尋找另外一點東西

我們總是在問，成功究竟意味著什麼，失敗又意味怎樣什麼？

其實，如果仔細思量，你就一定會發現，成功與失敗的差別其實是很小的，它們之間的距離只是一條細小的線所分割的那麼遠。

你的失敗距離你的成功或許只有一步之遙。

拿破崙· 希爾的成功學告訴我們，你的失敗也許只是因為你缺少了「另外一點東西」。

而同樣，你的成功也許是因為你經歷了很多的失敗，你多走了一些路，找到了別人未找到的「另外一點東西」。

拿破崙· 希爾的成功學認為：消極的心態往往是失敗的主要原因。

如果你保持一種積極心態來追尋成功，你就會不斷去努力，去尋找具有決定意義的「另外一點東西」。

只有那些一受到挫折就停止尋找「另外一點東西」的人才會永遠失敗。

有一位作曲家寫了一首歌，卻總是沒有機會發表，喬治· 科漢把它買了下來，再加上「另外一點東西」，結果這「另外一點東西」卻使科漢賺了大錢。

你一定想像不到，科漢在這首歌裡所加的「另外一點東西」只不過是間奏中的三個字：「呀！呀！哎！」

你肯定知道飛機是美國的萊特兄弟發明的，但你是否知道他們兩兄弟其實只不過是在別人的基礎上多加了那麼一點東西就成功了呢？

早在萊特兄弟發明飛機前，就有別的發明家已經差不多把飛機造出來了。

萊特兄弟所用的是和別人一模一樣的原理，但是他們卻加上了「另外一點東西」。

他們創造出一種新的空氣動力方式，就是因為這一點進步，別人失敗了，他們卻成功了。

這「另外一點東西」在現代看來其實很簡單，他們只不過是把特殊設計後的活動機翼板加裝在兩機翼的邊緣上，好使飛行員能夠更好地控制並保持飛機的平衡。這些活動機翼板就是今日輔助翼的前身。

從科漢和萊特兄弟的故事裡，相信你能明白，無論怎樣的成功都只不過是比失敗多了那麼一點點東西，那「另外一點東西」有時甚至看起來都是微不足道的。

那麼，你該怎樣才能找到或是抓住這「另外一點東西」呢？

毫無疑問，這「另外一點東西」絕不會自動從天上掉下來的。

因此，這就要求你多動一些腦筋。

在此，拿破崙· 希爾的成功學將教給你怎樣來拓展自己的成功之路。

機會垂青於有所準備的人

拿破崙· 希爾認為，機會具有很強的親和性，它總是和那些喜歡和它交朋友的人交朋友。只有那些有著充分的心理準備和必要的物質準備的人，才能夠成為機會的成功把握者。

馬克道厄爾原本只是阿莫爾肥料工廠的廠長，他之所以由一個速記員走向自己事業的頂峰，都是因為他做了非他分內的一些工作。

馬克道厄爾最初是在一位懶惰的經理手下做事，那經理總是把事情推到自己下屬的身上。他覺得馬克道厄爾是一個可以任意驅使的人，因此經常指使馬克道厄爾幫自己做事。

馬克道厄爾也總是服服貼貼的，經理叫他做什麼他就做什麼。

不過，馬克道厄爾是一個十分細心的人，他在日常的生活中總是很注意觀察廠裡各方面的情況，尤其是老闆阿莫爾先生的個人喜好。

機會終於來了。

有一次，經理叫馬克道厄爾替自己編一本阿莫爾先生前往歐洲時用的電報密碼本。

這位經理的懶惰終於使馬克道厄爾擁有了成功的機會。

一般人編電碼都是隨便編幾個簡單的符號就了事，馬克道厄爾卻不一樣，他是將這些電碼編成了一本小小的書，然後用打字機很清楚地打出來，並好好地用膠水裝訂起來。

電報密碼本做好之後，經理便交給了老闆阿莫爾先生。

阿莫爾先生仔細地看了看電報密碼本，然後說：「這大概不是你做的。」

經理只好戰戰慄栗地回答：「是……馬克道厄爾……」

阿莫爾先生立即命令：「你叫他到我這裡來。」

馬克道厄爾到辦公室來了。

阿莫爾說：「小夥子，你怎麼把我的電報密碼本做成這樣子的呢？」

馬克道厄爾答道：「我想這樣你用起來可以方便些。」

幾天後，馬克道厄爾就在廠裡獨自擁有了一間辦公室。

又過了幾天，他便取代了自己的頂頭上司也就是那位經理的職位了。

從馬克道厄爾小小的成功中，你不難看出，如果他當初不是有所準備，沒有細心地多付出一點點，他是不會有成功的機會。

著名的房地產經紀人戴約瑟的成功經歷也能說明這一問題。

14 歲的時候，戴約瑟還只不過是一家貿易公司的助手，當時，在他看來，自己要做一個售貨員簡直是一件不可能的事，而這卻正是他最想做的。

正因為他有著想做一個售貨員的強烈慾望，因此他總是十分細心地觀察公司裡來來往往的顧客，觀察他們的一言一行，尤其是注意公司上下進貨供貨的流程安排，還不時地詢問求教。

機會終於降臨到了他的身上。

一天下午，從芝加哥來了一位大主顧。這天是 7 月 3 日，主顧要於 7 月 5 日動身前往歐洲。他在動身之前必須訂好一批貨，而這批貨要等到第二天才能辦好。但第二天是國慶日，是放假的日子。

按照一般訂貨的程式，主顧先把各色貨樣看過，然後選定他所想要的貨。售貨員再把所訂的貨與貨單一一核對。

於是，店家答應第二天將會有一個店員來為這位難得的大主顧辦理一切。

但是誰也沒想到，這位店員卻推託說他的父親非常愛國，絕不肯叫他把國慶日這樣浪費掉的。這當然是一種推託之辭，真正的原因只不過是他想去看球賽而已。

很多年以後，當戴約瑟已經是一位很著名的房地產經紀人時，他在一次和年輕行銷人員的談話中提到了後來發生的故事。當說到自己人生中這第一次成功的經歷時，他似乎還是那樣的回味無窮，他說：「我告訴那個店員說我願意代替他工作，結果我成功了。在 17 歲的時候，我便是一個售貨員了。」

從這個故事中你不難看出，見縫插針而又不打無準備之仗，對於一個夢想成功的人而言是多麼重要。

大概 40 年前一個春天的傍晚，有一個青年人進入底特律的克里夫蘭輪船公司的行李房裡，自告奮勇地向一個行李經理——也是愛爾蘭人要求幫他一個忙，以至於那個愛爾蘭人 被弄得莫名其妙。

那愛爾蘭人說道：「你說你願意為我提供幫助，但是不要錢？」

此時那個青年已經把衣服脫下來，好像老手一樣把它丟在箱子旁邊。

他笑著答道：「我是新來的導遊，就是想來看看這條航線的行李是怎樣處理的。」

「但是，夥計，」那個愛爾蘭人更覺得驚訝了，「現在已經過了 7 點，從 5 點半鐘開始員工就應該休息了，而公司方面在上班外的時間是不會給你額外的報酬的，無論你把手弄得多麼髒。」

「噢！ 那樣也沒關係，」那年輕人說，「這事是我自己願意的，我現在是想除了與乘客接洽之外，再學一點兒別的東西，而你這裡就是一個開始學習的好地方。」

「那麼，如果你非得幫助我不可，你就開始吧！」那愛爾蘭人最後說，「不過我覺得你恐怕是因為太寂寞了，如此美好的夜晚，大多數的年輕人都是想出去玩玩的。」

但是這個年輕人並不寂寞。他從搬運工幹起，最終升為底特律與克里夫蘭航業公司的總經理。

他就是湘茲。

你們要注意，這樣做額外的工作，必須是以一種充滿熱忱而又自覺有趣的精神狀態去做，這樣才是會有成效的。

上述的那些人對於他們的工作都是覺得有趣的，如果是以埋怨的態度去做，或是專門想引起同事或上司的注意，博取他們的同情或稱讚，那麼工作就一定不會有什麼成就。

成功的人並不是希望獲得稱讚，而是因工作本身有趣才這麼做的。這也就是說，對待工作的態度比工作本身還重要些。希望你能多做些，但是必須面帶微笑，否則不如不開始。

多付出一點點

如果你願意提供超過所得的服務時，那麼你遲早會得到回報，你所播下的每一粒種子都必將會發芽並帶來豐收。

你所付出的額外服務會為你帶來更多的回報。想想種植小麥的農夫，如果種植一株小麥只能收成一粒麥子，那根本就是在浪費時間，但實際上從一株小麥上可收穫許許多多的麥子，儘管有些小麥不會發芽，但無論農夫面臨什麼樣的困難，他的收成必定多出他所種植的好幾倍。

多付出一點點是一種很輕鬆很簡單便可付諸實施的原則。它實際上是一種你必須好好培養的心境，你應使它變為成就每一件事的必要因素。

如果你不是以心甘情願的心態提供服務，那你可能得不到任何回報，如果你只是從為自己謀取利益的角度提供服務，則可能連你希望得到的利益也得不到。

需要你付出的人，總會對你有所回報，你可能不是能滿足客戶要求的唯一的人，你應如何使對方特別注意你呢？ 其中的竅門就在於提供物超所值的服務。

多付出一點點

拿破崙·希爾向我們講述了這樣一個故事：

巴恩斯是一位擁有堅定決心卻沒有什麼資源的人，他決定要和當代一位最偉大的智者愛迪生合作。但是當他來到愛迪生的辦公室時，他不修邊幅的儀表，惹得裡面的職員們一陣嘲笑，尤其在當他表明要成為愛迪生的合夥人時，大家更是笑得前俯後仰。愛迪生從來就沒有什麼合夥人，但巴恩斯的執著為他贏得了面試的機會，並在愛迪生那兒得到一份打雜的工作。

愛迪生對他的堅毅精神有著很深刻的印象，但這還不足以使愛迪生接受他作為合夥人。巴恩斯在愛迪生那兒做了數年的設備清潔和修理工，直到有一天他聽到愛迪生的銷售人員在嘲笑一件最新的發明——口授留聲機。

他們認為這個東西一定賣不出去，因為他們想像不出人們為什麼不用秘書而要用機器？

這時巴恩斯卻站出來說道：「我可以把它賣出去！」從此他便得到了這份銷售的工作。

巴恩斯以他雜工的薪水，花了一個月時間跑遍了整個紐約城，一個月之後他賣出了7部機器。當他抱著滿腹的全美銷售計畫書回到愛迪生的辦公室時，愛迪生便接受他成為口授留聲機的合夥人，也是愛迪生唯一的合夥人。

有數千位員工為愛迪生工作，到底巴恩斯對愛迪生有什麼重要性呢？原因就在於巴恩斯願意展露他對愛迪生的發明抱有的信心，並將此信心付諸實施，同時巴恩斯達成任務的過程中，也沒有要求過多的經費和高薪。

巴恩斯所提供的服務已超過他作為雜工的薪水程度，他是愛迪生所有員工中唯一有這種表現的人，也是唯一從這種表現中獲得利益的人。

多付出一點點的目的，並不是為了即時得到相應的回報。成功者在付出時從來沒有想到過回報，他們知道，多付出一點點能夠昇華個人的道德修養，強化自己的工作能力，養成精益求精的工作習慣，培養積極愉悅的成功心態。

從諸多成功者的成長經歷不難看出，不少成功者與他同時代的人相比並沒有多少出眾之處，跟平常人也沒有什麼兩樣，他們之所以能夠從芸芸眾生中脫穎而出，往往是因為他們比別人多付出了一點點，從而贏得了走向成功的人生機遇。

樂於付出的性格能夠造就成功的人生。福特就是因為比別人多付出一點點——彎腰撿起一張廢紙，而得到了進汽車公司工作的機會。 後來福特果然幹得相當出色，終於坐到了董事長的交椅上。

某一個下雨天的午後，有位老婦人走進匹茲堡的一家百貨公司，漫無目的地在公司內閒逛，很顯然她是抱著一種不打算買東西的態度。大多數的店員只是對她瞧上一眼，然後就自顧自地忙著整理貨架上的商品，以避免這位老太太去麻煩他們。其中一位年輕的男店員看到了她，立刻主動向她打招呼，很有禮貌地問她，是否有需要他提供服務的地方。這位老太太對他說，她只是進來躲雨罷了，並不打算買任何東西。這位年輕人安慰她說，即使如此，他仍然很歡迎她，並且主動和她聊天，以顯示他的熱情和誠意。當她離去時，這位年輕人還陪她走到街上，替她把傘撐開。這位老太太向年輕人要了一張名片，然後徑直離去了。

後來，這位年輕人完全忘了這件事情。但是，有一天他突然被老闆召到辦公室去，老闆向他出示了一封信，是那位老太太寫來的，她要求這家百貨公司派一名銷售員前往蘇格蘭，代表該公司接下裝潢一所豪華住宅的工作。

這位老太太就是美國鋼鐵大王卡內基的母親，她也就是這位年輕店員在幾個月前很有禮貌地護送到街上的那位老太太。

在這封信中，卡內基的母親特別指定這位年輕人代表公司去完成這項工作。這項工作的交易金額數目巨大，這位年輕人如果不曾熱心地招待這位不想買東西的老太太，那麼，他恐怕很難獲得這個極佳的晉升機會。

這位年輕人能夠從百貨公司中勝出，是因為比別的售貨員多付出一點點——對人熱情而禮貌。

如果你能在不渴求回報的情況下，以一種積極自覺的態度比別人多付出一點點，把工作幹到最好，那麼，你就會得到一盞照亮你前程的機遇之燈，而不僅僅是一種簡單的回報。

付出終有回報

在《財富》雜誌上關於品質的篇章裡，運通公司董事長路易士· 格斯納說：「給我們全球的顧客提供上好的服務，既不是我們經常重複的口號，也不是我們崇敬的美好傳統，這是我們每天必須在未知的環境下準確無誤地執行的任務。」

據《財富》雜誌報導，這家公司現在因為恪守這些公司信條而處於提供高品質、個性化服務的前沿。「1985 年，美國運通公司所擁有的超過 2200 萬的會員，在全世界超過 150 個國家裡購買了總值達 550 億美元的商品和服務。為了處理這麼大的營業量，美國運通現在擁有了 16 家訊息處理中心，10 個全球範圍的資料網路，還有 30 萬個服務點。」

「如果把我們的公司比作一件衣服，那麼公司的信條只是這件衣服的某些纖維，而不是整件衣服，」公司主席兼首席執行官詹姆斯· 羅賓遜說，「我們對顧客有兩個保證：第一，只送遞我們能夠送遞的東西；第二，我們承諾要送遞的東西，一定要送到。我們一次只執行一項任務。事實上，是我們那些訓練有素的員工在落實這些信條，是他們最終把我們承諾的服務送到每一位元顧客手裡。」公司透過一項名為「傑出員工」的評比活動，來表揚那些在服務中表現突出的員工。

美國運通公司在給顧客提供服務的方方面面都比別人付出的要多。當黎巴嫩的劫機人員釋放了 TWA847 號航班上的人質時，美國運通公司的工作人員首先出現在那裡為他們提供幫助。美國運通也在墨西哥發生大地震和在阿基萊· 勞倫號遭到劫持時出現，幫助旅客和當地的居民。

額外付出會讓不起眼的小事都變得意義非凡起來。幾位客戶在開著新買的林肯車回家幾個星期以後，他們收到了福特公司林肯· 默寇利分公司的副主席兼總經理 T.J· 萬格寄來的包裹。包裹裡面有一封萬格的信——寫在他常用的信紙上——信上羅列了擁有一輛新林肯的好處，並且承諾為客戶提供全面的支援。包裹裡還有一份關於林肯車品質的「承擔義務合約書」，一個免費諮詢電話號碼，以及一個特別設計的鑰匙和鑰匙圈。在公司註冊之後，這個可以避免你丟了鑰匙後遇到的麻煩事。

相對於標價 25000 美元的汽車來說，這把鑰匙的花費算不了什麼。你只需花 15 美元就可以從經銷商手中買到一把，但是從公司副董事長親自寄來的信中得到這把鑰匙，和從經銷商手中買來的鑰匙的意義卻是大不相同的。

奧拓公司的經銷商們總是受到公眾的批評，毫無疑問，這些批評中有些有道理，有些批評則是無理取鬧。多年來，汽車製造商、經銷商和顧客之間的爭吵從未中斷過，有的時候還鬧上法庭，為此，商業服務監督局（BBB）專門設立了汽車部門來解決這些爭論。19 家汽車製造商，從吉普車到通用汽車、包括勞斯萊斯都參加了這個部門舉辦的活動。

這個部門非常有效。商業服務監督局的戴安娜·斯凱爾頓說，1985 年總共處理了 199066 起個案，其中的 90%此前都曾經不服從調停，而且不同意庭外和解。

在這麼多經銷商中，亞利桑那州圖森的普裡西森豐田公司的傑克·羅，卻沒有遇到過諸多類似的問題。

「如果有顧客到 BBB 去投訴我們，BBB 的工作人員通常會因為我們慣常的好名聲而先問上一句：‘你跟傑克·羅說過這件事嗎？’如果他來跟我說了，無論情況是怎樣的，我都會盡我所能來處理這件事情。

「我還沒有遇到過一個我應付不了的顧客，這完全取決於你的態度，如果你願意的話，你一定做得到。因此，在過去的 31 年裡，我們的經營上沒有過不良記錄，而且我敢說，我們在亞利桑那的 BBB 也只有很少一點兒備案。

「這一切都是值得的。我們不需要支付任何辯護律師費，因為我們從來沒有上過法庭。我們公司的想法是，一旦你上了法庭，無論最後你是勝訴還是敗訴，你最終都是失敗的。顧客會因此而怨恨你，而且會讓所有他所認識的人都知道這件事。

「把 25000 美元花在做廣告上，而不用 250 美元為顧客提供點方便，這無論如何是說不過去的。我們公司差不多三分之二的營業額來自於老顧客或源於我們的好名聲。我們喜歡這種方式，而且將繼續保持這種傳統。

「在我們的商店裡，有這樣一條準則，就是顧客永遠都是對的。現實情況中，顧客並不是完全不會犯錯，而是我們要替顧客著想。如今的顧客願意在一輛值得信賴的汽車上花大錢——哪怕是一輛二手車，而我們就是要為他們提供這樣值得信賴的車。」

「額外付出」其實就是這樣一個簡單的道理。傑克·羅說，沒有什麼比站在顧客的立場上為他們著想更重要的了。那麼，我們為什麼不多付出一些，從而贏得更豐厚的利潤呢？ 也許這是自尊心驅使的——我們打心眼兒裡認為做比要求得更多的事情，實際上是讓自己處於低人一等的位置上。

這也許是來自於同齡人的壓力。孩童時期，如果我們比父母提出來的要求做得更多，那兄弟姐妹們就會說我們是在拍父母的馬屁。如果我們比老師留的任務做得更多，那同學們會嘲笑我們是在逢迎老師。

其實很多人在很小的時候就養成了這樣的習慣，要求他做多少他就做多少，絕對不會多做。隨著時間的增長，這些不良習慣已經在我們心中根深蒂固，輕易改變不了。我們想都不想，就會按照平常的做法去處理遇到的事情。

這件事情的悲哀就在於它唯一欺騙的人就是我們自己。我們毀了自己與別人之間的良好關係，也剝奪了自己學習新事物的機會。

早在湯瑪斯科森正式進入生意場之前，還在做送報童和打其他的零工的時候，他就理解了生意場上最重要的品質。「人們一般都很欣賞優質的服務和友好的態度，」他說，「無論你是個送報紙的報童還是財富 500 強的企業，顧客喜歡的都是你的可靠性和面帶微笑的服務。」

1964 年，科森和兩個兄弟在印第安那的米德爾伯裡創辦馬車夫製造公司的時候，他終於獲得機會印證自己的理論了。他們最初的廠房是一間 5000 平方英尺的房子，而他們的目標僅僅是想「給美國人提供一種品質優良的露營車和一種休閒娛樂的生活方式」。公司開辦的第一年，在三名員工的説明下，馬車夫製造公司生產了十二輛露營車，其中包括一輛露營卡車、八輛帶頂卡車，銷售額達到了 23657 美元。

1985 年，馬車夫公司的銷售額已經達到 3500 萬美元。馬車夫公司經歷了旅行車業的起起伏伏，但是他們最終戰勝了各種困難並且獲得了豐厚的利潤。科森始終相信他們的公司能夠成功，因為「從公司創辦的第一天起，我們的哲學就是大家所熟知的黃金定律」。他說，「無論我們所處的環境是好是壞，我們都會坦率地對待我們的員工、股東和顧客。我所知道的做生意的方法只有一種，就是站在對方的立場上分析情況，再根據實際情況分別對待他們。」

「我嘗試在我出現的所有場合給我的員工樹立一個好的榜樣，要求他們時時處處不忘尋找機會。我每天似乎都沒有足夠的時間去做需要我做的事情。如果一個人只做自己分內的活兒，那一星期40小時對他來說足夠了。但是如果你觀察近幾年來的成功人士，你會發現他們通常一周要工作60小時甚至80小時。這就是成功需要付出的代價。」

「我總是認為，無論是在提高產品品質上，還是在提高服務品質上，我們付出的努力越多，我們的顧客受益就會越多。工作關係的雙方都會被這些額外付出的勞動所影響。多年來，我所遵循的信條是，如果你只是做買賣，有人會來買，但是如果想把人心留下，那就必須小心照顧他。我們去買一件東西，如果賣家用優良的服務來證明，在這裡我們會受到很好的照顧，我想我們是會繼續留在那裡的。如果他們不做任何保證，我想我們會去別的地方碰碰運氣。」

在拿破崙·希爾的一生中，他研究過很多人，這些人有的在事業上取得了很大的成就，而有的雖然擁有同樣的學歷但是在工作上表現平平。希爾試圖列舉出現這種差異的原因。他說：「我的研究表明，那些運用了‘額外付出’法則的人比其他的人獲得了更高的薪水，獲得了更高的職務。

「運用這個法則不僅給人們帶來了經濟上豐厚的回報，也在他們為別人提供幫助的同時使自己得到了滿足。如果你付出的比所得到的報酬要多，那麼無論你拿多高的薪水，你的報酬都是偏低的。但是，再多的錢也代替不了你做成了一筆‘不可能’的生意、修築了一座更好的橋或爭取到一份很具挑戰性的訂單後的那種開心、喜悅與自豪的心情。

「當你為別人提供了你所能提供的最好的服務時，當你努力超越前一次的成果時，你都加強了自己對這些法則的認識。如果你遵循這條法則，養成額外付出的習慣——永遠比你得到的報酬多付出一點——那麼，在不知不覺中，世界已經在向你付出報償了。」

額外付出是一種特權

額外付出的另一重要特點是：培養這一習慣無需徵求他人的同意。你可以付出額外勞動，而不必獲得任何人的准許。你不用徵求服務對象的意見，因為額外付出是掌握在你自己手中的一項權利。

第 3 章 多付出一些

額外付出是一種特權

很多事情都可能增加你的收益，但是其中大部分都需要他人的合作或同意。如果你提供的服務低於報酬，也必須徵得服務購買者的同意，否則你的服務市場就會很快縮小。

有一個故事應該會使你記住額外付出的重要性。這個故事的背景是兩千多年前古羅馬的安提俄克城，當時耶路撒冷城和巴勒斯坦南部地區都陷入羅馬帝國的鐵蹄之下。

故事的主角是一位年輕的猶太人，他的名字叫本· 赫爾。赫爾被誤判有罪，發配到軍艦上做苦力。他被鎖鏈拴在一隻小凳上，被迫終日拼命地划槳。赫爾逐漸練就了一身強壯的肌肉。懲罰他的人並不知道，他在接受懲罰的同時也獲得了力量，並且有一天將利用這股力量重獲自由。也許連赫爾本人也沒有這樣想過。

後來，在一次馬拉戰車比賽中，有一組馬車缺少一名車夫。情急之下，馬車主找到這位年輕的奴隸幫忙，要求他臨時頂替車夫，因為他有強壯的身體。

當赫爾挽起韁繩時，旁觀的人群中發出了一聲驚叫：「快看！ 多粗的胳膊！ 你是怎麼練出來的？」赫爾回答說：「在軍艦上划槳！」

比賽開始了。赫爾憑藉著自己一雙強有力的臂膀，駕著馬車衝向了勝利，而這次勝利使他重獲自由。

生活本身就像一場馬車比賽，勝利只屬於那些已經擁有個性優勢、獲勝決心和意志力的人。我們是否因為被殘酷地鎖在軍艦上划槳而獲得這種力量並不重要，重要的是我們利用這種力量，最終獲得了屬於自己的勝利和自由。

力量來自於阻力，這是一條顛簸不破的真理。當我們為鐵匠整日揮舞著五磅重的鐵錘而憐憫他時，也不得不讚歎他在打鐵中練就了一雙有力的臂膀。

愛默生說：「由於事物都有雙重性，在工作和生活中都不可能有任何投機取巧的事。賊偷的是自己，騙子騙的也是自己，因為工作的真正回報是知識和美德，而財富和榮耀只是表像。表像的東西，如文書和金錢，都可能被偽造或偷走，而它們所代表的知識和美德，卻不可能被偽造或偷走。」

安德魯· 卡內基曾經告訴拿破崙· 希爾，要他研究和編纂「世界上第一部個人成功哲學」，在這 20 年時間裡，希爾多次面臨困難也不願中途退出，他從不退縮。

希爾堅信服務他人和額外付出的道理，他至少有兩次是在窮困潦倒時仍自願以年薪 1 美元為政府工作：第一次是 1917 年第一次世界大戰期間，他為伍德羅．威爾遜總統撰寫講稿，以激勵產業工人的士氣；另一次是在 1933 年經濟大蕭條時期，他加入了富蘭克林．羅斯福總統的白宮團隊，做國家復甦管理小組的顧問、撰稿人和公關人員。

只有透過額外付出，你才能夠在特定的領域中精通業務。因此，你應該在你的明確目標中加入這樣一個目標，要把工作努力做得比以前更好。你應該把這個目標變成日常生活習慣的一部分，像吃飯睡覺一樣成為一項固定的生活內容。

你應該努力做到額外付出，如此一來，你會在不知不覺中發現，全世界的人都甘願為你的勞動支付超額的報酬！

額外付出的報酬是以複利的利率計算的，能否獲得這種「金字塔式」的收益，完全取決於你自己。

現在，你打算如何運用從本章中學到的知識？ 什麼時候開始運用？ 以什麼方式？ 為什麼要採用這種方式？ 如果你沒有吸收和利用相關的知識，這一章的內容對你就毫無價值。

知識只有透過組織和運用才能變成力量，不要忘記這一點。

如果不額外付出，你就永遠無法成為領導者；如果你無法在所在行業中成為領導者，你就永遠無法獲得成功。

機不可失的要訣

機不可失，時不再來，這是一個淺顯而深刻的道理。

在生活與事業當中，如果你能在時機來臨之前就意識到它，在它溜走之前就採取行動，那麼，幸運之神就一定會降臨到你的身上。

對於商業的成敗來說，機會的稍縱即逝尤其如此。

有些人在時機失去之後才頓足扼腕，那麼他便注定只是一個十足的倒楣鬼。

而有些人卻明白時機稍縱即逝的道理，因而能及時把握。所以，對於他們而言，人的一生都彷彿是一帆風順、心想事成的。

1865 年，美國南北戰爭宣告結束。北方工業資產階級戰勝了南方種植園主，但總統林肯被刺身亡。

一時，全美國上下都沉浸在歡樂與悲痛的交織之中，既為統一美國的勝利而歡欣鼓舞，又因失去了一位可敬的總統而無比悲傷。

但是，面對此種情境，後來成為美國鋼鐵巨頭的卡內基卻看到了另一面。

他預料到，戰爭結束之後，經濟復甦必然降臨，經濟建設對於鋼鐵的需求量便會與日俱增。

於是，他義無反顧地辭去了自己在鐵路部門的報酬優厚的工作，合併了兩大鋼鐵公司——都市鋼鐵公司和巨人鋼鐵公司，創立了聯合鋼鐵公司。

同時，卡內基又讓自己的弟弟湯姆· 卡內基創立了匹茲堡火車頭製造公司，並讓他控制經營蘇必略爾鐵礦。

可以說，上天賦予了卡內基一次絕好的機會。

此時，正好美國擊敗了墨西哥，奪取了加利福尼亞州，決定要在那裡建造一條鐵路。

同時，美國政府又在規劃修建橫貫全美東西部的鐵路。

也就是說，在當時，幾乎沒有什麼比投資鐵路更賺錢的了。

美國聯邦政府和國會首先核准了聯合太平洋鐵路。

然後，又決定以聯合太平洋鐵路為中心線，修建另外 3 條橫貫大陸的鐵路線。

這 3 條鐵路是：

從蘇必利爾湖，橫穿明尼蘇達，經過位於加拿大國界附近的蒙大拿西南部，再橫過洛磯山脈，到達俄勒岡的北太平洋鐵路。

以密西西比河的北奧爾巴港為起點，橫越德克薩斯州，經墨西哥邊界城市埃爾帕索到達洛杉磯，再從這裡進入舊金山的南太平洋鐵路。

第三條則是由堪薩斯州溯阿肯色河，再越過科羅拉多河到達聖地牙哥的聖大菲。

但是，對於當時的美國政府、國會及社會各階層人士來說，一切遠非上述的如此簡單。

人們向當局提出了縱橫交錯的各種相連的鐵路建設的申請，形形色色，竟達數十條之多。

但不管怎麼說，美洲大陸鐵路革命的時代已經來臨。

而卡內基則看到了這一鐵路革命到來的大好時機。

因為，他十分明白，美洲大陸現在是鐵路時代、鋼鐵時代，需要建造鐵路、火車頭和鋼軌，而鋼鐵則是一本萬利的。

不久，卡內基便向鋼鐵業發起了猛烈的進攻。

在聯合鋼鐵廠裡，很快就矗立起了一座 225 米高的熔礦爐，這是當時世界上最大的熔礦爐。

對於它的建造，投資者都提心吊膽。但卡內基的努力卻讓他們的擔心成為了多餘。

他聘請了一些化學專家駐廠，以檢驗買進的礦石、灰石和焦炭的品質，使產品、零件及原材料的檢測系統化。

當時，從原料的購入到產品的賣出這些秩序都很混亂，直到結帳時才能知道盈虧狀況，缺乏科學的管理方式。

卡內基大力整頓經營方式，貫徹了各層次職責分明的高效概念，從而使聯合鋼鐵公司的生產力水準大為提高。

與此同時，卡內基又購買了一系列先進的鋼鐵製造方面的專利技術，其中包括當時最先進的英國道茲的「鋼鐵製造」技術和「焦炭洗滌還原法」。

但是在 1873 年，經濟大蕭條卻不期而至。

銀行倒閉、證券交易所關門，各地的鐵路工程支付款突然被中斷，現場施工停止，鐵礦山及煤山相繼歇業，匹茲堡的爐火也熄滅了。

但是卡內基的信心卻私毫不曾動搖，他反而斷言：「只有在經濟蕭條的年代，才能以便宜的價格買到鋼鐵廠的建材，並且薪資也相應便宜。其他鋼鐵公司相繼倒閉，向他挑戰的東部企業家也已鳴金收兵。這正是千載難逢的好機會，絕對不可失之交臂。」

在最困難的情況下，卡內基卻反常人之道，打算建造一座鋼鐵製造廠。

他走進股東摩根的辦公室，談出了自己的新打算：

「我計畫進行一個百萬元規模的投資，建貝亞默式5噸轉爐兩座，旋轉爐1座，再加上亞門斯式 5 噸熔爐兩座……」

「那麼，工廠的生產能力會怎樣呢？」摩根問道。

「如果 1875 年 4 月開始生產，鋼軌年產量將達到 3 萬噸，每噸製造成本大約 69 美元……」

「現在鋼軌的平均成本大約是每噸 110 美元，新設備總投資額是 100 萬美元，第一年的收益就能收回成本……」

最後，卡內基指出：「事實上，投資鋼鐵製造比股票投資贏利更多。」

終於，股東們同意發行公司債券。

工程進度比預定的時間稍為落後。

1875 年 8 月 6 日，卡內基收到了第一份訂單：2000 根鋼軌。

熔爐點燃了。

每噸鋼軌的生產勞務費是 8．26 美元，原料 40．86 美元，石灰石和燃料費是 6．31 美元，專利費 1．17 美元，總成本不過才 56．6 美元。

這比原先的預算便宜多了。

卡內基為此興奮不已。

1881 年，卡內基與焦炭大王費里克達成協議，雙方投資組建了 P．C．佛里克焦炭公司，雙方各持一半股份。

同年，卡內基又以他自己的 3 家製鐵企業為主體，並聯合許多小焦炭公司，成立了卡內基公司。

發展到這個時候，卡內基兄弟企業的鋼鐵產量在全美鋼鐵總產量中已占到 1／7，而且正在逐步向壟斷型企業邁進。

到 1890 年，卡內基兄弟吞併了狄克仙鋼鐵公司之後，一舉將增資到 2500 萬美元，公司名稱也變為卡內基鋼鐵公司。不久之後，又更名為美國鋼鐵企業集團。

從卡內基在鋼鐵製造業上的成功經歷來看，你一定會明白，他的成功與他善於抓住每一個有利時機是休戚相關的。相信你一定能從他的身上大受啟發。

不過，有人也許對於他的成功會不以為然，他們會說，他只不過是碰上了好運氣罷了。我如果有他那麼好的運氣，一定會比他做得更好，有什麼了不起的？ 有什麼抓不抓住機會？ 一切都只不過是運氣使然。

當然，如果你在聽了卡內基的成功故事後，仍堅持自己的運氣信念，在這裡我們也就無話可說了，只能勸你合上這本成功學，走人了事。

但是，我們卻認為，無論你把這種抓住機會叫做運氣也好，或是將這一切都視為命運使然也罷，有一點卻是絕對的，那就是：當運氣來了時，你的聰明與智慧就應該快速地利用你的好運氣。

站在這個意義上，我們要告訴你，運氣其實也就是抓住機會的同義語。

增加收益定律

拿破崙·希爾給我們設計出這樣一個關於付出與回報的公式：

Q1+Q2+MA=C

Q1 表示服務品質（Quality）

Q2 表示服務數量（Quantity）

MA 表示提供服務的心態（Mental Attitude）

C 表示報酬（Compensation）

這裡所謂的「報酬」，是指所有進入你生命的東西：金錢、歡樂、人際關係的和諧、精神上的啟發、信心、開放的心胸、耐性，或其他任何你認為值得追求的東西。

希爾提醒我們：務必要記住報酬的負面意義，金錢很好，但它絕非只是使你成功或使你享受成功果實的唯一要素。切勿忘記金錢以外的其他個性特質，因為無論你為他人提供多少服務，其他人都會因為你性格上的缺陷，經過比較之後出現對你不利的結果，而那些真正具有「多付出一點點」精神的人將會出人頭地。

為了讓我們詳細理解增加收益定律，拿破崙·希爾還做了一個實驗，實驗如下：

在今後的 6 個月內，你每天一定要向至少一人提供有用的服務，但你既不能期望，也不能接受任何金錢上的報酬。

你要以充分的信心來進行這項實驗，而這項實驗將向你顯示你可以利用這項最有力的法則來協助你取得永久的成功，而且你一定不會失望。

服務的提供可採用多種方式，例如你可以向一個或更多特定的人士提供服務，或者在工作時間之外向你的老闆提供服務，亦可向陌生人提供服務。服務的物件並不重要，重要的是你必須樂於提供這種服務，而且唯一目的只是為了讓他人受益。

如果你以正確的心態來進行這項實驗，你將會發現其他熟悉這項實驗原理的人所發現的這樣一個道理，那便是提供服務就會獲得報償，正如不提供服務就會遭受損失一樣。愛默生說過：「因與果，手段與目的，種子與果實，是不可分割的，因為結果早就醞釀在原因中，目的存在於手段之前，果實則包含在種子中。」

拿破崙· 希爾認為，透過這項實驗，你就會得出下列結論：

幫助他人獲得成功是使自己最快獲得最大成功的方式。這是千真萬確的。

這種增加收益定律，具體表現為：

一、報酬增加律

你所付出的額外服務會為你帶來更多的回報。這種情形同樣也適用於你所提供的各種服務方面，如果你付出價值 100 元的服務，則你不但能回收這 100 元，而且可能會回收好幾倍。而到底能回收多少，就必須看你是否抱持著正確的心態而定了。

如果你是以心不甘情不願的心態提供服務，那你可能得不到任何回報，如果你只是從為自己謀取利益的角度提供服務，則可能連你希望得到的利益也得不到。

二、補償律

補償律可確保當你付出之後，會得到某種相應的回報，為了得到這種回報，你必須盡力提供你所能提供的服務 (當然必須具備正確的心態)，並且必須不要求得到立即的回報，即使那樣，你也應該盡心盡力地提供服務。

此法則所注重的，並非一些意料之外的回報（例如讓位給老年人所得到的回報），而是誠懇和熱心的付出。只有不誠懇而且懶惰的人才想以較少的代價（甚至最好不要付出任何代價）獲得較大利益，就像如果你想要以抬高價錢或偷工減料的方式獲利的話，必將嘗到惡果。

美國 AT&T 電話公司花了極大的工夫才學到這門課程。它的費率曾經愈來愈高，但卻沒有為客戶提供更佳的服務，結果大量客戶不再選擇它的長途電話服務，而轉向其他公司。雖然 AT&T 很快地察覺到錯誤，並削減費用，開始改善服務品質，但是它還是得面對流失掉原有客戶的市場現實，經過這次教訓之後，AT & T 學會了什麼叫做補償律。

三、贏得對你有利的注意力

有天早晨，史瓦布來到他所經營的一家鋼鐵工廠，看到一位公司的儲備速記員也在那裡。當史瓦布問他為什麼這麼早來公司時，這位儲備速記員說他是來看看史瓦布先生是否有什麼要緊的信件或電報要處理，因此他的上班時間比其他員工早到了好幾個小時。

史瓦布向這位員工說了聲「謝謝」，並告訴他晚一點會需要他的幫忙，當天晚上史瓦布回到辦公室時，身邊多了一位私人助理，而他就是在早上令史瓦布印象深刻的那位儲備速記員。

這位年輕人吸引史瓦布的地方，並非他的速記能力，而是他懂得「增加收益定律」，願意多付出一點點努力的緣故。

四、變成不可或缺的人物

無論你是公司老闆，還是普通員工，只要你掌握增加收益定律，多付出一點點，那麼你一定會成為公司裡不可缺少的人物。

有位在電影演員經紀公司任職的年輕人，是該公司唯一願意每天甚至每個小時聽一位脾氣古怪的電影明星抱怨的人。當這位明星生氣罷工時，也是由這位年輕人去勸服她回來工作，因而使得拍片能趕上進度，並為電影公司省下好幾百萬美金，他使自己成為了照顧重要明星的不可缺少的人。

除非你能成為某人或某團體不可或缺的人物，否則你的所得將永遠無法超過一般的水準。你應使你自己的地位變得重要到無人能取代你的地步，能使自己變得比別人更強，便可由此使老闆增加自己的薪水。

五、自我改進

掌握、運用增加收益定律的目的在於強化自己的工作能力，並在工作上精益求精。如果你能以抱著最佳心態提供最佳服務的觀念執行你的任務，便能更進一步加強你的技術，藉著自覺的努力，你將會愈來愈了解多付出一點點的整個過程，並會在潛意識中出現對「高品質工作」的要求。記住這句格言：「力量和奮鬥是息息相關的因素。」

如果你在邁向明確目標的路途中，沒有精益求精的信念時，那麼你為明確目標所訂的計畫和其他一切努力可以說都是白白浪費而已。雖然有時候你可能連曾經的標準都無法達到，但只要你有「超越過去」的傾向，就表示你已具備了良好的習慣，而這種習慣最後必會將你引向成功之路。

你必須立即行動

有許多被動的人平庸一輩子，是因為他們一定要等到每一件事情都百分之百的有利、萬無一失以後才願意去做。當然，我們應當追求完美，但是世界上沒有一件事情可以做到完美無缺，最多只會接近完美罷了。等到所有的條件都具備以後才去做，你就只能永遠等下去了。

為此，拿破崙·希爾講了兩個故事，相信你能受到啟發。

故事一：傑米買房

傑米是個普通的年輕人，大約二十幾歲，有太太和孩子，收入不多。

他們全家住在一間小公寓裡，夫婦兩人都渴望有一套自己的新房子。他們希望有較大的活動空間、比較乾淨的環境、小孩有可以玩耍的地方，同時也能為自己增添一份產業。

想買房子的確是很難辦到的，因為必須有錢支付分期付款的首付才行。

有一天，當傑米簽發下個月的房租支票時，突然很不耐煩，因為他意識到房租跟房子每月的分期付款差不多。

傑米對太太說：「下個禮拜我們就去買一套新房子，你看怎樣？」

「你怎麼突然想到這個？」她問，「開玩笑！ 我們哪有這份能力！ 我們可能連首付都付不起！」

但是傑米已經下定了要買房的決心。

他十分堅定地說：「跟我們一樣想買一套新房的夫婦大約有幾十萬，其中只有一半能如願以償，一定是什麼事情才使有些人打消這個念頭。我們一定要想辦法買一套房子。雖然我現在還不知道怎麼湊錢，可是一定要想辦法。」

下個禮拜他們真的找到了一套倆人都喜歡的房子，房子樸素、大方、實用，

首付是 1200 美元。現在的問題是如何湊夠這 1200 美元。

他知道從銀行是不可能借到這筆錢的，因為這樣會牽扯到他的信用水準，目前他還無法獲得這種關於銷售款項的抵押借款。

可是皇天不負有心人，傑米腦中突然閃現出一個靈感，為什麼不直接找房屋承包商談談，向他私人貸款呢？ 傑米真的這麼做了。 承包商起先很冷淡，但由於傑米一再要求，他終於同意了。

承包商同意給傑米借款 1200 美元，幾個月後，傑米可以按月還錢，每月還 100 美元，利息另計。

現在傑米要做的是，每個月湊出 100 美元。

夫婦倆想盡辦法，一個月可以省下 25 美元，還有 75 美元要另外設法籌措。為此，傑米想到了自己的老闆。

第二天早上，他直接去找老闆，向他說起了他準備買房子的事。

老闆很高興傑米要買房子了。隨後，傑米說：「尊敬的先生，你看，為了買房子，我每個月要多賺 75 元才行。我知道，當你認為我值得加薪時一定會加，可是我現在很想多賺一點錢。公司的某些事情可能在週末做更好，你能不能答應我在週末加班呢？ 老闆對於他的誠懇和雄心非常感動，真的找出許多事情讓他在週末加班工作 10 小時。

傑米夫婦終於歡歡喜喜地搬進了新房子。

從傑米的故事中，你不難看出：

第一，正是傑米的決心使他想出了各種辦法來實現他的心願。

第二，正因為他有了堅強的決心，他的信心便由此大增，下一次決定什麼大事時會更容易、更順手。

第三，他因此而提高了全家的生活水準。如果他一直拖延下去，直到所有的條件都具備再作打算，他就很可能永遠也買不起房子了。

故事二：席第創業

第二次世界大戰後不久，席第進入美國郵政局的海關工作。他開始時很喜歡這份工作，但 5 年之後，他對工作中的種種限制、固定呆板的上下班時間、微薄的薪水以及靠年資升遷的死板人事制度（這使他升遷的機會很小）愈來愈不滿。

他突然靈機一動。他已經學到許多貿易商所應具備的專業知識，這是他在海關工作時耳濡目染的結果。為什麼不早一點出來創業，自己做禮品玩具的生意呢？

他認識許多貿易商，他們對這一行中的許多細節的了解不見得比他多。

但是，自從席第想創業以來，已過了 10 年了，直到今天他仍然規規矩矩地在海關上班。

為什麼會這樣呢？ 因為他每一次準備放手一搏時，總有一些意外事件使他停止。例如，資金不夠、經濟不景氣、新嬰兒的誕生、對海關工作的一時留戀、貿易條款的種種限制以及許許多多數不完的藉口，這些都是他一直拖拖拉拉的理由。

你不難明白，其實是他自己使自己成為了一個「被動的人」。他想等所有的條件都十全十美後再動手。由於實際情況與理想永遠不能相符，所以他就只有一直拖下去了。

想要成功就要隨時隨地準備行動，千萬不要有任何拖延。

為了避免「萬事俱備以後才行動」所引起的重大損失，拿破崙· 希爾的成功學告訴你：

1· 盡可能預料生活和工作中的種種困難。

每一個冒險都會帶來許多風險、困難與變化。

倘若你從芝加哥開車到舊金山，一定要等到「沒有交通堵塞、汽車性能沒有任何問題、沒有惡劣天氣、沒有喝醉酒的司機、沒有任何類似意外」之後才出發，那麼你什麼時候才可能出發呢？

毫無疑問，你永遠也到不了舊金山的。

當你計畫到舊金山時，你不妨先在地圖上選好行車路線，檢查一下車況並盡量考慮一下排除各種意外的辦法。這些都是出發前需要準備的事，但是即使這樣，你仍無法完全消除所有的意外。

2· 勇敢地面對各種困難。

成功的人物並不是行動前就解決了所有的問題，而是遭遇困難時能夠想辦法克服。

不管從事工商業、還是解決婚姻問題或任何活動，一遇到麻煩就要想辦法處理，正像碰到溝壑時就要跨過去那樣自然。

「我們無論如何也買不到萬無一失的保險；所以必須要下定決心去實行你的計畫。」

3· 立即行動起來。

五六年前，有個很有才氣的教授想寫一本傳記，專門研究「幾十年以前一些讓人議論紛紛的人物的軼事」。

這個主題既有趣又少見，很吸引人。這位教授知道得很多，文筆又很生動，這個計畫注定會為他贏得很大的成就、名譽與財富。

一年後，拿破崙· 希爾碰到他時無意中提到他的那本書：「P 先生，你的那本書是不是快要大功告成了？」

「老天爺，我根本就沒寫！」他猶豫了一下，不得不說道。

他仔細考慮了一下該怎麼解釋才好，最後終於又說道：「我實在太忙了，總有許多更重要的任務要完成，因此自然沒有時間寫了。」

你一定能看明白，他這麼辯解，其實就是要找出各種消極的想法使自己永不開始行動。他已經想到寫作多麼累人，因此不想再為自己找麻煩。對於他來說，事情還沒做就已經想到失敗的理由了。

具體可行的創意的確很重要，你一定要有創造與改善任何事情的智慧。成功跟那些缺乏創意的人永遠絕緣。

但是光有創意還不夠。那種能使你獲得更多生意或簡化工作步驟的創意，只有在真正實施時才有價值。

每天都有幾千人放棄自己辛苦得來的新構想，因為他們不敢執行。過了一段時間以後，這些構想又會回來折磨他們。

為此，你應該記住：

第一，切實執行你的創意，以便發揮它的價值，不管創意有多好，除非真正身體力行，否則永遠沒有收穫。

第二，實行時心理要平靜。

拿破崙· 希爾認為，天下最悲哀的一句話就是：我當時真應該那麼做卻沒有那麼做。

你每天都可以聽到有人說：「如果我 1952 年就開始那筆生意 , 早就發財啦！」或者是「我早就料到了，我好後悔當時沒有做！」

一個好創意如果胎死腹中，真的會叫人歎息不已，永遠不能忘懷。如果真的徹底施行，當然也會帶來無限的滿足。

你現在已經想到一個好創意了嗎？ 如果有，就立即行動起來吧！

第 4 章 正確對待失敗

勇氣使人立於不敗之地

要最終戰勝失敗，走出挫折的陰影，首先需要的是勇氣。有了勇氣才會有堅定不移的信心。

遭受挫折時，既不要畏懼，也不要迴避，我們要勇敢地去面對它，而且應當充滿打垮它的大無畏的英勇氣魄。只要你進行了勇敢的嘗試，你就肯定能有所收穫；不進行勇敢的嘗試，你就不會發現事物的深刻內涵。一旦嘗試了，就必定會經歷實際的痛苦，而這種種親身體驗將會為你將來的發展做好準備。

本田公司的創始人本田是一位性格剛毅的男子漢，他具有一種不懼艱難、知難而進的挑戰性格。在 1955—1965 年的 10 年時間內，日本通產省制定了有關日本汽車工業發展的策略，這一政策給他帶來挑戰，而其性格決定了他不可能產生畏懼，更不可能放棄，而是勇敢地接受挑戰。他靜下心來，仔細認真地分析了本田公司在生產技術上的特點，進而尋找出一條發展的途徑，他下定決心，制訂了本田公司進軍四輪車領域的策略決策。就是由於這一策略性決策，才使得本田公司發展成為今天的規模。

本田之所以取得今天這樣輝煌的成就，是因為在面對困難時，他沒有知難而退，而是迎難而上；假如他當時恐懼退縮，害怕自己不是別的公司的對手，那麼今天，就不會有這樣一個品牌的汽車了。

困難像彈簧，你強他就弱，你弱他就強。在困難面前，你表現出懦弱，困難就會得寸進尺，步步緊逼，結果只會使你一敗塗地。哈利和喬治一同進入美國的一家大公司，哈利由於自己的怯懦終身只能做一名普通職員，而喬治現在已升任該公司的董事長，哈利則只能悲傷地感慨自己的一生。

哈利生性懦弱，而喬治卻不怕吃苦，敢於冒險，且勇於承擔責任，因而一路高升。哈利正好相反，其實他也曾有多次晉升的機會，但他都選擇放棄了。由於他的懦弱，以至於連他的兩個兒子都瞧不起他。

哈利為何只能感慨一生呢？無非是因為他不敢真正地面對生活，害怕承擔責任，所以，他只能整天庸庸碌碌地混日子。其實有數以百萬計的人都像哈利一樣，使自己落入終身的自我束縛的牢籠之中。

勇氣既然這麼重要，那麼怎樣使自己具備勇往直前的勇氣呢？下面幾點建議供參考。

一、要有渴望成功的原動力

大多數成功者都是不滿於現狀，不斷進取的人。要成為這樣的人，最重要的是具備充沛的願望和動力——渴望成功的慾望。

二、粉碎自我的小天地

現代社會中，有很多人特別偏愛蜷縮在自己的小世界，他們總是待在自己那個與世隔絕的地方孤芳自賞，這種人必然滋生畏縮思想，消極處世。但是只要打破自己的那個小世界，加強與外部世界的聯繫和溝通，就會發現外面的世界原來是那樣的燦爛繽紛，趣味無窮，你必然會找到屬於自己的勇氣。

三、借鑒別人的創造性

我們需要的是勇氣而不是魯莽，我們可以虛心汲取別人的經驗，利用前人的長處，來激發我們自己的勇敢，因為借鑒過程就是一個不斷學習的過程，一個不斷豐富和完善自己的過程。豐富和完善了自己，才能做到「藝高人膽大」。

四、經常實踐

空有一肚子理論，而不去予以實踐，照樣會讓人產生不自信的感覺，因為畢竟沒有嘗試過。不經過實踐，就不知道自己的理論是否正確，就不知道自己到底有多大能耐。因此實踐越少，不自信就越強，碰到重大事情就越顧慮重重，失去了前進的勇氣。

希爾認為，無論怎樣失敗，都只不過是前進道路上的一個小小的插曲。在某一個時期，或許可能有重大的失敗，可是風浪過後，前面又是無限的風光。所以從長遠的觀點來看，萬事萬物都在不斷地「更新」，向前看，就能看到成功的希望。

失敗是成功之母

一般人認為，「失敗」一詞是消極性的。但拿破崙·希爾卻賦予「失敗」以新的意義。

他認為「失敗」和「暫時挫折」是有差別的。那種常被視為是「失敗」的事，事實上只不過是暫時性的挫折罷了。另外，這種暫時性的挫折會使我們重新振作起來，使我們轉向其他方向前進，而這種方向可能更適合我們，所以它又是一種機遇。

無論是暫時的挫折還是逆境，我們都應該把失敗當作一種教訓、一種持久性的大教訓。這種教訓是難得的，是除挫折以外的其他方法不能得到的。

我們要了解挫折，了解造成這種挫折的原因。從中汲取教訓，防止再犯同樣的錯誤。

拿破崙·希爾從回顧他近 30 年的親身經歷中才得出對挫折的新的解釋。在這 30 年中，他遭遇了 7 次「失敗」，當時他都以為自己遭遇的是無法挽回的失敗，後來，他終於明白，這一切並不是失敗，而是上天的一隻慈祥之手正以超人的智慧阻撓他走錯誤路線，指點他向有利的方向前進。

一、前三個轉捩點

拿破崙·希爾從學校畢業之後，一連做了 5 年之久的速記員兼簿記員的工作。

由於自己任勞任怨、不計報酬，因此他晉升很快，所獲得的薪水和所負的責任，已超過了他當時年齡的標準。為了留住他，老闆提升他為該礦業公司的總經理，他自以為達到了「世界最高峰」。

接踵而至的是，老闆宣告破產，他則失去了工作。這是他第一次遭遇到了真正的挫折。

之後，希爾到南方的一家大木材廠擔任銷售經理，總算謀得了第二份工作。

雖然他絕非木材和銷售業務方面的精英，但他仍秉著「任勞任怨，不計報酬」的原則對待自己的工作。他終於在銀行中有了豐厚的存款，這讓他對未來又充滿信心。

由於他在銷售方面的出色表現，老闆邀他加盟合作。他們馬上就開始賺錢，拿破崙·希爾又一次感到自己處在「世界最高峰」了。

當然，站在那個地點確實使人有一種美妙的感覺，但又是一種危險的處境，稍有不慎，就會跌得粉身碎骨。

當時，他擁有許多金錢和太多的權力，因此他沒能想到，成功是應該以金錢和權勢以外的事物來衡量的。

命運之神再次把拿破崙·希爾推向崩潰的邊緣。

經濟危機在兩年之間毀掉了他的事業，奪走了他曾擁有的每一分錢。經過這次慘敗，拿破崙·希爾顯得清醒了許多，他隨即從木材業轉行去學法律。這次挫折使他的生命出現了第三個轉捩點，他開始踏上了新的征程。

他上了法律學校的夜間部，白天則做著一名汽車推銷員的工作，由於有先前木材銷售的經驗，這對他來說，簡直是輕車熟路，因此他很快發展起來自己的客戶。銷售額的快速增長，使他獲得了進入汽車製造業的良好機會。為了提高汽車工人的技能，他在汽車廠內開辦了一個訓練部門。這個訓練部門不但給他培養了技術熟練的工人，而且每個月都給他帶來 1000 多美元的純收入。

他又一次感到自己「功成名就」了。但他哪裡會知道，命運之神又一次捉弄了他。

當他存款的那家銀行的經理得知他企業境況很好後，就不斷借錢給他拓展業務。

銀行的不斷借款，使他債台高築，最後不得不宣告破產。那位銀行經理坐收漁翁之利，接收了他的事業，此時，拿破崙·希爾又變成了一個一文不名的窮光蛋。

短暫的美景就這樣消失了，金錢、權勢都不復存在了。許多年後，他發現這次暫時性的挫折可能就是他一生中所遭遇的最大幸運了。因為它強迫拿破崙·希爾退出那個根本無益於增加自己收益、也不會協助增加他人收益的行業。他開始了新的探索，要把自己的努力轉向其他行業，一個能使他獲得豐富經驗的行業。

追逐金錢和權勢，使命運之神一次次把他推向失敗的邊緣。在暫時的挫折之後，拿破崙· 希爾開始檢討自己，他第一次問自己，一個人在功成名就之後，能否找到除金錢和權勢之外更有價值的東西。可惜對這個問題他只是偶爾想想，並沒有仔細思考而去獲取答案。

經過這次更為嚴重的打擊之後，他還是接受了這次暫時的失敗，隨後，他進入了人生中的第四個轉捩點。

二、第四個轉捩點

在妻子娘家的幫助下，拿破崙· 希爾重新獲得了一份工作，擔任世界上最大的煤礦公司首席法律顧問的助手。希爾的薪水比一般的新手高很多，與他對公司的價值相比根本不成比例，因為他是被人推薦進來的，所以他在位子上坐得很穩，同時，希爾也展開了行動彌補自己缺乏法律知識的缺點。 可是令他的朋友和同事非常奇怪的是，他竟然辭職了。

這是希爾自己做出的決定，他之所以辭職，是因為他覺得那種工作太容易了，他不願把自己變成一個懶惰的人，他不願在這安逸的環境裡那麼快使自己就退化掉，於是希爾採取了許多人看似瘋狂的舉動。儘管當時他可能對要幹什麼一無所知，但希爾非常慶倖自己有足夠的判斷力去進行只有不斷努力和奮鬥才能成功的事業。

希爾把芝加哥作為自己開創新事業的起點。他認為那裡是一個可以看出一個人是否具備在競爭激烈的世界中有生存的能力的地方，只有他在芝加哥的任何行業中取得一些成就，才能證明自己真正具備發展事業的潛能。

希爾在芝加哥獲得的第一個職位是一所函授學校的廣告經理。他在工作中十分勤奮並且表現不凡，第一年就賺了 5200 美元。

拿破崙· 希爾很快便沉浸在成功的喜悅之中了。可是他還是避免不了盛宴之後的饑荒。　　他工作相當不錯，開始得意揚揚。

自我陶醉是一種很危險的心境。

有一種偉大的真理是許多人不知道的，一直等到時間老人把慈愛的雙手放在他們的肩上時，這些人才會頓悟。

而有些人自始至終也沒能獲得這種真理，不理解這種真理的人，最後終會了解一蹶不振是多麼可怕。

三、第五個轉捩點

希爾在擔任函授學校的廣告經理時，表現極為良好，這所學校的校長說服希爾辭掉廣告經理的工作，和他合作進軍糖果製造業，他們組建「貝絲· 洛絲糖果公司」，由希爾出任第一總裁。

一切似乎進行得十分順利，他們的糖果事業發展極為迅速，不久便在 18 個城市成立了連鎖店。希爾覺得自己離成功又近了一步，可是，他的合夥人卻在暗中策劃「吃掉」他。他們偽造罪名使希爾被捕入獄，然後他們向希爾提出條件，如果希爾交出自己的股份，他們就撤訴，但是最後他們失敗了。希爾獲得勝訴，法院判決那些壞人賠償希爾的損失，但希爾要求將他們關入大牢。

希爾第一次體驗到人心竟然如此殘酷、虛偽。這也是他第一次對敵人進行反擊，因為他擁有了一種武器——是敵人們教給他的。

希爾發現：如果對那些偉人的生平傳記加以研究，人們會不再恐懼和逃避生活的考驗，因為偉人都是經過了嚴峻的歷練，才「功成名就」的，這可能就是中國所謂的「天將降大任於斯人也，必先苦其心志……」一類的話所說的吧。

在談到希爾的下一個轉捩點之前，他提醒我們：每一個轉捩點，都使他更加接近成功的終點，並為他帶來一些有用的知識，這些知識將成為他人生哲學的一部分。

四、第六個轉捩點

這個轉捩點使希爾距離成功的終點更近了一步，因為他發現，必須把自己在各行各業中所學到的知識都付諸實踐，在他的糖果事業成功的美夢破碎後，這個轉捩點立刻擺在希爾的面前。他轉移到中西部一家專科學校教授廣告與推銷技巧。

希爾在學校裡表現得非常出色，幾乎在世界上的每一個國家都有他的學生，希爾暗自認為自己已經接近了成功的終點。

可是，第一次世界大戰的徵兵來了，學校的大部分學生被徵入伍，他自己也成為了為國家服務大軍中的一員。就這樣，希爾再次成為一文不名的窮光蛋。

波克曾說：「貧窮是一個人所能獲得的最豐富的經驗，不過，一個人在獲得這個經驗後，應儘快擺脫掉。」

希爾當時已達到自己事業中最關鍵的時刻，人到這一地步，或者永遠失敗，或者東山再起，獲取更大的成功，這都取決於他對過去經驗的態度，以及是否是把過去的經驗作為東山再起的基石。在這方面希爾為我們樹立了一個典範，希爾另外又譜寫了更加輝煌的一章，迎來他生命中第七個也是最重要的一個轉捩點。

透過回顧希爾前六次的轉折，顯而易見，希爾到這時在這個世界上還沒有一席之地，但這都只是他暫時性的挫折，我們可以看出，他還沒有找到一項能夠全身心投入的工作。

五、第七個轉捩點

1918 年 12 月 11 日，第一次世界大戰的停戰日，這場戰爭使希爾成為一個窮光蛋，但他還是很慶倖，畢竟這場戰爭已經結束，人類又重新恢復了理智。

希爾的思想並沒有停留在慶祝大戰的結束上，而是回到了昨天，他的整個過去，辛酸與甜蜜，高興與沮喪，都歷歷在目。

另一個轉捩點來到了。

希爾把自己腦中所想的都在打字機上打了出來。他當時所寫的那篇文章，被發表在一家全國性的雜誌上，這篇文章對他自己的事業，以及另外數以萬計的人產生了相當大的影響。

在這篇文章中他記述了自己以往的經歷，他著重敘述了自己如何從煤礦裡的一個普通礦工晉升到公司的首席顧問經理，而這一切都歸於他一直奉行的「任勞任怨，不計報酬」的工作原則。

因此希爾覺得自己應該在心中尋找出一些想法以便把這些想法轉告給今天的整個世界——這些想法將協助美國人在心中永遠保存理想主義的精神。

寫作需要錢，但希爾當時並沒有那麼多的錢，不過他有信心，不超過一個月的時間，肯定會有人給自己提供所需的資金。就是在這種多少帶有點戲劇性的態度下，深藏在希爾內心深處長達 20 年之久的一個願望終於得以實現了，他的強烈願望就是成為一名報紙編輯。

在所有那些年的準備期中，這種慾望不斷加強，後來，希爾終於把它付諸行動，希爾為自己找到了喜愛的工作而感到興奮。

受益於失敗

生活就好比是在爬山，如果你想通過捷徑到達山巔，那麼你很快就會因氣餒而放棄。但是，如果你心理上和身體上都已經做好了準備，那你一定能憑藉自己的實力爬上山頂。如果你不小心絆倒了，你會拍拍身上的灰塵，重新站起來，然後超越它。要學會堅持，直到你登上那座山的頂峰為止。之後，你會尋找到更高的山峰去攀登。

肯尼士· 麥克法蘭德博士，世界上最偉大的演講家之一，曾經把生活比作是一段汽車旅程。他說，如果你總是想著長途旅行遇到的困難，如果你老是想著馬路上那些速度飛快的汽車緊跟著你，那麼你將永遠也不會有勇氣出門。但是，你的生活不是這樣的。好比你每次只行駛一公里、一小時或是一天，你也應該採取相同的方法去應對失敗。每次只需要克服一個困難，然後汲取其中的教訓，以後就不會再犯同樣的錯誤了。

如果你一時間找不出失敗的原因，老是在同一個地方跌倒，那麼，導致這些失敗的原因可能有三個：

1. 物質的損失，比如說財產、地位或固定資產。
2. 個人的損失，比如好友或家庭成員去世，某種關係的終結。
3. 精神的損失，這時的失敗是源於自身的，你很快就會發現其實我們完全可以克服這些因素或者從中汲取教訓。

毫無疑問，你一定聽說過有的人被原來的公司解雇以後，在別的公司取得了輝煌的成功或者創建了自己的事業。物質上的失敗會使我們重新評估自己的財產，決定到底什麼對自己更加重要，為自己設定新的目標，而且讓自己不再困擾在導致我們失敗的事情中。

跟其他人之間的關係緊張或者破裂，無論對方是我們的生意夥伴還是配偶，都會讓我們重新檢查自己的行為，進而改變與他人相處的慣用方式。即便是深愛的人去世了，我們也可以透過說明其他人的方式來延續對他的愛。我們完全可以透過這些方式不斷改變自己。

精神上的損失，比如在我們沮喪的時候，失去宗教信仰的時候，我們會傾向於自省，會去尋找靈魂深處的某種安慰。在你尋找安慰的過程中，你會發現一種內部力量和心靈平靜，而如果你沒有經歷過失敗的話，你是永遠也體會不到這種力量和平靜的。

成功與失敗之間的界限非常的清晰，所以我們經常忽略了導致失敗的原因。這個原因其實很簡單，就是態度問題——你如何面對突如其來的困難，或者你自己所犯下的錯誤。

鄉村音樂的傳奇人物默爾· 哈格德如今還對他生命中的轉捩點記憶猶新。他年輕的時候一直麻煩不斷，直到他進了聖· 昆廷監獄。

「我必須說明，昆廷跟我以前聽說過的監獄不太一樣，」他在自傳中這樣寫道，「昆廷給了我選擇的機會。你可以在獄中工廠找一份工作，然後透過努力工作，得到一個良好的記錄。這將有利於你的減刑，或者你可以成天在監獄裡的院子裡躺著。而我選擇了在院子裡躺著。我簡直就是數著日子生活的。」

18 個月後，監獄有一次假釋的機會，但是因為他缺乏進取心，所以假釋陪審團並沒有給他機會。他的第一次假釋申請就遭到了拒絕，這讓所有人都感到吃驚。

哈格德依然沒有改變，他沒有做任何改變現狀的事情。他跟監獄裡的一個同伴做起了自己的小買賣——一種以啤酒為賭注的賭博活動。這種冒險的行為後來使他被送去關了禁閉。

「有的時候我們就是差一樣東西來改變整個局面。我不知道促動我發生改變的是一個監獄同伴的極刑，還是那七天的禁閉，還是因為一個逃獄者的死亡，還是這些東西加在一起，總之，奇蹟出現了，改變開始了。」

「無論是什麼原因，反正從禁閉室出來的時候，我決定要為默爾·哈格德做點有益的事情。」

哈格德又一次提出了假釋的申請。雖然他剛從禁閉室裡放出來不久，但是他還是堅持向陪審團闡述他的目標——他要成為一名鄉村音樂歌手。而今，在這一領域還沒有哪個歌手的知名度能超過哈格德。

阿比·威德拉的「工作室」是在伊利諾伊大學芝加哥藥物研究中心的一個 90 平方英尺的屋子裡。這裡既是他的辦公室，也是實驗室。但是，正是在這間小小的屋子裡，這位醫學真菌學的副教授發明了 Stra-cor，一種用於治療大面積燒傷燙傷的人造可分解皮膚。

Stra-cor 跟移植皮膚和其他的人造皮膚不一樣，它是皮膚表皮組織的替代物。它可以伸展，可以黏著在身體上，而且能夠被身體吸收。它允許空氣和水分穿過去，但是會阻止細菌進入。人體很快就能接受這種材料，並且這種材料也能很快適應人的體溫。同時，它還允許紅、白細胞穿過它，讓皮膚細胞在它上面生長。

Stra-cor 的材料很普通，用起來也很方便並且不會留下任何疤痕。它還可以用在敷藥上，因為它能讓藥物慢慢滲透到體內。威德拉相信它的出現對移植手術有著深遠的意義。

20 年前，威德拉在一次真菌研究時偶然產生了這種想法。就是在那個時候，他發現了一種被認為可能會對燒傷和其他傷口有幫助的黏著的材料。但是因為當時他還有其他的研究項目，就把這個想法推遲了幾年。

整個過程幾乎是由他獨立完成的，他沒有資金，一切都是臨時做的準備。比如他需要把這些材料壓成薄片，於是就用每個 45 美分的價格在超市買了很多餡餅罐子。他說：「這些罐子很好用。」

在 Stra-cor 上研究了四年時間以後，威德拉開始在人體上做試驗。現在，這種材料的買賣權歸波士頓一家公司所有，這種材料正接受食品與藥物監督局的測試，還沒有獲得正式的批准。威德拉在為這種材料申請專利權時，遭受了第一次困難，之後他把全部精力都花在克服重重的法律障礙上，最後他成功了，他很順利地為他的革命性的新產品申請到了專利。

威德拉在他發明的另一種被稱為「克羅達維」的東西上也感受到了成功的喜悅。這是一種用於傷口真菌感染的抗真菌藥膏。在醫學院裡，這種藥物在 50 個人不同的感染傷口上作了試驗。威德拉說：「在任何情況下，它都能控制住真菌的感染。它就是我的退休金，等我退休了，我就去周遊世界，向當地的經銷商們兜售我的藥膏。它真的是一種令人驚奇的商品。」

威德拉要不斷地試驗，失敗，再試驗，跟所有搞研究的人一樣。他說：「你必須堅持你的想法，你必須把每一種可能性都徹徹底底地研究一番。即使只有一種可能性你沒有去嘗試，你都可能抱憾終生。要靈活一些，可以跟那些擁有你所沒有的條件的人合作。在你的周圍，總會有人能夠幫上你的忙。」

正如斯通和拿破崙· 希爾 20 年前在《積極心態的力量》中寫到的：「任何形式的失敗都會向不懈的努力屈服。想要扭轉失敗的局面，唯一的秘密武器就是無論是什麼樣的失敗，你都要保持積極心態。」

對於那些剛剛遭受了失敗的人來說，從什麼地方，如何邁出第一步就變成了一個不可逾越的難題，因為失敗帶來的傷痛深深地刺傷了他們的信心。正因如此，我們才會向大家解釋如何把失敗轉化為成功的基石的方法。這個方法就像在最黑暗的時候出現的希望之光。

成功是一連串的衝刺

成功就是一連串的奮鬥，拿破崙· 希爾對此體會頗深，對此他還特意講了他的一個朋友的故事。

「我有一位非常要好的朋友，他現在是個非常有名的管理顧問，當你走進他的辦公室時，你馬上就會有一種高不可攀的感覺。

「辦公室內擺設豪華，地毯考究，那忙碌的人們以及知名的顧客會告訴你，他的公司的確成就非凡。但是他的創業歷程卻充滿了辛酸血淚。

「我的朋友經歷了 7 年的苦苦掙扎，在這 7 年中，他經歷了無數次的挫折與失敗，可我從來沒有聽他說過一句沮喪和抱怨的話。他總是說：'這是一項無形的、

很難捉摸的生意，競爭異常激烈，而且我還在學習，但無論怎樣，我都要繼續奮鬥下去。'

「最後他成功了，而且事業做得轟轟烈烈。

「我有時候問他：'經歷了那麼多的失敗和挫折你難道不覺得疲憊嗎？'他一臉笑容地對我說：'沒有啊！我只是把它們當成了受用無窮的經驗。'」

另外，你如果看看美國名人的生平經歷，就同樣會發現，那些名垂千秋的偉人，都曾經歷過一連串無情的打擊，只因為他們能夠堅持到底才獲得了最後的勝利。

教授的經驗告訴他們，從一個學生對於成績不及格的態度就能夠推測出他將來的成就。希爾在大學授課期間，曾把畢業班一個學生的成績打了一個不及格。這意味著他當年拿不到學位，這個學生面前只有兩條路，第一是重修，第二是不要學位，一走了之。

一個畢業生因一科不及格而拖到下學年畢業，這無論如何都令人有點難以接受。那個學生來找希爾教授了，他問希爾：「教授，您能否通融一下呢？我以前一向都很不錯的。」

希爾說：「這個成績是多次評估的結果，並且學籍法禁止教授以任何理由更改已經送交教務處的成績單。」

當他知道真的不能改後，他生氣了。「教授！」他的語調很強硬，「我可以隨便舉50個沒有修過這門課依然很成功的人作為例子，這科有什麼了不起的？為什麼就因為這一科讓我今年拿不到學位？」

希爾沒有生氣，他只是對那個學生講道：「你說得很對，是有許多成功人士從來沒修過這門課，甚至對這門課的知識一字不知，而你也可能不用這科知識就能成功，可是你對這門課的態度卻對你大有影響。」

「為什麼？」

「我想給你提一個建議，我也知道你相當失望。但是請你用積極的心態來面對這件事吧！如果你不培養自己積極的心態，你以後肯定做不成任何事，一定要牢記這個教訓，15年後，你就會知道這件事對你的益處有多大了。」

那個學生真的去重修了。過了不久，他真的向希爾來致謝。他說：「那次不及格真的讓我受益匪淺，我現在甚至有點感激那次不及格了。」

人人都可化失敗為勝利，只要從挫折中汲取經驗教訓，好好利用就可泰然處之了。

希爾勸告我們說：「千萬不要把失敗的責任推給你自己的命運。要仔細研究失敗的實例。如果你失敗了，那就繼續努力學習吧！不要一味地詛咒命運，如果那樣，你將永遠得不到想要的東西。」

每個人都要面對挫折

任何人在到達成功的彼岸之前，都會遭遇一些大大小小的失敗。愛迪生在歷經了一萬多次失敗後才發明了電燈泡，而沙克也是在試用了無數介質之後才培養出小兒麻痺症的疫苗。

人生不如意之事十之八九，一帆風順者少，曲折坎坷者多，成功是由無數次失敗構成的。在追求成功的過程中，必須正確面對失敗，樂觀和自我超越的精神是我們能否戰勝自卑、走向自信的關鍵。正如美國通用電氣公司創始人沃特所說：「如果想尋找通向成功的路，把你失敗的次數增加一倍即可。」但失敗對人畢竟是一種「負性刺激」，總會使人產生不愉快、沮喪、自卑的心理。

面對挫折和失敗，唯有保持一顆樂觀積極的持久心，才是正確的選擇。其一，採用自我心理調適法，提高心理承受能力；其二，注意審視全域、完善策略；其三，用「局部成功」來激勵自己；其四，做到堅韌不拔，不因挫折而放棄追求。

要戰勝失敗所帶來的挫折感，就要善於開發、利用自身的「資源」。應該說當今社會已大大增加了這方面的發展機遇，只要敢於嘗試，勇於拼搏，就一定會有所作為，雖然有時個體不能改變「環境」的「安排」，但誰也無法剝奪其作為「自我主人」的權利。屈原被放逐乃賦《離騷》，司馬遷受宮刑乃成《史記》，就是因為他們無論什麼時候都不氣餒、不自卑，都有著一種堅韌不拔的意志。有了這種意志，就能掙脫困境的束縛，迎來光明的前景。

若每次失敗之後都能有所「領悟」，把每一次失敗都當作是成功的前奏，那麼就能化消極為積極，變自卑為自信。作為一個現代人，應具有隨時迎接失敗的心理準備。世界充滿了成功的機遇，也充滿了失敗的風險，所以要樹立持久心，以不斷提高應付挫折與干擾的能力調整自己，增強自己對社會的適應力，堅信失敗乃成功之母是一條永恆的真理。

成功之路難免坎坷和曲折，有些人把痛苦和不幸作為退卻的藉口，也有人在痛苦和不幸面前復活和重生。只有勇敢地面對不幸和超越痛苦，永青春的朝氣和活力，用理智去戰勝不幸，用堅持去戰勝失敗，我們才能真正成為自己命運的主宰，成為掌握自身命運的強者。

其實失敗是區分強者和弱者的一塊試金石，強者可以愈挫愈勇，弱者只會一蹶不振。想成功，就必須面對一切失敗，必須在千萬次失敗面前站起來，用持久的心去戰勝一切。

人生中的不幸，成功道路上的失敗，每個人都會遇到，也往往會給我們帶來極大的痛苦，只有儘快設法擺脫痛苦，才能堅定不移地向既定的目標邁進。

事實上，害怕失敗絕大程度上是由於人自身的性格與心理需求決定的。正如很多人害怕貧困、害怕生病、害怕遭到批評，而同時又極為渴望富有、健康、受人歡迎一樣，在追求成功的道路上害怕失敗，這些恐懼實際上是相伴而生的。所以，害怕失敗的人實際上對一切有可能打破現有平衡、帶來負面影響的事都存有一種恐懼。生活中能有幾件事是有利無害的呢？如果逃避成了對待生活的一種習慣態度，這將使我們的創造力退化、熱情降低、缺乏活力，最終就會因生活乏味而消沉下去。

曾經有一位業務員里查·康伯爾，講述了他自己的故事。

「我以前一直很怕被公司派去見客戶，每次出去，我都暗中祈禱對方不在。我害怕他不訂貨之後我會有挫折感，所以時常緊張又焦慮，非常不自然。結果不言自明，我的生意就這樣一筆又一筆地失掉了。」

害怕是一般人共同的弱點，因為害怕，所以失敗。我們再聽另一位推銷員狄克的話，而他目前是公司裡業績最好的業務員。

「我以前可說是世界上最懦弱、消沉的業務員，常因經濟拮据而失意潦倒，每次碰到困難時，我總是習慣性地退縮、逃避。眼看自己業績最差，我更失去了拜訪客戶的信心。於是我開始欺騙自己、逃避現實。直到某天，我到郊外去舒展身心，想減輕心理的壓力，剎那間我覺悟到：狄克，你真的是這樣一個甘於失敗的人嗎？如果你繼續自欺欺人，那麼，你注定要失敗，現在只有你自己能決定是否能改變自己，你只能靠你自己，而且必須立刻展開行動！」

自那天以後，狄克開始著手安排他的新生活，每天記錄當天的工作情形並檢討反省。狄克說：「如果我們不能改變自我，便會被環境控制，我寧願自我訓練，也不要受環境擺佈。」狄克因此擺脫了對失敗的恐懼感，他又說道：「業務員只要能多接觸客戶，就不會那麼在意失敗，反而能自然地應對每一位客戶。」

專家曾說：「培養一點瀟灑的習慣，不要太在意別人的看法或批評，如此你才能很自在地與他們相處。」

無須害怕今日的失敗，它並不能決定你的一生，人們欣賞屢敗屢起的失敗者，輕視半途而廢的懦弱者。

林肯曾說：「我不在乎你是否失敗了，我關心的是，你是否獲益於自己的失敗。」

倘若你在棒球賽第九局中擊出一支全壘打，沒有人會記得你在前八局中失誤的次數，因最後的成功將你前幾次的失敗一筆勾銷，此種想法可使你愈挫愈勇，努力不懈。

加油吧！ 繼續你的努力，每天、每月累積一點一滴的進步，原本今天無法實現的理想，明天就可看到豐碩的成果。

莎士比亞曾說：「人類的猶豫有如暴君，因為不敢向前邁開步伐，成功的機會便被他剝奪了。」勇氣並非毫不畏懼，而是克服畏懼。

愛默生說過：「我們的力量來自我們的軟弱，直到我們被戳、被刺，甚至被傷害到疼痛的程度時，才會喚醒包藏著神秘力量的憤怒。偉大的人物總是願意被當成小人物看待，當坐在舒服的椅子上時，他會昏昏睡去，當他被搖醒、被折磨、被擊敗時，便有機會可以學習一些東西了；此時他必須運用自己無窮的智慧，發揮他剛毅的精神，他會了解事實的真相，從他的無知中學習經驗，治療好他的自負。最後，他會調整自己並且學到真正的技巧。」

然而，挫折並不保證你會得到完全綻開的勝利花朵，它只能為你提供勝利的種子，你必須找出這顆種子，並且以明確的目標給它養分並栽培它，否則它不可能開花結果。上帝會一直冷眼旁觀那些企圖不勞而獲的人。

你應把挫折當做是使你發現你的潛能，以及你的思想和你的明確目標的測試機會。如果你真能了解這句話，它就能調整你對逆境的反應，並且能使你繼續為目標努力，挫折絕對不等於失敗——除非你自己這麼認為。

你應該感謝你所犯下的錯誤，因為如果你沒有和它作戰的經驗，就不可能真正地了解它。

不放棄就不會失敗

逆境中可能出現的問題只有一個，不恰當地屈服並放棄。

有句格言是這樣說的：「你認為自己是怎樣的人，就會真的成為怎樣的人。」一個自認為不善於與下屬溝通的經理，他會苦惱地發現自己真的很難激勵部屬。由此，他會更加堅信自己確實不擅長溝通。其實這是他自取其敗，其他行業如業務員、律師、醫生等等若沒有對業務的自信，也都會面臨相同的結果。

一個人多半不能改變自己的外部環境，但是他可以改變自己的心態：「明天的情形也許還和今天一樣，但明天的我一定不是今天的我了。」你若能改變態度，也就能改變整個形勢。

只要還存有一絲希望，就不要輕易放棄。不管遭受何種不幸，只要能繼續生存下去，我們就不是失敗者。

不管遭受多大的打擊，都不要認為自己是個失敗者，而且要堅決阻止消極的思想侵蝕你堅強的心，不要陷入不滿的泥潭，變得憂慮、蠻橫或憤世嫉俗。不要與其他失敗的人互相憐惜。不幸的人喜歡尋找慰藉，他們希望你和他們一起沉淪下去。

醫學專家曾警告人們，精神上的墮落比身體上的絕症更可怕，他們說：「毒瘤可用手術切除，而惡劣的情緒卻不能。只能靠自己的意志糾正心理偏頗，重見光明、健康、富有和幸福的大道。除非你自己放棄，否則你就不會被打敗。」曾經有一個年輕人問愛迪生：「你已失敗了一萬次，對此你有何想法。」愛迪生回答說：「我並沒有失敗過一萬次，只是發現一萬種行不通的方法而已。」後來，愛迪生終於成功了。

不管跌倒多少次，只要爬起來，繼續前行，你就會取得成功。

「飛雅特」是「義大利都靈汽車製造廠」的縮寫，飛雅特歷經 90 年艱辛坎坷的創業，從小到大，從國內到國際靠的就是堅韌不拔的精神。

20 世紀 70 年代初期，西方世界爆發了能源危機，汽車工業首當其衝，受其影響最大。飛雅特創辦者阿涅利在嚴峻的現實面前，勇於開拓進取，千方百計降低生產成本，研製低油耗車，飛雅特最終以富於競爭性的價格贏得了勝利。

當飛雅特集團丟掉「病入膏肓」的愛快羅密歐汽車公司的包袱時，福特汽車公司準備全部購買，乘機侵入義大利市場。為了「拒敵於門外」，阿涅利適時地拋出一套全面拯救羅密歐的計畫，這一舉動一下子轟動了當時的歐美世界，卻也因此遭到許多嘲諷和譏笑，但阿涅利毫不顧及那些，他下定決心並且毫不動搖，在義大利政界及各派勢力的協助下，阿涅利戰勝了強敵，使「帝國」的版圖得以擴大。阿涅利以堅韌不拔的創業精神使飛雅特成為了歐美各界聞名遐邇的大公司。

所以，當你盡了最大努力還是沒有成功的時候也不可以輕言放棄，只要開始另一個計畫就行了。拿破崙· 希爾和他的朋友合作開發一種產品，雖然產品成功地開發出來了，但是賣不出去，希爾幸運地退出了，而他的朋友卻損失了幾千美元。但是他的朋友卻說：「我並不怕失去自己的金錢，真正使我害怕的是，失敗讓我變成一個怯懦的人，如果是那樣的話，我就永遠沒有成功的機會了。」

美國柯立芝總統曾說過一句富有哲理的話：「世上沒有一樣東西可以取代毅力，才幹也辦不到，一事無成的天才遍地都是；教育也辦不到，學無所用的人比比皆是。只有毅力和決心使你百戰不殆。」

就像吉卜林所說：「如果你看到自己為之付出一生的事情遭到了破壞，那麼就請彎下身子，從頭再把它們建造起來吧！」在每一個人的體內，都有一種任何失敗和挫折都無法將其擊垮的東西，一種能夠克服任何失敗和挫折所造成的磨難的東西。如果能意識到這一點，你就已經在自己偉大的生命中打開了一個新的資源寶庫，你就能利用一種新的從未被利用過的力量。當人們在前無去路、後有追兵的時候，當人們陷入絕境的時候，這種力量就會在人的身上表現出來。如果他們此時此刻仍然帶著一種永不屈服的堅定決心，拒絕承認失敗並屹立不倒的話，他們的經歷中就會留下一些值得自豪的東西。他們不會為過去感到羞愧，他們會對未來充滿自豪感，對重新開始生活充滿自信心，利用從過去的失誤中得到的智慧來創造一個嶄新的未來。

笑傲挫折

挫折含有兩種意思：一是指阻礙個體活動的情況；二是指個體遭受阻礙後所引起的情緒狀態。成功學中的挫折是指個體從事有目的的活動，在環境中遇到障礙或干擾，使其需要和動機不能獲得滿足時的情緒狀態。這是一種社會心理現象，具有雙重性。

一、挫折的客觀性

挫折是普遍存在的一種社會心理現象，任何人的一生都不可能是一帆風順的。因為客觀事物不僅紛繁複雜，而且在不斷地發展變化著，人們對它的認識需要有一個不斷加深的過程；同時，要達到目標也要有一個積聚力量、創造條件的過程。所以在這些過程中碰到困難是在所難免的，總會遇到一些障礙和干擾。人生事業發展的過程更是如此，人們常說商場如戰場，既充滿了誘人的利潤、鮮花與掌聲，更充滿了荊棘、坎坷、風險和失敗。

一個目標能否實現，一種需要和動機能否得到滿足，既取決於這種目標、需要和動機是否具備實現的客觀條件和環境，也取決於人們的主觀認識與客觀事物相吻合的程度。無論是客觀條件的影響，還是主觀認識水準的提高，都必須有一個逐步實現的過程。所以，挫折的產生也是不以人們的主觀意志為轉移的。

二、挫折的雙重性

挫折既是壞事，又是好事。挫折一方面使人失望、痛苦，使某些人消極、頹廢，從此一蹶不振，或引起粗暴的消極對抗行為，導致矛盾激化，還可能使某些意志薄弱者從此失去對生活的希望，造成嚴重的後果。另一方面，挫折又給人以教益，使犯錯誤的人清醒，認識並接受教訓，改弦更張；它能砥礪人的意志，使之更加成熟、堅強；它還能激勵人發憤努力，從逆境中奮起。

當我們的事業遭受挫折時，自己應當分析產生挫折的主客觀因素，透過傾訴或其他宣洩方式疏導自己的消極情緒，從理智上感謝這些困難，因為困難能更加促使我們走向成功。

堅定轉敗為勝的信念

上帝對人類事務進行了巧妙的安排，使每一個理性的人都必須背負某種形式的「失敗十字架」。 最沉重、最殘酷的十字架是貧窮。

億萬生活在當今世界上的人們發現，他們必須掙扎於這個十字架的重壓下，以獲得生存的三種基本必需品：住房、食物和衣物。

人類歷史上一些最偉大、最成功的人士都發現，在他們到達成功的巔峰之前，必須背負貧窮的十字架。

人們通常把失敗看做是一種詛咒。但是，很少有人能夠理解：只有當人們認輸時，失敗才成為詛咒。更少有人明白，失敗絕不可能是永恆的。

回想一下過去幾年的親身經歷，你會發現，你所承受的失敗一般都會使你因禍得福。失敗能夠教給人們從其他地方無法學到的經驗，其中一個重要的經驗就是謙恭。

任何偉大人物與身邊的世界、天上的星辰以及大自然的鬼斧神工相比，都會感到自己無比渺小與卑微。

在這個世界上，每當有 1 個富人的兒子成為人類的有用人才，就會有 99 個出身貧苦的孩子成為有用人才。這似乎不僅僅是偶然，大多數認為自己失敗的人其實根本就沒有失敗，被人們看做失敗的大多數情形其實只不過是暫時的挫折。

如果對世界上 100 個被認為「成功」的人士進行認真分析，就會發現，他們曾經經歷過你可能無法想像、也無從知曉的各種困難、挫折與失敗。

林肯死去時，不知道他的「失敗」為世界上最偉大的國家奠定了良好的基礎。

哥倫布沒有找到印度，但他的「失敗」意味著發現了之後最繁榮的大陸。

所以說，任何時候都不要輕易地使用「失敗」這個詞。

記住，暫時背負沉重的十字架並不是失敗。如果在你心中埋有成功的種子，一點點困難與挫折只會變成養料，使種子發芽成熟。

天將降大任於斯人，上天一定會用某種形式的失敗來考驗這個幸運兒。如果你認為自己正處於失敗之中，請保持耐心——可能你正在通過對你的考驗。

任何合格的管理者都不會挑選一個沒有考驗過其可靠性、忠誠度、堅毅性和其他必需素質的人作為自己的副手。高級的職位和薪酬，總是被吸引到那些不願把暫時受挫視為永遠失敗的人身邊。

當哥倫布在沒有航海圖指引航向的情況下風雨兼程，航行在洶湧險惡的大西洋上之時，他並不知道自己最終會駛向何處，但他在他的航海日誌上寫道：「今天，我們繼續按西南偏西方向航行。」哥倫布對自己充滿信心和希望，他相信自己的航線是正確的，他終將達到目的地。

毫無疑問的是，他一定也有過絕望的想法：他將永遠無法完成宏願，在惡浪滔滔的海上永遠無休止地顛簸漂蕩，直到有朝一日葬身海底。更糟糕不過的是，風浪的襲擊損壞了他的船舶，一些船員為保性命，圖謀反叛。面對如此嚴酷的現實，哥倫布的信念是否動搖過，希望是否喪失過呢？可以想像，他一定有過絕望的時候。

然而，儘管蒙受挫折和失敗，面臨生死考驗的緊急關頭，一度處於絕望的境地，但哥倫布最終還是鼓起了勇氣，屢屢揚起勇往直前的風帆。他清楚自己必須堅持下去，他的內心堅毅勇敢。

當我們的事業面臨即將失敗的危難時刻，我們一定要堅定轉敗為勝的成功信念。如果你在狂風巨浪的海面上連連受挫，眾叛親離，迷失方向，目的地遙遙無期時，能否奮然而起，堅定而又明確地樹立起信心？只有當我們相信一定能成功時，成功的目標才能實現。那麼，在什麼時候付諸行動呢？就是要在危急關頭，在疑慮重重的時候，在悲痛憂傷的時候，在萬念俱灰的時候。

我們必須像哥倫布那樣在一張紙條上寫道：「今天，我要繼續航行。」並且以此作為座右銘，必須這樣做，是人生事業成功的責任感要求我們非這樣做不可。

拿破崙· 希爾建議，當遭遇挫折或失敗時，我們應當採取如下方法，幫助自己渡過難關：

一、毅力 + 行動 = 金剛石

不要一遇到困難，就首先想到失敗。

想到失敗，就注定會失敗。行動與毅力完美結合，能攻克一切難關。淺嘗輒止的人永遠不會成功。

二、審時度勢，不鑽牛角尖

過分注重瑣碎的小事，會妨礙你幹大事的遠見，鑽牛角尖將窒息你的思想。「聰明人善於走彎路。」這並不是說成功者真的沒那麼聰明；而是說走彎路是為了更快地到達目的地，避免過多的障礙。

人生沒有一帆風順的事，也沒有一條筆直通向成功的坦途。遇到困難時，你不妨先停下來，審時度勢，多動動腦子，看有沒有新的辦法解決難題。美國總統艾森豪曾說過這樣一句話：「一個人無論是經營通用汽車公司，還是管理美國政府，只坐在辦公室埋頭批閱公文，我不相信這就是認真負責。任何機構的最高領導人都應該避免瑣事的干擾，而應該把有限的精力用在基本決策上。只有這樣，才能做出更好的判斷。」

三、一步一個腳印

茫茫雪地上，一行腳印伸向遠方。如果你只站在一旁感歎：「這麼艱難的路，何時才會有盡頭啊！」那你永遠也邁不出第一步。成功是一步一步走出來的，每一個腳印都記載著你的艱辛與汗水。直視你的前方，朝你擬定的目標，一步一步邁進吧！

四、樹立必勝的信心

「必勝的信心」是治療恐懼的一劑良藥。許多人在打算做一件事之前，往往會先花很多時間去設想「如果失敗」後的種種糟糕的結局，結果因「預設失敗」而導致裹足不前。心理學實驗表明，頭腦裡的想像會按事情進行的實際情況，刺激人的腦神經系統。你應該這樣做：

1. 做一件事之前，應預想成功後的種種好處，不要去想失敗後的沮喪。
2. 用鼓勵的話語激勵自己。
3. 極、樂觀地面對生活。
4. 多聽聽振奮人心的歌曲。選擇一首你喜歡的歌，把它當成每日早起晚睡的號聲。

五、屢敗屢戰

真正的成功者是那些屢敗屢戰者。屢敗屢戰是對待失敗的正確方法之一。失敗不是什麼罪過，重要的是從中汲取教訓。跌倒了再爬起來，繼續往前走，有什麼可怕的！當你似乎已經走到山窮水盡的絕境時，離成功也許只差一步之遙了。

1. 不要在失敗幾次之後就放棄你已既定的目標。即使不時改換你的前進角度，但大的方向不能變。那就是——無論如何，一定要成功。
2. 仔細品味「屢戰屢敗」與「屢敗屢戰」的深層含義。
3. 將「屢敗屢戰」幾個字寫到紙上，掛到床前，時刻自勵。

六、注重培養團隊作戰精神

「一根筷子不經折，一把筷子折不斷。」團隊作戰時，隊員們可以互相激勵，共同克服難題。一個積極向上的團體可以影響到每一個隊員的下意識，使他能正確地對待失敗，不恥下問，虛心請教，集思廣益。唯有如此，才能順利地走向成功。

1. 失敗時，不要羞於開口。援助常來自外界。拒絕或忽視可能的協助，只會導致失敗。
2. 保持積極的態度，控制自己的思維和言行。
3. 一定要謙虛。虛心的態度可以更多地獲得他人的援助。

第 5 章 永進取心

進取才能成功

獲得成功的基本條件之一是領導才能，進取心則是建立和培養領導才能的基礎，二者就像輪輻與車軸的關係一樣密不可分。

進取心是一種極為珍貴的美德，它能促使一個人做他自己應該做的事，而不是在被動的接受任務的狀態下才去做。那麼怎樣才能定義一個人有進取心呢？

「進取心，就是主動去做應該做的事情，而不是待在原地等待別人的吩咐。」

「上帝會非常慷慨地獎勵那些有進取心的人一些大獎。如：金錢、榮譽。」

「比主動去做事次一等的是，當有人告訴你應該做什麼的時候，不要猶豫，要立即行動。」

「再次一等的人，他整日糊裡糊塗，只有別人在後面用力踢他時，他才會勉強去做他早已應該完成的事。這樣的人大多一輩子辛苦勞累，卻一事無成，他們總是一味地抱怨運氣不佳。」

「最後一種人是最糟糕的。這種人根本不知道什麼是他應該做的，即使有人告訴他什麼事情他應該立即去做，他也不知道到底該用什麼樣的方法去完成。即使有一些特別熱心的人不厭其煩地向他示範，並耐心地跟他一塊兒做，他還是不知道如何下手。這種人一生的大部分都是在失業中，於是，他非常容易遭人輕視，除非他生在一個非常富裕的家庭，即使是這樣，上帝也會在街道拐角處拿著棍子耐心等待著他！」

「想一想，你是上面的哪一種人？」

如果你想有所成就，想成為一個成功的人，先要使自己成為一個有強烈進取心的人。

要想成為有進取心的人首先必須克服拖延時間的惡習，把它從你的個性中剔除，扔進垃圾箱裡，那種把你應該在去年、上個月、甚至十幾年前就該完成的事拖到明天去做的壞習慣，正在腐蝕著你意志中最重要的部分，除非你趕快割掉這個毒瘤，否則你將一事無成。

克服拖遝的習慣，有一些簡單的方法：

1. 每天都從事一件非常明確的工作，而且不要等別人的指示就能非常積極地完成它。
2. 積極地去尋找，每天至少找出一件對其他人有益的事情去做，而且不要期望一定能獲得報酬。
3. 每天要把這種主動工作的習慣的益處至少告訴另外一個人。

拒絕故步自封

進取心，實際上就是對現實的一種辯證的否定。條件再惡劣，也應奮發改變現狀；條件再優越，也應該努力讓生活變得更充實。

對於那些已經有成就的人士而言，進取心可使人更清醒、更深沉。對人生，任何成就都屬於過去，為過去的成就沾沾自喜，或者認為「夠了，能這樣就不錯了」才是人生失敗的開始。這種想法帶來的危害是災難性的。

進取心，表現為人在不滿足現狀的情況下奮發努力，但細察起來，最引人注目的意義還在於對不利的生存環境的改變。例如古代窮書生發憤攻讀，夢想金榜題名；今天農村的莘莘學子，為爭取考上大學而含辛茹苦、熬更守夜的拼搏。他們這樣做的目的與意義，大而言之，是報效國家；小而言之，則在於改變他們自己相對艱苦的生存環境。正因為這樣，無論古代的科舉，還是今天的高考，總是能夠引起社會的廣泛關注。

許多人都不滿足於現狀，正是由於這種不滿，才促使我們去觀察周圍的世界。起初對一些事物的認識似是而非，很難有一個明確的、系統的判斷，所以要想確定你自己的志向，想像力的訓練是不可或缺的。

有多少夢想，就有多少機會，也就有了多少選擇。有夢想的生活，充滿希望與熱情。如果你有夢想，即使不能實現，也會給人以追求的動力。每個人的童年都充滿了無數的夢想。但要實現夢想，就必須拒絕原地踏步，應該永保進取之心。

童年總是由許多美好的夢想編織而成的。鋼鐵大王卡內基 15 歲的時候便對他 9 歲的弟弟大談其夢想中的卡內基兄弟公司，憧憬著賺很多的錢，實現自己許多的願望，給自己買數不清的童話書，給弟弟買玩不完的玩具，更重要的是要送給父母一輛馬車，以備出門方便。

兄弟倆樂此不疲地玩著夢想中的遊戲。而這種美麗的夢想總是激勵著他們努力地工作，追求著自己的理想。當機遇降臨到這對有所準備的兄弟身上時，他們便輕而易舉地抓住了，就像在夢中一樣地抓住了好運氣。

「你以為我做了司機便滿足了嗎？ 我的心願是做鐵道公司的老闆。」說這句話的青年當時連司機都沒有做到。他在鐵道公司工作了 4 年後，還只是最下等火車上的一個加炭工，月薪 40 元。一個鐵路上的老手曾挖苦過他：「你現在做了添加煤炭的工人就以為自己發財了嗎？ 老實告訴你吧！ 照你現在這種水準、這種位置，再做五六年大約才會升到 100 元月薪的司機；如果幸運不被開除的話，還可以一生安然地做一名司機，別的你就不用指望了，你的命本該如此。」

聽這番話的青年便是日後的鋼鐵大王卡內基。他自己經過幾年的努力得到了一份安穩的工作，但內心不滿足，並不是很樂觀。後來他的理想在他的追求下終於實現了。他朝著自己的目標一步一步地奮進，迎來了夢想實現的一天。

一種對現實不滿的態度，一顆不安分的心促進了他理想的實現。

志向來自於不滿，不滿便要求改變，改變成夢想中的形式。要實現夢想就應該不懈地努力，用汗水與勤勞這一關鍵把現實與夢想連結起來。

偉大人物的夢想並不是空洞的，它深深紮根於現實之中。現實是夢想的基礎，夢想總是高於現實。成功者憑藉高於現實的理想指引著自己的方向，不斷地努力，對現實的不滿更會刺激他們加倍地追求夢想。

進取心創造機會

拿破崙· 希爾曾經聘任過一個年輕小姐當自己的助理，她的工作就是聽希爾口述並記錄信的內容，以及專門替他閱讀、分類及回覆他的大部分私人信件。希爾付給她的報酬和其他從事類似工作的人大體相同。

一次，拿破崙希爾口述了一句格言，並讓她用打字機打下來。這句格言是:「注意，唯一限制你的就是在你的腦海中為自己所設立的那條邊界。」然而，令希爾沒有想到的是，當那位小姐拿著打好的紙張交給希爾時說道：「你的格言很有價值，它使我產生了一個想法。」

當然，這樣一句話並沒有引起希爾的足夠重視，但是自從那天起，那位小姐開始在用完晚餐後回到辦公室做一些根本不是她分內的事，也沒有任何報酬的工作。

她已經把希爾給別人回信的風格研究得非常清楚了，每封信都回覆得和希爾一樣好，有時甚至比希爾自己都要寫得好。

後來，他的私人秘書因故不得不辭掉工作，希爾在考慮另找一個人來替補他的秘書職位時，他本能地想起了那位年輕的助理。事實上在希爾還沒有給予她這個職位之前，她就已經在做相應的工作了。這是因為她在自己的額外時間且沒有任何報酬的情況下已經對自己加以訓練，終於使自己具備了出任希爾屬下人員中最好的職位的資格，這就是那句格言的作用。

更有趣的情形是，那位小姐的辦事效率實在太高，不可避免地被其他一些公司所注意，他們都願意為她提供一個很好的職位並且附帶特別高的薪水，這使得希爾不得不提高她的薪水，因而那位年輕小姐的薪水已經比她來時高出了四倍。希爾只能這樣做，因為這位小姐的身價已是今非昔比了，最重要的是她使自己對希爾的價值增大了，失去她這個助理將會是他的一大損失。

探究這位小姐成功的原因，就是她自身所具有的那種強烈的進取心。這種進取心除了使她的薪水一次次提高外，還給她帶來了一個莫大的好處：她在工作時不會有那種被動的、不得已的感覺，而是表現出一種非常愉悅的心情，她的工作已經不是原來意義上的工作了，而是成為一個極為有趣的遊戲，她充滿興致地去從事它。她經常第一個來到辦公室，而且在其他同事一聽到下班的鈴聲就離開辦公室時，她還留在辦公室裡，但是給人的感覺卻是她的工作時間反而比其他人員還要短。對於特別喜歡分內工作的人來說，工作常常是一種享受。

不管你處於社會的哪一個行業，每天都應該使自己獲得一個機會，使自己能夠在本員工作之外，做一些對別人有意義的事。在你主動做這些事時要明白，你的目的並非純粹為了獲取金錢，而是想提升更加強烈的進取心。強烈的進取心是你在選擇自己的終身事業時最應具備的一種優良品德。

貝斯和蓋斯勒曾經是費城一家電視公司的製作人，他們發現製作影片具有很好的市場適應性，雖然他們並非一流的製作專家，但他們決定合夥組建一家他們自己的公司。

於是他們開始了自己的事業生涯，由於他們無法製作出一檔一流的節目，於是，經兩人商量，決定提供一些其他有價值的服務，比如他們提供最好的設備和攝影棚給其他製作公司使用。雖然他們很早就進入這一行，但是面臨的競爭依然很激烈，為了擴大市場占有率，他們不惜冒風險與可能沒有付款能力的人簽約，經過一段時間，他們發現效果還不錯。

貝斯和蓋斯勒並不滿足於眼前的業績，而是積極進取，進一步尋找新的利潤增長點。他們知道，他們的客戶同樣必須要服務於其他的客戶，因而除了提供設備和攝影棚之外，他們還提供一些最新技術，以說明他們的客戶解決難題。蓋斯勒在接受《成功雜誌》採訪時說：「我們告訴客戶他們可能想都沒有想到的技術，他們得到好評，而我們得到收入。」

貝斯和蓋斯勒的公司主營業務是製作娛樂節目，除此之外，他們還為錄影技術人員提供培訓講座，為一些公司，像 IBM、花旗銀行等提供公司內部通訊服務，也就是使位於紐約、洛杉磯等不同城市的人員可以連線，以便為他們召開的視訊會議服務。

貝斯和蓋斯勒並非是最先洞察到視訊系統在未來市場上會擁有一片天空的人，但由於他們擁有採取行動、制訂計畫、承擔風險和提供他人沒有提供的服務的進取心，因此他們開創了一個新興行業，並獲得了巨大的成功。

你的明確目標可能是有一天自己當老闆，或立志做個科學家、作家，這些目標或許還很遙遠，但培養個人進取心是可以為人們帶來許多機會的。

艾美是一家公司的行銷企劃人員，她發現該公司視為失敗的一項產品——白雪洗髮精，是一種價格低廉而且不含添加劑的洗髮精，這種洗髮精沒有華麗的包裝，但卻能吸引很在意價格是否便宜的消費者。於是她決定為「白雪」的銷路而全力以赴，並將市場開拓計畫書呈遞給管理層，告訴他們「白雪」的價值所在，最後經理接受了她的提議，而「白雪」最後也成為該公司銷售得最好的洗髮精。由於「白雪」銷售成功，艾美成為該公司一家子公司的負責人。後來她又研創了一系列新的護髮產品，並積極開拓市場，這些產品最後也都獲得了巨大的成功。

積極的進取心使艾美獲得認同、進步和提升的機會。如今艾美已成為布瑞爾集團的執行副總裁，該集團所從事的正是市場行銷服務，她不斷地為公司引進更多更好的產品，所以她的成功是與她的不懈追求分不開的。哈佛商學院也頒給她「馬克思和柯恩卓越零售獎學金」，而《金錢和意識》雜誌則稱許她為「美國 100 名最佳商業職業婦女」之一。

顯然，個人進取心的建立需要綜合性的素質，它的實施需要許多心理資源作為後盾。當你的事業處於低谷時，不妨從其他的成功原則中學習，以注入新的生命力，並且遵循使它們再度發揮作用的原理——積極的進取心。

視批評為稱讚

批評就如同惡犬一般，你愈怕它，它愈嚇你。假如批評真的嚇住了你，那你會變得痛苦不堪。相反，你如勇敢地面對那條狗，它反而會搖尾乞憐。同樣的道理，批評也會被你所溶化、克服。我們怕批評就是因為它是真實的，愈真實我們就愈害羞，因而想要逃避，然而，它的可貴之處亦正是其真實性所在。

如果我們時時努力改進我們人格上的種種缺點，我們便沒有空閒的時間在那些細節上過於斤斤計較了。

凡是有頭腦的人都知道自己的確有許多缺點。批評是揭發這種缺點的一種好方法，是我們所應當歡迎的。

我們應當練習接受批評的良好習慣。我們不可對一點小小不快的批評就憂心忡忡，甚至崩潰。但是，我們對於批評應該虛心，如果抱著無所謂的態度，就不會知道我們的言語行為有哪些地方是別人所不喜歡的。臉皮不可太薄，也不可太厚，我們要利用別人的批評以求自己進步，第一步就是要能夠得到這種平衡。

無論批評者是敵是友，動機如何，我們總可以利用批評作為改進自己的一種指南。的確，敵人的批評比朋友的批評更顯得可貴。

批評你的人或許心存不良，但是他批評的卻可能是無法辯駁的事實。或許他的動機不良，但是如果他的批評能使你改進，對你反而更有幫助。你如果因他的批評而自己喪氣，那就肯定會讓他詭計得逞。

大多數人都有不願意接受批評的弱點。他們只希望別人重視他們，只要做了什麼事，就希望獲得別人的稱讚。如果別人說出他們的錯處，便覺得受了委屈，以致怒氣衝天。於是，朋友們往往不敢說他們的弱點。

對我們進行反面批評的，大半是那些不喜歡我們的人，或是想傷害我們的人。因為這個緣故，所以對於這樣的批評是可以不去理會的。但是從反面來看，如果我們是聰明人，就會利用這種批評來改進自己，並且將這種批評看做是一件很有益的事。

美國眾議員康能曾經受過打擊。他第一次在美國眾議院演講時，被刻薄的菲爾普斯這樣譏諷道：「這位從伊利諾州來的先生，恐怕口袋裡裝的都是燕麥吧？」就是這句話引得在座的人哄堂大笑。假如被譏諷的是一個臉皮薄的人，恐怕會不知所措了，但康能不然，他雖外表粗蠻而內心卻明白事理。

他回答道：「我不僅口袋裡有燕麥，而且頭髮裡還藏著種子。我們西部人大都散發著這樣的鄉土味，不過我們的種子粒粒都是好的，能夠長出好秧苗來。」

康能因此次反駁而全國聞名，大眾稱他為「伊利諾州的種子議員」。他能使別人的譏諷變為稱讚，因為他諳熟「自貶」方法，此法人人都可學得到。

康能是勇敢面對批評的勇士，他承認自己真的是土頭土腦。這也正體現出他為人純正的一面。

粗魯的員警和奔波在外的業務員常以特殊地位自居，從而喜歡侮辱別人。只要你懂得如何對付批評，那麼你便不會對他們的傲慢無禮而感到委屈和有辱身份了，而一個人對於這種侮辱所作出的反應便成了衡量他處世能力的標準。

林肯也曾受過別人的輕視。

當林肯還是個年輕律師時，因一件重要案件來到芝加哥，那些年長有名的律師自視清高，無論在什麼地方都不請他一同前往，也不跟他一同吃飯。

面對這種情形，林肯並未針鋒相對。後來他回到斯普林菲爾德時，他說：「我到芝加哥才曉得自己所懂得的知識是多麼的淺薄，而我要學的又是多麼的多。」這種輕視促使他進步，而那些輕視他的人卻還在故步自封。

後來，林肯做了大總統，那些人仍舊是無名的律師。正是他們做了林肯的一級「梯子」，使林肯可以攀登到榮譽的頂峰。

刻意的侮辱和朋友善意的玩笑是不同的。但即使是玩笑也可道出缺點來。羅斯福就是藉著朋友的玩笑而鍛煉好自己的身體的。

一天他在培德蘭和幾個人砍樹時，工頭問他成績如何。他聽到有人答：「皮爾砍了 53 株……羅斯福咬下了 17 株。」羅斯福自己真像「咬」下似的，承認自己比不上同伴們。

還有一次他在培德蘭牧場時寫信給會打獵的維爾斯，請他做嚮導獵殺白山羊，信中寫道：「如果我出來打獵，你相信我會打到一隻山羊嗎？」

維爾斯的回信非常刻薄，但羅斯福仍舊請他做嚮導。

奉承羅斯福的人不計其數，然而他自己知道，講老實話的人，即使他們魯莽地批評了自己，也比只會奉承的人有價值得多。

永遠向前看

雄心壯志加上積極的進取心是成功的重要條件。

如果你對當前的人生和事業不甚滿意，環顧左右前後，就能看出許多可能發展的事業來，儘管這些可能性起初似乎是一些模糊的臆想。因此，如果你想發展你的志向，便必須善用你的想像能力。

如果你有夢想，就算無法實現，也還是有其價值的，因為心中懷有夢想可使你看到許多可能的機會，那是別人所未見到的。

雄心是由不滿而來，再加上堅持不懈的努力，就可把現狀和夢想連結起來，確立可行的目標，積極行動起來。

成功的人物並不是空洞的夢想者，他們將來的志向是根植於現實的土壤之中。

施羅德於 1944 年 4 月 7 日出生在下薩克森州的一個貧民家庭，在他出生的第三天，父親就戰死在羅馬尼亞，當清潔工的母親帶著他們姐弟兩人，過著十分艱難的日子。

由於入不敷出，母親欠下許多債。一天，債主逼上門來要債，母親抱頭痛哭，年幼的施羅德拍著母親的肩膀安慰著：「別著急，媽媽，總有一天我會開著賓士車回來接你的！」

40 年後，終於等到了這一天。施羅德擔任了德國下薩克森州總理，開著賓士車把母親接到了一家大飯店，為她老人家慶祝 80 歲大壽。

1950 年，施羅德上學了。後來因交不起學費，初中畢業的他在一家零售店當了學徒。貧窮帶來的被人輕視和瞧不起，並沒有使他自暴自棄，反而使他立志要改變自己的人生：「我一定要從這裡走出去！」

他想學習，並時刻在尋找機會。1962 年，他辭去了店員之職，到一家夜校學習。他一邊學習，一邊到建築工地當清潔工，這不僅使收入有所增加，而且也實現了他求學的願望。

4 年夜校結業後，他於 1966 年進入哥廷根大學夜校學習法律，圓了上大學的夢。

學有所成之後，他當了律師。32 歲時，他當上了漢諾威霍爾特律師事務所的合夥人。回顧自己的經歷，他說：「每個人都要透過自己的勤奮努力，而不要透過父母的金錢來使自己接受教育，這有利於一個人的成長。」

大學期間，透過對法律的研究，他對政治產生了濃厚的興趣。他積極參加政黨的集會，並最終選擇加入社會民主黨。

此後，他逐漸嶄露頭角，步步提升。1969 年，他擔任哥廷根地區的主席；1971 年得到政界的肯定；1980 年當選議員；1990 年當選下薩克森州總理，並於 1994 年、1998 年兩次連任。

政壇得志，沒有使他放棄做一流政治家的雄心。1998 年 10 月，他走進了聯邦德國總理府。

生活中，我們常常抱怨自己來自農村，家裡窮，或者抱怨沒有受過正規教育，父母沒有為我們創造良好的學習條件，等等，但從施羅德的經歷中，我們是否可以得到啟發呢？

不論我們暫時處於何種現狀，一定要抱著積極的進取心生活下去。

先把眼前的事做好

大事業的成功，不僅需要解決長遠的問題，更重要的是解決眼前的問題。有時眼前的問題解決了，就可以收到意想不到的結果。

電話的發明者貝爾，是每個夢想有所成就的人心目中的偶像。但是貝爾最初並沒有選擇以發明電話作為自己所追求的目標。如果等他有了這種理想，再去發明電話，那他的成功就不會如此的快。

往往是一個偶然的機會，便成就了一番事業。他之所以發明了電話，是他在追求另一個目標時的偶然所得。

他曾是一個聾啞學校的教員。在那裡工作幾年後，貝爾和他的一個學生結了婚。他積累了許多實驗的經驗，想發明一種用電的工具，使他的妻子能夠聽見聲音。貝爾做了無數次實驗，在不斷的失敗中，一次偶然的機會使他發明了電話。

是一種偶然的巧合嗎？不，這是偶然中的必然，因為貝爾先前做了大量的徹底的研究。他沒有坐著空想自己一定能成為一個大發明家。因為他不懈地追求眼前要解決的目標，逐漸積累，最終成功。

有一種情況會造成人的自滿，而忘卻了自己眼前該做的事情，那就是——如果一個人對自己的目標想得太過遙遠，而忘卻了自己的實際情況時，就會產生錯覺，覺得自己和目標的距離只有咫尺之遙。

波士頓大學商務系的教務長羅爾德，曾對畢業生有這樣的告誡：「大學生面臨一種危險，那就是關心其他的問題，勝於關心眼前的問題。年輕人過於自信，把許多工作看得過於簡單，而不認為值得付出全部精力去完成，而導致失敗的現象屢見不鮮。」

如果不是卡內基的高瞻遠矚，恐怕他一生都脫離不了鐵路，因為他想實現那個自己籌畫已久的計畫，於是他很乾脆地拒絕了提升他為賓州鐵路管理局副總經理的機會。他設想中的大計畫，是賓州鐵路局所不能給予的。

世界上有許多門，但並不是每一扇門都能輕而易舉地打開，也不是每一扇門都堅硬似鐵。你必須試著打開一些門，你的成功之路可能就在這些門當中，千萬不要畏懼艱難的道路。

克里夫蘭著名的銀行家克拉斯，有一個成立大銀行的理想。在實現的過程中也走過很多彎路，做過許許多多的工作，積累了很多經驗，最後才達到他的目標，實現了理想。

他曾經做過交易所的職員、收賬員、折扣計算員、出納員等。他在這些職位上總是留心注意著與他理想相關的銀行知識。

意志不堅定者，經過此種磨難必定心灰意冷。但他卻利用這經驗，實現了自己的理想，達到了目的。

他說：「一個人到達目的的途徑可以有很多種。每次變換工作時，首先要明白做的是什麼事，為何要做此事。如果我換工作只是為了賺錢，我就不可能會有現在的成就。我之所以換工作是因為，那些職位所能提供的東西對我來說已經窮盡了。」

一個目標應當作為一種指南，指導你是否要換一種工作，換何種工作，應當把精力用在何處，以及如何應付枝節問題。目標不是一個固定的東西，而是前進中的一個指南。

生命不息，進取不止，這才是偉人的一貫作風。如果你達到了一個目標，以

為自己到了輝煌的頂點就急流勇退，那麼你就不可能成為一個偉大的人。因為沒有了努力，光輝的火焰便會漸漸熄滅。直到老死還念念不忘你所謂的輝煌，這便失去了人生的意義，也是對生命的一種浪費，實在是錯誤至極。

華勃是一個憑藉自己奮鬥而成功的鄉村孩子。他做過許多屆總統的顧問，他認為無止境的進取才是人生的目的。

他說：「某次有人問我，一個大商人是否有到達他終極目的的時候。」我回答：「如果一個人有達到他終極目的的時候，他便不是一個大商人了。」有成就的人總是永遠奮鬥不止的，直到生命的終結。

人類的慾望，始於對現實的不滿。

不滿足始於好東西的誘惑，這種誘惑可以促使你向著好的方面發展。

志向是經後天培養出來的，並不是與生俱來的。在許多選擇面前，你應當選出最適合自己發展的志向。

空泛的追夢者，永遠也達不到自己的目標，只有做一個腳踏實地的人，才有可能前進。

認清自己的位置便會更清楚自己將來會成為什麼樣的人。

行進中，種種問題的解決需要你的目標作為指導。目標能刺激你把眼前的工作做好。眼前的目標解決了，才能向著更遠的目標前進。

不要停留在眼前目標的解決，要以一個志願的成功，刺激第二個志願的開始。

勤學好問

你的頭腦是一座工廠，知覺是一種門戶，讓事實進入大腦並儲藏起來，然後將事實當作一種原料，讓你的大腦生產出另一些新的產品來。

法拉第是如何發現電磁感應原理，而使電氣引擎和電流傳送變為現代最有用的東西的呢？馬可尼的無線電是碰巧發明的嗎？他們所看見的現象，也是其他的人都看見過的，他們儲藏事實的頭腦並不比常人大多少，但是常人所創造出的東西卻比他們少，這是什麼緣故呢？

他們成功的秘訣，說起來實在簡單。他們每人在心智的門前站了一個哨兵，這就是他們的眼睛和耳朵，它們查詢每一個進來的客人，不斷地問一些這樣的問題：你是什麼人？為什麼要進來？你與剛才進來的一些人有什麼關係沒有？你的相貌為什麼要長得這樣？為什麼你的聲音與我剛才所聽見的不同？你有什麼優點？為什麼你能被允許進來？為什麼？為什麼？為什麼？

這些科學家發問的習慣幾乎達到無法控制的地步。假使你吸收東西到大腦裡，任它儲藏著，那你的大腦充其量也只不過是一座倉庫而已。你所儲藏的東西應當被編制卡片目錄，需要的時候你便可以找出它們來。

另一方面，大腦這個哨兵的職務並不是阻止東西進來，也不是進行詳細的盤查，使一些破壞分子無法乘虛而入，它歡迎任何外國人和奇裝異服的人。它詢問他們是想多了解他們，訓練你的哨兵養成愛詢問的習慣，不要目空一切或盛氣淩人。有時候，最重要的客人來時，卻穿著極平常的衣服，毫無聲息，沒有特別的表現。

提出疑問是有代價的，但是，假使你沒有問結果又如何呢？如果你不斷地問，問得足夠時，最後，總會引導你問到一個最重要的問題上去。如果你從來不問，便會看不到問題；如果從來沒有見過問題，當然就不能嘗試努力解答問題。每一個成功的事物都是某個問題的答案。

美國電力公司的大老闆斯泰因麥茲曾說：「如果人人都不停地問問題，世上就沒有愚蠢的問題和愚蠢的人。」

如果有人說我們的問題問得蠢，多半是因為他們不能回答的緣故。父母回答兒女的問題，也是直到他們不能回答時才停止。一個工頭如果知道得不多，也是不喜歡工人多問問題的，因為這只會使他出醜。在另一方面，問問題是一種藝術。一個人不可在不適當的時候問問題，也不應以一種糾纏的態度或故意取笑被問者的態度來問問題。

當你問問題卻得不到滿意的結果時，多半表示你問錯了人。這次碰釘子並不是說你以後不應該再發問了，你應當找別的方法得出答案。如果一定要問別人才能得到答案，就必須問一個確實知道這個答案的人。去糾纏那些不知道答案的人是一件最蠢的事，這只能使他們不高興而已，去問知道的人吧！

最好的方法，還是自己找出所要問的答案。無論什麼問題，一旦想解決，絕不是拿著別人無知的話當做最後的決斷。成功者未必能解決每一個問題，但是他們不會相信因為別人說不能解決，便以為真的不能解決。

愛迪生的一生，從童年直至仙逝，沒有停止過發問。他雖然沒有將自己所問的問題都求出答案來，但他已經解決的問題卻多得驚人。例如：有一天，他在路上碰見一個朋友，看見他手指關節腫了。

「為什麼會腫的呢？」愛迪生問。

「我還不知道確實的原因是什麼。」

「為什麼你不知道？醫生曉得嗎？」

「每個醫生說的都不同，不過多半的醫生以為是痛風症。他們告訴我說這是尿酸淤積在骨節裡。」

「既然如此，他們為什麼不從你的骨節中取出尿酸來呢？」

「他們不知道如何取法。」病者回答。

這時的情形好像一塊紅布在一隻鬥牛面前搖晃一樣，「為什麼他們會不知道如何取法呢？」愛迪生生氣地問道。

「因為尿酸是不能溶解的。」

「我不相信。」這位世界聞名的科學家回答著。

愛迪生回到實驗室裡，立刻開始試驗尿酸到底能否溶解。他排好一列試管，每隻試管內都灌入1／4的不同化學液體，每種液體中都放入數顆尿酸結晶。兩天之後，他看見有兩種液體中的尿酸結晶已經溶化了。於是，這位發明家的新發現便問世了，這個發現也很快地傳播出去，現在這兩種液體中的一種在醫治痛風症中受到普遍採用。

重要的，不是在於你能否得到答案，而是在於你保持了一種疑問的態度。一名著名學者說：「得到真正教育的唯一方法便是發問，我們只問我們要學的，你之所以問一個問題，便是因為你想知曉它的答案，因為你急於想要知道，於是就在心裡記得。所以，一個時時產生問號的頭腦是一項很大的財富。」

一個時時產生疑問的人可以從許多方面以一種不驚動別人的方法得到知識。我們當然無須糾纏那些不懂如何回答的人，然而，在另一方面，假使你努力尋找知識或答案，你可以從很卑微或意想不到的地方獲得。林肯利用「問話式的交談」得到許多他所急欲獲得的知識，菲爾得曾從一個看門的人那裡得到許多有價值的知識。這個看門的人認識所有重要的顧客，他知道他們有多少小孩、他們的年齡等等。他也認識各店的總經理，對於店鋪各方面的知識面非常之廣。當菲爾得在溫泉區休養的時候，就堅持寫信給這看門的人，要他也來住幾天，然後一直問他問題——希望把他所有的知識都擠出來。

許多人不願意問別人，不喜歡承認別人比他們懂得多，這是一種極愚昧的自傲心理在作祟。假使你請教他人時是以一種自己早已知曉答案的態度，那你最好別問。不論你所請教的人如何卑微，你的發問態度必須誠懇，要有一種真正想知道的態度。想從別人身上得到知識的唯一秘訣就是，你能使別人感覺到你確實承認和敬佩他們高深的知識。這種誠意的敬重便能打開別人封閉的心門，而你也能從中受益。

要端正關於問問題時所持的態度，就要不斷地承認你自己在某些方面的無知，承認世上有許多事情都有待你去學習。譬如，即使你承認一個用人所知道的有關家務方面的常識比你懂得的要多，或許你也可以從她那兒學到點什麼。

什麼是提問的正確態度？ 即必須承認「三人行必有我師焉」。你必須承認

你在某方面要比別人知道的少得多。反之，清高自傲的你便在成功之路上走錯了方向。

卡倫博士提出了一些問題，能檢測你是否在碰到的機會裡盡量利用了你的好奇心：

「你是否盡量用好奇心證明你是一個很活躍的人呢？」

「你是否充分利用了你的好奇心去知道你事業的一切？」

「關於科學、經濟、藝術、道德或歷史等書能激起你的好奇心嗎？ 是否這類讀物都引起你好奇的行動呢？ 假使不是如此，那麼你的心智便容易變得空虛無物。」

「如果你是在一個商店裡做店員，你會對店內各種不同的貨品，如絲、羊毛、棉花等貨物的出產地產生疑問嗎？」

「假使你是一個教師，你是否用你的好奇心去研究各處的教育原理，並且在班上親自實驗過？ 你是否為有些孩子聰明，有些孩子愚笨而感到奇怪？」

「假使你是一個機械工程師，你是否因做了分內所應做的事便感到滿足了，還是對於所有機械有一種研究的態度？」

「假使你身為父母，你把你的子女當作一種感興趣的問題加以研究過嗎？ 記錄他們的特性，尋出他們生存的原因，以及研究如何訓練他們，你知道現在有兒童訓

練法這門科學，以及關於這類題目的許多書籍嗎？」

「好奇心也可以使我們變為無價值的行為製造者。假如我們跑到視窗去看什麼人在敲對門鄰舍的大門，私拆別人的信件，偷聽別人電話中的談話，或是從門縫裡偷看等——這都是濫用好奇心的舉動。你的好奇心是否經過訓練，使你只用適當的方法對於適當的事情起好奇心呢？」

對於你四周的東西和事情常問個為什麼吧。

質疑釋疑，找出矛盾和困難所在的地方。

學海無邊，不恥下問。

總之，一定要養成問的習慣。如果你能喜歡討論問題，你便能懂得訓練你的思考能力。相反，你若討厭討論問題，你便會躲避，也絕不能學到如何思考。

第 6 章 充滿熱忱

點燃熱忱的火焰

要想獲得人生事業的最大成功，你必須擁有過去最偉大的開拓者們將夢想轉化為現實的那種熱情，來發揮使得你事業成功的才能。

你有信仰就年輕，
疑惑就年老；
有信心就年輕，
畏懼就年老；
有希望就年輕，
絕望就年老；
歲月使你皮膚起皺紋，
但是失去了熱情，
就損傷了靈魂。

這是對熱情最好的贊詞！

對人生充滿無限熱情的人，無論他做什麼事情，都會認為自己的工作是一項神聖的天職，並對其懷著極大的興趣。對自己的工作充滿熱忱的人，不論他的工作遇到多少困難，或需要多少的訓練，他始終會用不急不躁的態度去進行。只要抱著這種態度，一定會成功，一定會達到自己既定的目標。愛迪生說過：有史以來，沒有任何一件偉大的事業不是因為熱情而成功的。事實上，這不是一句簡單的話語，而是邁向成功之路的指標。

熱情是一種意識狀態，能夠鼓舞及激勵一個人對手中的工作採取積極的行動。不僅如此，它還具有感染力，不只對熱心人士產生重大影響，所有和它有過接觸的人也將受到影響。人類最偉大的領袖就是那些知道怎樣鼓舞他的追隨者發揮熱情的人。熱情也是推銷才能中最重要的因素。

把熱情和你的工作混合在一起，那麼你的工作將不會顯得那麼辛苦或單調乏味。熱情會使你的全身上下都散發出無限的活力，使你只需在睡眠時間不到平時一半的情況下，工作量達到平時的 2 倍或 3 倍，而且不會覺得疲倦。

熱情是股偉大的力量，利用它來補充你的精力，從而發展出一種堅強的個性。有些人很幸運地天生即擁有熱情，其他人卻必須努力培養才能獲得。培養熱情的過程十分簡單，首先，從事你最喜歡的工作，或者為別人提供你最喜歡的服務。如果因情況特殊，目前無法從事你最喜歡的工作，那麼，你也可以選擇另一項十分有效的方法，那就是，把將來最喜歡做的那項工作，當做是你的明確的目標。

因主觀和客觀原因以及其他許多種因素，你可能迫不得已而從事你所不喜歡的工作，但沒有人能夠阻止你選擇你一生中明確的目標，也沒有任何人能夠阻止你將這個目標變成事實，更沒有人能夠阻止你把熱情注入到你的人生目標中去。

要是你沒有能力，卻有熱情，你還是可以使有才能的人士聚集到你身邊來的。假如你沒有資金或是設備，若你用熱情說服別人，還是有人會協助你實現你的目標。

熱情是一種狀態。它可以使你 24 小時不間斷地思考一件事，甚至在睡夢中仍念念不忘。如果這麼做，你的慾望就會深入到潛意識中，使你或醒或睡都能集中心志。

熱情可使你釋放出潛意識的巨大力量。在認知的層次，一般人是無法和天才競爭的，然而，大多數的心理學家都同意，潛意識力量要比意識的力量大得多。我們相信，如果潛意識的力量發揮出來了，即使是普通人也能創造出奇蹟。

真正的熱情常能帶來成功，但如果熱情是出於貪婪或自私，成功也只是曇花一現。如果你對正義毫無感覺，凡事都以自己為出發點，同樣的熱情也許一開始會讓你嘗到成功的甜頭，但最後還是不免失敗。

我們去除自身的自私，凡事應當利國益民，並且使自己的言行增進人類和社會的幸福。但是對我們這些凡人而言，要根除自私與貪婪是有一定困難的。對於這點，我們不用覺得羞愧，以自我為中心的欲念就是我們得以生存下來的機制。然而，我們也要試著去控制這種欲念，至少我們該轉移人生的目標。我們不光是為了自己而工作，更是為了創造物質和精神財富、推動人類社會的繁榮昌盛而工作。把工作目標從自身轉移向他人，信念就會變得高尚。高尚的信念必然能推動人生目標的實現。

為了一些無私的信念而痛苦或焦慮時，常常會使工作柳暗花明，突然出現解決之道。這是因為有更高的力量把我們那些無助而高尚的信念帶進潛意識中，從而使我們能洞察先機。

用熱忱之心對待工作

熱忱是人類意識的主導，能夠促使一個人把想法付諸行動。

比利· 山戴是美國最著名的一位傳道者。他的成功主要基於兩個字：熱忱。

比利· 山戴有效地運用暗示法則，將他自己的熱忱傳遞到信徒的意識中，使他們受到他的影響。他在「推銷」他的佈道辭時所使用的策略和技巧與許多成功的銷售人員所使用的完全相同。

對一個銷售人員來說，熱忱就如同水對魚兒一樣不可或缺。

所有成功的銷售經理都了解這一點，並會以各種方式來使得熱忱協助其手下的銷售人員達成更多的交易。

幾乎所有的銷售機構都會定期召開會議，目的在於鼓舞銷售人員的士氣，把工作的熱忱貫注到這些銷售人員的心中。

這種銷售會議也許應該稱之為「打氣」會，因為開這種會的目的就是激發銷售人員的興趣，鼓起他們的熱情，使這些人積聚起新力量，重新踏上戰場，參加新一輪的銷售大戰。

休斯· 查爾姆斯在擔任「美國收銀機公司」銷售經理期間（查爾姆斯後來在汽車業界相當有名），遇到一個最為尷尬的情況，很可能使他和手下的數千名銷售員一起被炒魷魚。

該公司的財政發生了嚴重困難。在外面負責行銷的推銷人員知道這一點後，失去了往日的工作熱忱。公司的銷售量開始往下慘跌，到後來，情況嚴重到銷售部門不得不召集全體行銷人員開會，開會地點選在該公司位於俄亥俄州戴頓鎮的工廠，全美各地的銷售員皆被喚去參加這次會議。

會議由查爾姆斯先生主持。

首先，他請手下幾位最佳的銷售員站起來，要他們說明銷售量為何會下跌。這些推銷員在被喚到名字後，一一站起來，每個人都有一段令人震驚的悲慘故事要向大家傾訴：商業不景氣、資金短缺、人們都希望等到總統大選揭曉之後再買東西等等。當第五個銷售員開始列舉使他無法達到平常銷售配額的種種困難情況時，查爾姆斯先生突然跳到一張桌子上，高舉雙手，要求大家肅靜下來，然後他說道：「夠了，大會暫停 10 分鐘，讓我先把我的皮鞋擦亮。」

然後，他命令坐在附近的一名小工友把他擦鞋的工具箱拿來，並要這名工友替他把皮鞋擦亮，而他就站在桌上不動。

在場的銷售員都嚇呆了。他們中的有些人以為查爾姆斯先生大概是突然發瘋了，在底下開始竊竊私語。在此同時，那位小工友先擦亮了他的第一隻鞋子，然後又擦另一隻，他不慌不忙地擦著，表現出一流的擦鞋技巧。

皮鞋擦完之後，查爾姆斯先生給了那位小工友一毛錢，然後開始發表他的演說。

「我希望你們每個人，」他說，「好好看看這個小工友。他擁有在我們的整個工廠及辦公室內擦皮鞋的工作。他的前任是個白人小男孩，年紀比他大得多，儘管公司每週還另外補貼他 5 美元的薪水，但他仍然無法從這個公司賺取足以維持他生活的費用。

「而這個黑人小孩卻可以賺到相當不錯的收入，他既不需要公司補貼，每週還可存下一點錢。他和他前任的工作環境完全相同，在同一家工廠工作，工作的對象也完全相同，但他們的收入卻完全不同。

「我現在想問你們一個問題，那個白人小男孩拉不到更多的生意，是誰的錯？是他的錯，還是他的顧客的錯？」

那些推銷員不約而同地大聲回答說：「當然是那個小男孩的錯。」

「正是如此，」查爾姆斯回答說，「現在我要告訴你們，你們現在推銷收銀機所面臨的狀況和一年前的情況完全相同：同樣的地區、同樣的物件，以及同樣的商業條件。但是，你們的銷售成績卻遠遠比不上一年前了，這是誰的錯？ 是你們的錯？還是顧客的錯呢？」

同樣又傳來如雷般的回答：「當然是我們的錯。」

「我很高興，你們能坦白承認你們的錯。」查爾姆斯繼續說，「我現在要告訴你們，你們的錯誤在於，你們聽到了有關這家公司財務發生困難的謠言，因此削弱了你們的工作熱忱，你們都不再像以前那般努力地工作了。如果你們回到自己的銷售地區，並保證在以後的 30 天內，每人賣出 5 台收銀機，那麼本公司就不會發生什麼財政危機，以後再賣出的都是淨賺的。你們願意這樣做嗎？」

所有的人都說願意，而他們也真正做到了。

這件事記錄在「美國收銀機公司」的歷史上，名稱就叫「休斯· 查爾姆斯 擦皮鞋賺取數百萬美元」。因為這件事扭轉了該公司的逆境，真的為公司賺進了數百萬美元。

熱忱是永不會失敗的，懂得指派一批充滿工作熱忱的銷售人員的銷售經理，一定會要賺多少錢就能賺到多少錢。更重要的是，這樣也可以增加他手下每位銷售人員的收入。因此，他的熱忱不僅能為自己帶來好處，也可能使其他人受益。

熱忱不是憑空出現的。有幾項因素可以激發熱忱，其中最重要的是以下這些因素：

1. 擁有自己最喜歡的工作。
2. 在自己周圍接觸其他熱忱、樂觀的人士。
3. 經濟上的成就。
4. 精通並能在個人的日常生活中運用 17 項成功的法則。
5. 良好的健康。
6. 能夠對他人有所幫助的知識。
7. 適合個人職業要求的服裝。

所有這些因素，我們不難領會，不必多加解釋，只有第 7 條是例外。服飾心理學只有很少數人能夠了解，因此我們必須在此詳加解釋。服裝是構成儀表的一個重要組成部分，人們必須擁有良好的儀表，才能感到自信，才能充滿希望及熱忱。

激發你心中的熱忱

熱忱，不僅是從事推銷所必備的重要因素，也是我們實施任何目標時所需的具體素質。拿破崙·希爾在其《成功法則》中，也將「熱忱」納入十七大法則之中。下面這些將幫助你培養一種面對任何人和事情的熱忱，讓你以這顆熱忱之心去應對任何事情。

一、深入了解問題

深入透徹地了解你所遇到的每個問題，可以增加你認識世界的興趣。不管你所從事的行業是什麼，走向成功的第一步是要對它產生興趣。沒有興趣，做事就會缺乏熱情和動力。

想要對你身邊的任何事產生熱忱，先要學習你目前尚不熟悉的事。如你想要開電腦公司，就先要了解有關電腦的知識，學會並熟練地操作電腦，了解未來世界電腦的趨勢等，而這些也許是你曾經並不熱衷的事。

當你決定做某件事時，強迫自己深入了解事情本身以及與它相關的事。你了解得越多，越容易培養自己的興趣。

二、在溝通中表現出你的熱忱

當人們相互溝通時，往往彼此觀察對方的態度、行為、眼神，以做出善惡或強弱的判斷。給他人留下良好的第一印象的人，往往是那些能在言談舉止上體現出他的熱情的人。你應該抓住所有與他人溝通的機會，培養你熱情的習慣。

具體而言，你可以採取以下方式：

1. 熱情而有力地與他人握手。當你與別人握手時，要面帶微笑地看著對方說：「很榮幸認識你！」「很高興見到你！」不要顯得中氣不足，無精打采或表情冷漠。
2. 恰當、自然微笑。不要過於誇張而無節制地「哈哈」大笑，那是一種典型的乾笑。微笑時要讓你的眼睛也「微笑」，因為發自內心的微笑會從眼睛透出來。

3. 善用禮貌、自信而生動的語言。當你說「早安」時，是否讓人覺得很舒服？當你對他人說「恭喜你」時，是否出於一種真心？當你說「你好嗎」時，是否讓人很受用？說話時能自然滲入真誠的情感，這說明你擁有引人注意的能力。自信有力的話語不僅能振奮自己，而且能振奮他人。

三、盡量傳播好消息

傳播好消息遠比傳播壞消息有價值得多。好消息對人對己都有益。我們每個人都願意聽到好消息而不是壞消息。

你肯定有過這樣的經歷：當你正專心做著某件事時，有人跑來告訴你一個好消息。比如：「這個月的獎金會增加！」或者告訴你，你參加的某一項考試通過了。你肯定會興奮起來，繼而會將這種興奮的狀態保持一段很長的時間，你再回頭做事時，就自然覺得興致勃勃了。

記住，千萬不要做消極言論或壞消息的發佈人和傳播者。生活中那些搬弄是非、散佈壞消息的人沒有一個能得到朋友的歡迎，他們也將一事無成。有人說：「你之所以成為長舌婦，就是因為你說了一些不該說的事。」

一位名人說過：「一份快樂與人分享，會變成兩份快樂。」因此，你可以把你所知道的好消息告訴你的同事，讓他們一起高興與分享。

同時把好消息帶給你的家人，讓你的全家處在和諧與愉快之中。

1. 傳播好消息時，盡量做到只討論那些有趣的事，拋開那些不愉快的事。
2. 傳播好消息時，首先你自己要精神飽滿，喜悅溢於言表。如果你一點也高興不起來，那這個「好消息」恐怕根本不是什麼「好消息」。
3. 如果你是一名推銷員，更要注意傳播好消息給你的客戶。比如公司內部的積極資訊、產品榮獲大獎等。

四、強迫自己採取熱忱的態度

當你對某事失去耐心或興致時，不妨強迫自己採取熱忱的行動。也許這種強迫性不久就會變成一種自願行動了。熱忱是一種良好的習慣，也是可以培養出來的。強迫自己採取熱忱的態度，有時也是養成熱忱習慣的必要開端。

1. 深入了解你要從事的事情，研究它，學習它，盡量搜集更多與之有關的資料。
2. 多想想「熱忱能引導你走向成功」、「熱忱是一股偉大力量」。你所遇到的暫時挫折或消沉，會因熱忱的心理暗示而被克服。
3. 運用自律法提高你的熱忱。
4. 牢記這句強迫你採取熱忱行動的名言：一次只做一件事。在做某件事時，就好像生命正懸在它上頭。

五、熱愛生活

一個熱愛生活的人一定是充滿熱忱的。如果一個人對生活都失去了信心，他怎麼會產生熱忱呢？生活慾望強的人，他所表現的熱忱也愈強。熱忱是指一種熱情的精神特質深入人的內心，是一種抑制的興奮。如果你的內心充滿了對生活的熱望，你的熱情就會從你的眼睛、面孔、靈魂以及你的全身輻射出來。你的精神會為之振奮，而你的振奮也會讓他人得到鼓舞。

熱愛生活，其涵蓋的面很廣，它包括熱愛你的身體，熱愛你的工作，熱愛你的親朋好友等。那麼，怎樣才能使自己熱愛生活呢？如果用一句話來概括，那就是要學會熱愛組成你生活的每一個細節。你也可以採用以下幾種方式：

1. 熱愛你的身體。

身體是人的立命之本。一個人只有保持身體健康，才能充滿熱忱，這樣的熱忱才最具有感染力。一個病懨懨的身體所表現出的熱忱也是病態的。很多成功的推銷員、商界高層人物，培養熱忱時都先從熱愛自己的身體開始。他們每天一早起來就做些體能活動，一方面增進他們的健康，另一方面提高他們一天活動所需的精力。

每天早起 20 分鐘，慢跑幾圈；或做做體操、騎自行車等運動。從現在做起，並持之以恆。

2. 熱愛你的每一位親朋好友。

熱愛你的親朋好友，可以使你獲得難能可貴的友誼。友誼是我們哀傷時的緩衝劑，激情時的舒解劑，是我們壓力的傾瀉口，災難時的庇護所，是我們猶疑時的商議者，是我們腦子的清新劑，思想的發散口，也是我們的鍛煉和改進之道。友誼更是激發你熱愛生命、充滿熱忱的發電機。愛他人，就是愛你自己。

3. 熱愛你的工作。

熱愛你的工作，可以培養出你的高度熱忱。《米老鼠》的創始人華特· 迪士尼就是那種具有瘋狂工作熱情的人。他常常自己畫畫，還擔任配音，並且每週去動物園研究動物的動作和叫聲。憑著對一個「小米老鼠」的極大熱忱，他在 30 多歲時，就從名不見經傳的窮小子變為家喻戶曉的大人物。在《美國名人錄》中，迪士尼的名字與世界一流人物並列，並且占用了比政治家更大的版面與篇幅。迪士尼的經驗之談是——所有的成功都在於充滿熱忱工作。

如果你因特殊情況，目前無法從事你最喜歡的工作，不妨先從你手邊的事開始，而把你將來想從事的最喜歡的工作當做你確定不移的目標。眼前的事，只是為了將來能更好地實現你的目標。這樣你就可以培養對一切工作的熱忱。

熱忱失控的危險

熱忱是一種積極心態，能夠鼓舞和激勵一個人積極地對待手中的所有工作。不僅如此，它還具有感染力，不僅會感染其他熱心人士，所有與具有熱忱之人接觸的人也將深受影響。

熱忱對於人類就像蒸汽機對火車頭一樣，熱忱是行動的主要推動力，偉大的領導者應該懂得怎樣鼓舞追隨者的熱忱。熱忱也是推銷才能中最重要的因素，它也是演講技巧中最不可或缺的一個因素。

熱忱是出自內心的興奮。在英文中，「熱忱」這個字是由兩個希臘字根組成的，一個是「內」，一個是「神」。事實上一個充滿熱忱的人，等於是有神在他的內心裡，熱忱也就是內心裡的光輝——一種熾熱的、精神的特質深存於一個人的內心。

拿破崙·希爾常引述紐約中央鐵道公司前總經理佛瑞德瑞克·魏廉生的話：「我愈老愈相信熱忱是成功的秘訣。成功的人和失敗的人在技術、能力和智慧上的差別通常並不是很大，但是如果兩個人都差不多，具有熱忱的人將更能得償所願。一個人能力不足，但是具有十足的熱忱，通常會勝過能力很強但是缺乏熱忱的人。」拿破崙·希爾覺得，魏廉生的話清楚地反映出了他自己的觀念，因此就寫了一本小冊子，談論熱忱的重要性，並把這本小冊子發給拿破崙·希爾培訓班的每一個學員。

熱忱不能只表現在表面上，必須發自一個人的內心，若是假裝出來的也不可能持續多久。要想讓熱忱持久，方法之一是訂出一個目標，努力工作去達到這個目標，而在達到這個目標之後，再訂出另一個需要努力去達成的目標。這樣，就能讓他們感到興奮和挑戰，不至於讓人的熱忱有所降低。

詹姆士·倫第威曾參加拿破崙·希爾在明尼亞波利斯開的課，那時候他在為約翰·韓考克保險公司推銷人壽保險。他對拿破崙·希爾課程有著強烈的興趣，以至於他被公司調到密蘇里州聖路易市之後，馬上就去找那裡的拿破崙·希爾課程的經理雷德·史托瑞，志願擔任小組長（由畢業學員擔任，做協助教師的工作），最後自己也獲得了擔任教師的資格。

在本員工作中，倫第威在不到一年的時間就升任了人事經理，並且在聖路易建立了業績最優的推銷員團隊。他已經有資格買凱迪拉克車了，但是他還不滿意，他去找他的上司，表示現在的工作，做久了就不會快樂。他說：「我要做你的工作或者和你差不多的工作，否則在今年年底之前我就會辭職不幹了。」因為他做人事經理做得太好了，公司不願意失去他，因而在第二年年初，他被派到奧克拉荷馬州杜沙市擔任分公司經理。以前公司在杜沙沒有分公司、沒有推銷人員、沒有顧客，但是不出一年倫第威雇用了 42 名推銷員，並且打破了公司的推銷紀錄。

後來，公司把他調到波士頓擔任那裡的發展訓練經理，負責在全美各地設立分公司。過了一年，公司又派他回到聖路易市，擔任地區副總經理，而這時候他才 30 歲出頭。不論在什麼地方，只要有時間，他就會為拿破崙·希爾的學員上課。不到 35 歲，倫第威又被調為總公司的副總經理。

不論男女，只有像倫第威這樣對工作抱有高度熱忱和興趣的人，才會被選為拿破崙· 希爾課程的教師。他們在推銷或管理推銷員方面獲得成功，然後再花時間和精力來接受必要的嚴格訓練，以擔任成功學課程的任課教師。

透過倫第威的故事，我們可以得出以下幾點關於控制熱忱的好處：

增加你思考和想像的強烈程度；

使你獲得令人愉悅和具有說服力的說話語氣；

使你的工作不再那麼辛苦；

使你擁有更吸引人的個性；

使你獲得自信；

強化你的身心健康；

建立你的個人進取心；

更容易克服身心疲勞；

使他人感染你的熱忱。

但熱忱失控時，常常伴有一定的危險。

熱忱失控可能會使你壟斷談話的內容，如果你一直談論你自己，其他人就會降低和你談話的意願，並且在你尋求幫助和建議時，他會拒絕給你提供任何幫助。

你必須注意不要讓你的熱忱蒙蔽了你的判斷力，切勿因為你認為某項計畫很好，就把它洩露給你的競爭對手，如果你能看出它的價值，別人同樣也看得出來。在你所擬的計畫還需要其他資源或環境配合之前，切勿匆忙付諸實施。

拿破崙· 希爾建議，可以用積極的心態來控制自己的熱忱。沒有熱忱的人，就好像沒有發條的手錶一樣缺乏動力。一位教神學的教授說過：「成功、效率和能力的一項必要條件就是熱忱。」

為了使你對目標產生熱忱，你應該每天都將思想集中在這個目標上，如此日復一日，你就會對它產生高度的熱忱，並且願為它奉獻一切。

記住詹姆士的一句話：「情緒未必會受理性的控制，但是必然會受到行動的控制。」積極心態和積極行動可升高熱忱的程度，你應該為你的熱忱制訂一個值得追求的目標；一旦你將熱忱導向成功的方向時，它便會使你朝著目標前進。

真正的熱忱是從內心散發出來的。發掘熱忱就好像是從井中取水一樣，你必須操作抽水機才能使水流出來，接著水便會不斷地自動流出。你可以對於你所知道或所做的任何事情都付出相應的熱情，它是積極心態的一種象徵，會自然地從思想、感情和情緒中發展出來，但更重要的是，你可隨心所欲地從內心喚起熱忱。

透過激勵獲得更高的熱忱

成功建立在努力彰顯成就的基礎上，這是宇宙中的偉大法則，對任何人都絕無例外。因此，如果你想吸引成功人士到你身邊來，你一定要讓自己顯得很有成就，不管你是底層的工人還是大商人。

一些品格「高尚」的讀者，可能會反對以這種手段作為獲得成功的方法。

為了這些讀者著想，我們最好這樣解釋：幾乎世上每一位成功人士都會找到某種對他們有效的刺激方式，透過這些刺激方式他們可以獲得更大的成就。

詹姆斯·賴利據說是在酒精的刺激下寫出他最好的詩篇，這對「戒酒協會」的會員來說，可能是一大打擊，但這卻是事實。對刺激最有效的就是烈酒（我本人希望所有讀者都能明白，我這裡並不提倡使用酒類或藥物作為刺激方法，因為不管是為了什麼目的而這樣做，到頭來都將會破壞和損害使用者的身體與意志）。據賴利最親密的朋友說，在酒精的影響下，賴利變得充滿熱情和想像力，和以前相比，簡直判若兩人。成功人士已經發現了最適合他們需求的激勵方式或方法，並由此獲得了超乎尋常的能力。

有一位世界知名的作家，特別聘請了一個由一些年輕女性組成的樂團，在他寫作之時，由這個美麗的樂團在旁演奏。他坐在一間精心裝飾過而且很適合他品味的房間裡，室內燈光構成了最柔美的色彩和光線，這些美麗的年輕女郎，穿著漂亮的晚禮服，演奏著他最喜愛的音樂。他曾如此說道：「在這種優美環境的影響下，我的內心充滿著熱情，並使我昇華到我在其他場合中從未感覺到的最高境界。在這時候從事創作，我彷佛受到了一股看不見的未知力量的引導，文思如潮水般湧現在我腦海中。」

這位作家從音樂和藝術中得到了不少靈感。他每週至少要在藝術博物 館中流連一個小時，觀賞藝術大師們的作品。我們可以再度引用他所說過的話：「我只要在藝術館中流連一個小時，就足以獲得強烈的工作熱忱，並且它能讓我連續工作 2 天之久。」

據報導，著名作家愛倫· 坡在寫作《烏鴉》這篇小說時，一直是半醉半醒的精神狀態。

英國著名詩人王爾德在寫詩時，總處於一種無以言明的特殊的刺激之下。

亨利· 福特因為對他那位迷人的愛侶的強烈愛意，因此他才能邁向成功之路。她鼓舞了他，使他對自己產生了信心，因而能保持旺盛的戰鬥力擊敗 堅強的敵人和競爭者，他所經歷的困難足以打倒 10 個普通人。

從上面這些例子可以看出，有傑出成就的大人物，不管是在有意還是無意的情況下，都發現了一些適合於他們本身需要的方式和方法，用以激勵自己，使自己擁有更高的熱忱。

這裡，我想提醒你注意本書各章之間的銜接方式。你將注意到，每一章都討論了它的核心題目，除此之外，各章之間略有重合的地方，目的是使讀者在閱讀某一章時能夠把握其他各章或本書的整體思想。

我曾見過數不清的人，他們的臉上寫滿憂慮，渾身上下都透露出一種不安。經過我的「治療」，這些人都挺起了他們的胸膛，抬起了頭，臉上重新掛滿了自信的微笑，內心充滿了不知失敗的熱忱，準備重新踏上征程。

在目標建立之後，這種改變會立即產生。

如果一個人每天都過著同樣的沒有變化、平淡無奇、懶散而缺乏熱忱的生活，那麼這個人注定要失敗。沒有任何人可以挽救他，除非他改變自己的生活態度，學會如何激勵他的意識與身體，使自己重新找到激情。

再提醒你一遍，人活著的目的，就是要獲取成功與幸福。

成功的秘訣在於充滿熱忱工作

熱忱可以激勵人從低沉中奮起。這個道理，我們可以用希爾頓的例子來說明。

希爾頓被稱為旅館大王，他就是因為善用熱忱而成為幾乎與英國女王齊名的人物。他的言談舉止，正好能證明那句「企業即是人」的說法。他的公司口號是「以國際貿易與旅遊促進世界和平」，因而他極為強調的一個原則便是將每一個旅館建的像「迷你美國的代表」，能夠成為國際親善的使者。

在德克薩斯州的絲斯哥，一家名為莫佈雷的旅館是肯約特·尼柯爾森·希爾頓首次經營的旅館，那時，他只有31歲。1887年，希爾頓出生於新墨西哥州的聖安東尼，做過工友、辦事員、商人，礦山投資者與種植員等各種各樣的工作，也曾經參加過和政治與銀行有關的工作，最後因為其他事情上的失敗，他不得不重返新墨西哥的故鄉。

他最初的打算是希望自己能迅速振作起來，然後到石油興盛的德州大幹一場。於是他帶著變賣家產所得的5000美元，隻身到達德州。最初，他打算做一個買賣金幣的行業。這在當時是完全可能的，5000美元，可不是一個小數目，在當時足以買下一家銀行。然而，他卻買下了一座叫做莫佈雷的小旅館，開始了他經營旅館的第一步。

他最終之所以能夠成功的原因有三點：其一，是他熱衷於旅館業；其二，是他對經營旅館業有清楚的認識，就像當初對經營「企業」的認識一樣；其三，是他還全力以赴盡量想出方法吸引顧客。同時，他還將這些旅館業當作了一種不動產來經營，如果倒閉，則他將以低廉的價錢將其買下來，然後把它加以裝飾，等到經營好轉之後，他再將其賣出去，其價格當然要賣到買價的數倍。因此，他的儲蓄不斷地得以增加，資金也逐漸地被積累起來了。

他常背負債務去買那些他無法負擔的旅館，或透過向銀行或個人資本家借款的方式，拉進來許多的股東。對於希爾頓的所做所為，他的債主們常常會感到困惑至極。但是，從最後的結果來看，他確實是一位天才。

希爾頓面對恐慌從來不在乎，而且還具有幽默的氣質。

有一次，他在他的故鄉新墨西哥州與父親買下了一個小銀行由他擔任副總經理，最後這個銀行並未成功，但名片卻印得十分精美，他一邊在街上行走，一邊分給了路人，他的名片內容是：「肯約特·N·希爾頓，熱情的創造者，愛情的經紀人，親愛的創始人，接吻擁抱是頂尖的天下第一高手。」

他每天從上午工作到下午6點，之後就放下一切工作開始恣情玩樂與休閒。他最喜愛的娛樂方式是跳舞。他這一豪放的性格，被人們傳為笑談。據人們相傳，他的舞伴都是經過醫生推薦的。他既幽默又風流，而且他還有一個跳舞的原則，那就是沒有年輕的女郎做伴，他就絕不會跳舞。

債主們都為他的這種儀表和性格著了迷，他也很善於利用這種「人緣」。在東京希爾頓開業的當天，發生了一件很有意思的事情，就是光臨主持的老希爾頓從美國帶來了龐大的美女群，這給在場的所有人都留下了極為深刻的印象。

但希爾頓並不是個花花公子或沉迷於嗜好的人。當遇到利害攸關的時候，他會搖身一變而成為魔鬼，將平常的可愛和幽默都收斂起來，然後開始冷靜地思考，熱忱工作。

所以他的旅館規模越來越大，連鎖的範圍也越擴越廣，在美國其他州有 33 家，海外有 31 家，德州有 11 家，一共是 75 家。此外，在美國國內還有 8 家小型旅館，希爾頓還有一家信用卡公司，包括 5 家希爾頓預約中心。

所有這些企業，都被一個設在芝加哥的名為肯約特· 希爾頓的特殊公司管轄。

肯約特· 希爾頓還建立了兩個執行機構，分別是希爾頓旅館業公司與希爾頓旅館業國際公司，前者在紐約的世界女神旅館內，作為國內旅館中心；後者則是海外事業的中心。

希爾頓旅館的規模仍在不斷地擴大中。

能如此拓展國內外的旅遊生意並不是一件容易的事情，那麼希爾頓為什麼能夠做到呢？

照希爾頓的話說，人非堅持夢想不可。人一定要有熱情。憑著這股熱情，

為了實現他心中的夢想，他不顧一切地拼命努力，除此之外，他還具有超越這個時代的先見之明。

熱忱能感染他人

有一次，拿破崙· 希爾家來了一位推銷員，他向希爾推銷一種叫做《週六晚郵報》的報紙，並希望希爾能夠訂閱一份。他將報紙遞給希爾瀏覽了一遍，之後，他對希爾說：「你會為了幫助我而訂閱一份《週六晚郵報》，不是嗎？」

最後的結果，當然可想而知了，希爾一口拒絕了。因為推銷員的話太露骨和直接了，他已經事先引導了希爾應該如何回答他的問題，而且他的話很輕易地就可以被拒絕。因為他的話沒有熱忱傳達出來，他的面部表情也是陰沉和沮喪的。有一點可以肯定的是，他急需從希爾的訂費中賺取他的報酬，但是他的語氣並沒有說服力，因而也打動不了希爾。希爾沒有聽到任何可以打動他來接受這份推銷的理由，所以，這筆生意就這樣以失敗告終了。

幾周之後，希爾家又來了一位推銷員。同樣也是推銷報紙雜誌的，一共有6種，其中就有一份是《週六晚郵報》，但她卻用了一種與前者完全不同的推銷方法。

她一進門就看到了希爾的書桌，她發現在希爾的書桌上擺著幾本雜誌，她匆匆瞥了一下之後，把目光迅速收了回來，這一動作是很不易被察覺到的。她朝希爾笑了笑，說了幾句例行的介紹的話語，之後，她將目光重新又放在了希爾的書桌上，忍不住地一句驚叫：「啊！一眼就看得出，您是一個十分喜愛讀書的人，而且對各種雜誌也很喜歡！」

希爾朝目光所指的方向望去，然後笑了笑說：「是啊！」這樣一來希爾很驕傲地接受了這項「誇獎」，因此，對這位推銷員也感到頗有好感。此時，希爾正拿著一份文稿，他立刻將文稿放了下來，想知道接下來她要說些什麼？

這位女推銷員只用了短短一句話，再加上一個愉快的笑容，一種真誠熱忱的語氣，這些已經成功地將希爾的工作中斷了，而且將他的注意力完全吸引到她這裡來。她之所以用短短幾句話就能將希爾的注意力吸引過來，完成了推銷最困難的一步，其原因就在於在她走進書房時，讓充滿防備感的希爾心理放鬆了下來。希爾本來已經做好了應付的準備，他下定決心，決不將手中的文稿放下，以這個動作向推銷員暗示，以表示禮貌地回絕。因為希爾確實很忙，他不希望受到打擾。

希爾本人也是一個銷售的研究者，他平時對此也是很留意的。當他想好了應付對策之後，便密切注意著女推銷員的一言一行，看她如何面對這一情況。當她抱著一大堆雜誌走進書房時，一般人會認為她肯定會將它們展開，然後一一遞給希爾，口若懸河地向希爾講述一番，並催促希爾訂閱它們，但是她卻沒有這樣做。

她徑自走到書架前，從中選取了一本愛默生的論文集。接著，她看到裡面有一篇愛默生所寫的關於報酬的文章，接著便開始津津有味地不停地談論。她的談論竟使得希爾忘記了她是來推銷報紙雜誌的。她在言談中闡述了許多個人觀念，這種觀念是新穎的、獨特的，很有個人見解，使得希爾聽後也覺得受益匪淺。

接著，她突然問道：「先生，你定期都訂閱哪些雜誌呢？」希爾則毫不隱瞞地向她作了說明，她認真聽了之後，微微一笑，然後將她先前拿來的那卷雜誌展開，攤放在希爾的書桌上，向他一一介紹了這些雜誌，並且向希爾說明了訂這些雜誌的必要性。《週六晚郵報》可以提供簡要新聞，這些可以給向希爾這樣的大忙人提供方便且及時的新聞簡索；《文學書摘》可以讓人欣賞到最純樸的小說；《美國雜誌》則介紹了工商界領袖人物的最新生活動態。

希爾對此並未反映得那樣強烈，她接著又暗示說：「你是有地位的人，消息一定要靈通，知識也要淵博，否則，你將會在工作中遇到不便。」她的這番話是有道理的，希爾認為這並不是單純地在恭維他，對於她的話，希爾聽後有些觸動。這一效果的實現，得益於這位女推銷員對希爾所讀材料的仔細觀察。透過她對希爾平常所讀材料的一番調查之後，她發現自己準備推銷給希爾的 6 本暢銷雜誌，希爾一本也沒有。

「訂閱這 6 種雜誌一共需要多少錢？」希爾問道，但他很快便意識到自己說漏了嘴，馬上便止住了。推銷小姐靈機一動說：「這 6 份的總價錢還比不上你手中那篇文章的稿費呢。」 她怎麼會知道希爾的稿費是多少呢？ 這便是這位小姐的高明之處，當她在希爾書房時，看到在其書桌上放著一打稿紙，是她剛進入希爾的家門時，希爾剛從手中將其放到桌面上的。於是，她就透過誘導的方式使希爾說出了 15 頁文稿大概可以使他獲得 250 美元的收入。 最後，在她臨走時，帶走了希爾訂閱這 6 種雜誌的全部訂報費。這正是她的熱忱與機智幫她完成了最初的目標。

這個推銷小姐的高明之處就在於：她在拿破崙· 希爾家進行推銷時，使希爾並未感覺到訂雜誌是在幫她的忙，相反，他感覺到她是在幫助他。這種暗示是極為巧妙的。她一進入希爾的房間時的那段開場白，就使希爾感到了她的熱忱。而她最為高明之外，是她具有獨特的觀察力，能迅速地從客戶的現有環境中，找出能迅速引起他熱情的事物。

對工作毫無熱忱的人會到處碰壁

查理斯·華爾渥滋（他是「十分錢連鎖商店」的創辦人）曾經說過：「只有對工作毫無熱忱的人才會到處碰壁。」查理斯·史考伯則說：「對任何事都充滿熱忱的人，做什麼都會成功。」但這也不是絕對的。如果對於一個毫無音樂天分的人來說，他再怎樣熱忱與不懈努力，都不可能使他成為音樂名家。但是如果具有必要的才氣，有著成功的機遇，並且具有了熱忱，那麼他必定會有所收穫。

愛德華·亞皮爾頓是一名偉大的物理學家，因雷達和無線電報方面的研究而獲得諾貝爾獎，他曾經說過一句具有啟發性的話：「我認為，一個人想在科學研究上有所成就，熱忱的態度遠比專業知識來得重要。」

這說明，即使是高科技的專業工作，也是需要熱忱的。同時還說明了在科學研究上熱忱都那麼重要，對於普通的人來說，它的重要性就更加不言自明瞭。

曾經的棒球隊員、人壽保險員法蘭克·派特的話則可以證明這句話的正確性。

下面我們就來看一下他的一些經驗之談：

派特在他的著作中說：「當時是 1907 年，我剛轉入職業棒球界不久，遭到有生以來最大的打擊，因為我被開除了。我的動作乏力，因此，球隊的經理有意要我走人。他對我說：'你這樣慢吞吞的，哪像是在球場混了 20 年，法蘭克，離開這裡之後，無論你到哪裡做任何事，若不提起精神來，你將永遠不會有出路！

「本來我的月薪是 175 美元，離開之後，我參加了小聯盟球隊，月薪減為 25 美元。薪水這麼少，我做事當然沒有了往日的熱情，但我決心努力試一試。試了大約 10 天之後，一位名叫丁尼·密亭的老隊員把我介紹到英格蘭的球隊，在新球團的第一天，我的人生開始有了一個重要的轉機。

「因為在那個地方沒有人知道我過去的情形，我下決心使自己變成英格蘭最具熱忱的一名球員。為了實現這一點，當然必須採取行動才行。

「我一上場，就好像全身帶電。我強力地擊出高速球，讓接球的人雙手都麻掉了。記得有一次，我以強烈的氣勢衝入三壘，那位三壘手嚇呆了，球漏接了，我盜壘成功了。當時氣溫高達華氏 100 度，我在球場奔來跑去，極可能因中暑而倒下去。

「這種熱忱所帶來的結果，真令人吃驚，產生了下面的三個作用：

「1. 工作我心中所有恐懼都消失了，發揮出自己都不曾見過的技能。

「2. 由於我的熱忱，其他的隊員也被帶動了。

「3. 我沒有中暑，我在比賽中和比賽後，感到從沒有如此健康過。

「第二天早晨，我讀報的時候，興奮得無以復加。報上說：'那位新加入的派特，無異是一個霹靂球，全隊的人受到他的影響，都充滿了活力。他們不但獲勝了，而且此次比賽是本季最精彩的一場比賽。'

「由於這種熱忱的態度，我的月薪由 25 美元提高為 185 美元，比之前多了數倍。

「在往後的 2 年裡，我一直擔任三壘手，薪水漲到 30 倍之多，為什麼呢？就是因為我擁有了一股熱忱的生命之火，沒有別的原因。」

後來，派特又一次受傷了，他不得不放棄打球。於是，他成了人壽保險公司的一名保險員。因為一年多都無所作為，因而，他感到很憂鬱。但經過一段心理調整之後，他又充滿了激情，就像當年打球時那樣。

他成了人壽保險界的大紅人之後，有人請他寫一部稿子，專門講述自己的經驗。他在文中這樣說道：

「我從事推銷已經 30 年了，我見過許多人，由於對工作抱著熱忱的態度，使得他們的收入成倍地增加起來。我也見到另一些人，由於缺乏熱忱而走投無路。我深信，唯有熱忱的態度才是成功推銷最主要的因素。」

既然熱忱能影響這麼多人，對他們產生如此驚人的效果，那麼它對我們也必然會發揮同樣的功效。

從以上的事例可以看出：做任何事都必須具備一個條件，那就是——熱忱的態度。對此我們應該是深信不疑的，只要有了這個條件，那麼，任何人都能獲得成功。同時，我們也應該相信，只有對工作抱有熱忱的人，才能愉快地享受工作。

如果你希望自己有一天能夠做出一番成績，那麼從現在開始，你就應該去培養一種對工作認真的態度，這是建立在對熱忱態度重要性認識的基礎之上的。

我們之中的很多人都生活在一種半鬆半緊的狀態之中。每天早上，我們可以對自己說：「我愛工作，我將要把我的能力完全發揮出來；我很高興這樣活著，我今天將要百分之百地體驗生活。」那麼，我相信，你一定會在高漲的工作熱情之下，輕鬆完成你一天的工作。

服務他人也能令你產生熱情，有許多有能力的人不去選擇從事比較自我的職業以賺取更多的錢，而是選擇低薪的社會服務和工作，就很好地證明了這一點。在工作中，不僅要使自己具有熱忱，同時還離不開朋友們的幫助和配合。

愛默生曾經說過：「我最需要的，是有個人使我做我想做的事。」換句話說，就是需要大家的配合與鼓勵。我們的工作環境也許固定了，不易改變，但是我們可以透過培養熱忱與活力的方法，來幫助自己創造一種具有活力的思考、工作與生活空間。

如果你希望自己的熱忱得以釋放，那麼就讓你的生命中存在於有這麼一批有活力的朋友吧！ 其實，這種人並不難找，他們就在我們身邊真實地存在著。 你一定要注意去發現這種人，並且試著多與他們交往，那麼，你一定會發現透過與他們的接觸，你的思想也因此變得越來越具有活力了。

熱忱造就的奇蹟

年輕人最大的個人魅力，是他們滿腔的熱忱。在年輕人的眼中，自己的前途是一片光明，沒有黑暗，即使會遇到千難萬阻的險境，最終也能化險為夷。他們從來不知道世界上還有「失敗」這兩個字，他們相信憑藉自己的才華一定能夠在自己所熟悉的領域開拓出一片廣闊的天地。

韓德爾的家人為了不讓他接受知識與音樂的薰陶，把家中所有的樂器都藏了起來，也不讓他上學。可是，這一切終究是徒勞的。每天半夜三更時，他就偷偷爬上一間秘密的閣樓，那裡有一架早就廢棄的古鋼琴，他就在那裡開始練習鋼琴。少年巴赫為了抄錄他所看的書籍的內容，向別人借一支蠟燭竟被粗暴地拒絕，但這算不了什麼，他就藉著月光抄錄；後來即使他親手抄錄的筆記被人搜走，但他還是沒有氣餒。大畫家魏斯特從小就喜歡塗塗畫畫，父母沒有多餘的錢讓他買畫筆，他就把家裡的小貓偷偷騙出來，拔了貓身上的一些毛做了一支畫筆。

傳說中弗利基亞國王戈爾迪親手打的那個極具神秘性的結，很多年一直沒有人能解開，直到馬其頓國王亞歷山大果斷勇敢，一劍將其斬斷。 英國著名作家查理斯· 金斯利寫道：「青年人那種特有的蓬勃朝氣和熱忱，是最令人欣慰的。每當那些青春不在的人暗地裡回顧自己當初的這種熱忱時，總會帶有一絲遺憾和惋惜，但他們一直都沒有意識到，這種熱忱之所以離他們而去，很大一部分原因在於他們自己。」

眾所周知，但丁的熱忱給世界帶來了福音。

但丁 18 歲就寫出了他的成名作，19 歲就贏得了大學的金質獎章。英國作家羅斯金說：「任何一種藝術，最傑出、最優秀的作品都是出自年輕人之手。」「差不多所有的英雄壯舉都出自年輕人。」英國政治家迪斯雷利也這樣說。「上帝統治著所有的一切，而年輕人卻統治著上帝。」美國政治家特朗布林博士這樣評價年輕人。

拿破崙征服義大利時，剛好 25 歲。雖然拜倫和拉斐爾 37 歲很早就離開人世，濟慈 25 歲離開人世，雪萊也是 29 歲英年早逝，但他們生前都已名聲在外。羅穆盧斯 20 歲就締造了羅馬；皮特與博林布魯克都在沒有成年的時候就成了政治家；牛頓在 25 歲前，就已成了聞名世界的大科學家；馬丁·路德 25 歲成為了成功的改革家。有人評價 21 歲時的查特頓的詩才在英國無人能及。懷特菲爾德和衛斯理還在牛津求學的時候，就發起了轟動一時的宗教復興運動，而前者不到 24 歲就已經揚名世界，舉世矚目。維克多· 雨果 15 歲就開始了文學創作，20 歲還不到就已經贏得了法蘭西學院的三項大獎，震撼文壇。

在我們這個時代，一個充滿激情的青年，他的機會遠遠比以前的青年要多，因為這是一個充滿青春朝氣的時代。

年輕人當然應該時刻滿懷熱忱，人到了老年，就更應該這樣了，80 高齡的格萊斯頓，他的影響力，他的地位，相比一個 25 歲的、抱有同樣理想的年輕人，無疑要強過數十倍，甚至數百倍。老年人的光榮只能來源於他的熱忱；人們 之所以向老年人表示敬意，不是因為他的滿頭白髮，而是因為他那顆依然朝氣蓬勃的心。《奧德賽》是一部由一個雙目失明的老者嘔心瀝血的傳世之作，這位老者就是荷馬。

正是因為一位老人——隱居者彼得，在他熱忱的感染下，英國的騎士才戰勝了伊斯蘭大軍。 威尼斯總督當多羅 95 歲還征戰沙場，並且取得了勝利，他 96 歲高齡還被推舉為國王，但他婉言拒絕了。威靈頓 80 歲的時候，還開赴戰場的最前線。英國哲學家培根和德國學者洪保德臨死的時候，仍然好學不倦。哲人蒙田晚年雖然身患重病，滿頭白髮的他依然才思敏捷，對生活充滿著熱愛。

詹森博士最優秀的作品《詩人列傳》寫於 75 歲的時候；笛福 58 歲才寫成《魯濱遜漂流記》；牛頓 83 歲還沒有離開他的工作崗位；柏拉圖一生筆耕不輟，他 81 歲的時候，還在床上寫作；湯姆· 斯科特 86 歲開始學習希伯萊語；伽利略把他對運動定律的研究付諸紙上時，已經快 70 歲了。

詹姆士· 瓦特 85 歲還學習德文；薩默維爾夫人 89 歲寫出了《分子和微觀科學》；洪堡德 90 歲的時候，就在他去世前的一個月，完成了著名的《宇宙論》；柏克厚積而薄發，35 歲才成為國會議員，但這並不妨礙他後來改變整個世界，格蘭特 40 歲的時候還沒有成大事，但 42 歲的時候卻成為了一代名將；埃裡· 惠特尼 23 歲才決定到大學念書，從耶魯大學畢業，他發明的軋棉機使美國南方有了廣闊的工業前景。普魯士的鐵血宰相俾斯麥，80 高齡的他大權在握；帕默斯頓勳爵是英國政壇的實權人物，75 歲時第二次出任首相，81 歲死於任內。伽利略 77 歲時眼睛雖然什麼也看不見，身體也很糟糕，但仍然每天堅持工作，把他的鐘擺原理應用到了時鐘上。喬治· 史蒂芬森 20 多歲的時候才開始學習書寫；朗費羅惠蒂埃、丁尼生的不少傑作，都是寫於 70 歲以後的。

英國詩人德萊頓年近七旬才開始從事維吉爾（埃涅伊特）的翻譯工作；羅伯特· 霍爾為了閱讀但丁原作，儘管已經年過 60，但仍然堅持學習義大利語；詞典編纂家諾亞· 韋伯斯特 60 歲的時候還學會了第 17 門語言。

西塞羅說得好：做人如同釀酒，不好的酒存放時間長了就容易變壞，而好酒卻會更加醇香。一旦擁有了熱忱，我們還可以在滿頭銀髮時依然保持心靈上的年輕，正如墨西哥灣過來的北大西洋暖流滋潤了北歐的土地一樣。

「你的心沒有老吧？ 它是否還依舊年輕？ 如果不是，你就根本做不好你的工作。」

第 7 章 建立堅定的自信心

信念的真諦

若能改變信念之中自我設限的部分，那麼在很短的時間內就能使你的整個人生改觀。請記住，信念一旦被接受，就有如對我們的神經系統下了一道緊箍咒，它可以激發潛能，也可以毀滅潛能，它可能發展也可能毀掉你的現在和未來。如果你希望主宰自己的人生，那麼就必須好好掌握自己的信念。

第一步就是你必須知道信念是什麼。

信念到底是什麼？在日常生活裡我們常常脫口而出一長串的話，其中的意義到底有幾分並不明確。「信念」這個字眼大家都常用，可是不一定人人都知道它的真正含義。

安東尼·羅賓曾對信念有過如下定義：「信念乃是對於某件事有把握的一種感覺。比如說當你相信自己很聰明，這時你說起話來的口氣便會十分肯定：‘我認為我很聰明。’」

每個人都對事物有著自己的主見，每當主見把握不準確時，也能從別人那裡問得答案。然而自己若是個優柔寡斷的人，亦即沒有堅定的信念或對自己實在是沒有把握，那就很難充分發揮所擁有的各種能力，步入理想的人生旅途。

要想了解信念並不難，不妨從信念的最初形式來談起。

日常生活中，每個人都有許許多多的念頭，但對這些念頭不一定都是深信不疑的。就以你自己為例作個解說，或許你認為自己挺吸引人的，當你說：「我很吸引人。」這可能只是個突發的念頭而已，若要成為一個信念還得根據你相信這句話的程度而定。如果你說：　　　　「我並不怎麼吸引人。」這話意思就猶如：「我對自己長得吸引人沒有多大信心。」

怎樣才能將念頭轉化為信念呢？在此可以打個比方，假設你把念頭想像成是一個沒有桌腳的桌面，而一張桌子沒有了桌腿就不足以稱之為桌子。同樣的，信念若沒有支撐就不足以被稱之為信念，而只能算是個念頭而已。如果你自認為長得吸引人，請問你為何敢如此自信？難道你有什麼樣的「依據」支持你這麼說嗎？若是有，這就構成了你信念的支撐，使你有把握敢這麼說。

那你到底是有什麼樣的依據呢？是有人告訴過你，你長得很吸引人還是你跟周圍那些也具有吸引力的人比較過？還是走在街上不時有人向你投以羨慕的一瞥？不管有多少這類依據，除非你把他們歸之於「你有吸引力」這個念頭的名下，那才足以構成這個信念的支撐。

一旦你明白了我所說的這個比方，不妨審視一下自己的信念究竟是如何形成的，同時也想想如何改變所不喜歡的信念。從上面所說的可以知道，只要有了足夠的支撐，足夠的依據或參考，就可以說沒有什麼是不能建立的信念。在此，你是相信人性本惡——與人打交道時常擔心會吃別人的虧，還是相信人性本善——只要你對人好，別人也會同樣地對你好？從多年的經驗中得知，相信你的心裡已經有數。

在許許多多的信念中到底哪個才是對的呢？你別管哪個是對，哪個是錯，重要的是哪個更能幫助你取得事業的成功。也許周圍的人可以提供給你答案，讓你對自己的看法更有自信。不過這是否能使你日常的工作做得更積極呢？不錯，個人的經驗是最有用的，然而你這些經驗又是從何而來的呢？是看書、聽錄音帶、看電影、聽別人說的，還是純粹發自於自己的想像？這些得來的依據必須能激起我們的情緒反應，其程度的強烈自然會影響到支撐我們信念的強度。個人的痛苦或快樂經驗會造成情緒上很大的反應，其越強就越能對信念提供堅固的支撐。另外，個人類似經驗的多寡也深深影響著信念的強弱，支持一個信念的依據越多，所形成的信念也就越牢固。

這些構成你信念的依據得精確到什麼樣的程度才能為你所用呢？

不管它是真實的還是虛假的，是堅定的還是搖擺的，因為經過個人的認知，就算是再自信的個人，有的經驗在特定的環境下也必然會被改變的。

由於人類在很多情況下具有這種扭曲的本領，因而要想找到構成信念的依據可以說是沒有窮盡。我們不要管這些依據的出處，也不要管它是真還是假，只要把它當成是真的去接受，就能發揮其效果。

當然，如果我們的信念是消極的，哪怕是再有道理的依據也會造成極大的負面影響。既然我們有能力運用想像的依據來推動自己向前追逐自己的人生目標，那麼只要想像得活靈活現，好像它就是真的一樣，就能使我們的人生事業成功得越快。

為什麼會有這種現象呢？ 那是因為我們的腦子根本分辨不出何為真實、何為想像，只要我們相信的程度越強烈，並且反覆地加以確認，我們的神經系統便會越把它當成真的，即使它是百分之百想像出來的。幾乎每一位有傑出成就的人都有這種能力，他們能無中生有創造出有利於自己的依據，因而有充分的把握，做出別人認為不可能做到的事來。

凡是使用過電腦的人，就一定不會對「微軟」這家公司感到陌生，然而大多數的人只知道它的創始人之一比爾· 蓋茲是個天才，卻不知道他為了實現自己的信念而曾孤獨地走在一條前無古人的路上。

當時蓋茲發現在新墨西哥州阿布凱基市有家公司正在研究一種被稱之為「個人電腦」的東西，可是它得用 BASIC 程式語言來驅動，於是他便著手開始編寫這套程式並決心完成這件事，即使他並無前例可循。蓋茲有個很優秀的個性品質，就是一旦他想做什麼事，就必定有把握能給自己開闢出一條路來。在短短的幾個星期裡蓋茲和另外一個搭檔竭盡全力，終於寫出了一套程式語言，因此他的個人電腦也得以問世。

蓋茲的這番成就造成一連串的改變，擴大了電腦使用的範圍，30 歲的時候他就成為一名家產億萬的富翁。

我們完全有理由堅信：有把握的信念能夠發揮無比的威力。信念具有非常深刻的意義，信念能使美夢成真。信念能使美夢付諸行動。安東尼· 羅賓說得好：「就我而言，信念最真實之處便是讓我能充分發揮所長，將美夢付諸行動。」

人們常常會對自己的本質或自己的能力產生「自我設限」，其中的原因可能是因為曾經失敗過，因而對未來也不敢希望會有成功的一日。有的人經常把「務實一點」這句話掛在嘴邊，事實上他仍是害怕，唯恐再一次遭到挫敗的打擊。內心的恐懼一旦成為一個根深蒂固的信念，當遇到成功的機會時便會躊躇不前，即使做了也不會盡全力，不用說，結果必然不會有多大的成就。

偉大的領導者很少是務實的，他們非常聰明，遇事也穩的住陣腳，可是就一般人的標準來看絕對不務實。究竟什麼叫做務實呢？ 那可全然沒有一個統一的標準，也許甲看來是件務實的事，可是換成了乙就全然不是那回事。究竟是不是務實，那全得看是以什麼樣的標準而定。

印度國父聖雄甘地堅信採取溫和的手段跟英帝國主義抗爭，可以使印度獲得民族自決的權利。這是前所未有的事，很多人認為這可是癡人說夢，不過事實卻證明他的看法極為正確。

同樣的情形，當年有人宣稱要在加州橙谷建造一座有特色的遊樂園，讓世人能在此重享兒時的歡樂。有好多人都認為那簡直是在做夢，可是華特· 迪士尼卻像歷史中那些少數有遠見的人一樣，把神話裡的世界真的帶到了這個並不美麗的地方。

如果你打算在人生中做出一件失敗的事，那麼就低估自己的能力吧（當然，那可不能危害到自己的生存）！ 不過這件事可並不容易做，畢竟人類的能力遠大於所能想像的程度。事實上根據許多調查，發現悲觀的人與樂觀的人在學習一樣新的技能時有很大的差異。前者只想做到合乎要求即可，可是後者卻往往想達到超過能力所及的地步，就是這種對自己不務實的要求讓後者取得了成功。

為什麼最終前者會失敗而後者會成功呢？ 因為樂觀的人心裡根本就沒有失敗的想法，即使有，他們也刻意不去注意，從而就不會產生像「我失敗了」或「我不會成功」這樣的念頭。相反的，他們不斷加強自己的信念、不斷地發揮自己的想像力，期望後面的每一步都能走得更好，直至他們終於成功。

就是這種特質和不一般的觀點，讓他們得以堅持不懈地努力，以至達到所期望的成就。之所以會有那麼多人熱切地嚮往成功，乃是因為他們在過去並未有過足夠的成功經驗，可是對於那些樂觀的人來說，他們只有一個信念，那就是「過去並不等於未來」。所有的成功者，不論他們是在人生的哪個領域中有傑出成就，都知道全心追求理想所能激發出的力量是無比的，哪怕他們在開始時絲毫不知道要怎麼去做。即使在別人認為是不可能時，如果你能有積極的信念，其所衍生的信心也必然能使你克服人生道路上的各種困難。

自信是成功的基石

成功意味著許多美好積極的事物。

成功是生命的最終目標。

每個人都嚮往一切美好的事物，都渴望最終的成功。沒人喜歡奴顏婢膝地一輩子過平庸的生活，也沒人喜歡受人脅迫。

成功最實用的經驗是《聖經》中所提到的「堅定不移的信心能夠移走大山」。可是具有這種信心的人並不多，能「移山」的人則更少。人們總是把「信心」與「希望」聯合起來。他們是應結合在一起的，但光靠希望根本無法移動一座山，更不可能實現人生目標。

拿破崙·希爾告訴我們：只要堅信自己會成功，你就一定能成功。信心的威力，沒有什麼神奇與神秘可言。信心是這樣發揮作用的：「相信我確實能做到」的態度產生了能力、技巧與精力這些必備條件。每當你相信「我能做到」時，自然會想出「如何去做」的辦法。

每天都有很多人開始新的工作，他們都「希望」登上高層，享受隨之而來的成功果實。但大多數人並不具備真正的「信心」，因此無法達到成功的彼岸，也正因為他們相信自己自始至終都無法成功，所以只停留在一般人的水準之上。 但一小部分人真的相信他們會成功，而且對自己抱有百分之百的信心。仔細研究高級經理人員的各種作為、學習他們的工作方法的年輕人得到了經驗，並最終獲得了成功。

信心是成功的秘訣。希爾說：「我成功，因為我志在戰鬥。」若沒有堅定的目標就不會有毅力和信心，成功便與他無緣。

信心不僅會使人致富，還可使人在政治上大獲成功，美國總統——羅奈爾得·雷根就有幸成為掌握了這個秘訣的人。雷根曾是一個演員，但他卻立志要當上總統。雷根的整個青年時光都是在文藝圈內度過，他對於政治完全是陌生的。這幾乎是他涉入政治的最大障礙。當共和黨內保守派極力慫恿他競選州長時，他毅然答應了，決心為自己開闢一個新的領域。

當然，信心只是一種自我激勵的力量，離開了自身的條件，它便失去了依托，難以使希望變為現實。凡是有所作為的人，都要腳踏實地走出一條自己的路來。雷根決心要改變自己的生活，並非突發奇想，而是與他的知識、能力、膽識密不可分。

有兩件事堅定了雷根進入政界的信心。

一是他在受聘於通用電子公司製作節目時，為了辦好節目而廣泛接觸各界人士，了解了政壇和社會經濟情況。這些節目得到了廣泛的好評，雷根更加堅定了他的信心。

另一件事是他加入共和黨後，發表了「可供選擇的時代」的演講，他出色的演講才能使其大獲成功。這時，雷根的一位好友喬治·墨菲憑藉他自身的魅力擊敗了老牌政治家塞林格而當上了加州議員，這更增加了雷根涉足政壇的信心。

雷根發現，當演員的經歷為他提供了非常有用的優勢，首先是形象的塑造——五官端正、輪廓分明的「好萊塢美男子」的風度和魅力，他將這些充分地利用起來。雷根克服困難的方法是他超越了障礙本身——沒有資本就是最大的資本。經歷固然是人生寶貴的財富，但有時也會成為成功的障礙。

成功者大都有過「碰壁」的經歷，但堅定的信心使他們能夠透過搜尋薄弱環節和隱藏的「門」，或透過從教訓中學習而取得成功。鴻運高照其實是他們信心堅定的結果。雷根在任總統期間顯示了權力愛好者的品性：如出擊格林伍德，空襲利比亞等等。但他並非是濫用自己權力的癮君子，他明白「共存共榮」的重要，提出了策略防禦計畫。他利用蘇聯經濟的不斷衰敗迫使其讓步，使戈巴契夫簽訂了歷史上第一個核裁軍條約。雷根的經歷使我感到：信心的力量在戰鬥者的足跡中起決定作用，事業有成之人必須擁有無堅不摧的信心。

信心對於立志成功者有重要意義。有人說：成功的慾望是造就財富的源泉。

這種自我暗示和潛意識激發後會形成一種信心，進而轉化為「積極的情緒」，「它會激發人們無窮的熱情、精力和智慧，促使人們成就事業」，所以「信心」就好比是「一個人的建築工程師」。在每個成功者背後，都有一股巨大的力量——信心在支持並推動著他們勇往直前。希爾肯定地說： 信心是生命和力量。信心是奇蹟。信心是創立事業之本。

不辭辛勞，勇往直前，可以使你的人生大放異彩。

自信心具有吸引力

不為生活而奮鬥，不僅會削弱一個人的進取心和意志力，更危險的是，它將使一個人的思想呈現出一種萎靡狀態，進而失去自信心。那些不需要為生活奮鬥而放棄進取的人，實際上是在運用「自我暗示」的法則來破壞自己的信心，這樣的人最後將產生一種心理，對那些努力為生活而奮鬥的人產生輕視。

人類的思想就像一塊小小的電池，它可能是正極，也可能是負極。如果利用自信心來充電，我們的思想就能發揮積極功效。

且讓我們把這套理論應用在推銷術上，看看自信心在這方面究竟扮演了何等重要的角色。美國當代最偉大的一位推銷員本來是一家報社的職員，他為自己贏得了「世界上最偉大推銷員」的雅號。

他本來是個膽小懦弱的年輕人，個性多少有點內向。他也認為，凡事最好不要跟人爭個你先我後，偷偷從後門溜進去，坐在最後一排就行了。有天晚上，他聽了一次關於「自信心」的演講，印象十分深刻，因此他在離開演講廳時下定決心要使自己脫離眼前的困境。

他去找報社的業務經理，要求報社安排他當廣告業務員，不拿薪水而按廣告費提取傭金。辦公室裡的每個人都認為他一定會失敗，因為這一類推銷工作需要最積極的推銷才能完成。他回到自己的辦公室，擬出一份名單，列出他打算前去拜訪的客戶類別。大家可能會認為，他名單上所列出的，一定是那些他認為可能輕鬆推銷出去的客戶，但事實上，他並未這樣做。他名單上的客戶都是那些別的業務員曾去聯絡但卻未能成功的人。這份名單上只有 12 位客戶的姓名。在他前去拜訪他們之前，必定先走到市立公園，取出這 12 位客戶的名單，把它念上 100 遍，對自己說道：「在本月底之前，你們將向我購買廣告版面。」

然後，他開始拜訪這些人。第一天他就和這 12 個「不可能的」客戶中的 3 個人達成了交易。在第一個禮拜的剩下幾天中，他又做成了兩筆交易。到了當月的月底，他和名單上的 11 個客戶達成了交易，只剩下一位還不買他的廣告。在第 2 個月裡，他未聯繫到任何廣告，因為他除了繼續去拜訪這位堅決不登廣告的人之外，並未去拜訪任何新的客戶。每天早晨，這家商店一開門，他就進去請這位商人登廣告，而每天早晨，這位商人一定回答說：「不。」這位商人知道自己並不打算購買廣告版面，但這位年輕人卻不這樣想。每一次，當這位商人說「不」時，這位年輕人就假裝並未聽到，繼續前去拜訪。到了那個月的最後一天，對這位堅持不懈的年輕人連續說了 30 天「不」的這位商人終於說話了，他說：「年輕人，你已經浪費了一個月的時間來請求我買你的廣告，我現在想要知道的是，你為什麼要如此浪費你的時間？」

這位年輕人回答說：「我並沒有浪費我的時間，我等於是在上學，而你一直就是我的老師。現在，我已經知道了，一個商人不買東西，需要多少理由，同時我也一直在訓練自己的自信心。」

接著，這位商人說道：「我也要向你承認，我也等於是在上學，而你就是我的老師。你已教會了我堅持到底的一課，對我來說，這比金錢更有價值，為了向你表示感激，我要向你訂購一個廣告版面，當做是我付給你的學費。」

費城《北美日報》的一個最佳廣告客戶就是這樣吸納進來的。同樣，這 也代表了這位年輕人良好聲譽的開端，並使他最後成了百萬富翁。他之所以能夠成功，主要是因為他以足夠的自信心灌注到自己的心中，從而生出一股無法抗拒的力量。

當他坐下來擬出那份寫有 12 位客戶的名單時，他所做的正是 99%的人都不會去做的事。他選出的都是別人認為最難推銷成功的物件，因為他很了解，在向這些人推銷時將遭遇對方的拒絕，而從這些阻礙中自己將可產生出前所未有的力量和自信心。他屬於很難得的少數人之一。這些人知道，所有的河流都是因為遇到了障礙，所以才會彎彎曲曲，而只要你充滿必勝的信念，一切情況就會有所改變。

自卑是自信的絆腳石

成功者和平凡者在性格上的區別是前者往往比較自信、有活力；而後者則不然，即使他很有錢、很有權，但是內心卻總是感覺灰暗和脆弱。但是他們又有一個共同點，那就是人類天生的自卑感。

自卑是自信的絆腳石

自卑，可以理解為一種消極的自我評價或自我意識，也就是個人認為在某些方面總是不及他人的一種消極情感。自卑感就是個體把自己的各方面能力、個人品質估計偏低的自我評價。他們總是感到自己各方面不如別人，所以自信心已喪失全無，進而悲觀失望，不求進取。假如一個人被自卑控制住，那麼他就會受到嚴重的束縛，聰明才智便無從發揮。所以自卑是束縛創造力的一大危害。

在 1951 年，英國的富蘭克林從自己拍攝的 X 射線照片上發現 DNA 的雙螺旋結構後，他計畫就此發現做一次演說，但由於自卑，他放棄了這個本該舉行的演說。1953 年，科學家沃森和克里克也發現了同樣的現象，從而提出了 DNA 的雙螺旋結構假說，使人類社會進入到生物時代，並因此獲得 1962 年度的諾貝爾醫學獎。由此可見，若不是自卑感使然，這個發現應該記在富蘭克林頭上。自卑，使他錯過了一次絕佳的成功機會。

但是，人的自卑究竟是怎樣產生的呢？

著名的奧地利心理分析家 A· 阿德勒在《自卑與超越》一書中提出了創造性的觀點，他說人類的所有行為，要麼是出於自卑感，要麼是對自卑感的超越。他認為每個人都有自卑感，誰都不例外，只是程度不同而已。人們對改進現狀的追求是永無止境的，因為人類的需要是永無止境的。但由於人類無法越過宇宙、跨過時空，無法擺脫自然的束縛，所以就產生了自卑。從哲學角度講，人產生自卑是無條件的。不過，對於具體的個人而言，產生自卑則可能是有條件的。

個體對自己的認識，往往借助於外部環境的反映和別人的評價。這早已被心理學所證實。例如一個畫家，對自己很有信心，但是如果每個和他接近的人都說他畫得不好，他肯定會產生自卑感。

阿德勒就有過這樣的親身體會：他的數學成績很差，老師和同學們都說他笨，這使他認為自己是個數學方面的低能兒。但有一天，他卻做出了一道連老師都解答不出來的數學題，他這才發現自己的能力，從此改變了對自己的看法。所以，有些低能者甚至心理有缺陷的人，在積極鼓勵和別人的幫助下，也能建立起自信，發揮出他的長處。

從主體角度看，自卑的形成雖受各方面的影響，但主要還是受個人的情緒、心境、性格、生理狀況的影響，尤其是童年時代的影響。心理學家佛洛伊德認為，人的童年經歷有時雖會淡忘，甚至在意識層消失，但是在潛意識層會繼續存在，這對他的一生都有很大影響。不幸的童年往往會產生很強的自卑感。

一個具有良好個人素質的人，是很容易克服自卑的，同時他還完全可以建立起自己的自信。世界上沒有一個人是十全十美的，也沒有一個人在各個方面都是最優秀的。所以，人都會有自卑感，只不過是程度和表現不同罷了。拿破崙·希爾說過這樣一個故事：3 個孩子都是初次到動物園，他們都站在獅子籠子前，一個孩子躲在母親後面說：「我要回家」；另一個孩子站在原地，臉色蒼白地說：「我不怕」；而第三個孩子則說：「媽媽，拿棍子打它嗎？」事實上，3 個孩子都已感到害怕，只是他們有不同的表現。但無論是什麼樣的表現，他們都是有自卑感的，這一點無可否認。

拿破崙·希爾認為自卑可分為 5 個類型：

一、孤僻怯懦型

由於自己各方面都不如別人，所以總是小心翼翼，不敢招惹是非，不參與任何競爭，不肯冒險，總是逆來順受，喜歡獨處。

二、咄咄逼人型

當一個人太自卑的時候，他會採取和孤僻怯懦型的人相反的態度，對他人進行攻擊，處處挑釁，好鬥，脾氣暴躁，常生氣，愛譴責人。

三、幽默滑稽型

他們總是扮演滑稽的角色，用笑來掩飾埋藏在內心深處的自卑，這也是一種常見的自卑形式。

四、否認現實型

這種人總是不敢面對現實，感到自己無力改變現實，可又不願承認。只好借酒消愁，整天醉生夢死，以此來擺脫現實。

五、隨波逐流型

由於自卑而沒有信心，但總是和大多數人保持一致，唯恐自己有不同於別人的地方，對自己的觀點、理論不敢堅持。

上述幾種自卑表現形式，被稱為「自我防衛」。消極的防衛使人消耗大量的精力，很難有所作為。

無論是偉人還是凡人，不僅會表現出消極的一面，同時也會有積極的一面。

作為一個成功者，他能夠克服自卑、超越自卑，能夠合理地調節心理承受力，從而把事情做好。他們都用什麼方法調控呢？

1. 認識法。

運用全面的、辯證的、發展的觀點看待自己和周圍的一切事物，認識到人不會是十全十美的，人是追求完美、不斷完善的；而對於自己的缺點也不能悲觀，不能把其視為缺陷，這樣便會消除自卑。

2· 轉移法。

透過把興趣轉向自己愛好的業餘活動或事業上，淡化心理上的自卑陰影，緩解緊張。

3. 領悟法。

也叫心理分析法，即透過心理醫生的諮詢，了解到自卑的原因，對症下藥，解決自卑的問題。

4. 作業法。

找一些較容易的工作，然後用自己的實力去完成，這樣便會收穫一份喜悅。接著再找一個新的目標，完成後再找。這樣自信心就會逐漸恢復，從而戰勝自卑。

5· 補償法。

也就是透過努力奮鬥，突出自己某一方面的特長，從而彌補自己心理或生理上的缺陷。這就是心理學上的「代償作用」，即揚長避短，把自卑轉化為自強的動力。

古人說，「有長必有短，有明必有暗」，所以每個人都是一樣的，人人都有自卑的一面。而在通往成功的路上，只有戰勝「自卑」，才能成為一個自信的成功者。

把握好自己，成功就在腳下。

用信心鋪就一條成功之路

聽說過那個可憐的布林人的故事嗎？ 他長年從多石的土壤中拾取果腹之需，

結果還是絕望地放棄，到別處去碰運氣了。數年之後，他回到原來的舊農場時，居然發現機器遍佈，處處洋溢著活力——每天從土中挖出的財富比他曾想像得多很多。那就是巨大的「金伯利鑽石礦」。

我們中大多數人和那個可憐的布林人一樣。我們在地表上艱難地掙扎著，從未夢想過只要我們再挖深一些，我們就可以擁有巨大的寶藏，那個偉大的每個自我都具備的內在力量，其給予我們的會遠勝過任何一塊鑽石寶地。

奧里森·S·馬登曾說過：「人生中大多數的失敗者只是心理上失敗的受害者。他們相信自己不能取得和別人一樣的成功。這著實使他們喪失了自信心所帶來的活力和決心，而且他們甚至都不曾為成功做出半點努力。」

當一個人認為自己做不了某件事時，他就沒有了做好這件事的任何信念。

為何今天仍有無數的人們在平庸中掙扎，其中還有許多人僅能謀生，而本來他們都有能力成就一番驚天動地的事業？其原因在於他們缺乏自信，他們不相信自己能做出更大的事情，能擺脫平庸和窮困的生活，他們是心理上的失敗者。

「道路總是在有決心、有信念、有勇氣之人的腳下。」

「正是這種必勝的心理態度，對力量的認識，無所不能的信心成就了這世上偉大的一切。如果你沒有這種態度，如果你缺乏自信，現在就必須開始培養。」

「一塊高度磁化的鐵，可吸起一塊比其重 10 倍的未磁化的鐵。同樣一塊鐵，消去它的磁性，連輕如羽毛的金屬都吸不起來。」

自信心能成百倍數增加你的力量，缺乏自信心卻能成百倍數削弱你的意志。你可曾想過你有多少時間在選擇你要做的事情，選擇你想嘗試的工作，選擇你想走的道路？結果呢？你從未將它們付諸努力。

我們每天都要做出決定，我們總是站在十字路口；我們的商業往來、社會關係、家庭事務等，總是必須做出抉擇。因此，對自己有信心，對體內那無窮的智慧有信心，該是何等的重要。在這個日新月異的物質時代，我們周圍好像全是錯綜複雜的力量，有時我們會發出「我們受環境驅使」的呼喊。然而事實仍然是：我們的行為都是自己所選擇的。

那麼，你會如何選擇？你是在積極地控制自己的想法嗎？

你是在讓你的潛意識只想像那些你願意實現的事情嗎？

你在想著健康、幸福、成功的念頭嗎？

「凡我關注者皆自會呈現。」你所關注的又是什麼呢？

成功者與失敗者的區別不在於外部的條件，它與機會或運氣無關，它僅在於看事物的方式不同而已。

成功者看到機遇就一定會抓住，他們在通往成功的階梯上一步又一步邁進。失敗的想法從未進入過他的腦海。他眼中只有機遇，他想像自己可以做些什麼，而所有在他身體內外的力量都集中在一起幫助他取勝。膽怯的人看到相同的機遇時，他希望自己能把握住，但又害怕自己的能力或資金有限。他就像膽小的人洗冷水澡一樣，剛伸進一隻腳，又迅速縮了回來——而在他猶豫的當下，那些更膽大的人已捷足先登。

幾乎每個人都可能追悔過去——對大多數人而言那並不遙遠——並且說：「要是我抓住了那次機會，我現在的日子要好過多了。」

一旦你意識到未來完全掌握在自己手中，你就永遠沒有這樣感歎的必要了。未來不屈服於變化莫測的機會或運氣，它擁有的創想如海邊的沙礫一般數不勝數。而那些創想便包含了所有的財富、力量和幸福。

你只需讓潛意識生動地想像你的願望。要掌握自己的未來，你只需記住那些你願意遭遇的經歷。

美國城市銀行的前總裁法蘭克·A· 泛德· 利普，在他還是一個拼命奮鬥的年輕人的時候，他問一個事業有成的朋友對一個急於出人頭地的年輕人有什麼最好的忠告。「表現出已經成功的樣子。」他的朋友告訴他。莎士比亞曾用另一種方式表達過同樣的思想：「沒道德也要裝成有道德」。要想成為某個角色，就要讓自己提前進入這個角色。首先要在你自己的思想中樹立起必勝的信念，很快你也會在世界面前取得成功。

說到亨利· 福特那神奇的成功時，他的朋友湯瑪斯·A· 愛迪生這樣談論道：「他依賴的是潛意識。」

要成為自己心中的人物，歸結於一個簡單的秘訣：現在就決定人生中你到底想要什麼，你希望未來怎樣。勾勒出其中每一個細節。自始至終想像，想像那些你一直想做的事情。讓它們在你的想像中都成為現實——感受它們、經歷它們、相信它們，特別是在臨睡前，因為人在這時最容易進入潛意識——不久你會看到它們果真變成了現實。

無論你的年紀多大，富有與否，這都不重要。開始的時間就是現在，永遠都不算太晚。

自信能克服一切厄難

信念使人充滿前進的動力，它可以改變險惡的現狀，造成令人難以相信的圓滿結果。充滿信心的人永遠擊不倒，無論何時，他們都是真正的強者。

信念的力量在成功者的足跡中起著決定性的作用，要想事業有成，無堅不摧的理想和信念是不可或缺的。

美國足球聯合會前主席戴偉克·杜根也說過這樣一段話：「你認為自己被打倒了，那你就是真的被打倒了。你認為自己屹立不倒，那麼你就會屹立不倒。你想勝利，又認為自己不能，那你就不會勝利。你認為你會失敗，你就失敗了。」一切勝利皆始於個人求勝的意志與信心。你認為自己比對手優越，你就會比他們優越。因此，你必須事事往好處想，你必須對自己充滿信心，只有這樣你才能獲得勝利。生活中，強者不一定是勝利者，但是，勝利永遠屬於自信的強者。

拿破崙·希爾說，信心是「不可能」這一毒素的解藥。海倫·凱勒就是最好的證明。

海倫在幼年時是個正常的嬰孩，能看、能聽，也會牙牙學語。可是，一場疾病使她變成了一個既盲又聾的小啞巴——那時的她才剛滿一歲半。這一近乎致命的打擊，令小海倫性情大變。稍不順心，她便會亂敲亂打，野蠻地用雙手抓食物塞入口裡；若上前制止，她就會在地上打滾，亂嚷亂叫，簡直是個十惡不赦的「小暴君」。父母在絕望之餘，只好將她送至波士頓的一所盲人學校，還特別聘請一位老師照顧她。終於，小海倫在黑暗中遇到了一位偉大的光明天使——安妮·沙莉文女士。沙莉文也有著不幸的經歷：她 10 歲時，和弟弟兩人一起被送進麻省孤兒院，她在孤兒院的惡劣環境中長大。由於房間緊缺，幼小的姐弟倆只好住進放置屍體的太平間。在衛生條件極差又相當貧困的環境中，幼小的弟弟 6 個月後就夭折了。她也在 14 歲得了眼疾，幾乎失明。

後來，她被送到帕金斯盲人學校學習盲文和啞語，並做了海倫的家庭教師。從此，沙莉文女士與這個蒙受三重痛苦的姑娘之間的爭執此展開了。固執己見的海倫以哭喊、怪叫等方式全力反抗著沙莉文對她嚴格的教育。甚至連洗臉、梳頭、用刀叉吃飯都必須一邊和她格鬥一邊教她。最終沙莉文女士透過信心與愛心，和海倫開始成功地溝通，小海倫逐漸與她達成默契。

在海倫·凱勒所著的《我的一生》一書中，有感人肺腑的深刻描寫：一位年輕，沒有多少「教學經驗」，將無比的愛心與驚人的信心，灌注到一位全聾全啞的小女孩身上——先透過潛意識的溝通，靠著身體的接觸，在她心中點亮了一盞希望的明燈。接著，自信與自愛在小海倫的心裡產生，使她從痛苦的孤獨地獄中脫身出來，透過自我奮發，將潛意識裡的無限能量發揮出來，開始一種全新的生活，並最終走向光明。

海倫曾寫道：「在我初次領悟到語言存在的那天晚上，我躺在床上，興奮不已，那是我第一次希望天亮——我想再沒其他人，可以感覺到我當時的喜悅吧。」一個既聾又啞且盲的少女，初次領悟到語言時的喜悅，那種令人感動的情景，實在難以筆述。

海倫憑著觸覺，用指尖代替眼和耳，終於學會了與外界溝通。海倫 10 歲時，她的名字就已傳遍全美，成為殘障人士的模範——一位真正的強者。

1893 年 5 月 8 日，貝爾博士成立了著名的國際聾人教育基金會，而為會址奠基的正是 13 歲的小海倫。這是海倫最開心的一天，這也是貝爾博士值得紀念的一天。海倫如饑似渴地接受教育，並獲得了超過常人的知識，順利地進入了哈佛大學拉德克利夫學院學習。她說出的第一句話是：「我已經不是啞巴了！」她作為世界上第一個接受大學教育的聾啞人，為殘障人士樹立了榜樣。

海倫不僅學會了說話，而且還學會了用打字機著書寫作。她的觸覺很敏銳，甚至可以把手放在對方嘴唇上來感知對方在說什麼。她把手放在樂器的木質部分，就能「鑒賞」音樂。海倫的事蹟在全世界引起了震驚和讚歎，被《大英百科全書》稱為殘障人士中最有成就的代表人物。她大學畢業那年，人們在聖路易博覽會上設立了「海倫· 凱勒日」。她始終對生命充滿信心，充滿熱忱。憑著堅強的信念，她終於戰勝了自己，體現了自身的價值。二戰後，海倫· 凱勒在歐洲、亞洲、非洲各地巡迴演講，以喚起社會對身體殘障者的重視。

懂得「信任」自己「心靈」的人，才能理解生命的價值，海倫· 凱勒用自己的行動證實了這一點，創造了物質財富，也創造了精神財富。

希爾在評價海倫時說：「自信心是心靈第一號催化劑，當信心融合在思想裡，潛意識就會運用這種力量，把它變為精神力量，再轉為行動。」

馬克· 吐溫評價說：「19 世紀中，最值得人們紀念的人是拿破崙和海倫· 凱勒。」自信能點燃生命的明燈，一個人沒有自信，只能脆弱地活著；反過來講，信心的力量可以改變惡劣的現狀，造成令人難以相信的圓滿結局。充滿信心的人永遠擊不倒，他們是命運的主人。有目標的信心，可令每一個人都力大無窮。如果你有強大的自信心去推動你的事業車輪，你必將贏得人生的輝煌。

信念的建立

一、祛除消極信念

面對人生逆境或困境時所持的信念，遠比任何事情重要。有些人在經歷了一些挫折失敗後便開始消沉，認為自己不管做什麼事都不會成功，這種消極的信念蔓延開來讓他覺得無力、無望，甚至於無用。如果你想成功，想追求自己所期望的美夢，就千萬不要有這樣的信念，因為它會扼殺你的潛能，毀掉你的希望。

某公司有位值晚班的人，總是在下班後徒步回家，有天晚上，月色皎潔，他改走一條穿過墓地的捷徑，由於一路平安順利，他以後便天天走這條路回家。有一天晚上，當他穿過墓地時，沒有留意到白天已有人在這條路上挖了一個墓穴，一腳踩了個正著，跌了進去，他費盡所有力氣，想要爬出去，卻徒勞無功。因此，他就決定好好休息，等到天明時有人來救他出去。

當他坐在角落半夢半醒之際，有名醉漢跌跌撞撞走來，一不小心也掉入墓穴，那名醉漢拼命想爬出去，結果吵醒了那位值夜班的人，他伸手碰碰醉漢的腳說：「老兄，你出不去的。」但醉漢後來還是爬出去了。

這就是不同的信念，在一個醉漢和正常人之間所造成的差別。

像值夜班的人所具有的這種信念在心理學上稱為無用意識，這是指一個人在某方面失敗的次數太多，便自暴自棄地認為自己是個無用的人，從此便停止任何的嘗試。

賓州大學的馬丁·塞利格曼教授曾對這種現象做過深入的研究，在他所著的《樂觀意識》一書中就指出，有三種特別模式的信念會造成人們的無力感，最終摧毀自己的一生。這三種信念是「永遠長存」、「無所不在」及「問題在我」。有許多人之所以能無視於橫亙在眼前的巨大困難或障礙而做出偉大的成就，乃是他們相信那些困難或障礙不會「永遠長存」，不像那些輕易就放棄的人，把即使是小小的困難都看得像永遠揮之不去的事。

當一個人相信困難會永遠長存時，那就有如在他的神經系統中注入了致命的毒藥，你別指望他會做出任何力求改變的行動。同樣地，如果你聽到別人跟你說這個困難會沒完沒了的話時，可千萬別輕信，最好離他遠一點兒。不管人生中遇到什麼不順心的事，你一定要記住：「這件事遲早是會過去的。」只要你能堅持下去，終會有雲散天開見月明的一刻。

人生中，贏家與輸家、樂觀者與悲觀者的第二個差別在於是否相信困難的「無所不在」。樂觀的人從不相信人生處處都是困難，因而不會因為一個困難便把自己絆住，反而把困難視為是一種挑戰。相對於那些悲觀的人，只因在某一方面失敗，便消極地認為自己在其他方面也會失敗，結果就真的像他們所想的那樣，在金錢方面、家庭方面、工作方面乃至人際關係方面都出現了問題，他們既然不能管好自己的信念，當然對其他的事情也就無能為力。相信困難「永遠長存」且「無所不在」是很傷人的，所以當你碰到困難時一定要確信自己能找出解決之道，並且立刻拿出相應的行動，就必然能很快地消除這些消極的信念。

塞利格曼教授所指的第三種不當的信念就是「問題在我」，這個意思乃是認為自己才是問題的所在。如果你不幸失敗了，不但不把它視為是調整行動的好機會，反認為是自己能力的不足，那麼很快地你就會不再繼續行動了。請問你到底要怎麼去改變自己的人生？ 那不是比單單改變行動更困難嗎？ 千萬別把一切的問題都責怪到自己頭上，畢竟一味地打擊自己並不能使你振作起來。不是嗎？ 若一直死抱著這些不當的信念，那就有如長年累月地服食少量砒霜，你的人生可以說已經完了。也許你不會馬上完蛋，可是只要不丟掉這些信念，那就注定不會有好的結局，因此你要竭力拋掉它們。請注意，只要你有了某種信念，它就會自動引導你的腦子去過濾掉一切跟它相反的資訊，只接納跟它相容的信息。

二、改變舊信念

一切個人的突破都始於信念的改變，然而我們要怎樣改變舊有的信念呢？ 最有效的辦法便是讓腦子去想到舊信念所帶來的莫大痛苦，你必須打心底裡認識到這個舊信念不僅在過去及現在都給你帶來了痛苦，並且也確信未來仍然會使你痛苦。同時，你要想到新信念能帶給你無比的快樂和活力。這個訓練是最基本的，在日常生活中你要不斷反覆去練習，時間一長，便自然能看到它的成效。

我們所做的每一件事，不是為了避開痛苦，就是為了得到快樂，只要我們把某一信念跟足夠的痛苦聯想在一起，那麼便能很容易地改變這個信念。我們之所以對某些事會保持堅貞不渝的信念，唯一的理由只不過是不相信它會帶來痛苦。

如果你不怕丟臉，請問以前的你是不是始終如一地相信著某些信念，而現在想起來倒會覺得很可笑？ 有這樣的改變是因為你有了新的依據，還是你終於發現先前的信念其實是行不通的？ 在冷戰結束前許多美國人在接觸蘇聯人之後發現：他們其實跟自己並沒有兩樣，可不像宣傳所描述的「邪惡帝國」那般擁有陰險、可怕的嘴臉，後來許多美國人之所以會同情蘇聯人，是因為了解他們和自己一樣，在為自己的家人奮鬥。

他們在認知上會有這麼大的改變，不能否認是因為和蘇聯人有了直接的接觸，真正了解了他們的想法其實和他們是完全相似的。當他們有了新的依據，就會對以往所持有的信念產生疑問，進而打亂先前的確定感，用新的依據來建立新的信念。

不過新的依據也不見得必然會使我們改變舊有的信念，往往我們會發現所得到的依據跟舊有的信念相互矛盾，可是我們總會自圓其說地給自己找出一些理由來支持這個信念。

你可曾懷疑過自己做某件事的能力？你是怎麼想的？很可能是你自問了這樣的問題：「如果行不通怎麼辦？」或「如果做不來怎麼辦？」很明顯地，問題問得很有力，如果你用它質疑自己的信念，很可能會發現自己原來是糊裡糊塗的相信。

事實上我們有許多信念都是來自於他人，只是當時沒有好好深究，如果我們能重新去認識，就會發現有些信念其實根本沒有道理，而自己卻人云亦云地相信了那麼多年。在日常生活中你曾好好思考過多少個信念的出處？你所認定的一定就是對的嗎？很可能在這些信念中就有些是阻礙你更上一層樓的原因，而你根本還不知道！

如果你對某事物不斷地提出問題，沒多久就會開始對它產生懷疑，這包括那些你深信不疑的事物。我們的信念按其相信的程式可分為幾個等級，清楚知道它們的等級十分重要，我給它們分成的等級是：游移的、肯定的和強烈的。

游移的信念乃是指其十分不穩定的那種，即使相信也往往只是一時性的，很容易改變。這種信念所構成的基礎甚不牢靠，常常是搖搖晃晃的。比如說老布希總統說話的語氣十分溫和，因而先前美國人都以為他這任總統可能是個「軟腳蝦」。然而當人們從電視上看到他居然能取得世界各國領袖的支持，對海珊入侵科威特採取強硬立場，民意調查就立刻有了大幅度的改變，他的聲望攀升到近代幾位美國總統的最高峰。然而就在你讀到本文時他又是什麼下場，便可知人們的這種信念是多麼的不堅定。游移的信念有個特性，就是它左右搖擺，全憑當事人一時之念。

前面我們說過，這些肯定的信念依據可以是各個方面的，近可取自親身經驗，遠可取自其他來源，即使是個人憑空想像出來的也未嘗不可。具有這樣信念的人因為對所相信的事情都很有把握，所以不大能夠接受新的依據。可是你若能贏得他的信任，就有可能改變他排斥新依據的可能。一開始他會對所相信的產生些動搖，當疑惑越來越大時就會鬆動舊有的信念，而在心裡就可能挪出接納新依據的空間了。

我們每個人都有許多信念，而這些信念之中有些正是影響我們目前人生的主要因素，請問你是否曾真正地去認識它們？現在，請你放下手中的一切事情留給自己十分鐘，把所擁有的信念徹底從腦子裡翻出來並且好好地想一想，不管這些信念對你是有幫助的或是有妨礙的，要盡可能把它們都寫下來。

自我滿足的信念好比是人生的死海。死海是個沒有出口的海，因而成了一攤有毒的死水，並且正逐漸消亡。自我滿足就像死海一樣，是一種以自我為中心的人生態度，終將妨礙我們發揮潛能。

當我們的思緒全放在自己身上時，自我滿足便形成了一種信念。這種信念會給我們帶來麻煩，影響情緒，減低工作效率，破壞美好的未來。在這種態度下，我們的人生事業會受到限制，長期的互助關係也難以建立，因為很少有人會願意和凡事只想自我滿足的人長期共存，更別提要和他維持長久的情誼了。

沒錯，自我滿足是條死胡同，而追求個人成長的動機卻是條奔湧不息的河流，由這頭流到那頭，一面發展自己，一面服務他人。自我滿足就像個孜孜不倦的學生，為了求取知識而尋求答案；個人成長的動機則有如教師，他得到知識是為了將答案與別人分享。

三、不要自我滿足

自我滿足像健美先生或小姐，將身材練得凹凸分明，為的是要站在鏡子前，期待別人為自己發出讚歎。個人成長宛如運動員，練就一身絕佳技能，既可為團隊爭光，也可強身，是一種雙贏的情境。

卡內基梅隆大學的心理學家席耶發現，樂觀者在面對求職遭拒之類的挫折時，多半會擬訂行動方案，尋求他人幫助或忠告。悲觀者遇到類似困境，多半會試著忘掉一切，或認定事情已無挽回餘地。而樂觀者通常只有在真正無法挽救的情況下，才會出現這種態度。

四、付諸行動

人只要活著，就有希望。前途光明與否，目標實現與否，事業成功與否，就看你對未來的想法與一步一個腳印的實際行動了。人生事業成功的信念加上積極的行動，可使你健康而快樂地成長，使你成就非凡。積極的行動是我們人生事業成功的可靠保障，沒有行動，目標就會成為無源之水、無本之木。

目標是促你成功的動力，而主動的行動才是達到目的的關鍵。將目標化為行動，不僅會縮短邁向成功的旅程，也會使旅途增添無窮的樂趣。

利用積極心理暗示建立自信

一、用肯定式的表現法培養自信

很平常的例子，當人們去買水果時，總會問老闆水果甜不甜、酸不酸、好吃不好吃。在這種情況下，如果老闆用否定或不大肯定的語氣回答，如不甜、不好吃，也許是甜的，可能好吃，這樣都會丟掉十之八九的顧客。

但是同樣的東西，要用肯定的語氣說就不一樣，如：「您放心，絕對甜，好吃得很。」「我不賣不甜的」……這樣，他們的水果絕大多數會被順利地賣掉。當然這裡面也許有推銷的手段，但是更重要的是，他的說法抓住了對方的心理。他需要甜的和好吃的，而你充分肯定的回答使他認為，這就是他想要的，那麼他肯定會買下來。所以說，肯定的語言是自信的第一步，是成功的開始。

二、用肯定消除自卑

有些人在照鏡子的時候，當他們窺到鏡中自己的形態或膚色時會忍不住產生某種自豪的感覺，因為他們擁有美麗的外表、白皙的皮膚。而另外有些人則不同，他看到鏡子裡外表醜陋、肌膚黝黑的自己時，總有一種自卑感。但自信的人卻不這樣認為，他會懂得欣賞自己的美。他總是告訴自己：這樣就行了，我的皮膚很健康，等等，他總是肯定自己所擁有的東西，而不是去否定那些自己不曾有過的東西。

生活中的語言也是一樣，我們總是喜歡聽肯定的，不喜歡聽否定的。所以，如果一個人聽到較多的是否定的語言，他就會產生自卑的心理。由此可見，外界的語言對一個人的心理健康是有何等作用的，否定的語言是有百害而無一利的。

古羅馬的盧克萊修奉勸人們要多稱讚膚色黝黑的女人，說她們的膚色如同胡桃那樣迷人。只要不斷地讚賞對方、肯定對方，即使這位女人明知自己是黑皮膚，也不會覺得自卑，甚至還可能變得充滿自信。

總之，選用肯定或否定兩種不同的措辭，可將同一個事實形容得有天壤之別。在任何情況下，人們只要常聽見有價值的措辭或敘述，對他充分肯定，他就可以改變自卑的心理，他就會感到自信，從而享受愉快的生活。

三、利用聯想，有助於忘記讓自己討厭的事情

在許多不可思議的心理效果中，上面我們說過「抽象化」，下面再介紹一種方法——自由聯想的方式。抽象化是有規律、有層次的概括具體的事物。自由聯想是由一種具體事物毫無關係地聯想另外的一大堆事物，進而把它們聯繫起來，使心中的煩躁不安平息下來。 它的特徵是從某一措辭開始，如：「饅頭」，然後想到其他的事物，「饅頭——乳房——女人——女兒——結婚——有孩子——闔家歡樂」，這就是一個自由聯想的例子。

聯想是可以無極限的，無窮無盡地想下去，這樣就能達到聯想的目的。由一件不高興的事、討厭的事聯想到令自己高興振奮的事，從而擺脫心理的陰影。

四、被否定的意象困擾時，多用動詞肯定自己

平時，和那些自卑感較強的人閒聊，你會發現，他們的想法太奇怪了，簡直是庸人自擾。他們常常想得太多、太深，結果往往自尋煩惱。當然遇上了麻煩的事，人肯定會煩惱，可是如果沒有遇上而只是自己臆測的，那有什麼可擔心的呢，因為事實還沒有發生。

他們總是習慣用名詞，「我是留級生」，「我患了害羞綜合症」等等。他們總找些藉口否定自己，把自己關閉在自己制定的界限裡，說自己「成績不好」、「在陌生人面前拘謹」。其實，他的成績也許只有數學一門不好，他並不是見了誰都臉紅心跳，只是對異性這樣。如果他能肯定自己，多用動詞，那麼「也許有這種事」之類的措辭就立刻能變成明確的語氣，從而消除自己造成的否定意象。

五、當數量單位改變時，心理負擔的輕重也隨之變化

在日常生活中，如果想表達同一件事實，但是由於所用的單位不同，所表達的效果也會不同，會產生不同的心理反應。例如再有半年就要大考了，如果用「月」表示，則「還有 6 個月就要大考了」，在人們心中，1 個月的時間很長，所以他會對大考怠慢；而若是用「天」，「離大考只剩下 180 天了」，人們一看，呀！ 只有 100 多天了，一天天過得那麼快，這 100 多天會很快過去的，我必須抓緊時間！ 所以，他會很重視考試。那麼二者的考試結果肯定會不同。

還有，你也許注意過廣告欄裡的廣告，某房地產公司為自己的地皮做廣告，他可以說：「距市中心有幾分鐘的車程。」而不說「距市中心有幾公里。」因為幾分鐘的車程讓你感到，只有幾分鐘便可到市中心，那位置太棒了；而要用距市中心有幾公里，則會把多數人嚇走，那麼遠的路，誰會去買他的房子呀？

還有，在網路上上我們也常看到，距「過年」或某一重大節日還有 4 個月，而很少用 120 天，因為如果網路上都說還有幾天幾天就到什麼節日了，那麼這一節日的氛圍就會提前到來。

在人的意象中，公里要比公尺長，你說距什麼地方一公里會比說距某地 1000 公尺要感到遠一些，使心理產生不同的變化，我們把這種情況叫「心理換算」。希望你們能用合理換算來調節自己的心情。

六、凡事要有最壞的打算

《莎士比亞》的作品《李爾王》中有這樣一段。一位被挖去雙眼的父親和女兒久別重逢於荒原，女兒感慨地說：「這是最悲哀的時刻，再也沒有比這更悲哀

的了。」可以說這是句至理名言。如果一個人因為考試考得不好而苦惱，因為工作不順利而煩心，那只要他和這件事相比較，聽聽這句話，那麼他那煩亂的心一定會得到慰藉。它可以使人恢復自信，排除萬難。

為什麼呢？ 當一個人在考試考得不好時，他會說「太糟糕了」，實際上這也並不是最糟糕的事。他之所以這麼說，是因為他不願意看到比這次更差的成績，而把它說成是糟糕的，甚至是最糟糕的事，言外之意也就是說：「以後，無論怎樣都會

比現在好的。」

「最壞」是有標準的，不過這個標準很模糊。你說是最壞的，是對你自己來說，還是對所有人來說？要是後者，那自然是最壞的；若是前者，那就還不算最壞的。因為別人也在犯同樣的錯誤，並且他們的錯誤可能比你的更大。

遇上這種情況，有的人會喪失信心，認為自己完了，簡直無藥可救了，便會胡思亂想。其實與其這樣，不如承認你所遇到的就是最壞的，結果反而會輕鬆。越是壞事，越要這樣想：「這是世界上最壞的事情了，但是，以後不會有比這更糟的事了。」這樣，你的心可能會安定下來，理所當然地面對現實，使它成為在逆境中前進的動力。

七、克服自卑感的竅門是「我」和「我們」兩個詞的互換

做了母親的女人比女孩更開朗。為什麼？因為她們那種過分強烈的自我意識部分被孩子分散了，在生產前是「我」，而產後是「我們」，這種情況在心理學上稱作擴散效應。在任何情況下，我和我們都是有區別的。當一個人成績很差，別人說他腦袋笨時，他說：「我腦袋笨！」那麼他會認為他自己的確很笨；如果他說：「我們很笨。」則是說不僅我，還有你，我們都一樣，至於一樣的是什麼，我可以不考慮，總之我們是一樣的。這樣，就可以減輕那些方面所帶來的壓力，緩解心理的壓抑。這是因為把壓抑擴散到了同伴的身上，自己的孤獨感已被拋至九霄雲外。

還有，當你和一個團體成功了一件事的時候，你可以這樣說：「我們成功了！」還可以說：「我成功了！」對於後者是有更大的鼓舞力的。這不是要你主觀把別人的成果搶過來，而是充分肯定你自己的功勞，讓你疲勞已久的心得到安慰，也就找到了一份自信，使你對以後的工作充滿信心。就是這樣，「我」可以和「我們」互換，從而拋棄自卑感，建立自信心。

八、「天無絕人之路」

人難免遇到失敗，可是多數人一遇到失敗，就會變得心灰意冷，這是人之常情。常常也會這樣，碰到一次失敗就以為是到處走不通。因為他被失敗打昏了頭，

根本走不出別的路子來。這就是挫折感，而挫折感又會引起各種逆行性和不良的感情反應。所謂逆行是指一個人的行為和年齡相反，退化到小孩子的模樣，外部環境導致他無法做出正確的判斷。如果要使自己避免逆行現象，你就得廣開思路。當不幸遭遇失敗時，多想想其他的方法。也可以想想這樣的話：「此處不留人，自有留人處。」「A 處談不成，可以找 B 談，還有 C、D、E 等在後面等著我哩！」這樣你就會心安理得，沒有悲觀的必要。

考研究所也是一樣，不妨想想前面所說的：「此校考不取，還有別的學校。再說考研究所又不是人生的唯一出路，條條大路通羅馬嘛！」這樣，內心就會有緩和的可能性，而且心情也會開朗起來。

九、哀莫大於心死，先要振奮自己

有這樣的一則故事。有一個印度的小偷在偷盜時被當場捉住。不料這個小偷反而對著主人大聲說說：「這是偷嗎？ 這不是偷，偷是拿了人家的東西，不告訴人家就走了。我是拿了你的東西，我雖還沒有告訴你，可是我還沒走，要是我走了，才是偷。所以我沒偷，這東西，我是拿了，大不了還你。」說完小偷把東西扔給主人，理直氣壯地走了。那個主人也一時給嚇住了。

說這樣的故事，並不是鼓勵大家去偷並為自己辯解，而是我們應該學習這樣的邏輯。的確，那個印度小偷的邏輯能力很強，客觀上對他不利，因為他偷東西被抓住了，而主觀上他沒有承認自己是在偷。要是換作你的話，定會羞得無地自容，任人擺佈。這就是說，情況再危難，也應該振奮自己，否則什麼事都做不成。

現代人似乎都有這樣的通病，一遇事就心慌，不知所措，主觀上軟弱無能，

服從對方。這樣很容易使你處於不利地位，使本來可以成功的事做得失敗。實際上，人們不能隨便地表示對某種事物的絕望。在某種情況下，應堅持到底，才能成功。要是遇事先行亂了陣腳，心理失去平衡，失去信心，這無異於已經在主觀上承認了自己的失敗。

十、把時限用語從腦海中除去

對於有的人來說，制定時限是可以促進其工作進步的，因為對他來說那是一種壓力，而這種壓力無疑又產生了一種動力，讓他在時限內完成某種數量的工作。可是並不是每個人都可以這樣做，有的人一看到離考試只有 10 天，心裡就慌了。只有 10 天，我什麼都沒複習好呢？ 一會兒看這一會兒看那，心裡也擔心考試時一定不會考好。若是不把時限看得那麼重，結果自然會相反，按照自己的計畫來，今天該做什麼就做什麼，哪怕明天就考試。只有像這樣，在充分自信的前提下，利用 10 天的時間複習功課，成績一定可以提高。

所以，把時限的用語從你的腦海中刪除，就能把自己的目標放在明確的射程內，從此產生不少意想不到的結果。

十一、受到壓抑時，不妨使用粗魯的言語來壯膽

作為一名評論家，無非是對一切權威或權力的物件評頭論足，藉以尋找內幕，大加評論。所以他必須有足夠的勇氣跟任何名重一時的學者，或實力相當強的人士對等地談論，哪怕對方是世界上名氣最旺的辯論家。如果還沒有交手，就已被人家的威望嚇住的話，那你就根本無法著手評論，只能聽著人家侃侃而談了。

如果一旦我們遇到強大的對手，心理上受到某種無形的強大壓力時，如果我們採用此法，便可以使自己和對方處在同等的地位上。例如你和一位著名辯論家交談，你會被他的名聲所震懾，他定會利用這一點威脅你。如果這時你把他和自己放在同樣的位置，把他看做和你一樣，可以直呼他的姓名，對他用手指指點點，這樣就可以樹立你的自信心，而給對方當頭棒喝，使你成為主動者。

我們常在電視劇中看到這樣的鏡頭——一位賢臣向皇上進諫，皇上怎麼也聽不進去，並且一意孤行，要執行決議。那位大臣就乾脆冒險直呼其名諱，大辯利害之道，明之以理，動之以情，反而把皇上嚇住了，使之不得不改變主意。 這就是一個很好的對付強手的方法，有需要時你不妨用一下。

十二、用卑俗的稱呼，疑懼意識會消失

報紙雜誌上常常出現這樣的漫畫，把某位名人畫成動物，某國首相畫成小姐，總之是滑稽幽默的，讓人一看便會捧腹大笑。在普通人的眼裡，名人、政治家都給人一種無形的壓力，所以你可能會產生恐懼感或自卑意識，但是當你看到上述情形的時候，你會在心理上鎮定自若。

綽號也有這樣的功能。有些人總是對我們產生壓迫感，使我們一見到他就感到畏懼，因為他是你的上司、老師，或者他很有名氣、地位。但不管他是什麼人，只要給他取一個滑稽幽默的綽號，這樣就可以緩解我們心理上的壓力。

「昨天我被經理訓了一頓」和「昨天我被那個老頑固訓了一頓」，表現出不同的心理壓力。前者，總是把他放在經理而我是職員的關係上，那自己就得低人一等；後者說他是個老頑固，因為他有的事也做得很差，思想保守，進取心差，這方面不如我，所以心理上可以使你有優越感。

就是這樣，綽號可以消除你對對方的恐懼感，增加你的優越感，因為大多數綽號都是由他的缺點而來的，至少在這一方面他不如你，所以你有超過他的地方，這就使你不處於下風。甚至有的綽號用動物名等，讓人一聽便知其意含有遲鈍、愚昧的意味，這樣一來你心理上的壓力會減輕許多。

十三、不知自己能否成功，要先說出自己的目標

貝比·魯斯是昔日美國棒球名將——全壘打大王，他也是舉世公認的最強的選手之一，他的一生留下不少的傳說和體壇佳話。據說，在一次比賽中，他指著某一個方向說：「嗨！ 小心點！ 我要從這裡打出一個全壘打。」結果他真的如他所說打出一個全壘打。

不管貝比·魯斯是怎樣的一個天才，他也不可能有百分之百的把握。正因為沒有百分之百的信心，他才會公開說要怎麼樣，不僅掩飾了他內心的恐懼，並給他帶來了自信。

事實上，當我們要完成某個目標之前，不妨先把自己的目標公諸於世，這樣可以增強效果。一旦在眾人面前宣佈自己的目標後，就有「不達目的誓不甘休」的

心理壓力，所以被迫要向前奮進。這時候，必然會給自己壓力，使自己精力充沛，信心百倍。如果要想獲得更高的成就，不妨將目標說出來。世界級拳王阿里就是這樣，他總在大眾廣播裡宣稱要在幾個回合內打倒對手，盛氣淩人，滿懷信心。這就是充分利用了「宣揚效果」！

十四、怯場時，不妨道出真情，即能平靜下來

內觀法是研究心理學的主要方法之一，這是實踐心理學之權威威廉·華特所提出的觀點。這種方法就是很冷靜地觀察自己的內心世界，然後毫不隱瞞地說出來。如果一個人能把內心的變化心理一字一句地用言語說出來，那麼，他心中就不會有產生煩惱的餘地了。

假如你剛到一個陌生的地方，內心肯定會感到不安，有很多的想法。這時，你可以用言語把它說出來：「我幾乎愣住了，我的心跳個不停，兩眼也發黑，舌尖發麻，喉嚨乾渴得不能說話，感到周圍的人都在看我。」這樣一來，不但可以消除你內心的緊張和不安，還可以使你的心情得到平靜。

不妨再舉一例。一個位居美國第五的推銷員，在他還不熟悉自己的行業時，他去見汽車大王。結果他見到汽車大王竟一句話也說不出來，想說這，又想說那。在情不自禁之下，他說出了實話：「我很慚愧，我一見到你時很害怕，所以我連話也說不出來了。」後來他們二人就開始交談了，這個人也慢慢地恢復了自信。

十五、不順利時，可以自言自語

有這樣一則事實，在僑居海外的人中，有很多人都患有神經衰弱症。調查發現，原因是因為他們不精通外語，很少和外國人接觸，說話的機會減少等等。本來，說話就是內心的表達方式，可是一個人不能和別人暢快地交談，那麼內心一定是憂鬱的，時間長了定會感到內心的孤獨。

相反，有些人在國外卻能適應，他們可以盡可能多地和外國人聊天。當一個人獨處時，盡量用「自言自語」的方式清除內心的苦悶和挫折。這樣可以緩解內心的憂鬱，擺脫心理束縛。

很明顯，這種方法和前面那種在別人面前傾訴的情況不同，這是在缺乏談話物件時的一種自我安慰方式。

十六、寫信給朋友或親人，也可以消除煩惱

當一個人遭遇學業受阻、考試落榜、失戀等任何形式的失意時，無疑是非常傷心的。人生也是這樣，會遇到各種各樣的煩心事，最直截了當的解決辦法是先找人傾訴衷腸。俗話說：「有話不說，定會撐破肚子。」把一切煩惱放在心裡，根本無益於煩惱的解決，反而會影響情緒和身體健康。

大凡從事心理工作的人，為他人排除煩惱的首要步驟，就是要製造一種氣氛，讓感到苦惱的人把內心的煩事說出來。這樣一來，不等心理醫生說什麼，他的心理就會輕鬆一半，因為他心中的怒氣已被消除了。

生活中也是這樣，當我們不高興或遇到煩心的事時，就會找自己的好朋友，向他們傾訴自己的煩惱。可是現在有些話不是什麼都可以對別人說的，或者當你的好友不在時，你可以試著用寫信的方式。

寫信可以在看不見對方臉孔的情況下，把煩惱肆無忌憚地傾訴出來。何況，文字的東西更具體，你自己都可以分析為什麼會不高興，觀察到煩心的本質。有時寫完了信，讀兩遍，心情就好了大半，信還沒有寄出心情就好了。要是那樣，你就可以安心地開始工作了。

十七、悶悶不樂時，把原因盡量寫出來

拿破崙· 希爾有這樣的習慣，每當他感到悶悶不樂或煩惱的時候，就會提筆把原因寫出來，即使那是微不足道的小事。例如：「鄰居家的貓太吵」、「想買的唱片買不到」等等。他把這些原因不管大小一一列出，並且寫上序號。如果稍加整理，便會發現，有的原因很簡單，有的原因很複雜，我們可以根據難易程度不同而先後解決。這樣就可以解決心中的不快。

這也是拿破崙· 希爾用來轉換氣氛的方法之一，寫字動作本身就具有減輕緊張的作用。所以這也是很好的緩解心理壓力的辦法之一。

恐懼是自信的勁敵

思想是人類已知的最高形式的能力，透過實驗和研究，我們一定能對那股被稱之為思想的神秘力量得以更多的了解。對於人類的思想，我們已有了足夠的認識，我們知道，在「自我暗示」方法的幫助下，一個人可以擺脫掉若干年累積下來的「恐懼」。我們已經發現這個事實：「恐懼」是造成各種貧窮、失敗與悲哀的主要原因。我們也發現，能夠克服恐懼的人不管從事哪種行業，不管有多少阻礙，都必能獲得成功。

培養自信心，先要消除「恐懼」這個魔鬼，它坐在你的肩上，對著你的耳朵輕聲說道：「你辦不到的——你害怕去嘗試——你害怕大眾的批評——你擔心你將失敗——你害怕自己無能為力。」

還好，「恐懼」這一魔鬼已經面臨末日了。科學家已經發現了一種十分厲害的武器，可以用來消滅它。本章已為你準備了這件武器，供你用來對抗世界進步的最大敵人——恐懼。

人類有 6 項基本恐懼，每個人都會受到這 6 種基本恐懼的影響。在這 6 種恐懼之下，還有程度比較輕微的恐懼存在。以下列出這 6 種最大的恐懼，並且簡單地描述這 6 種恐懼的成因。

這 6 大基本恐懼是：

1. 恐懼貧窮。

2. 恐懼年老。

3. 恐懼遭人批評。

4. 恐懼失去心愛的人。

5. 恐懼疾病。

6、恐懼死亡。

針對以上列出的 6 種情形，列出你自己心中的恐懼，看看可以把它歸納為哪一類的恐懼。

每個人長大到懂事的年齡之後，或多或少都會受到這 6 項基本恐懼中的一項或多項所影響。要想消滅這六大魔鬼，我們先要找出它們的根源，即我們是從哪兒繼承這些恐懼的。恐懼的理由有很多，但最主要的是恐懼貧窮和衰老。我們沒日沒夜地工作，因為我們害怕貧窮，希望掙許多的錢以備年老或不時之需。這種普遍的恐懼給了我們很大壓力，使我們的身體過度勞累。

如果一個人的生命已度過 40 個年頭，達到這個年齡後他才剛算心理成熟，卻仍在不斷壓迫自己，這是一個悲劇。這種來自自然和社會的壓力使他變得盲目，並迷失在各種矛盾衝突與慾望的糾纏中。

人類最無可彌補的損失就是，不知道可以用一種簡明的方法使普通人充分樹立起自信來。在青年人受教育之前，竟沒有一位老師能把這種已知的增強信心的方法告訴他們，而對於缺乏信心的人而言，並不能算已受過正常的教育。

被恐懼所控制的人是不會有任何成就的。

一位哲學家說道：「恐懼是意志的地牢。它跑進人的心中，躲起來，企圖在裡面隱居。恐懼帶來迷信，而迷信則是一把利劍，偽善者用他來刺殺靈魂。」

希爾在他的打字機前掛著一個牌子：「日復一日，我會在各方面獲得成功。」你若不是逼迫自己走向貧窮、悲哀與失敗，就是指引自己走向成功，這完全看你具有哪一種想法。如果你要求自己成功並不斷努力，你定會成功。

第 8 章 培養領導能力

什麼是領導才能

小的勝利可由一人單槍匹馬取得，但如果你想要獲取那種帶來最後成功的偉大勝利就不能靠單幹。要真想取得這種勝利，必須有他人的參與。當你已開始動員其他人一起為達到某個目標而工作時，你就跨入了領導者的行列。事情成敗全依賴你的領導才能。

領導才能究竟是什麼？ 拿破崙· 希爾說：「領導才能就是把理想轉化為現實的能力。」從廣義上說，一個領導者確實能把理想變成現實，但必須加入另一個重要因素——其他人。一個領導者不僅應透過自己努力，而且應透過別人的努力實現理想。自以為是領導者卻沒有人追隨，這只不過是空想。

《韋氏新世界英語詞典》給「領導才能」下的定義是「領導者的地位和指揮能力、領導能力」。事實上，這個定義會強化人們對領導才能的說明。許多人認為領導人是從他的地位中取得能力的。他們覺得有地位就是領導人。但那不是領導才能的真正本質。一個只會在自己職位的狹窄範圍內指揮別人的人根本不算一個真正的領導人物。如約翰· 懷特所說：　　「人們追隨的不是某個計畫，而是鼓舞他們的領導人。」

其實，「領導才能」的最佳定義是：「領導才能就是影響力。」真正的領導者應是能影響別人、使人追隨自己的人物，他能使別人參與進來與他一起工作。他鼓舞周圍人朝著他的理想、目標和成功邁進。

領導才能首先表現在一個人的個性和他的洞察力上——他作為一個人身上最核心的東西。研究領導才能的專家費雷德· 史密斯說：「領導人物走在隊伍最前面，並且一直走在最前面。他們用自己提出的標準來衡量自己，並樂意別人用這些標準來衡量他們。」好的領導人物是能不斷成長、發展、學習的人。他們願為不斷提高自己的水準，擴展自己的視野，增加技巧，發揮潛能而做出必要的犧牲，透過努力使自己成為別人所敬仰的人。

有良好品質又可信賴的人更有可能成為領導人物。但光靠良好的個人品質還遠遠不夠，還必須有與人溝通的能力。領導人物應與別人建立良好的人際關係，開始關懷別人，學會與人交往和調動他人的積極性。個性、理想、與別人溝通和激發別人積極性的能力是構成領導才能的基本要素。

領導人的法寶

愈能得到他人真正的尊敬與重視，影響力也就愈強。領導者學會如何與他人相處（包括真實的與想像的意圖、交際手腕與人際關係），正統權力將決定追隨者對他尊敬的程度，而雙方關係中的影響力也會隨之增長。

拿破崙·希爾認為下列 10 項建議，能增加領導者的榮譽以及控制力。

一、說服力

包括與對方分享和辯論，為自己的立場和慾望做出強力的解釋，同時真心尊重追隨者的意見和現實。說明「為什麼做」以及「如何做」，保證除非出現雙方互利且滿意的結果，否則將繼續溝通。

二、耐性

對人對事均如此，即使追隨者身上有很多缺點而且對方麻煩不斷，在暫時的障礙與阻力下，仍要保持前瞻性，並堅守自己的目標。

三、風度

在面對追隨者的弱點時，應以委婉的態度處理，不應採取粗暴、強烈的手段。

四、可塑性

假設自己具備所有的答案和眼光，對追隨者表達的不同意見和經歷，也應予肯定。

五、接納

不亂下判斷，諒解別人的缺失，不為了維持自我價值而對他人予以取求，要能站在他人的立場設想。

六、仁慈

敏銳、關愛、體貼，記住雙方關係中的小細節，這可能會產生重大意義。

七、心胸開明

探索追隨者的真正潛能，並尊重他們的現況。不論他們擁有、控制或表現了什麼，全心全意了解他們的意圖、願望、價值與目標，不只看重表面行為。

八、溫和的指責

在真心關懷與溫暖對方的心境下，諒解追隨者的錯誤和他調整步伐的過程，讓追隨者願意承擔風險。

九、一致性

你的領導風格不應是當你不如意時才使用的操縱手腕，它是一套價值準則和行為規範，隨時隨地反映出你的本質和你的未來。

十、正直

言行一致，一心一意為他人著想，沒有欺騙、占便宜或操縱的惡意或慾望。在追求一致性的過程中，經常檢討自己的用心。

這些原則和理想是塑造成功領導者的最重要因素，但在日常生活中具備的人卻是很少的。聖雄甘地曾針對這個問題說過：「我只不過是個普通人，能力也不如一般人。我並非高高在上，我是一個務實的理想主義者。對於我費盡心思才達成的目標，我並不為之沾沾自喜。只要付出同樣的心血，並培養相同的希望與信念，我相信每個人都能和我一樣。」

選擇和活用正統權力的原則的領導者，在要求別人時會更加謹慎，卻也更具信心。進一步了解權力與領導之間的關係後，領導者不需用強迫手段就能領導他人，而影響他人的能力，也會與日俱增。隨著智慧的增長，心靈將會歸於沉穩平靜。

果決是領導者的特色

領導者的一項重要的必備條件是具有快速的決斷能力。

我們分析過 16000 多人後發現，領袖人物都是具有快速決斷能力的人，即使在處理不太重要的小事中也是如此。而追隨者也許永遠不會有快速決斷的能力。追隨者——不論在哪一行業——通常是那些根本不知道自己到底想要什麼的人。這樣的人優柔寡斷，猶豫不決，而且拒絕自己做出決定，即使是很微小的事情，除非有一位領袖指導他這樣做。而領導者不僅心中擁有明確的目標，而且還有達到那項目標的十分明確的計畫。同時還具有堅不可摧的自信，在任何情況下，他都可以快速做出決定。

拉沙葉補習班的一名業務員去拜訪西部小鎮上的一位房地產經紀人，想把「銷售及商業管理」課程介紹給他。當業務員到達房地產經紀人辦公室時，發現他正在一架老古董打字機上打一封信。業務員自我介紹一番後開始推銷他的課程。房地產經紀人顯然聽得入神，但聽完後卻遲遲不表示意見。業務員只好單刀直入：「你想參加這個課程，不是嗎？」

房地產經紀人無精打采地回答說：「呀，我自己也不知道應不應參加。」

他說的是實話，因為他是數百萬很難迅速做出決定的人之一。

這位對人情有透徹了解的業務員站起身來，準備離開，但接下來他採用了一點多少帶些刺激性的戰術，下面這段話使房產商感到驚訝：

「我決定向你說些你不喜歡聽的話，但這些話可能對你很有用。

「看看你的辦公室，地板髒得嚇人，牆上全是土。這打字機看起來像諾亞先生在方舟上使用過的一樣。你的衣服又髒又破，鬍子也未刮淨，你的眼睛告訴我，你已經被別人打敗了。

「在我的想像中，你太太和孩子穿得也不好，也許也吃得不太好。你太太忠實地跟隨你，但你的成就並不是她最初的期望。結婚時她本希望你大有作為。

「請記住，我並不是在和想進入我們學校的學生講話，即使你有現金繳學費，我也不會接受你。如果我接受了，即使學到了知識你也將失去運用它的進取心，而我並不希望我們的學生中有人失敗。

「我可以告訴你，你為何失敗。因為你沒有做出一項決定的能力。

「在你一生當中，養成了一種習慣——逃避責任，總是無法做出應做的決定。今天即使你想做什麼，也無法辦到。

「假若你告訴我，你想參加這門課程或者不想參加，那麼我會同情你，因為我清楚，你因為沒錢才如此猶豫不決。但你說，你並不知道究竟應不應參加。這種逃避的習慣，使你無法對你生活中的一些重要的事情做出決定。」房地產商呆坐在椅子上，下巴後縮，眼睛因驚訝而膨脹，但並不想對剛才的指責進行辯解。

這位業務員起身告辭，離開時隨手把門關上。可是他又再度把門打開，走了回來笑著坐在了那位房地產商面前，說：「也許我傷害了你，話可能重了些，但希望你別介意。現在讓我們用男人對男人的方式談談，你有智慧，我也確信你有能力，但這種失敗的習慣你卻改變不了。我想幫你改掉它，只要你原諒我剛才的話。

「這個小鎮並不適合做地產生意。你首先應去換上一件西裝——哪怕是借錢去買——然後和我到聖路易市去。我會介紹一位房地產商給你，你可以得到一個賺大錢的機會，同時還會學會一些事情，以便以後自己經營時用。」

那位地產商哭了起來。最後，他站起來和這位業務員握手，感謝他的好意，並接受了他的勸告，按他的方式去做。他要了一張空白報名表，參加了「銷售與商業管理」課程，並湊了些一毛、五分的硬幣，付了頭一期學費。

3 年後，地產商開了一家擁有 60 名業務員的公司，成為了聖路易市最成功的地產商之一，還指導了其他業務員開展工作。每一位準備到他公司上班的業務員在聘用之前均被叫到他的辦公室去，他把自己的經歷告訴他們，從拉沙葉補習班的那位業務員初次在那間寒酸的小辦公室與他會見說起。

領導者首先應該是富有膽識的冒險家

在不確定的環境裡，人的冒險精神是最難能可貴的。管理理論認為：克服不確定、資訊不完善性的最好方法，莫過於組織內有一位富有冒險精神的策略家。

世上沒有萬無一失的成功之路，市場帶有很大的隨機性，各種要素的不斷變化令人難以捉摸。所以，要想在商海中自由遨遊，就非得有冒險精神不可。甚至有人覺得，成功的重要因素便是冒險，做人必須學會正視冒險的正面意義，並視之為致富的重要條件。

在成功者眼中，生意本身對於經銷商是一種挑戰，一種想戰勝他人贏得勝利的挑戰。在生意場上，要具有強烈的競爭意識。「一旦看準，就立即大膽行動」已成為許多商界成功人士的經驗之談。

「幸運喜歡光臨勇敢的人。」冒險是人身上的勇氣和魄力的體現。唯物辯證法認為：冒險與收穫常結伴而行。險中有夷，危中有利，要想有卓越的結果，就應當敢於冒風險。有成功的慾望又不敢去冒險，就會在關鍵時刻失去良機，因為風險總是與機遇聯繫在一起的。風險有多大，成功的機會就有多大，由貧窮走向富裕需要把握機遇，而機遇是平等地鋪展在人們面前的一條道路。具有過度求穩心理的人常會失掉一次次發財的機會。所以人生就應當抓住稍縱即逝的機會，過度的謹慎便會失去它。

在我們的身旁，有許多成功的人，並不一定是他比你「會」做，更重要的是他比你「敢」做。哈默就是這樣一個敢做的人。1956 年，58 歲的哈默購買了西方石油公司，開始大做石油生意。石油是賺錢的行業，也是因為最能賺錢，所以競爭尤為激烈。哈默要想建立起自己的石油王國，無疑面臨著極大的風險。

首先是油源問題。1960 年石油產量占美國總產量 38%的德州，已被幾家大石油公司壟斷，哈默無法插手；沙烏地阿拉伯是美國埃克森石油公司的天下，哈默難以染指，如何解決油源問題是哈默面臨的最大問題。他冒險地接受了一位青年地質學家的計畫：舊金山以東一片被優士古石油公司放棄的地區，可能藏有豐富的天然氣，並建議哈默的西方石油公司把它租下來。哈默想盡辦法籌集了一大筆錢，投入這項冒險的投資。當鑽到 860 英尺（262 米）時，終於鑽出了加利福尼亞州第二大天然氣田，價值在 2 億美元以上。

哈默的成功告訴我們，風險與利潤是成正比的，巨大的風險往往會帶來巨大的利潤。

與其因不嘗試而失敗，還不如經過嘗試後再失敗。不戰而敗等於棄權比賽，是一種無能的表現。經營者必須有堅強的毅力，以及「拼著失敗也要試試看」的勇氣和膽略。當然，這應建立在科學的基礎上。順應客觀規律，加上主觀努力便可從風險中獲益，這是經營者必備的心理素質，即應有的膽識。

卓越的領導應採取「人性化管理」

真正卓越的領導人總是採用一種「人性化管理」的方法。

約翰是一家鐵製品工廠的開發部主管。他使用「人性化管理」的技術非常高明，他自己也從中受益匪淺。許多細小的做法和行為都表現出他「是個很理智的人」。

當一個遠道而來的員工初進他的部門時，他會找這個人談話並幫他找一個住處。 他還請秘書和兩個女職員幫忙，不失時宜地在上班時間替員工舉辦生日宴會。這件事所耗的時間不是浪費，而是加強員工向心力的有利投資。

當他得知某人信奉那種比較少見的宗教時，他還會盡量為他安排，使他們參加宗教節日，因為那些宗教節日與普通假日的時間常常不相符。

當員工或其家屬生病時，他會去探望並讚揚他們的工作業績。 約翰「人性化管理」法的優越性，可從他辭退一個員工的事上顯出來。他前任主管聘用的一個員工是個「呆人」，缺乏工作能力及興趣。約翰要辭退他，但沒用老一套方法把他叫入辦公室告訴他在 15 至 20 天內辦理完手續。

他採用了一種新方法，首先為他找一個新工作以達到「適才適用」的目的，對這位員工很有利。接著陪他去職業諮詢專家那裡徵求意見，還安排他與別的公司主管洽談。結果，那名員工在被辭後的 18 天內便找到了新工作。

這種事使拿破崙· 希爾好奇心大增，所以請他進一步說明其中道理。他解釋說：「有一句格言我一直記在心裡，」他說，「主管應當愛護每一個人。我們有責任不聘用無法勝任工作的人，但若已聘用了至少應給他找條出路。」

「任何一個人，」約翰說，「都能輕易地聘用他人，但是對領導者的考驗在於‘如何辭退員工’。在員工離開之前，幫他找到另一個工作的做法，會使所有的員工感到‘他的工作很有保障’，我用這個例子讓他們知道：只要有我在，不愁沒飯吃。」

約翰先生的「人性化管理方式」，使人們永遠不會在私下指責他。他得到下屬的忠誠。這是他獲得成功的最大保障。

拿破崙· 希爾認識鮑伯約有 14 年了，他們很要好。1931 年他失業了一陣子，由於他受教育不多，又沒本錢，所以在車庫內開了一家室內裝潢工廠。經過不懈努力，事業越做越大，後來他已擁有一家員工超過 300 人的新式傢俱廠了。

鮑伯先生十分和藹，在批評別人時所用的方式很高明。下面就是他的解釋：

「我是個生意人，看到什麼不對的地方，就會去儘快補救。但關鍵在於所用的方法。若員工犯了錯或把事情弄僵了，我會格外小心，盡量自我克制，避免再去傷害他們，避免讓他們無地自容。我採取以下 4 個很簡單的步驟：

1. 我只會私下跟他們說。

2. 我會稱讚他們做得好的部分。

3. 之後才指出一種可以做得更好的辦法，並幫他們解決問題。

4. 再次稱讚他們的優點。

「這個方法很管用，當我實行時大家都十分滿意，因為他們能接受並喜歡這種方式。每當他們走出辦公室時，我總想對他們的態度好些，或者還可以更好呢！

「我對於我所選定的人向來很信任。」鮑伯先生說，「我對他們愈好，我回收的東西愈多。 ‘種瓜得瓜，種豆得豆’這是必然的結果。

「舉個真實的例子吧！ 大約六七年前，生產線上有個工人酒後鬧事，吐得到處都是。廠內立刻發生了騷動，一個工人跑過去拿了他的酒瓶，領班又接著把他護送出去。

「我在外面看到他昏沉沉地靠牆坐著，便開車將他送回了家。他太太嚇壞了，我向她保證她丈夫不會有事。喔！ 他不知道，她說，鮑伯先生不許工人在工作時喝酒。吉姆要失業了，我們該怎麼辦？’ 我告訴她，吉姆不會失業，然後我告訴他我就是鮑伯先生。

「一回到工廠我便對吉姆那組工人說，今天發生了不愉快的事，我要你們把它忘掉。吉姆明天回來時，請你們好好待他，他一直是好工人，應給他一次機會。

「吉姆第二天果真來上班了，並改掉了酗酒的習慣。後來，他還在關鍵時刻幫了我，解決了地區性工會對我提出的種種苛刻的要求。」

下面是使用「人性化管理」方式使你成為領導的幾個方法：

首先，遇到什麼難題時要反過來問自己：「處理這件事最合乎人性的方法是什麼？」

當你的下屬不能勝任某項工作，或某一個員工製造出棘手問題時，請記住鮑伯先生幫別人改正錯誤所用的方法。千萬不要諷刺他們，把他們說得一文不值，更不可當場罵人。

處理問題時多用「人性化」方法，一定會有所回報。 其次，把別人看得很重要。要關心部屬的業餘成就。把享受當成人生的主要目的是一個很普遍的現象。你愈關心一個人，他就愈會努力地為你服務，而你的成就會愈大。

盡量在每個適當的場合稱讚你的部屬，即使在你上司面前也一樣。這樣做不但不會降低你的身份地位，相反還會使你成為偉大而謙虛的人，得到人們的尊重。

讚美本身就是對於他人最大、最好、最方便的鼓勵，而且又不花錢，何樂而不為呢？

請練習讚美的藝術。 對人要公正，管理要合乎人性。 再次，盡量追求進步。相信還可以更好，還要推行幫助進步的行動。別人談到你時，最好的恭維莫過於：「他很上進，真正是為了工作而工作。」

在每一個行業中，只有精益求精的人才有機會晉升。領導者——尤其是真正的領導人非常缺乏，安於現狀的人（認為一切事很正常，不需要改進）比激進的人（認為有待改善的地方很多，想辦法可以做得更好）多得多。為加入領導者的行列，開始培養上進的決心吧。

每一件事都要研究如何改善。每一件事都要訂出更高的標準。

一家公司的董事長要拿破崙· 希爾幫他出主意。他開了個公司，自己兼任總經理。他現在聘了 7 個銷售員，下一步是要提拔一個推銷員任經理職務。他把可能的人選縮減成三個，這 3 個人在各方面的成績基本相同。希爾的任務是了解每個人，看誰最能勝任。他告訴三個人會有位顧問來拜訪他們，目的是討論推銷計畫，顯然不讓他們知道真實目的。其中兩人反應相同，有些不自在，好像認為希爾另有所圖，要耍什麼花招。

這兩人都是頑固的保守派，均想證明「該做的事已經做了」。希爾問他們：「銷售責任區是怎麼劃分的」，「薪水調整計畫需不需要修改」，以及「如何取得促銷資料」等等與行銷相關的問題。他們回答都是：「事情很正常，無需過慮。」他們認為目前的方法不應改變，其中一個還對希爾的提問報以不屑一顧的態度。

第三個則不同。他對公司很滿意，也以公司的成就為榮，但不是什麼都同意，他認為有些方面還有待進一步改進。一整天他都在與希爾討論各種新點子，如「開拓新市場的做法」、「改善服務品質的做法」、「節約時間的做法」等，都是為他自己和整個公司的長遠利益打算。他早就擬好了一個宣傳活動；當他們分手時，他說：「我很高興有機會把我的構想跟您談談，我們已經有了一個良好的溝通的開始，相信我們會做得更好。」

當然，第三位被希爾推薦給了董事長，他認為這個人會使公司繼續發展，生產出更多的新產品。「認為可改進並全力改進」，就會有機會成為卓越的領導人。

希爾就讀一所鄉村中學八年級時，一個老師和 40 個學生擠在一間磚砌的教室內。每年學校來了新老師（尤其是女老師）都是引人注目的大事。七八年級的學生更會領頭捉弄老師。

有一年實在太過分了，平均每天有十多起鬧劇，紙彈與飛機滿天飛舞。後來，學生們甚至一連幾個小時把老師鎖在教室裡。當然這些並不是惡意的，他們並不想故意傷害誰，只是活潑好動，有鄉下生活所需的用不完的活力，需找地方來發洩。

新老師卻注意到引導學生的精力向另一方面發展。她尤其尊重他們的「個人榮譽」與「自尊自愛」，鼓勵大家獨立自主。每個學生都分有任務，像「擦黑板」，「打掃環境」或幫低年級學生複習功課。這種創造性的辦法使學生們有地方發洩過多的精力，也不再亂鬧了。

為什麼學生們會有如此大的轉變呢？是因為領導者的不同。以前的老師不關心學生進步，也沒有鼓勵他們；她無法控制自己的脾氣，不喜歡教書，同學們也就不會喜歡讀書了。

後來的老師則定出了許多積極的標準。她真心喜歡這些學生，她常鼓勵他們，希望他們都能夠成才。也正由於她做事有條不紊，才控制了學校的秩序。在任何一種情況下，學生們都會調整自己來配合老師的要求。

這種情形在社會中也發生過。二戰時，軍事主管連續出現輕浮、馬虎的事件，以致軍隊無法無天。第一流的軍團應由第一流的軍官來領導，因為只有他們才能創造出嚴格、公正而又得體的軍紀。

在商界，同樣也可以隨時隨地看到員工模仿老闆的一言一行。你仔細觀察某位員工，會發現他們的習慣、舉動、對公司的態度以及倫理道德觀念，都與老闆有或多或少的相似之處。

每年都有公司改組調整，這些公司該如何做呢？ 應撤換一批高級主管。各種組織只有實行由上而下而非由下而上的改組才有效。因為一旦高級人員改變想法，就必然會改變基層人員的態度。

請記住，當你領導一個團體時，團體成員會自動調整自己去配合你的新標準。這種情況最初幾周效果最顯著。這時他們最關心的事是觀察你如何辦事，了解你的一舉一動，並考慮這種行為帶給他的好處以及他應如何來應付。 他們一旦知道了便會採取有利於他們的行動。請你用要求部屬的標準來指導自己的行動與生活，這樣他們自然會跟著你去做。一段時間後，下屬就會成為你的翻版，當然最簡單的方法是你這個母版值得「拷貝」。

抽出點時間和自己談談，這樣將有益於思考。

我們都認為領導人很忙，他們也確實真的很忙。但我們忽略了一點，就是他們往往花很多時間來單獨思考。看看那些偉大宗教領袖的生平，就知道他們每人都花了許多時間來獨處深思。摩西常獨居，耶穌也是如此，其他人諸如釋迦牟尼、穆罕默德等等，幾乎每個傑出領袖都會花很多時間摒除世俗干擾、獨居冥想。

在政治上能呼風喚雨的人，無論善惡都由獨居中獲得極其罕見的洞察力。若羅斯福小時未患小兒麻痺症，他就不會獨居養病，也可能不會有他以後卓越的領導才能；杜魯門曾在密蘇里山農場內度過了漫長的單獨時光。他也是透過在獨居中的冥想然後發展了自己的領導能力。

當然這種獨居思考你也可以做到，可該怎麼做呢？

拿破崙·希爾在給接受培訓的學生上課時要求他們每天把自己關在臥室裡一小時，堅持兩個禮拜再看結果如何。兩禮拜後，幾乎每個學員都發現自己獲得了收益。其中有一個甚至說，在這之前他差點和一位公司主管絕交，但經過思考後他已找到問題和解決它的辦法了。其他學生所涉及的問題也大多是關於工作、婚姻、住房、教育等。

每個人都熱烈地說，他們比以前進步了。獨處時所做的思考和決定絕對是對的，「濃霧一旦消失，真相便水落石出」，一個人也因而會得到正確的選擇。

「合理情況」下的獨處是值得我們採用的。現在就開始每天撥出一點時間（至少 30 分鐘）來靜靜思索。不論在早晨或是晚上只要沒人干擾就行了。

一旦選定後就可以用直接思考或間接思考來解決問題，直接思考時，可分析一下具體問題和原因的構成；當間接思考時，讓頭腦自己隨便去想就行啦！

領導階層最重要的工作便是思考，成功的最佳之路也是思考。所以花點時間來單獨思考是值得的。

實施走動管理

在《追求卓越》這本書當中，湯姆·彼得士談到了「走動管理」。

一個高層的領導不應該每天坐在辦公室後面看一些資料、統計表，這些固然有幫助，但他真正該做的是花 50% 的時間去考察該公司的狀況。

我時常跟公司的業務夥伴出去拜訪顧客，在這樣一個業務考察的時候，我可以知道我們公司的業務代表做對了哪些事情以及犯了哪些錯誤。這樣的話，我才可以立即調整他的錯誤，讓他從此不會再犯。

有時候我們看他拿回來的業績不錯，事實上，可能得罪的顧客反而更多。因為我們沒有跟他們一起出去考察，所以我們掌握的資訊有許多是不正確的。

以前我在一家百貨公司給經理當顧問的時候，把自己就當做是他的業務助理，跟著他一起拜訪客戶，聽聽他對客戶講的話，結果回來之後，我只給他兩個字的建議——閉嘴。

也就是說，他跟顧客講話的時候太多了，沒有傾聽顧客真正的需求。

他本來月收入只有 1000 多元，經過這樣的調教之後，現在的月收入已經達到了 10000 多元，這是一個很大的轉變，只是因為我告訴他兩個字，並且做了業務考察這個行動。

每一個成功的人士都了解業務考察的重要性，也了解所謂的走動管理。

像最高級五星級飯店的總經理，他們都會四處走動，查看他們服務人員的精神以及服務的狀況，並且了解顧客的真正需求，這樣他才能從現場找到第一手的資料。

記得以前聽億萬富翁裴洛演講的時候，他說自己時常在中午跟員工一起共餐，他並沒有一個所謂特別的主管餐廳。

別人很好奇，像他這樣有錢的人，為什麼不弄一個主管餐廳，或是弄一個私人餐廳呢？ 他說，跟員工一起用餐，就可以了解基層員工一般的問題，很多員工會把各種資訊提供給他，這些都可能是高層主管要蒙蔽他的事情。

有一次，GM 公司的總裁到他公司參觀，發現他們餐廳的菜肴實在是非常好吃，他不禁驚訝地問裴洛：「你們公司的菜為什麼這麼好吃？」因為一般公司餐廳的菜肴都非常難吃。裴洛說：「我每天在這裡吃飯，你想，這裡的菜能不好吃嗎？」

親自考察，四處走動，了解現場真正的狀況，可以讓你得到你沒有辦法獲得的資訊，這就是我認為一個領導者、一個成功的管理者必須要做到的事情，也是最重要的事情之一。我們要時時跟顧客保持聯繫，像福特汽車的總裁，有時候親自接顧客的電話，讓顧客知道他是福特公司的總裁。

總裁必須親自傾聽顧客真正的反應，對產品的反應，以及對服務的反應到底是什麼，顧客又有哪些抱怨點。

了解這些以後，他才真正知道如何處理問題，如果他只是窩在自己的辦公室裡面，這個總裁勢必不久之後就會被別人革職，再也當不了總裁，因為他沒有做一個領導者真正應該做的事情。

再舉一個例子，在美國有一家賣電器用品的商店老闆，他有一次發現一個日本人，在他那裡推銷隨身聽，他覺得很奇怪，後來才發現，他竟然是 SONY 公司的總裁。

他是到美國來考察，所以當場親自推銷隨身聽，來測試顧客對他們產品的反應。你想想看，連 SONY 公司的老闆都需要做這樣的事情，何況是你我呢？

你要不斷地四處走動，對你，對你的公司，對你的組織，都會有很大的說明。記住，千萬要去執行。

建設性領導原則

希爾說，領導才能不是與生俱來的，是可以培養出來的，要想成功，就必須成為一名優秀領導，好的領導應具有以下原則：

一、讓屬下獨立自主地進行調查和科學研究

不用行政手段干擾，根據客觀情況做出的科學結論才有價值。領導者不能先入為主，然後再調查「事實」或引證「科學道理」去證明這個「結論」。這種決策實際上是自欺欺人。

美國著名學者杜拉克，1944 年受聘於美國通用汽車公司任管理政策顧問。第一天工作時，公司經理斯隆找他說：「我不知道我們要找你研究什麼，要你寫什麼，也不知道該得出一個什麼樣的結果。這些都是你的任務，我唯一的要求，只是希望你將你認為正確的東西寫下來，不必想我們將會有怎樣的反應，也不必怕我們不同意。最重要的是，你不必為了讓我們接受而調和或折中你的建議。我們人人都會折中，不必勞你駕。」

「現代化組織天才」斯隆的一席話是值得人認真體會的，這番話是為了讓杜拉克獨立地調查、分析、研究，為領導的決策提供科學的依據，而不應看臉色辦事。

二、讓專家們提出反對意見和自己唱「對台戲」，做到兼聽則明

協助領導的智囊團完全不同於秘書，他們覺得，秘書以領會、貫徹領導意圖為目標，而智囊團則獨立自主地提出自己的意見為領導者提供科學依據，提出的意見

正確與否是評價智囊團工作好壞的標準。

至於智囊團的意見，領導可採納也可不採納，但這種獨到的見解對決策很有幫助。若有三分之一的意見被採納則這個智囊團是成功的，但若百分之百被採納則說明這個領導沒有水準，是很危險的。如果全部被否定則說明這個智囊團至少不是一個合格的智囊團，應該調換。

作為一個領導者永遠不要忘記職責，不要為難下屬。下屬也是團體中的人，水準也是參差不齊的。有直率的，有奉承的，即使秉公直言的意見也是有對有錯。因此完全依賴部下的領導者，並不是一位好領導，而是一位失職的領導。避免這種情況就應多聽專家的意見。

對專家的意見，領導者應摒棄門戶之見和唯資歷是問，只要建議有價值就應採納。尤其要偏重那些直言或抗議的人。 此外，要讓屬下忠心耿耿地辦事，還涉及一個領導者的用人藝術問題。一般的說，領導與智囊團的關係應注意以下幾點：

1· 尊重、理解部屬。

關心、尊重、理解下屬，並給其提供成長發展的機遇，使其有知遇之恩，使他們「士為知己者死」。 在以人力資源作為事業發展的根本的思想指導下，領導者應十分重視對「創造產品的人」的培育、訓練、使用。透過對員工的培訓，不僅能訓練出具有高度生產能力的員工，而且可以培育出一批具有實際工作能力，又有豐富生產和銷售經驗的人才，這些人將成為企業不斷向前發展的動力。在企業正常發展時如此，就是在公司受世界經濟衰退影響經營受挫時，也應注意對員工培訓。對員工進行綜合教育與業務培訓，不僅提高了工人的生產技術水準，而且使廣大員工感到公司在困難之時能與工人同舟共濟，員工與公司的關係也更加密切。

讓松下幸之助引以為豪的是，他從平凡人身上取得了不平凡的成果。松下幸之助從來不去著名大學裡選拔人才，而是十分注意從公司內部員工中發現人才，量才使用，在使用中注重實際工作能力和績效，用人不論親疏。他把許多年輕人直接提拔到重要工作崗位上，這樣使公司銷售額逐年增加，造就了松下電器公司新的發展階段——「幸之助時代」，也奠定了松下電器公司的基礎。

領導者要善待員工，把對人的管理放在首位，不應當把員工簡單地當作勞動力的出賣者，而是當做為完成共同目標的合作者，讓他們積極參與公司的工作和重大決策，尊重他們的人格。只有這樣，勞資雙方才能在維護公司利益上取得共識。

人是企業中第一寶貴的因素，鈔票沒有了可以賺回來，機器壞了可以換回來，但如果失去了員工的向心力，只怕千金也買不回來。只有贏得了人才，才能「士為知己者死」，最終贏得企業的成功。

由此可見，領導者只要真正關心、尊重、理解下屬，並為其提供成長發展的機遇，就能換來下屬對你的一片赤誠。

2· 充分信任部屬。

領導者把職務、權力、責任、目標四位元一體授給合適的各級負責人，這是信任部屬的前提。用人之道就是要明其責，授其權。

管理界有句行話：「有責無權活地獄。」把權力授予敢負責任的下屬，對人是人盡其才，對管理是提高效能，這才是有效的領導者。所以，西方管理學者卡尼奇曾說：當一個人體會到他請別人幫他一起做一件工作，其效果要比他單獨去幹好得多時，他便在生活中邁進了一大步。

用人不疑，疑人不用。要充分信任下屬，放手讓他去工作，不信任就不要用，用之必信。對能力比自己強的人，不要嫉妒，不要怕「功高蓋主」。很多領導者擔心下屬智慧比自己高，能力比自己強，因而不敢充分信任，這是最愚蠢的。卡內基本人對鋼鐵的製造、鋼鐵生產的工藝流程，照他自己的話說，知道得並不多。但他手下的 300 名精兵強將在這方面都比他懂，他的卓越才幹就是善於用人並且善用好人。卡內基專門籠絡能力比自己強的人，這一點是使他事業獲得成功，登上美國鋼鐵大王寶座的重要原因。反之，被譽為美國汽車大王的亨利·福特的孫子福特三世，在其事業發展的頂峰，變得剛愎自用，嫉賢妒能，絕對不允許下屬「功高震主」，後來發展到不顧一切將對公司的發展立下汗馬功勞但不順眼的人解職。正是這一套做法，導致其事業大衰退，到最後，63 歲的福特三世被迫忍痛割愛，宣佈辭去福特汽車公司董事局主席的職務，把掌管了 35 年的業務經營大權讓給福特家族以外的菲力浦·卡德威爾，由他組成顧問團，採用專家集團的領導體制來管理。這一舉措，徹底宣告「百年福特王朝」的結束。由此可見，領導者要協調好與下屬的關係，一定要做到善於授權，用人不疑。

3‧具有寬宏大量的胸懷。

寬宏大量是現代領導者、企業家必須具備的品質。

寬容首先表現在能容忍下屬對自己的不滿。從消極方面講，矛盾無時不在，無處不有，即使你的領導才能再出色，再有成效，也永遠有令人不滿意之處。「如果你想要有所作為，就要準備承受責難。」假如你不相信這句話，不按這句話行事，那你永遠都不可能成為一位真正的領導者。

從積極方面講，責難和抱怨也能產生良好的影響。讓下屬講話，既可以獲得更多資訊，使自己做到兼聽則明，又可以從中得知自己的不足，便於改正。同時，也更加利於你了解下屬，為自己所用。如果沒有不滿，就沒有改進。所以，應該記住，下屬萬馬齊喑之日，必是你領導失誤之時。

領導者的寬容還表現在能容忍下屬的缺點和錯誤。有高峰必有峽谷，才幹越高的人，缺點往往也越明顯。用人，在於用其所長，而不在於求其完美。

領導者不僅要善於容忍下屬的缺點和錯誤，而且要鼓勵下屬犯「合理性的錯誤」，不犯合理性錯誤的人是不受歡迎的。這一點與我們的傳統觀念完全不同。何謂合理性的錯誤呢？ 是指在工作中，特別是在競爭激烈的「經濟戰爭」中，對於擁有一定風險的經營決策，或因對手過強，條件不足，或因對方配合不夠，不守信用而產生的錯誤和問題。至於知法犯法、怠工懶惰、莽撞胡來，自然不在此列。

許多成功的企業家認為，如果受聘人員在一年的任員工作期間不犯合理性的錯誤，則意味著此人缺乏創造力、競爭力、保守平庸，心理素質和工作能力都成問題，不可能有所建樹。一個不敢冒風險的經營者，他在競爭中喪失的機會要比捕捉到的機會多得多。風險越大，往往希望就會越大，獲得的利潤也越高。這種鼓勵進取、不畏失敗的做法與我們要求盡善盡美、忽視個性特長的慣性思維是截然不同的。在理性上，我們容易承認「失敗是成功之母」，但實踐中，我們常常避諱失敗，不容忍錯誤，甚至苛求犯有過失的人。

4‧許可合理失敗。

許可、提倡合理的失敗，在現代企業管理中有許多好處：

其一，領導者允許合理的錯誤、失敗存在，下屬則容易視他為「大度」，而虛懷若谷的領導者容易建立起威望。

其二，領導者不但不糾正下屬、智囊團的錯誤和失敗，反而給予適當的鼓勵，則容易造成一種寬鬆愉快的企業精神環境，其主動精神和參與意識就會大大增強。

其三，一旦出現失敗，人們沒有顧忌、不會隱瞞，更不會尋求庇護，可以很快找到失敗的原因，利於問題的解決。

其四，人們正視錯誤，正視失敗，樂於接受教育，而且往往一人有疾，眾人會診，把一個教訓變為眾人財富，也利於形成良好的人際環境。

可見，沒有允許錯誤和失敗存在這一條，真正敢於直言並且敢幹、能幹的人才就難以脫穎而出。所以領導者要有容人之量、寬以待人，這是領導者處理好與下屬、智囊專家關係的又一不可缺少的品質。

希爾頓在選拔、使用人才方面做得很好。希爾頓飯店中的許多高級職員，大都是從基層逐步提拔上來的。由於這些人有豐富的經驗，所以經營管理很出色。

希爾頓對自己所提升的每個人都很信任，放手讓他們在職務範圍內發揮聰明才智，大膽負責地工作。如果他們犯錯誤，他常常單獨把他們叫到辦公室，先鼓勵安慰一番，告訴他們：「當年我在工作中犯過更大的錯誤，你這點小錯誤算不得什麼，凡是幹工作的人，都難免會出錯。」然後，他再客觀地幫他們分析錯誤的原因，並一同研究解決問題的辦法。他之所以對下屬犯錯誤採取寬容的態度，是因為他認為，只要企業的高層領導，特別是總經理和董事會的決策是正確的，員工犯些小錯誤是不會影響大局的。

如果一味地指責，反倒會打擊一部分人的工作積極性，從根本上動搖企業的根基。希爾頓的處事原則，使全部的管理人員都願為他奔波效勞，對工作兢兢業業，認真負責。這也是他成功的一個秘訣。

5·肯定下屬的勞動價值。

承認下屬的勞動價值，並給予合理的報酬，即財富要共同分享。

人的一切行動都源於對利益的追求。下屬也是社會現實生活中的人，他們有各種各樣的需要，當然也包括物質的需要。當下屬用其智慧，用其調查研究得來的科學資料為領導者決策做出自己的貢獻時，領導者對於其成績應給予充分肯定和讚揚，同時給予合理的物質報酬。

一個大企業就像一個大家庭，每一個員工都是家庭中的一分子。就憑他們對整個家庭的巨大貢獻，他們也實在應該取其所得，或者反過來說，是員工養活了整個公司，公司應該多感謝他們才對。雖然老闆受到的壓力較大，但是做老闆所賺的，已經多過員工很多，所以要多為員工考慮，讓他們得到應有的利益。

由此可得出現代領導者應有的新觀念，即：不是你在養活下屬，而是下屬、智囊專家、員工用他們的辛勤勞動，在為你創造財富！ 這裡涉及一個觀念的轉變。眾多成功人士的成功實在是他們知人善用的結果。所以，一位現代領導者能否充分觸發下屬的積極性，還在於是否給下屬以合理的物質報酬，做到財富共同分享。

6· 掌握交談技巧。

鍛煉提高自己的談話技巧，善於運用詼諧幽默的談吐，融洽與下屬的交往氣氛。

在人際交往中，詼諧幽默的談吐，常常是討人喜歡並使別人樂意與之交往的重要品質。作為一個領導者，如能注意自己的談話技巧，就能使自己在與下屬的交往中保持輕鬆和諧的氣氛，並大大提高你的影響力。此外，詼諧幽默的談吐，常能調節人際交往中的一些小摩擦和小衝突，「化干戈為玉帛」。

7· 樂於接受監督。

日本「最佳」電器株式會社社長北田先生，為了更好地使管理人員自我約束，創立了一套「金魚缸」式的管理方法。他在解釋這種管理方法時說：「員工的眼睛是雪亮的，老闆的一舉一動，員工們都看在眼裡，如果以權謀私，員工知道了就會瞧不起你。在這種情況下，你還要求他們努力工作、操守清廉嗎？ 金魚缸是玻璃做的，透明度很高，不論從哪個角度觀察，裡面的情況都一清二楚。」

所謂金魚缸式管理，就是管理具有「透明度」。管理的透明度增大，自覺地將自己的行為置於眾目監督之下，就會有效地防止管理者享受特權，從而增強自我約束機制。比如麥當勞公司曾一度出現了嚴重虧損，公司總裁克羅克親自到各公司、各部門檢查工作。他發現公司各職能部門的經理，都習慣於坐在高靠背椅上指手畫腳。於是便向各地麥當勞速食店發出指示，必須把所有經理坐的椅背鋸掉，以此促使經理們深入現場發現問題、解決問題。這一招使麥當勞公司經營狀況獲得了巨大轉機。

8·保持清廉儉樸。

發展事業，理財持家，既要開源，又要節流。節儉不僅僅是美德，而且是積累財富的一個途徑，凡是白手起家、創業成功的富豪都有此一種特點。專家們在分析洛克菲勒的成功之道時，特別偏重其精打細算。19 世紀石油鉅子成千上萬，到頭來只剩下洛克菲勒一家，可見，一個人的成功絕非偶然。領導者的節儉行為運用在現代經營管理上，具有導向的價值——誘導員工增收節支，不斷地降低各種成本，提高經濟效益。須知，領導者的言行舉止，也是下屬所關注的中心和效仿的榜樣。

由領導者個人素質和表率作用產生的影響力，對雇員產生的心理影響和行為影響是自覺自願的、心悅誠服的。只有寬以待人、嚴於律己的人，才會使下屬產生敬愛、欽佩的心理效應，從而對這樣的領導者傾心擁戴並願與之共謀大業。

9·知人善任。

領導者應與下屬共同創造財富，共同分享財富。堅信事在人為，那些專業知識比自己豐富得多的人物，只要充分利用他們的優勢，把他們集中到自己麾下，一定能夠成就一番偉業。

知人善任，是成就事業的第一要訣。把人才視為企業最寶貴的財富，樂於分享財富，是博愛精神的體現。成功者要明白分享之道，切勿一味貪得無厭，不懂得幫助他人。明白財富的增長是因為大家肯「互惠互利」，我們就會知道與一群志同道合的朋友互相交流的重要性。將自己封閉在「自我心中的硬殼」裡面的人，是自私自利的。

領導者必須不忌才、不疑才、肯開導人、栽培人、扶掖後學、仁人愛物，使智者為之竭其慮，能者為之盡其才，賢者為之盡其忠，愚不肖者亦為之陳其力。

如果你想更進一步理解協作精神，即集體智慧的巨大效應，請觀察一下候鳥吧。它們的「V」字形飛行，是為了合理利用群體力量，減少空氣衝擊阻力。生物學家指出：「領航員」承受壓力最大，因此它們輪流領航，一隻累了，另一隻跟上帶領團體飛行，這樣可比單獨飛行節省至少 72%的體力。

卡內基便是一位出色的「領航員」。他那龐大的財富，就是依靠集體智慧的結晶。他擁有令世人稱道的財富，卻非孤獨、獨裁式的「財閥」；相反，他喜歡與人共同討論，共同創造財富——他是「智囊團」這一觀念的現身說法者。

他原本是一個對鋼鐵生產知之甚少的小工，但當歷史將他推入鋼鐵業時，他毫不猶豫地接受了命運的挑戰。他相信世上那些有專門知識的人才並任用他們，利用他們的優勢，把他們集中到自己的旗下。於是他四處網羅人才，用近 50 名專家組成「智囊團」。他創業過程中有無數專家出謀劃策，幫他解決了經營中的無數難題。正是這股無與倫比的智慧力量造就了美國歷史上第一個超級「財團」。

知人善任，是卡內基成就事業的第一要訣。他在談及自己成功的原因時說:「我們的工作就是激發他們（智囊團）提供最佳服務的願望。」他把人才視為企業的最寶貴的財富，他曾經說過:「將我所有工廠、設備、市場、資金全部奪去，只要保留我的組織成員，4 年後，我仍是鋼鐵大王。」智囊團提供了切實可行的解決辦法，有力地推動了卡內基事業的發展。

煉鋼專家比利· 鍾斯，是卡內基鋼鐵王國裡的一個得力的幹才，兢兢業業地為他做事。

希爾也曾是智囊團內的人物。卡內基慧眼識珠，相中了希爾這位年及弱冠、名不見經傳的年輕人。卡內基引薦他去研究全美國 500 多位富豪的歷史，造就了一代奇才——「成功學」第一代祖師拿破崙· 希爾。他認為「成功學」是一門「經濟的哲學」，它異於傳統的西方哲學——不僅是一個助人脫貧、實現經濟富裕的方法，更是一門幫助人建立完善人格，享受人生的學問。

樂於分享財富，是卡內基博愛精神的體現。他曾說:「最重要的是，成功者要明白分享之道——千萬不能一味貪得無厭地予取予求，而不懂幫助他人。我們明白財富的增大是因為大家肯互惠互利，我們知道一群志同道合的朋友交流的重要性——那將自己封在‘自我心中硬殼’裡的人，是自私而不能自利的。」

他既是這樣說的又是這樣做的。20 世紀初面對同行不利的競爭，卡內基氣憤之極決定報復。雖然他當時對一些小的金屬製品失去了興趣，但還是決定將生鐵賣給自己不喜歡的公司，要他的得力助手查理斯·施瓦布將競爭對手趕到絕路上去。

施瓦布不負眾望，以獨具的演說魅力，從未來世界對鋼鐵的需求到專業化前景，從關閉效益差的工廠到如何機構重組，再到礦石運輸體系、一般管理費用和行政部門開源節流、捕捉國際市場訊息等大家關心的話題鋪陳開去，直到說服了銀行大王摩根。

依據摩根建議，卡內基把自己的公司低價換股，聯合 7 家鋼鐵公司成立了工業史上最龐大的鋼鐵托拉斯。從此美國鋼鐵公司不斷壯大，成為資產最大、實力最雄厚、擁有 25 萬名員工的超級大型企業。施瓦布也因其出色的才能而被任命為公司總裁，到 1930 年他仍掌管這個聯合體。

卡內基的不忌才、不疑才、啟導人、栽培人、仁人愛物，使其變成了「商賈中的王者」。於是智者為其竭慮，能者為其盡才——卡氏仰賴他的智囊團的「集體智慧」，點「鋼」成金，成為當代巨富。

他死後，人們在他的墓碑上刻下了這樣幾行字：

這裡安葬著一個人，

他最擅長的能力是：

把那些強過自己的人，

組織到他的管理機構中。

領導者失敗的 10 個原因

現在我們談談領導失敗的主要原因，因為知道該做什麼與知道不該做什麼二者同等重要。

一、不能掌握詳細的資料

有效率的領導需掌握詳細資料和具備組織能力。一個領導者不能用「太忙」作藉口而逃避應該去做的事情，不論是領導者還是追隨者，當承認了「太忙」，而不能改變他的計畫或不能花精力去應付緊急事件時，也就承認了他的無能。成功的領導者必須掌握與職位有關的詳細資料，並養成把它交給副手的習慣。

二、不願提供瑣碎的服務

偉大的領導在需要時可能會做他本可以讓別人去做的事。「你們中最偉大的人將是大家的僕人」，這便是領導受尊重的原因。

三、期待著直接從他們的知識中得到報酬，而不是用他們所知去幹了什麼得到報酬世界不會付報酬給光說不幹的人，它只付報酬給做了事或引導別人做了事的人。

四、害怕競爭

下屬之間的競爭是常出現的事，擔心地位被取代而不去努力，這種狀態遲早會成為現實。能幹的領導懂得訓練接班人，並把企業的詳細資料給他。只有這樣領導才會加強自己，從多方面培養自己。促使別人去幹，所得的報酬往往多於自己去幹所得的報酬，這是亙古不變的事實。成功的領導應誘導他人更多更好地為他服務。

五、缺乏思維

沒有思維便無法應付緊急情況，不能制訂出有效的計畫。

六、自私

領導者將所有下屬的成就據為己有時，肯定會遭到下屬的強烈不滿。真正偉大的領導不把任何榮譽據為己有，而是分給下屬，因為這種表揚更能鼓舞人的積極性。

七、無節制

下屬不會尊重無節制的領導，任何放縱都會毀掉毅力與活力。

八、不忠實

也許這點應列在最前面。不守信的領導對上級和下屬都是災難，他自己也不會長久待在領導的職位上，這是造成他失敗的主要原因。

九、強調領導的權威

領導應透過鼓勵而不應透過施加威脅來證明自己的權威性。

十、注重頭銜

稱職的領導不靠頭銜來得到下屬的尊重。在頭銜上花費太多精力卻很少注意其他東西會失去很多。真正的領導，他的辦公室應對所有願意進來的人開放，工作方式也應不拘泥於形式。

以上錯誤中任何一種均可能造成失敗。

希爾認為，當跟隨者沒什麼可恥；然而，停留在跟隨者的位置上不思進取是不光榮的。他鼓勵我們訓練自己成為出色的人物，領導才能是可以培養出來的。

震驚歐美的《追求卓越》一書，其中一個主題是成功的機構都重視「人」的因素，尊稱雇員是「人」而不是「物件」或「棋子」。推己及人，舍己從人，便可得人心，得人和。

應記住，一個真正的領導是一個領導團隊作戰的將軍。

領導者該做的事

在研究各個領域的領導人這麼多年以來，我發現到，有些事情是領導者應該做的，有些事情是領導者不應該做的，然而一般的領導者都不很清楚自己要做哪些事情。

藉此分享給讀這本書的讀者，領導者所必須要做的一些事情，供大家做參考。

首先，每一個領導者都必須要有很清楚的使命和理念，讓組織中的每一個人，都能清楚地了解他們的使命和理念。

要讓每一個組織的成員都了解這個組織為什麼會成立？這個組織到底要做一些什麼事情？這個組織要朝哪一個方向前進？在這個組織當中，什麼是我們的短期目標？什麼是我們的中期目標？什麼又是我們的長期目標？

領導者要設立目標，並且擬訂計畫，計畫是一個領導者成功或失敗最重要的關鍵。一個好的領導者能做詳細的計畫，如果你沒有辦法做出一套詳細的計畫，勢必無法成為一個好的領導者。

領導者不僅要設立目標，做計畫，同時他還要有非常強的決策能力。因為他必須做出決策，所以他不僅需要屬下為他搜集最詳細的資訊，讓他來判斷，同時也必須親自做調查，進而了解基層，深入顧客群，然後才能做出一個適當的決策。

領導者研究未來的趨勢。他現在做的決定往往是為了將來而準備。領導者不斷地與成員溝通組織的理念、目標和使命，讓每一個人都對組織有向心力。向心力是所有組織動力的源頭，一個組織若是沒有向心力，一切都免談；一個組織若沒有向心力，領導者也注定要失敗。

領導者要能創造組織的價值觀，讓大家了解這個組織到底相信什麼事情？到底要做什麼事情？到底什麼事情是不允許的？

IBM 的總裁在設立 IBM 的時候，提出了三點價值觀，第一個是要尊重個人，第二個是要做世界上服務最好的公司，第三個是每個人都要追求卓越。

這三個價值觀影響了 IBM 未來的命運，他們所有的理念，幾乎都是從設定這三個價值觀而來。

有一次，副總裁竟然在開會的時候遲到，後來總裁非常的生氣，問副總裁:「你為什麼會遲到？」副總裁回答說，因為某一個顧客打電話給他，必須立刻去處理這個顧客的問題。

當總裁聽完他的解釋後，對大家說：「OK ！ 沒事，繼續開會。」

總裁就是這樣表現 IBM 的價值觀——顧客第一。他的決策模式都以這個價值觀為中心，如此一來，整個組織會有非常大的共識。

領導者必須扮演啦啦隊長的角色。沒有人希望在一個死氣沉沉的地方工作，領導者要不斷地激勵下屬，當組織的成員做得非常好的時候，要立刻地嘉獎他們。

我個人常常找公司的一些元老出去聚會，慶祝他們的成就，有的時候我也會要全體員工出去唱 KTV，或是做一些不同的活動。藉此來贊許他們對公司的貢獻，來慶祝他們自己的成就，讓別人一同來分享他們的成就，這樣的話，每一個人在這個組織裡都會做得非常愉快。

下一件領導者要做的事情，就是要擬訂策略。

很多時候，事情沒有我們所想像得那麼好，因為我們所採用的策略錯了。即使你有非常大的信心和熱誠，並且非常有決心地想要完成一些事情，如果策略不對，一切都是空談。所以，要時時問你自己：「我現在使用的策略到底對不對？」這個引導問句會給你很大的啟示。

領導者需要花時間不斷地學習。每一位成功的領導者都是閱讀者，他們不斷地閱讀各種書籍，不斷地跟成功人士交朋友，不斷地向顧客請教意見，更不斷地去進修。

未來是一個資訊的時代，一個領導者必須懂得比任何人都多，因為，如果不是這樣的話，別人憑什麼要接受他的領導。

領導者時常研究他的競爭對手，並且非常了解競爭對手的優勢和弱點，也了解自己的優缺點，以及組織的優缺點。以及如何發揮自己的優點，如何把自己的弱點轉化成為優點，讓別人感覺到這個組織是無懈可擊的。當他們了解每天應該做什麼事情來改變的時候，就可以如法炮製、天天進步；當今天做錯事情的時候，也可以立刻給自己一個警惕。

領導者要未雨綢繆，很多的領導者都沒有未雨綢繆的想法，時常只是在解決眼前的問題。事實上，這些眼前的問題是由以前的那些問題所產生，我們怎麼樣應付未來的問題是更重要的。現在的問題當然必須現在解決，但是如何準備未來的問題，是更重要的課題，這是一個優秀的領導者跟普通的領導者之間最大的差別。領導者最後該做的事情，是不斷地吸引人才。一個領導者之所以會成功，是因為在他組織中有著一批很優秀的人才，我國有一句俗話說：「強將手下無弱兵。」有弱兵的都不是強將。

企業的成就，99・9%在於你選擇的人對不對。選擇的人對了，即使訓練稍微差一點，他還是會成功；選擇的人錯了，即使天天訓練也徒勞無功，不曉得你是否有這樣的經驗？ 假如你是一個領導者，千萬要做領導者做的事，不要做一般管理者的事；假如你是一個一般管理者，千萬不要做領導者該做的事，因為這樣的角色扮演是不對的。 這些就是領導者該做的一些事，雖然這不能代表全部，但是在以上這些方方面面你做了多少呢？ 請你好好地仔細研究一下。

第 9 章 迷人的個性

個性的魅力

為了說明個性的魅力這個道理，拿破崙· 希爾敘述了他自己的一段親身經歷：

有一天，一位老婦人來到我的公司，遞給我的秘書一張她的名片，並且傳話，她一定要見到我本人。我的幾位秘書雖然多方試探，卻無法誘使她露出她訪問的目的及性質。因此，我認為，她一定是位可憐的老婦人，想要向我推銷一本書。同時，我想起了自己的母親，她也是一位女推銷員，於是我決定到接待室去，買下她所推銷的書，不管是什麼書，我都決定買下來。 當我走出我的私人辦公室，踏上走道時，這位老婦人——她站在通往會客室的欄杆外面——臉上開始露出了微笑。

我曾經見過許多人臉上綻放的微笑，但從未見過有人笑得像這位老婦人這般甜蜜。這是那種具有感染力的微笑，因為我受到她的精神影響，自己也開始微笑起來。

當我走到欄杆前時，這位老婦人伸出手來和我握手。一般來說，對於初次對我進行訪問的人，我一向不會對他太友善，因為如果我對他表現得太友善了，當他要求我從事我所不願做的事情時，我將很難予以拒絕。

不過，這位親切的老婦人看起來如此甜蜜、純真而友好，因此，我也向她伸出手去。她開始握住我的手，到這時候，我才發現，她不僅有著迷人的笑容，而且還有一種神奇的握手方式。她很用力地握住我的手，但握得並不太緊。她的這種握手方式向我的頭腦傳達了一項這樣的資訊：能和我握手，令她覺得十分榮幸。在我的公共服務生涯中，我曾經和數千人握過手，但我不記得有任何人像這個老婦人這般深通握手的藝術。當她的手一碰到我的手時，我可以感覺到我自己「失敗」了。我知道，不管她這次是要做什麼，她一定會如願以償，而且我還會盡量説明她達成這項目標。

換句話說，那個深入人心的微笑，以及那個溫暖的握手，已經解除了我的武裝，使我成為一個「心甘情願的接受者」。

這位老婦人十分從容，好像她擁有了整個宇宙一般（而我當時真的相信，她擁有這種特權），她說：「我到這兒來，只是要告訴你（接著，就是一個在我看來十分漫長的停頓），我認為你所從事的，是當今世界上任何人都比不上的最美好的工作。」她在說出每一個字時，都會溫柔但緊緊地握一握我的手，加以強調。她在說話時，會望著我的眼睛，仿佛看穿了我的內心。

在我清醒之後（當時的樣子仿佛昏倒了，這已經成為我辦公室助手之間的一大笑話），立即伸手打開房門的小彈簧鎖，說道：「請進來，親愛的女士，請到我的辦公室來。」我像古代騎士那般殷勤而有禮地向她一鞠躬，然後請她進去「坐一會兒」。在之後的 45 分鐘內，我靜靜地聆聽了我以前從未聽過的一次最聰明而又最迷人的談話，而且，都是我的這位客人在說話。從一開始，她就占了先，而且一路領先，一直到她把話說完之前，我一直不想去打斷她的話。她坐在那張大椅子上之後，立刻打開了她所攜帶的一個包裹，我以為是她準備向我推銷的一本書。事實上確實是書，是我當時主編的一份雜誌的合訂本。她翻閱著這些雜誌，把她在書上做了記號的部分一一念出來。同時，她又向我保證說，她一直相信，她所念的部分都是成功學的精華。

在她這次訪問的最後 3 分鐘內，在我處於一種完全被迷惑，而且能夠徹底接受別人意見的狀態下，她很巧妙地向我說明了她所推銷的某些保險的優點。她並沒有要求我購買，但是，她說明的方式，在我心理上造成了一種影響，驅使我自動想要購買。而且，雖然我並未全買下來，但她仍然賣出了一部分保險。因為我拿起了電話，把她介紹給了另一個人，結果她後來賣給這個人的保險金額，是她當初打算賣給我的保險金額的 5 倍。

在這方面，我們都很相似——我們將會以莫大興趣聆聽那些能夠談論我們內心深處問題的人所說的話，然後，出於一種回報感，當這位說話者最後把談話的內容轉移到與他自己有切身關係的方面時，我們也會津津有味地聽著。到了最後，我們不僅會買下對方所推銷的東西，還會說：「這人真是太好了。」

成熟個性的特質

一、同情他人

與人相處能不能獲得成功，全看你能不能以同情的心理接受別人的觀點。

拿破崙· 希爾認為，同情在中和狂暴的感情上，有很大的化學價值。在每天你所遇見的人當中，有 3 ／ 4 的人都渴望得到別人的同情。給他們同情吧，他們將會愛你。你想不想擁有一個神奇的短句，它可以免去爭執，除去不良的感覺，創造良好意志，並能使他人注意傾聽？

這句話就是：「我一點兒都不怪你有這種感覺。如果我是你，我的想法也會跟你的一樣。」像這樣的一段話，會使脾氣最壞的老頑固都開始軟化下來，而且你說這話時，應該有百分之百的誠意，因為如果你真的是那個人，你的感覺的確會完全和他一樣。

一家維修公司與一家最好的旅館簽有合約，負責維修這家旅館的電梯。旅館經理為了不給旅客帶來太多的不便，每次維修的時候，頂多只准許電梯停開兩個小時。但是修理至少要八個小時。而在旅館能夠停下電梯的時候，維修公司都不一定能夠派出所需要的技工。 在維修公司經理能夠為修理工作派出一位最好的技工的時候，他打電話給這家旅館的經理。他不去和這位經理爭辯，他只說：「瑞克，我知道你們旅館的客人很多，你要盡量減少電梯停開的時間。我了解你很重視這一點，我們要盡量配合你的要求。不過，檢查完你們的電梯之後，我們察覺，如果我們現在不徹底把電梯修理好，電梯損壞的情形可能會更加嚴重，到時候停開的時間可能會更長。我知道你不會願意給客人帶來好幾天的不便。」 經理不得不同意電梯停開八個小時，因為這樣總比停開幾天要好。由於維修公司經理表示諒解這位旅館經理要使客人愉快的願望，他很容易地並沒有爭議地贏得了經理的同意。

因此，如果你希望人們接受你的思想方式，就應該對他人的想法和願望表示同情和贊成。

二、承認錯誤

就像拳擊一樣，伸著拳頭要想再打出去，必須先縮回來。如果先承認自己的錯誤，別人才可能和你一樣寬容大度，認為他有錯。

如果你肯定別人弄錯了，而直率地告訴他，可知結果會如何？舉一個特殊的例子來說明。施先生是一位年輕的律師，在法庭內參加一個重要案子的辯論，案子牽涉到一大筆錢和一項重要的法律問題。 在辯論中，法官對施先生說：「海事法追訴期限是六年，對嗎？」施先生說：「不對，你錯了。」

「庭內頓時靜默下來，」施先生向我講述他當時面臨的情景說：「似乎氣溫一下就降至冰點。我是對的，法官是錯的，我也據實地告訴他，但那樣就使他變得友善了嗎？沒有。我仍然相信法律會站在我這一邊，我也知道我講得比過去還要精彩，但我並沒有使用外交辭令。我鑄成大錯，當眾指出一位聲望卓著、學識淵博的人錯了。」

沒有幾個人具有富於邏輯的思考力，多數人都犯有武斷、偏見的毛病，多數人都具有固執、嫉妒、猜忌、恐懼和傲慢的缺點。

我們有時會在毫無抗拒或熱情淹沒的情形下改變自己的想法，但是如果有人說我們錯了，我們反而會全心全意維護我們的想法。顯然不是那些想法對我們有多麼的珍貴，而是我們的自尊心受到了威脅。我們願意繼續相信以往慣於相信的事情，一旦被人懷疑，我們就會找盡各種藉口為自己的信念辯護。結果呢，多數我們所謂的推理，就變成找藉口來辯護我們早已相信的事物。

班傑明富蘭克林的優點是他改掉了他傲慢、粗野的習性。「我立下了條規矩，」富蘭克林說，「決不正面反對別人的意見，也不准自己太武斷，我甚至不准許自己在文字或語言上措辭太肯定。我不說'當然'、'無疑'等，而改用'我想'、'假設'或'我想像'一件事該這樣或那樣；或者'目前我看來是如此'。當別人陳述一件我不以為然的事時，我決不立刻駁斥他，或立即糾正他的錯誤。我會在回答的時候表示在某些條件和情況下，他的意見沒有錯，但在目前這件事上，看來好像稍有些問題等等。我很快就領會到改變態度的收穫：凡是有我參與的談話，無一例外地氣氛都很融洽。我以謙虛的態度來表達自己的意見，不但容易被接受，更減少了一些衝突；我發現自己有錯時，也就沒有什麼難堪的場面；而我碰巧是對的時候，更能使對方不固執己見而贊同我。

「我一開始採用這套方法時，確實覺得和我的本性相衝突，但久而久之就越變越容易，越來越像我自己的習慣了。也許 50 年以來，沒有人聽我說過些什麼太武斷的話。（我正直品性下的）這個習慣，是我在提出新法或修改舊條文時，能得到同胞重視，並且在成為國會的一員後，能具有相當影響力的重要原因。因為我並不善於辭令，更談不上雄辯，遣詞用字也很遲疑，有時還會說錯話，但一般來說，我的意見還是得到了廣泛的支援。」

汽車代理商李先生知道先承認錯誤的妙處。他說銷售汽車這個行業壓力很大，因此他在處理顧客的抱怨時，常常表現得冷酷無情，於是造成了衝突，使生意減少，以及產生種種的不愉快。

了解這種情形並沒有好處後，他就嘗試另一種辦法。他就這樣說：我們確實犯了不少錯誤，真是不好意思。關於你的車子，我們可能也有錯，請你告訴我。

這個辦法很快能夠使顧客解除武裝，而等到顧客氣消之後，顧客通常就會更講道理，事情就容易解決了。很多顧客還因為他這種諒解的態度而向他致謝，其中兩位還介紹他們的朋友來他的公司買新車。在這種競爭劇烈的商場上，我們需要更多這一類的商家。他相信對顧客所有的意見表示尊重，並且以靈活和禮貌的方式加以處理，就會有助於成功。

他承認自己也許會弄錯，就絕不會惹上困擾。這樣做，不但會避免所有的爭執，而且可以使對方跟你一樣的寬宏大度，承認他也可能弄錯。

承認自己有錯讓你有些難過，但事情往往會成功，以此來沖淡你的認了錯的沮喪是值得的，況且在絕大多數時候，你最終還是要把對方的錯誤糾正過來，不過，絕對不是在一開始，而是在氣氛和諧的時候，你的方式不是那麼強硬而是委婉地說出來。

這都是假設從原則上說你是對的情況下，該尊重別人意見，不要和他們爭辯，不要刺激他們。你要是知道有某人想要或準備責備你，而你自己先把對方要責備你的話說出來，那他就拿你沒有辦法了。

即使傻瓜也會為自己的錯誤辯護，能承認自己錯誤的人，會淩駕於其他人之上，從而有一種高貴怡然的感覺。用鬥爭的方法，絕不會得到好的結果，用讓步的方法，收穫會比預期的高出許多。

三、不要讓心靈貧困

一個具有優良個性的人，在生活中，能夠笑看輸贏得失。他們深信自然和自己的潛能足以實現自己的任何夢想，認為一個成功者打倒千萬個對手並不是成功的，真正有效的成功者只在自己的成功中追求卓越，而不把成功建立在別人的失敗上；建立在失敗者身上的成功只是比較出來的相對成功。

如此卓絕的想法應該是一種在寬容自然中同享生活的哲學。以積極的心態去完善自己的個性，可以消除狹隘的排斥、敵對、冷淡、互不關懷，可以不計較他人是否分享到了陽光。分享並不是可怕的事，我們的成功不全然是別人的失敗，而別人的成功也不一定會擠走我們的機會。

人類從黑暗歲月中帶來的陰冷想法，在生活中盤踞得太久，總是覺得任何東西和資源都是貧乏的、有限的，自己不先去搶，就會什麼也沒有。如果他手上有了一筆財富，其他人就會暗暗算計，心想:「我要是先下手，那筆錢就有可能是我的了。」這個想法將助長多麼可恥的慾望啊！ 他怎麼不去想一想：「這世上和那財富等量齊觀的寶貝還有很多，屬於你的一份別人都沒有拿。」

將生活看成是有限的，無疑是人類套在自己脖子上最大的絞繩。因為有限，所以大家拼了命地彼此競爭，意味著不是你贏就是我贏，人類都抱著敵對的態度在生存，生活因此披上了盔甲。生活一下子被分成了兩份，除了有就是沒有，除了對就是不對。

積極心態與消極心態在生命中爭鬥。一個人擁有積極的心態時，會表現得寬容、大度，相信他人、開朗而願意幫助他人，能夠彼此共贏，能夠欣賞個性的不同特色。而抱有消極心態的人，則認為他人是來和自己搶奪有限資源的，甚至詛咒他人根本就不該從娘胎裡生育出來。

以積極的心態去和人溝通，並非只想著一己私利，而能夠促進彼此了解，他們不要求占有全部。堅定的信心來自內心，跟外在無關，絕不是比較而出的。如果信心是建立在他人不如自己的基礎上，而當他人超過時，就會產生巨大的困擾，信心也就動搖了，即使表面上還不是那麼明顯。

幽默是個性的表現

拿破崙· 希爾認為，幽默可以帶給人們愉悅，讓自己擺脫尷尬，化險為夷；幽默可以緩和緊張的氣氛，使大家的相處變得其樂融融。幽默是一個人個性的重要表現。幽默是以智力為基礎的，但又和機智不完全相同。機智可以把風馬牛不相及的事物巧妙地融為一體，給人聰慧的感覺，而幽默則是得體的自我玩笑。譬如，漫畫中一個人頭上戴著呢子帽，鼻樑上架著眼鏡，走起路來神氣活現，不料正在自鳴得意時，腳底下踏到一塊香蕉皮，剛才的威風和跌了一跤後的狼狽形象形成了一個鮮明的對比，就給人一種幽默感。幽默運用得法，可以使一個懷有敵意的人馬上變得啞口無言，也許還可能解除尷尬的局面，贏得別人的鼓掌喝彩。

著名作家馬克· 吐溫是位有名的幽默大師。有一次，馬克· 吐溫去拜訪法國名人波蓋，波蓋取笑美國歷史很短：「美國人沒事兒幹的時候，往往愛懷念他的祖宗，可是一想到他的祖父那一代，就不能不停止了。」馬克· 吐溫聽了後淡淡一笑，以詼諧輕鬆的語氣說：「當法國人沒事兒的時候，總是盡力地想他的父親到底是誰。」

幽默有時是文雅的，有時是含有暗示意義的，有時是高級的。切忌在交際中開低級趣味的玩笑，以此為幽默便形如譏笑。有時一句普通的譏諷話會使人當場丟臉，別人會與你反目成仇，所以在社交場合中，幽默應該顯示人的高尚、斯文才好。

在社交場上，談笑也要注意。應恰如其分，因地因時適宜。但如果大家正聚精會神地討論研究一個具體問題，你突然在這裡插進了一句毫無關係的笑話，不但不能令人發笑，反而使人覺得無趣。在社交場合中，如果一味地說俏皮話，無限制地幽默，其結果也會適得其反。譬如，你把一個笑話反覆地講了三遍或五遍，最初別人會認為你很風趣，但到後來也會開始厭煩你。如果你的幽默中攜帶著惡意的攻擊，以挖苦別人為目的，還是不說為妙。再好的「糖衣炮彈」，如果裡面包的是毒藥，也會置人於死地。

一個富於口才的領導者，口語表達應當具有幽默風趣的特徵。說起話來揮灑自如、談笑風生，在任何情況下都能應對自如、出口成章。所以，訓練口才不能不練怎樣把話說得有趣。幽默風趣是人際關係的「潤滑劑」，會使我們生活得輕鬆，給我們帶來笑聲。 幽默風趣並不是油滑、淺薄的耍貧嘴、打哈哈，它應當是智慧和靈感的閃光，含而不露地引發聯想，出神入化地推動人們領悟一種觀點、一種哲理，它有情的釀造、有理的啟迪，傳遞著豐富的資訊。同時，幽默風趣也是一種巧妙的應變技巧，它常常能幫助我們在瞬息之間擺脫令人尷尬的窘境。但是，幽默風趣又不僅僅是一種技巧，它還是一種品格、一種素質、一種特性、一種情懷有意無意地流露。

幽默是一種非常好的情緒調節劑，是優秀氣質的表現。

幽默能給人帶來愉悅，使情緒平和舒暢。在競爭日趨激烈的當今社會，幽默是一種難得的個性，它代表了人性的自由和舒展。

人人都追求幽默，但幽默是自發的、可遇不可求的。

在我們這樣的社會裡，幽默是一種十分難得的情緒。

誰能在幽默上占據主動地位，誰就能很好地控制情緒。

幽默說明一個人在情感調節中的主動性。

當一個人悲哀的時候，他的幽默就說明了他是不會把悲哀真正地放在心上的。當一個人高興的時候，他的幽默說明他在高興中仍保持清醒的理智。 幽默是一種簡潔而深刻的表達藝術，它直達他人的內心深處。卑微時，幽默使人贏得尊嚴；高貴時，幽默使人保持樸素平和的心態。幽默能使你情不自禁地漾起笑意甚至發出笑聲，而在獲得這種審美愉悅的同時，還往往可以受到理性的啟迪，無怪乎人們要稱其為永不凋謝的智慧之花。每個人都希望自己說的話充滿情趣和智慧，那就必須掌握一定的方法和技巧。

幽默成了個人魅力的重要砝碼，是個性的體現。那麼，如何使自己具有幽默感呢？

一、在構思上下工夫，掌握必要技巧

幽默風趣是一種「快語藝術」，它突破慣性思維，遵循反常原則，想得快、說得快，觸景即發、涉事成趣，既出人意料之外，又在情理之中。比如，有位將軍問一位士兵：「邱吉爾是哪個國家的人？」士兵想了會兒說：「法國人。」將軍一愣，說道：「哦，邱吉爾搬家了。」

二、要注意靈活運用修辭手法

極度的誇張、反常的妙喻、順貼的借代、含蓄的反語，以及對比、擬人等說法都能構成幽默。另外，選詞的俏皮、句式的奇特也能構成幽默。表達時，特殊的語氣、語調、語速以及半遮半掩、濃淡相宜或者委婉圓滑、引而不發的語意——甚至一個姿勢、一個心照不宣的微笑，都能表達意味深長的幽默和風趣。

三、注意搜集幽默素材

豐富多彩的生活提供了許多有趣的素材，這些素材無意識地進入我們記憶倉庫的也很多，如果我們做個「有心人」，就會使自己的語言材料豐富起來。例如諺語、格言、趣聞、笑話等，我們可以提取、改裝並加工利用，這樣我們的語言就會增加許多趣味性的「調味料」了。

四、用「趣味思維方式」捕捉生活中的喜劇因素

「趣味思維」是一種反常的「錯位思維」，這種人不按照普通人的思路想，而是「岔」到有趣的一面去。演說家羅伯特是個光頭，有人揶揄他總是出門忘記戴帽子，他說：「你們不知道光頭的好處，我可是第一個知道下雨的人。」羅伯特並不為自己的「光頭」苦惱，反而「美化」光頭，用「趣味思維方式」捕捉自己身上的「喜劇因素」，從而產生了詼諧的效果。

幽默風趣較多運用於應變語境。作為口才訓練的終結，幽默風趣的表達是應該達到的較高境界。透過「趣說訓練」，要在進一步提高心理素質的同時，習慣於「趣味思維方式」，習慣於用「錯位」語言藝術構成風趣和幽默，並掌握幾種常見的幽

默表達技巧。透過說俏皮話、自嘲、講笑話等訓練手段，使表達更風趣、詼諧，更有吸引力。

學會說話與傾聽

當我們在談話的時候，不要一開始就對容易產生分歧的問題進行辯論，而要將有交集的話題作為你們共同話題的開始。之所以不斷地強調你們的共同點是因為你們都在為共同的目標努力，而不是立異的，唯一的差異是你們採取的方法途徑不同而已。

當你們開始說話的時候，要盡量使對方說「是的，是的」，而不要使對方總是和你的態度相反，一味地說「不」。

奧佛斯屈教授在他的《影響人類的行為》一書中指出：

‘不’是最不容易突破的一道障礙，當一個人在說‘不’時，他所有的人格尊嚴都要求他堅持到底。要想博得別人的同意或者說相同的看法是不容易的。所以有的時候你的問話讓他說‘是’和‘不’都可以，但他們會紛紛採取後者，要是那樣的話，你的交談在開始時便已結束了。當他說‘不’的時候，他不會考慮太多。但事後即使他發現錯了，然而他考慮到自尊，他仍得堅持他的說法，而不是他真實的想法，所以他口頭上還得將‘不’繼續下去。所以當我們在和別人談話時，尤其在一開始就用肯定的態度是最重要也是最關鍵的。

一個懂得說話的人在和別人交談時，一開始，他就得到‘是’的反應，接下去，他會把聽眾的心理導入肯定的方向。好像打撞球，如果從這個方向打，它便向那個方向偏，你要想使它反彈回來，必須花更大的力氣。

這種心理反應是很明顯的。當一個人說‘不’時，而其本意也確實是想表示否定的話，那麼這簡單的一個‘不’字，還會伴隨好多現象：他身體的整個組織——內分泌、肌肉、神經完全形成一個拒絕接受的狀態，你可以看出身體產生一種收縮或準備收縮的狀態。但是當一個人說‘是’的時候，卻不同於上述的反應，他的心理、神經、肌肉都不會有什麼緊張的反應。這時他的機體所呈現的是一種前進、接受和開放的狀態，這樣，我們的話、我們的行為才能被別人接受。所以我們在談話時，愈多地說‘是’就愈能達到我們談話的目的。

這種‘是’的反應其實是非常簡單的技巧，可卻不是每個人都能掌握的。在普通人看來，在和你談話的時候，一開始便採取反對的態度，你會認為他有自尊感。不錯，是這樣的，他不僅有，而且還有相當強的自尊感。否則，他不會在一開始就說‘不’。不過如果是這樣的話，那你們的談話很可能破裂，當然也可能繼續，但要達到你談話的目的，那一定會費盡周折。」

這種使用「是、是」的方法，使紐約市的一個儲蓄所裡又多了一名主顧。

「那個人進來要開一個戶頭，」艾伯森——這裡的一個職員，他說：「我就給了他一些平常的表格讓他填，然後又問了他一些問題，有的問題他回答了，可有的問題他則拒絕回答。

在我研究為人處世的技巧之前，我常常會對他說，好吧，如果你不說的話，很簡單，我無法給你開這個戶頭。我現在想起那些話來真是後悔，雖然當時我感到我讓他們知道了誰是老闆，表現出了銀行的規矩不容破壞，並且告訴對方像他那樣的態度，在這裡是行不通的，你必須得問什麼說什麼才行。

可是，幸好我當時已經略微懂得了其中的一點技巧。於是我決定談一下對方所要的，而不是銀行所要的。而且我在一開始就試著讓他說‘是’，因為我不反對他，我對他說，他拒絕透露的那些資料，並不是絕對必要的。

「是的，當然。他回答。

「你不這樣認為嗎？ 我繼續說：你把最親近的親屬的名字告訴我們，萬一有什麼不太好的事情發生，我們能保證您的存款的下落並且實現你的願望。

「他又說：是的。

「可以看得出來，他的態度慢慢地變軟了下來，當他發現我所要的資料不是為了我自己而是為了他的時候，那位年輕人不僅告訴了我那些我們要的資料，他還在我的建議下為他母親開了個信託戶頭，指定他的母親為受益人，並且很愉快地告訴了我他母親的詳細資料。 「後來我發現，如果我們一開始就保持‘是、是’，我們就不會產生爭執，我也不用費盡周折去提建議了。」

「這是我的一個親身經歷，有一個人，我們公司想賣車給他，」約瑟夫· 亞力森說，他是西屋公司的有名的推銷員——我的前任。我和他差不多 10 年沒有聯繫了，但是最後他還是在我和他談話後購買了我們幾部引擎。我想，要不是我們原來的產品出過毛病的話，這次他會簽一張幾百台引擎的訂單。

我知道我們的引擎是不會有毛病的。所以當我 3 個星期後去見他的時候，我的興致的確很高。但是我的興趣一開始就被破壞了。因為那位老兄用這樣的話來和我打招呼：‘亞力森，我們不會再買你的引擎了。’

‘怎麼了？ 為什麼？’

‘因為你的引擎太能發熱了，我根本不能把手放到上面去。’我知道和他爭論是不會有好下場的，因此我想到用‘是，是’的方法。

‘聽我說，史密斯先生，’我說，‘我百分之百同意你的意見，那些引擎是發熱的。對嗎？’

‘是的！’

我得到了他的第一個‘是的’。

‘那麼，那些引擎的熱度是不應該超過全國電器協會所定的規格吧？’

‘是的。’

第二個。

‘那麼電器協會的規則是：設計適當的引擎可以比室溫高出華氏 72 度。對不對？’

‘對。’

又是肯定的。

‘那你的廠房有多少度呢？’

‘大約華氏 75 度！’

‘那麼好吧！ 你看，我說，你的廠房是華氏 75 度，而規定可以超出室溫 72 度，加起來共是 147 度，華氏 147 度，您的手放上去能不燙手嗎？’

「他極不情願地又說：‘是的！’

「那麼我提議，我說：‘最好是不把手放在上面。’

‘ 我想你說得也有理，’他承認說。後來，我們又繼續聊了些關於引擎的事，最後，我又向他提訂單的事，他把秘書叫來，開了一張 3．5 萬美元的訂單。「我花了很多錢，失去了很多生意，最終才學會這樣一個可實施的真理準則：跟人家爭辯是划不來的，要學會從別人的觀點出發來說問題，使他說‘是的、是的’才更有收穫。」

在美國加州奧克蘭市主持卡內基課程的艾迪· 史諾，敘述了他之所以成為一家商店的顧客，只是因為那家老闆的話使他說了句「不錯」。

艾迪是個喜歡打獵的人，他喜歡弓箭，並且在這方面的投資消耗也不少。有一天他弟弟來看他，於是兩人想去打獵。他和他弟弟在一家經常光顧的店裡租了一支弓，可是店員卻不願租給他們，所以艾迪就打電話給另一家商店。

「一個聲音聽起來很可親的男士接起了電話，他告訴我他們現在不再外租弓箭了，因為這樣他們覺得不划算。然後他問我是不是原來租過弓。我說幾年前租過。他又提醒我說當時租一支弓大約要 25 到 30 美元，我說不錯。然後他又問我是不是希望節省錢，我又說是。這樣一來一往，我們談了一會兒。最後他告訴我，他們正在拍賣一部分弓，並且還有弓套、箭等，只要 34．95 美元一套，我只要多付 4．95 美元便可以獲得一套。他問我這樣是不是很划得來。最後我去他那裡買了一套，並且以後經常光顧。」

「雅典的牛蠅」蘇格拉底是個伶俐的老頑童，可是他徹底地改變了人們的思想，他還被稱為卓越的口才家之一。他的方法是什麼？ 他是否對別人說他們錯了？他沒有。他的方法現在被稱為「蘇格拉底妙法」以得到「是、是」的回答。他總是一個接一個問題地問下去，讓你一直回答「是、是」，直到把你先前否定的也回答成「是」。

下次，當我們要自作聰明說別人是錯誤的時候，不要忘了赤足的蘇格拉底，我們應該從提出一個溫和的問題讓對方回答「是、是」開始。

而與會說話一樣重要的，莫過於會傾聽了。

一、傾聽的作用

大多數人在想要使別人同意他自己的觀點時，會說很多的話。尤其是產品的推銷員，常常做這種得不償失的事情。盡量讓對方說話吧，他對自己的事業和他的問題，了解得比你多。所以向他提出問題，讓他告訴你幾件事。

如果你不同意他，你也許會很想打斷他。拿破崙· 希爾指出，千萬不要那樣，那樣做很危險。當他有許多話急著想要說出來的時候，他是不會理睬你的。因此你要耐心地聽著，抱著一種開放的心胸，讓他充分地說出他的看法。

如果你要得到仇人，就表現得比你的朋友優越吧；你要得到朋友，就讓你的朋友表現得比你優越。

這句話是事實。當我們的朋友表現得比我們優越，他們就有了一種重要人物的感覺；當我們表現得比他們還優越，他們就會產生一種自卑感，造成羨慕和嫉妒。

張女士在公司裡連一個可以談心的朋友都沒有，因為每天她都使勁吹噓她在工作方面的成績、新開的存款戶頭，以及她所做的每一件事情。

張女士如是說：「我工作做得不錯，並且引以為傲，但是我的同事不但不分享我的成就，而且還極不高興。我渴望這些人能夠喜歡我，我真的很希望他們成為我的好朋友。在聽了專家提出來的一些建議後，我開始少談我自己而多聽同事說話。他們也有很多事情要吹噓，他們把自己的成就告訴我，比聽我吹噓更令他們興奮。現在當我們有時候在一起閒聊的時候，我就請他們把他們的歡樂告訴我，好讓我分享，而只在他們問我的時候我才說一下我自己的成就。」

我們應該謙虛，因為你我都沒什麼了不起。不久之後，我們都會去世，百年之後就被人忘得一乾二淨了。生命是如此短暫，請不要在別人面前大談我們的成就，使別人不耐煩，我們要鼓勵他們談談他們自己才對。

回想起來，我們反正也沒有什麼驚天動地的成就可談。你知道是什麼東西使你沒有變成白癡嗎？ 那就是傾聽別人的談話，我們沒有什麼值得向他們誇誇其談的東西。

因此，如果你要別人同意你的觀點，應遵循的規則是：「使對方多多說話。

試著去了解別人，從他的觀點來看待事情就能創造奇蹟，使你得到友誼，減少摩擦和困難。

由此可見，傾聽使人獲得如下收益：

1. 使他人得到尊重。

根據人性的知識，我們知道，人們往往對自己的事更感興趣，對自己的問題更關注，更喜歡自我表現。一旦有人專心傾聽他們談論他們自己時，就會感到自己被重視。卡內基曾說：「專心聽別人講話的態度，是我們所能給予別人的最大讚美。」不管對朋友、親人、上司、下屬，傾聽有同樣的功效。

傾聽他人談話的好處之一是，別人將以熱情和感激來回報你的真誠。

2· 增加溝通效力。

任何人如果只顧自己一個勁地說產品如何如何的好，而不會使用傾聽的話，他就無法了解顧客。無法了解顧客，則推銷的效率就低，甚至令人討厭。一個成功的推銷員說過：「有效的推銷是自己只說１／３的話，把２／３的話留給對方去說，然後，傾聽。傾聽使你了解對方對產品的反映以及購買產品的各種顧慮、障礙等。只有當你真實地了解了他人，你的人際溝通才能有效率。」

人們都喜歡自己說，而不喜歡聽人家說，常常在沒有完全了解別人的情況下，對別人盲目下判斷，這樣便造成人際溝通的障礙、困難，甚至衝突和矛盾。

3· 減除他人壓力。

身為美國總統的林肯，心中沉積著來自多方面的壓力。他把他的一位老朋友請到白宮，想要讓他傾聽自己心中的問題。

林肯和這位老朋友談了好幾個小時。他談到發表一篇解放黑奴宣言是否可行的問題。林肯一一講解這一行動的可行和不可行的理由，然後把一些信和報紙上的文章念出來。有些人怪他不解放黑奴，有些人則因為怕他解放黑奴而罵他。

在談了數小時後，林肯跟這位老朋友握握手，甚至都沒問問他的看法，就把他送走了。

這位朋友後來回憶說：「當時林肯一個人說個不停，這似乎使他的心境清晰起來。他在說過話後，似乎覺得心情舒暢多了。」

是的，在當時，遇到巨大麻煩的林肯，不是需要別人給他以忠告，而只是需要一個友善的、具有同情心的傾聽者，以便減緩心理壓力，解脫苦悶。

這就是我們碰到困難時所需要的。心理學家已經證實：傾聽能減除心理壓力，當人有了心理負擔和問題的時候，能有一個合適的傾聽者是最好的解脫辦法之一。

你幫了別人的忙，解除了人家的困境，當你需要的時候，別人就會隨時感恩報德的。

4·解決矛盾衝突。

一個牢騷滿腹，甚至最不容易對付的人，在一個有耐心、有同情心的傾聽者面前，都常常會被軟化而變得通情達理。

某電話公司曾碰到一個兇狠的客戶，這位客戶對電話公司的有關工作人員破口大罵，威脅要拆毀電話。他拒絕支付某種電信費用，他說那是不公正的。他寫信給報社，還向消費者協會提出申訴，到處告電話公司的狀。電話公司為了解決這一麻煩，派了一位最善於傾聽的「調解員」去會見這位無事生非的人。這位調解員靜靜地聽著那位暴怒的客戶大聲的「申訴」，並對其表示同情，讓他盡量把不滿發洩出來。3 個小時過去了，調解員非常耐心地靜聽著他的牢騷。此後還兩次上門繼續傾聽他的不滿和抱怨。當調解員再次上門去傾聽他的牢騷時，那位已經息怒的顧客已開始把這位調解員當作最好的朋友看待了。

由於調解員利用了傾聽的技巧，友善地疏導了暴怒顧客的不滿，尊重了他的人格，並成了他的朋友，於是這位兇狠的客戶也通情達理了，自願把所有該付的費用都付清了。矛盾衝突就這樣徹底解決了，那位仁兄還撤銷了向有關部門的申訴。

5. 擺脫自我。

每個人都有他的長處和特色，傾聽將使我們能取人之長，補己之短，同時防備別人的缺點錯誤在自己身上出現。這樣便能使自己更加聰明。

當你把注意力集中到傾聽理解對方的時候，你便會很容易地擺脫掉人們比較討厭的「自我」的糾纏。這樣你便成為一個備受歡迎的謙虛的人。

6. 保守秘密。

當你說話過多的時候，就有可能把自己不想說出去的秘密都洩露出來。這對某些人來說將會帶來不良後果。做生意談判時，有經驗的生意人常常先把自己的底牌藏起來，注意傾聽對方的談話，在了解對方情況後，才把自己的牌打出去。

上帝賜給我們兩隻耳朵、一個嘴巴，就是要我們少說多聽。

二、傾聽技巧要領

1. 集中注意力。

如果你沒有時間，或別的原因不想傾聽某人談話時，最好是客氣地提出來:「對不起，我很想聽你說，但我今天還有兩件事必須完成。」

如果你不願意聽又勉強去聽，或假裝傾聽，則你可能會不自覺地開小差，比如一邊聽，一邊翻書或做別的，想別的。你的舉動逃脫不了說話人的眼睛，說話人對你的粗心產生很大的不滿。我們設身處地想想，對一個漠視我們談話又勉強應付的人，你的感覺是什麼？

傾聽可能會耽誤我們一些時間，但如前面所述，傾聽對我們對他人都有好處，只要我們事先安排好時間，或只要有一些閒置時間，我們專心致志地去傾聽他人談話是值得的。

2. 要有耐心。

等待或鼓勵說話者把話說完，直到聽懂全部意思。有些人語言表達可能會有些零散或混亂，但如你有足夠的耐心，任何人都可以把事情說清楚的。

若遇到你不能接受的觀點，甚至有意傷你情緒的話語，你也得耐心聽完。你不一定要同意對方觀點，但可表示理解。一定要想辦法讓說話人把話說完，否則你無法達到傾聽的目的。

3. 改掉不良習慣。

隨便插話打岔，改變說話人的思路和話題，任意評論和表態，把話題拉到自己的事情上來，一心二用做其他事等等，這些都是常見的不良習慣，會妨礙傾聽。我們要迴避一些不利於傾聽的習慣，方法是把注意力集中在聽懂、理解對方所談的話上。

4. 表示理解。

傾聽一般以安靜認真聽為主，臉向著說話者，眼睛看著說話人的眼睛或手勢，以理解說話人的身體輔助語言。同時必須適時用簡短的語言如「對」、「是的」等或點頭微笑之類進行適時的鼓勵，表示你的理解或共鳴。讓說話人知道，你在認真地聽，並且聽懂了。如果某個意思沒聽懂，你可以要求說話人重複一遍，或解釋一下。這樣說話人能順利地把話說下去。

5、適時做出回饋。

說話人的話告一段落，你可以做出一個聽懂對方話的回饋。有時說話人會要求傾聽人做出回饋。準確的回饋對說話人會有極大的鼓舞。比如：「你剛才的意思我理解是……」「你的話是不是可以這樣來概括……」等等。但是不準確的回饋卻不利於傾聽。

學會微笑

一、微笑的魅力

真誠的微笑不但可以使人們和睦相處，也給人帶來極大的成功，並讓人的個性更加迷人。

美國「旅館大王」希爾頓把父親留給他的幾千美元連同自己掙來的幾千元投資出去，開始了他雄心勃勃的旅館經營生涯。當他的資產奇蹟般地增值到幾千萬美元的時候，他欣喜而自豪地把這一成就告訴母親，想不到，母親卻淡然地說：「依我看，你跟以前根本沒有什麼兩樣。事實上你完全可以把握住比 1500 萬美元更值錢的東西，除了對顧客的誠實之外，還要想辦法使來希爾頓旅館的人住過了還想再來住，你要想出這樣一種簡單、容易、不花本錢而行之有效的辦法去吸引顧客，這樣你的旅館才能大有前途。」母親的忠告使希爾頓陷入迷惘：究竟什麼辦法才具備母親指出的「簡單、容易、不花本錢而行之有效」這四大條件呢？他冥思苦想，不得其解。於是他逛商店、串旅店，以自己作為一個顧客的親身感受，終於得到了準確的答案：「微笑服務。」只有它才能實實在在地同時具備母親提出的四大條件。

從此，希爾頓實行了微笑服務這一獨創的經營策略，每天他對服務員的第一句話是：「你對顧客微笑了沒有？」他要求每個員工不論如何辛苦，都要對顧客投以微笑，即使在旅店業務受到經濟蕭條的嚴重影響的時候，他也經常提醒員工記住：「萬萬不可把我們的心裡的愁雲擺在臉上，無論旅館本身遭受的困難如何，希爾頓旅館服務員臉上的微笑永遠是屬於旅客的陽光。」因此，在經濟危機中倖存的 20% 旅館中，只有希爾頓旅館服務員的臉上帶著微笑。結果，經濟蕭條剛過，希爾頓旅館就率先進入新的繁榮時期，跨入了黃金時代。

最重要、最基本的經營管理原則就是接近顧客，與顧客保持接觸，從而滿足他們今天的需要並預見他們明天的願望。現在普遍忽視了這個基本前提，但優秀的工商企業確實非常接近他們的顧客。企業要想征服顧客，微笑服務是法寶。

一個商店、旅館如果缺乏美好的微笑，就如同花園失去了和煦的春風和明媚的陽光。從事服務行業的經理們，不妨效仿一下希爾頓旅館的做法。或許，這會使你的事業飛黃騰達。

二、笑容應急術

微笑是一筆無形的寶貴財富。

戴爾·卡內基在講授他的課程中，曾碰到許許多多的尷尬事，但卡內基總是輕而易舉地解決這些事。

有位年輕貌美的法國女學生，有一天用挑逗的話問這位年輕的教師：「親愛的老師，在法國女子和美國女子中，你更喜歡哪一個？」

這種突然冒出來的話，的確有點使人難以回答。因為卡內基如果回答喜歡法國女子多一點，覺得有點兒不近情理。若說喜歡美國女子多一些，又會傷了這位法國女學生的心，這樣，對他的工作就有弊無利。 卡內基此刻對這位女學生微微一笑，迎著她挑逗的目光說：「凡是喜歡我的女子，我都喜歡她！」

如此一句簡單而又輕鬆的話，將這位法國女士的濃情融於微笑中。他的這一句話既合乎情理，又讓對方心情愉快，這便是微笑的魅力。微笑的魅力不只可以用來解除尷尬之事，而且還可以鼓勵別人，給人以更多的信心。微笑的真正含義不僅將給你帶來許許多多的好處，而且讓你體會到人生中人們互相信任的美妙。在應付許多事時，需要一定靈活度和口才藝術。急中生智，並非人人都具備，這次應付過去，下次並不一定能夠輕鬆應付。但是，微笑是人人都會的。

用微笑來應急是一件相當好的事，微笑有時充滿一種神秘的色彩。當你微笑時，是用一種無言的欣賞來回答，使對方內心感到溫暖和舒服。

還可以用微笑拒絕一些無聊的、不近人情的或難以回答的問題。許多名人、著名外交家在回答一些無聊記者的問題時，往往運用一副「笑而不答」的神情，使那些無孔不鑽的記者難以繼續問下去。

微笑還有許多好處。當你正和你的戀人慪氣時，戀人正在為你的行為生氣時，你不妨對她微笑一下吧！ 當你和朋友辯論一個問題而爭得面紅耳赤時，為表示你並未生氣，對他微笑一下吧！ 當你妻子在她生日因你沒有給她買生日禮物而責怪不已時，對她微笑一下吧！

微笑在口才藝術中有著無可抵擋的作用，認真使用吧，定會受益匪淺的！

當一群人聚會時，如果大家都鬱鬱寡歡，那相聚便失去了意義。但這當中只要有一個人能在此刻談笑風生、妙趣橫生的話，整個聚會便會是另一番模樣了，大家都會跟著進入一種熱鬧和諧的氣氛中。毋庸置疑，這是一個會運用笑的秘訣的交際者。

說笑話要算交際藝術中最難的一門了。它不僅需要人的樂觀天性，更需要一定的知識和技巧。卡內基的課程中便著重訓練這一技巧，許多原本木訥的學生，學習之後都能將笑話講得幽默詼諧，和以前大不一樣。

拿破崙·希爾說過這樣一則故事：

一個年輕的推銷員在一大群人中推銷一種新產品。人們不了解這種產品，所以對他的行為都不予理會。這時，人群中有人喊道：「喂，小夥子，講個笑話吧，說得好我們就買你的產品。」

年輕人沒有選擇，只好講了個笑話。

可他說完後一個人也沒笑，人們只是用眼睛盯著他，這時推銷員急了，大聲問：「怎麼沒有人笑啊？」人群中這才哄笑起來，原來人們只是因為他說了大半天笑話一點兒也不好笑才樂的。

寇地斯，一個醫生，他的醫術非常高明，但說笑話總是不及別人，這一直是他的苦惱。

卡內基告訴他不要灰心，沒受過訓練的人中，失敗者一般會占 60%，成功者只占 10%，而剩下的 30%只能算是及格者。而這成功的 10%也多是因為他們天生就是一個說笑話的高手。卡內基告訴他，只要經過訓練，他完全有可能成為一個把笑話說得很成功的人。

當寇地斯醫師接受了卡內基的課程訓練後，他同卡內基一起參加了一個慶祝州棒球隊獲勝的歡迎會。

若是在以前，他只要一站起來和每個人說話就一定會臉紅心跳。但現在不同了，他此刻以輕鬆的笑話為開頭，說了一段話，在場的嘉賓無不為之喝彩。

後來，寇地斯醫師在報上發了篇文章，詳細介紹了自己的受益情況。

卡內基認為，說笑話不一定要讓別人大笑不已，最平常、最輕鬆的笑話便是最高級的笑話。

說笑話的人不笑出來，那又是一種方法。當然，也不能板著張臉，臉上要微含笑意。如果這時說話者都笑了起來，聽者的精神也會緊跟著鬆懈下來，沒有接著聽下去的勁兒了。說笑話時，要從表情到手勢都統一起來，當然一定要配合笑話的內容，要說得很逼真，讓聽者縱聲大笑。

還有一個秘訣，那就是在講笑話的同時，千萬不要賣關子，特別是在關鍵的地方。笑話不同於普通的對話，它需要急轉而下，得讓聽者在突然一瞬間爆笑出來，如果是這樣的話，那你的笑話就算成功了。

還要注意的是，當你已說了一半，而無一人發笑，這時你只有自己捧場，令自己放聲大笑，這麼做將不會使會場的氣氛陷入尷尬的局面。在別人講笑話時，你也要盡量捧場。你捧了他的場，在你說時，他也自然會給你個面子的。這樣，你便不難成為交際界的高手了。

三、笑裡藏刀的批評法

批評是門藝術，但如果把握不當，藝術便會產生質變，而變成一堆廢物。因此，批評是需要掌握技巧的，這裡所介紹的這種笑裡藏刀的批評方式就不失為一種成功的批評方式。

這種方式使人在心情舒坦中認識到並改正自己的錯誤，而且批評也會收到良好的教育效果。

卡內基對其下屬或學生提出批判時，往往都能讓對方心服口服地接受，並且在以後也很少會再犯類似的錯誤。事業的蓬勃發展，使卡內基又開辦了人事發展班。它主要教授的是有關人際關係溝通方面的課程。其學員也是來自社會的各個階層，有企事業職員、公司經理等等。

但有一天，一個來自加州舊金山的保險商跑來向卡內基發飆:「你的課我上了，我覺得我的推銷才能也確有提高，但為什麼我的業績還是上不去呢？」

卡內基聽罷先是微微一笑，然後耐心地對這位經銷商說：

「種一棵果樹，需要有陽光、雨露以及養料，這些都具備了之後，那麼它會在春季開花，夏季結果，秋季果實才能成熟，但並非所有的果子都會在同一時間成熟。可能在某個時候，有的果子已經紅透了，而有的卻很青澀，這尚未成熟的果子並不是它不會成熟，而是它還需要時間。」 此刻的推銷商已經冷靜了下來，他知道是自己太急於求成了，在愉悅地接受完批評之後，他離開了紐約。

又過了一年，這位商人寫了封信給卡內基，並在裡面附了張他的業務單，斐然的成績躍然於紙上，他還說他很感激卡內基，如果沒有當時的學習，也不會有現在的他。

卡內基常在授課過程中把這個例子陳述給他的學員聽，讓他們接受前車之鑒。

莫莉是卡內基的秘書，一位漂亮而又嫺靜的姑娘，在她眼中，卡內基是全世界最好的上司。據她所說，她永遠也沒聽過卡內基用刻薄的語言來批評下屬。

一次，離下班還有一刻鐘的時候，莫莉便急著想回家了，但她還未整理完卡內基明日的演講稿。於是她匆匆理了理放在桌上便離開了。

次日下午，卡內基演講回來時，她正坐在辦公室裡看著《紐約時報》。卡內基笑吟吟地看著她。

莫莉問：

「卡內基先生，您的演講還算成功吧！」

「非常成功，而且掌聲四起！」

「祝賀你！ 卡內基先生。」莫莉由衷地笑著。

卡內基繼續笑著說：

「莫莉，你知道嗎？我今天本要去給人家講如何擺脫憂鬱的。當我打開講演稿，讀出來的時候，底下的人竟然全笑了。」

「那您一定是講得非常精彩了！」

「是這樣的，我讀的是如何讓奶牛多產奶的一條新聞。」說著，他仍舊含著笑拿出那張講演稿遞到莫莉的面前。

莫莉的臉頓時紅了大半，她忙不迭呢喃著：

「是我昨日太粗心了，都是我不好，讓您丟臉了吧，卡內基先生！」「當然——沒有，這反倒讓我有了更大的發揮餘地，我還得感謝你呢！」

從那以後，類似這樣的毛病就再沒在莫莉身上出現過。而莫莉也越發覺得卡內基是個平和而仁慈的好上司。

所以卡內基認為，應盡量避免批評他人的過失。如果非得批評的時候，便可採取這種笑裡藏刀的方式。

首先要講個笑話將對方拉近自己，然後再提出批評，讓他(她)在甜蜜中接受批評，這樣目的就達到了。

當然，批評得也不能太重，否則會引起對方產生逆反心理，反而達不到預期的效果。

笑裡藏刀的批評方式只是廣泛的交際方法之一，在實際生活中，大家可以不斷地摸索，說不定可以收到更好的效果。

四、微笑安慰法。

在現實生活中，有很多人需要安慰，比如：死者的家屬、失敗者、病人以及他們的家屬等。在很多時候，你都要微笑著去安撫這些人，這樣你才不至脫離人群。

同情心是每個人都有的，即使再冷酷的人也是有的。

同情心運用是交際藝術中的又一重要環節，在這個世界上，正是由於人們互相的勉勵和安慰，在心靈上相互體貼，才使人類發展到如今這個水準。

卡內基常對他的親人和朋友們說：

「好好養病，過不了多久你就會健康地走出醫院啦！」

「好好幹吧，憑著你的聰明才智，定能做出一番作為的！」

「只要你堅持下去，成功之路就在你腳下！」

卡內基的朋友們也常在這樣的言語激勵下，獲得信心和勇氣。對任何人，卡內基從不吝嗇自己的微笑。

某日黃昏時分，卡內基仍在自己的辦公室裡工作。莫莉小姐突然急匆匆地從樓下奔上來，一副驚慌失措的樣子。

「別急，莫莉，有什麼事慢慢說？」

休息了片刻後，莫莉說道：

「剛才莫西先生來找我，說你的好友凱西婭病了，住在州立第五醫院！」

「是嗎，謝謝你，莫莉！」

凱西婭是卡內基的同鄉，卡內基早些年在曼哈頓時，她曾給了卡內基很大的幫助，所以卡內基刻不容緩，趁著黃昏就去看她。

外面已經暮色濃重了，卡內基買了一束鮮花，趕到州立第五醫院。

他輕敲了下房門，聽見裡面傳出微弱的聲音：「請進。」

卡內基這才輕輕地推開房門，捧著鮮花來到凱西婭的床邊。這時凱西婭的精神馬上愉悅了起來，高興地對著卡內基說：

「謝謝你，我的老朋友！」

卡內基接著又關切地問：

「你現在感覺好些了嗎？」

「好多了！」

「你可真走運，你不知道我此刻是多想能夠生點小病，可以少工作，多休息幾日。」

凱西婭一聽，樂了，便說：

「你真想病呀，那就來代替我吧！」

卡內基的臉上始終掛著微笑：

「但願如此，我的童年在瑪麗維爾度過，每當我稍有一點不舒服，媽媽便會馬上用手按著聖經為我祈禱，祈求天主賜福給我！」

「我家也一樣！」

兩個人就這樣從童年聊到家鄉，沉浸在各自的回憶之中。在這次的探病過程中，卡內基充分地展示出了他的微笑安慰法，既使對方心情愉悅，又加深了他們彼此的友誼。但要做到這種微笑式的安慰，還需要掌握一些技巧。

比如你的朋友失戀了，他（她）現在一定很痛苦。你要安慰他（她），還得懂得一定的策略。

這時，你若說「忘了她（他）吧！」或「明兒我給你介紹個好的！」這些話，對方可能早就聽膩了。那麼你該怎麼做呢？你可以約對方到郊外散散步，給他（她）講些有趣的笑話，讓他（她）知道生活是豐富多彩的，一條路上有坎坷，並不意味著所有的路都走不通。讓他（她）重新鼓起對生活的勇氣，再對他（她）說些海闊天空的事，例如「幸福就是音樂和啤酒」之類的話。

還要記住，在你報以微笑的同時，不可太多表示你的憐憫，那樣會很容易讓對方討厭你的。

微笑的安慰，不失為一種贏得新朋友，鞏固友誼的好方法。

誇獎別人是一種美德

一句輕輕的誇獎，能使別人如沐春風。

一聲誠意的致謝，能使別人飛騰上天。

因此，正確使用誇獎的訣竅，既能取悅別人，又使自己如願以償。

如此美事，何樂而不為呢！

拿破崙·希爾認為，人類有渴望得到別人欣賞的本性，這正是我們之所以要誇獎別人的妙處。

一、善於誇獎別人

誇獎別人不必用多少豪言壯語，即使是最普通最平淡的語言，也能發揮非同凡響的效果，這對你來說是平常而又簡易可行的事，但卻能很大地愉悅別人，使別人振奮，甚至可能因為這句話而改變他的一生。

卡內基特別擅長誇獎別人，一般採用兩種方式：一是從小方面著手；二是從大方面著手。

卡內基曾經有一位來自匹茲堡的學生，他叫比西奇。比西奇在上課的時候，幾乎在每個方面都顯得比別人笨，為此，他沮喪到了極點。有一天，他來到卡內基的辦公室，他說：

「卡內基先生，我想退學。」

「為什麼？」卡內基問。

「因為我……我太笨了，根本學不會你的課程。」

「我覺得不是這樣的，比西奇，這半個月來，你有明顯的進步，而且在我心目中，你一直是個勤奮而且成功的學生，怎麼會輕易提出退學呢？」

「真的嗎？你真的這麼認為嗎？」比西奇驚喜地問。

「當然，而且照這樣發展下去，你一定能在畢業時取得優異成績。」卡內基繼續說：「我小的時候，人們都認為我特別笨，將來肯定沒什麼出息，你比我當年要強多了！」

比西奇聽了卡內基的話，內心深處重新燃起了希望之火。畢業時，比西奇的成績讓所有人對他刮目相看。

比西奇畢業後，在家鄉開了一個小肉品廠。卡內基仍舊在他不順利的時候鼓勵和誇獎他。

卡內基在信中說：「辦肉品廠很不錯，很有發展前途，我相信透過你自己的努力一定會獲得巨大成功的。」

比西奇從卡內基的話中受到很大的鼓舞，同時他也將誇獎的藝術用到自己的雇員身上，沒想到收效甚大。在那樣一個經濟大蕭條的時代，整個美國都面臨著危機，而比西奇的肉品廠不僅保住了自己的生意，而且還保證了雇員們能按時發放足額薪資，這不能不說是個奇蹟。

後來，比西奇回憶說，他的肉品廠之所以沒有垮掉，很重要的一條就是由於他運用卡內基的誇獎技巧，使整個廠子上下一條心，才得以生存

二、反擊誇獎法

拿破崙· 希爾成功學的領路人卡內基告訴我們，對於別人對自己誠意的誇獎也要持以謹慎的態度。

作為一個受誇獎的人，如何接受別人的誇獎，要將自己的態度或反應回饋給對方，也需要一種很精深的訣竅。你要正確分辨出誇獎的來歷、用意，然後再決定是接受還是拒絕。當然，這一切都取決於誇獎本身。

在一個冬日的黃昏，卡內基和幾個朋友坐在爐火旁，正討論著關於在加拿大開設卡內基課程的事。

有一個朋友對卡內基說：「戴爾，你能取得這樣的成功，我真佩服你，有你這樣的朋友是我的驕傲。」

卡內基聽了，自然特別高興，他立刻以微笑對朋友的誇獎表示感激，並說：「耐爾，我的成功固然有上帝的幫助，但同時更離不開你們的幫助，耐爾、卡利西……」

對於卡內基回報的誇獎，他的朋友們內心更加熱情，同時投入更大的熱情去探討有關課程的事情。

第二天清晨，當卡內基走進辦公室，莫莉迫不及待地要同他說話。「卡內基先生，昨天我用你教我的反擊誇獎法誇獎舞廳裡的一位先生，你猜結果怎麼樣？」

「怎麼樣？」

莫莉笑著說：「那位先生先哈哈大笑，後來竟然笑得合不攏嘴了，不得已，我們馬上叫了輛救護車來。」

卡內基也笑起來，同時摸摸下巴，說：「但願我不要笑得合不攏嘴了！」莫莉也高興地花枝亂顫。

對於別人誠心誠意的誇獎，你在接受的同時一定要有所表示：

例如，你的朋友過生日，你精心送了一條領帶，你的朋友說：

「謝謝你的禮物，這條領帶花紋很美，讓人看起來更加瀟灑。」

此時，你要用你的微笑立刻回報對方，同時說：「是呀，這條領帶再配上你的不凡氣質肯定會非同凡響！」

想想，此時主人的內心會是多麼的愉快。

以上種種都是現場反擊誇獎，你還可以借他人之口傳達你對別人的讚賞，比如透過在他妻子和其他朋友面前誇他，也能發揮同樣的效果。

三、別自己誇獎自己

總是自己誇獎自己的人是最讓人厭惡的，即使他取得了一點小成績或者小勝利，但注定他最終還是會失敗的，至少在交際方面他已經失敗了，居功不自誇才是一種正確的交際方法。

卡內基自然深知自誇的害處，曾對那些自我炫耀、自我誇獎的學員逐一提出各種批評，讓他們改正自己的錯誤。

卡內基認為自我炫耀是交際中的一個致命之處，他對學員們說：「榮耀是別人贈與你的，要靠自己的努力去爭取，而不是自己說出來。」

他還意味深長地對他的學員講述了一件因自我誇耀而導致失敗的故事。

他的一位朋友和妻子被公認為是最幸福的一對，人們非常羨慕他們的甜蜜生活。

可是，由於他妻子的自我誇耀、愛慕虛榮，使情況發生了變化。

丈夫一次次痛苦地陪妻子出席一個又一個宴會、舞會，幾乎耗盡了他的所有金錢。

如果丈夫不陪她去參加宴會，她便號啕大哭，在地板上打滾，甚至以自殺和吸毒相威脅。

終於有一天，這位丈夫再也不能容忍下去了，他看了一眼這位自己曾經深愛的女人，毅然決定和她離婚。

妻子開始還以為丈夫在和她開玩笑，但離婚的現實已不可避免，她的一切後悔也為時已晚。

卡內基在講完這個故事後，說：「這種長時間的虛榮，可以導致你永久地失去親人和朋友。」

四、如何使用恭維話

使用恭維話應注意場合、物件及其內容。最怕的是信口開河、漫無邊際，以至於說者以為口才便利、口若懸河，而聽者則一頭霧水、不知所云。

說恭維話首先應有真誠的內涵在其中，所謂肺腑之言即如此，讓人覺得這話說得好、願意聽，這樣交際的目的才能達到。

說恭維話並非卡內基所喜，但其對恭維術則深有造詣。他認為恭維者要注意方法得當，切不可千篇一律地使用。

卡內基對此是深有體會，他曾經有一段難忘的回憶，那是他離開戲團去當二流推銷員的經歷。

當時情況很糟糕，如果再沒有找到工作的話他隨時都會餓死，卡內基就這樣到克爾德貨車商店當了個二流推銷員，當時他的業績很一般。但由於他掌握了恭維術這個不二法門，竟使自己奇蹟般地留下來並得到發展。

卡內基對自己所做的工作毫無興趣，當然更說不上業務熟練。

每次顧客光臨，卡內基就立即向對方推銷貨車，但對貨車他卻所知甚少，以至於被別人認為是一個瘋子。

老闆對他的這種工作狀況深為不滿，上前對卡內基大吼道：

「戴爾，你認為是在演說嗎？ 明天再是這樣，你趁早滾蛋。」

卡內基此時也是很著急：若沒了工作，他會淪落為馬路邊的乞丐的，他對老闆說：「老闆，為了能吃到麵包，我會努力工作的。況且，你看，明天天氣不錯，你的生意肯定會很好的。」

老闆沒再生氣，卡內基的這句話在此時說出來是極為受用的。

當然，卡內基對此工作也下了番苦工夫，幸運的是第二天他賣出了一個汽車引擎。

老闆這時認為卡內基是個可造之才，決定繼續雇用他。

卡內基後來對這段記憶仍然很清晰，他開始認識到恭維的重要和好處。但應注意的是像那些套用的恭維人的話最好不要隨意使用，如「謝謝你的關照，我非常感激」，「祝你好運」，這些最好少用，最好的方法就是就地取材，恰當地說出感謝的話，而且要新穎。

假如你到一個朋友家去做客，主人對種花很有研究，你可以讚美他的花很美且比較少見；假如主人養了狗、貓等寵物，你應該讚美它們的乖巧、聽話。像這種恭維就屬於富有新意的，比那些老一套的恭維話有用多了。因為你讚美他的勞動果實或是他的寵物，使得對方感到自己是個不凡的人，會使其有成就感。

恭維別人時，你不僅要實事求是，而且還要有旁敲側擊的作用。假如你誇一個有政績的政界人物，同時又是一位愛好寫詩的人，你不妨撇開他的政績而恭維他的詩，更進一步你若能背上一兩首他的詩，你就有了和他交談的話題，這樣效果更好。

對名人我們可以這樣恭維，對一般人的勞動成果不必那麼大張旗鼓，使他心裡高興就可以了。名人之所以喜歡那些恭維，因為其內心希望別人都談論他的特長，即使原來他羞於啟齒，但一經別人恭維，他馬上就會覺得心曠神怡。

恭維人千萬不要言不由衷，更不能恭維人的短處，這樣只會讓人覺得你無知。

拿破崙·希爾總結的恭維適度包括三方面：不可過多、要實際、不要胡亂恭維。

迷人個性的要素

你也許會以最漂亮、最新款式的衣服來裝扮自己，並表現出最吸引人的態度。但是，只要你內心存在著貪婪、妒忌、怨恨及自私，那麼，你將永遠只能吸引和你同類的人。

你也許可以做出一個虛偽的笑容，掩飾住你真正的感覺，你也許可以模仿表現熱情的握手方式，但是，如果這些吸引人的個性只是外在表現，而缺乏熱情這個重要因素，那麼，他們不但不會吸引人，反而會令人逃避你。

拿破崙·希爾認為，真正迷人的個性必須具備以下幾個要素：

1. 養成使自己對別人產生興趣的習慣，而且你要從他們身上找出美德，對他們加以讚揚。
2. 培養說話能力，使你說的話有分量，有說服力。你可以把這種能力同時應用在日常談話及公開演講上。

3. 為你自己創造出一種獨特的風格，使它適合你的外在條件和你所從事的工作。
4. 發展出一種積極的品格。
5. 學習如何握手，使你能夠經由這種寒暄的方式，表達出溫柔與熱情。
6. 把其他人吸引到你身邊，首先要使自己被吸引到他們身邊。
7. 記住：在合理的範圍之內，你唯一的限制就是你在你自己的頭腦中設立的那個限制。

在這 7 項因素中，第 2 和第 4 因素是最重要的。

如果你能具有這些好的思想、感覺以及行動，便可以建立起一種積極的品格，然後學習以有說服力的方式來表達你自己，那麼，你將展示出迷人的個性。因為你將可以看到，從這裡面可以發展出此地所描述的其他美德。

具有積極品格的人自然有很大的吸引力，這種力量有時看得到，有時看不到。但只要你一走進這種人中間，即使他一句話也沒有說，你仍會感覺到那「看不到的內心深處的力量」。

現在提醒你注意，發展迷人個性所需要的是與他人友好相處。

「與他人友好相處」的好處並不在於這個習慣可能為你帶來金錢或物質上的收穫，而在於它能對養成這個習慣的人的品格產生美化的效果。

你自己和藹可親，你將會使其他人感到快樂，你也會得到快樂，而這種快樂是無法以其他任何一種方式獲得的。

改掉你喜歡吵架的脾氣，不要向人挑戰，不要進行沒有用處的爭吵。取掉你用來看生活的「憂鬱」的有色眼鏡，使你看清楚生活中友善的明媚陽光。把你的鐵錘丟掉，停止敲打，因為你一定得生活，生活中的大獎是頒發給建設者，而非破壞者的。

第 10 章 激發情緒潛能

自制擁有巨大的力量

在拿破崙· 希爾和斯通所提倡的成功哲學裡，自制是用於平衡激情的。休· 斯蒂文森· 泰格納曾經說過：「激情通常會誇大一件事的重要性並且忽略它的不足。」自制則能讓你的激情步入正確的軌道。拿破崙· 希爾說，沒有自制，激情就像暴風雨裡毫無控制的閃電，它會到處閃過，而且可能是破壞性的。

用簡單的話說，自制就是控制你的思維、習慣和情緒。除非你有自制力，否則你不可能成為別人的領導，也不可能有所成就。威廉· 哈茲利特說過：「那些能夠控制自己的人，同樣也能控制別人。」

跟其他的成功法則一樣，自制也需要經常訓練。它不可能一下子就學會，它只能在鍛煉中慢慢掌握。如果你強迫自己每天要打若干個推銷電話，無論天晴還是下雨，無論你喜歡還是不喜歡，如果你規定自己必須完成工作的截止日期，如果你要求自己繼續工作直到某個計畫完成，如果你訓練自己用積極的思想代替消極的思想，那麼，你就會慢慢養成一種自制的習慣。

觀察各個行業取得成功的人士，你會發現他們都擁有很強的自制力。他們有明確的目標，並且他們專注於自己的目標，直到最後成功實現目標。

拿破崙· 希爾對美國各監獄的數萬名成年犯人做過一項調查，發現了一個驚人的事實：這些不幸的男女犯人之所以淪落到監獄裡，有百分之九十是因為他們缺乏必要的自制，也就是說，未能把他們的精力用在積極有益的方面。

要想做個極為「平衡」的人，你身上的熱忱和自制必須均衡。

缺乏自制是一個推銷員最具破壞性的缺點之一。

客戶說了幾句這位推銷員所不希望聽到的話，如果後者缺乏自制能力的話，他會立即針鋒相對地與之反駁，用同樣的話進行反擊，這將嚴重地影響到他的推銷工作。

在芝加哥一家大百貨公司裡，拿破崙·希爾親眼目睹了一件事，它說明了自制的重要性。在這家百貨公司受理顧客所提抱怨和意見的櫃檯前，許多女士排著長長的隊伍，爭著向櫃檯後的那位年輕小姐訴說她們所遭遇的困難，以及這家公司不對的地方。

在這些投訴的婦女中，有的十分憤怒且蠻不講理，有的甚至講出很難聽的話。櫃檯後的這位年輕小姐，在接待這些憤怒而不滿的婦女時，絲毫未表現出任何憎惡。她臉上帶著微笑，指導這些婦女們前往相應的部門，她的態度優雅而鎮靜，拿破崙·希爾對她的自制修養不禁感到非常驚訝。

站在她身後的是另一位年輕女郎，她在一些紙條上寫下一些字，然後把紙條交給站在她前面的那位年輕小姐。這些紙條很簡要地記錄下了婦女們抱怨的內容，但省略了這些婦女原有的尖酸而憤怒的語氣。

原來，站在櫃檯後面帶微笑聆聽顧客抱怨的這位年輕小姐是位聾子，她的助理透過紙條把所有必要的事實告訴她。

拿破崙·希爾對這種安排十分感興趣，於是便去訪問這家百貨公司的經理。

經理告訴拿破崙·希爾說，他之所以挑選一名耳聾的女士擔任公司中最艱難而又最重要的一項工作，主要是因為他一直找不到其他具有足夠自制力的人來擔任這項工作。

拿破崙·希爾站在那兒觀看那群排成長隊的婦女們，並且發現，櫃檯後面那位年輕小姐臉上親切的微笑，對這些憤怒的婦女們產生了良好的影響。她們來到她面前時，個個像是咆哮怒吼的野狼，但當她們離開時，個個卻又像是溫順柔和的綿羊。

事實上，她們之中的某些人離開時，臉上甚至露出了羞怯的神情，因為這位年輕小姐的「自制」已使她們對自己的作為感到慚愧。

自從拿破崙·希爾親眼看到那一幕之後，每當他對自己所不喜歡聽到的評論感到不耐煩時，他就立刻想起了櫃檯後面那位小姐的自制而鎮靜的神態。而且他經常這麼想：每個人應該有一副「心理耳罩」，以此來訓練自己的心理自制力。

拿破崙· 希爾個人已經養成一種習慣，對於所不願聽到的那些無聊談話，可以把兩個耳朵暫且「閉上」，以免在聽到之後徒增憎恨與憤怒。

生命十分短暫，有很多建設性工作等待你去完成，因此，你不必對說出你不喜歡聽到的話語的每個人去進行「反擊」。

拿破崙· 希爾在從事律師業務期間，曾經注意到一個十分聰明的詭計，是辯護律師專門用來套取對方證人證詞的。因為這些證人對於對方律師的質問往往回答說「我不記得了」，或是說「我不知道」。

當辯護律師使用各種方法企圖套取證人的證詞告以失敗的時候，他就會設法激怒這名證人。而這名證人在憤怒的情況下，往往會失去自制，說出他在冷靜的情況下不會說出的一些證詞。

在拿破崙· 希爾事業生涯的初期，他發現，缺乏自制，對生活造成了極為可怕的破壞。這是從一個十分普通的事情中發現的。這個發現使拿破崙· 希爾獲得了一生當中最重要的一次教訓。

有一天，拿破崙· 希爾和辦公大樓的管理員發生了一場誤會。這場誤會導致了他們兩人之間彼此憎恨，甚至演變成激烈的敵對狀態。

這位管理員為了顯示他對拿破崙 希爾的不悅，當他知道整棟大樓裡只有拿破崙希爾一個人在辦公室中工作時，他立刻把大樓的電燈全部關掉。這種情況一連發生了好幾次，最後，忍無可忍的希爾決定進行「反擊」。

一個星期天，機會終於來了。拿破崙· 希爾到書房裡準備一篇預備在第二天晚上發表的演講稿，當他剛剛在書桌前坐好時，電燈熄滅了。

他立刻跳起來，奔向大樓地下室，他知道在那兒可以找到這位管理員。

當他到達那兒時，他發現管理員正忙著把煤炭一鏟一鏟地送進鍋爐內。同時一面吹著口哨，彷彿什麼事情都未發生似的。

拿破崙· 希爾立刻對他破口大罵。在長達 5 分鐘的時間裡，他都以比管理員正在照顧的那個鍋爐內的火更熱辣辣的詞句，對管理員進行著長篇大論般的痛罵。

最後，拿破崙· 希爾實在想不出還有什麼好罵的詞句了，只好放慢了速度。這時候，管理員站直身體，轉過頭來，臉上露出開朗的笑容，並以一種充滿鎮靜與自制的柔和聲調說道：「呀，你今天晚上有點兒激動吧，不是嗎？」

他的這段話就像一把銳利的短劍，一下刺進拿破崙·希爾的身體。

想想看，拿破崙·希爾那時候會是什麼感覺。

站在拿破崙希爾面前的是一位文盲，他既不會寫也不會讀。儘管有這些缺點，但他卻在這場爭鬥中打敗了自己，更何況這場戰鬥的場合，以及武器，都是自己所挑選的。

拿破崙·希爾知道，他不僅被打敗了，更糟糕的是，他是錯誤的一方，這一切只會更增加他的羞辱。

拿破崙·希爾轉過身子，以最快的速度回到辦公室。他再也沒有其他事情可做了。當拿破崙·希爾把這件事反省了一遍之後，他立即看出了自己的錯誤。

但是，坦率地說，他很不願意採取行動來改正自己的錯誤。

拿破崙·希爾知道，必須向那位管理員道歉，內心才能平靜下來。最後，他費了很久的時間才下定決心，決定到地下室去，忍受必須忍受的羞辱。

拿破崙·希爾來到地下室後，把那位管理員叫到門邊。這時，管理員以平靜、溫和的聲調問道：「你這一次想要做什麼？」

拿破崙希爾告訴他：「我是回來為我的行為道歉的——如果你願意接受的話。」

管理員臉上又露出那種微笑，他說：「憑著上帝的愛心，你用不著向我道歉。除了這四堵牆壁，以及你和我之外，再沒有人聽見你剛才所說的話。我不會把它說出去的，我知道你也不會說出去的，因此，我們不如就把此事忘了吧。」

這段話對拿破崙·希爾所造成的觸動更甚於他第一次所說的話，因為他不僅表示願意原諒拿破崙·希爾，實際上更表示願意協助拿破崙·希爾隱瞞此事，不使它宣揚出去，以免對拿破崙·希爾造成傷害。

拿破崙·希爾向他走過去，抓住他的手，使勁握了握。他明白，自己不僅是用手和他握手，更是用心和他握手。

在走回辦公室途中，拿破崙·希爾感到心情十分愉快，因為他終於鼓起勇氣，改正了自己做錯的事。在這件事發生之後，拿破崙·希爾下定了決心，以後絕不再失去自制。因為一旦失去自制之後，另一個人——不管是一名目不識丁的管理員還是有教養的紳士，都能輕易地將他打敗。

在下定這個決心之後，希爾身上立刻發生了顯著的變化。他的筆開始發揮出更大的力量；他所說的話更具分量。在希爾以後所認識的人當中，他結交了更多的朋友，敵人也相對減少了很多。這件事成為拿破崙· 希爾一生當中最重要的一個轉捩點。

拿破崙· 希爾說：「這件事教導我，一個人除非先控制了自己，否則他將無法控制別人。它也使我明白了這話的真正意義：'上帝要毀滅一個人，必先使他瘋狂'。」

自制力是達到成功的重要條件

偉大生活的基本原則都是包含在我們大多數人永遠不會去注意的最普通的日常生活經驗中的。同樣，真正的機會也經常藏匿在看來並不重要的一些生活瑣事中。

你可以立刻去詢問你遇見的任何 10 個人，問他們為什麼不能在他們所從事的工作中獲得更大的成就。這 10 個人當中，至少有 9 個人將會告訴你，他們並未獲得好機會。你可以對他們的行為做一整天的觀察，以便對這 9 個人做更進一步的正確分析。

你將會發現，他們在這一天的每個小時當中，正在不知不覺地把自動來到他們面前的良好機會拒之千里以外。

有一天，拿破崙· 希爾站在一家商店出售手套的櫃檯前，和受雇於這家店的一名年輕人聊天。他告訴拿破崙· 希爾，他在這家商店服務已經 4 年了，但由於這家商店的「短視」，他的服務並未受到店方的賞識，因此，他目前正在尋找其他工作，準備跳槽。 在他們談話中間，有位顧客走到他面前，要求看一些帽子。

這位年輕店員對這名顧客的請求置之不理，一直繼續和希爾談話，雖然這名顧客已經顯出不耐煩的神情，但他還是不理。

最後，他把話說完了，這才轉身向那名顧客說：「這兒不是帽子專櫃。」那名顧客又問：「帽子專櫃在什麼地方呢？」

這位年輕人回答說：「你去問那邊的管理員好了，他會告訴你怎麼找到帽子專櫃。」

4年多來，這位年輕人一直處於一個很好的環境中，但他卻不知道，他本來可以和他所服務過的每個人結成好朋友，而這些人可以使他成為這家店裡最有價值的人。

因為這些人都會成為他的老顧客，會不斷地回來買他的貨物。但是，他拒絕或忽視運用自制力，對顧客的詢問置之不理，或是冷冷淡淡地隨便回答一聲，就把好機會一個又一個地放過了。

拿破崙·希爾把控制自制力的一系列規則稱為「自制的7個C」，下面我們分別來告訴你。

一、控制自己的時間（Clock）

時間雖不斷流逝，但也可以任人支配。你可以選擇時間來工作、遊戲、休息、學習……

雖然客觀的環境不一定能任人掌握，但人卻可以自己制訂長期的計畫。我們能控制時間時，就能改變自己的一切。讓自己每天的生活過得充實無隙，今日事今日畢。

你必須記住，時間就是生命，把握時間，就是把握生命。

二、控制思想 (Concept)

你完全可以控制自己的思想以及想像力的創造。但是，你必須記住：幻想在經過奮鬥之後，才會成為現實。

三、控制接觸的對象 (Contacts)

或許，你無法選擇共同工作或一起相處的全部夥伴，但是你可以選擇共同度過最多時間的同伴，也可以認識新朋友，找出成功的楷模，向他們學習。

四、控制交流的方式 (Communication)

你可以控制自己說話的內容和方式。記住，你在談話的時候，是學不到任何東西的。因此，溝通方式最主要的就是聆聽、觀察以及吸收。當你和他人交流溝通時，你和他人都是要透過資訊來使聆聽者獲得一些價值，並使其了解。

五、控制承諾 (Commitments)

你應該選擇最有效果的思想、交往物件及其溝通方式。你有責任使它們成為一種契約式的承諾，並定下相應的次序和期限。

當然，我們一般都是按部就班，平穩地實現自己的承諾的。

六、控制目標 (Causes)

有了自己的思想、交往物件和承諾後，你就可以確定生活中的長期目標，而這個目標也就成為你的理想。

如此這樣，你肯定有極高的理想，以及一項生活的計畫，這就給了你無盡的信心和勇氣。

七、控制憂慮 (Consern)

一般人最關心的莫過於如何創造一個喜悅的人生了。多數人對那些有可能威脅自己價值觀的事，都會有情感上的反應。

你必定知道種瓜得瓜，種豆得豆的道理。

因此，你必須為自己的行為負責。在漫長的人生旅途中，你必須面對各種困難，而從事具有挑戰性的工作。自我的滿足感，是在不斷的努力中才可獲得的。人生的真正報酬，取決於貢獻的品質。不論長期或短期，你都會因自己所播下的種子，而得到收穫。如同你所做的工作，必須先奉獻勞務，才能談論薪金和各種福利事項。

駕馭自我意識

拿破崙·希爾曾經告訴我們：「一切的成就，一切的財富，都源自一個意念，即自我意識。」

具體說來，自我意識包括個人對下面幾個問題的回答：

我是個什麼樣的人？

我有什麼樣的個性？

我有什麼樣的優缺點？

我有什麼價值？

我是否有巨大的潛能？

我期望自己成為什麼樣的人？

我能達到什麼樣的目標？

自我意識是一個人對自己的認識、評價和期望，也就是「我屬於哪種人」的自我觀念，它建立在你對自身的認知和評價的基礎上。一般而言，一個人的自我觀念都是根據自己過去的成功或失敗、他人對自己的反應、自己與環境中他人的比較，特別是童年經歷等方面不自覺地形成的。

根據這幾個方面，人的心理便形成了一種「自我意識」。

就我們自身而言，一旦某種與自身有關的思想或信念進入這幅「自我肖像」後，它就會變成「真實的」影像。在此之後，我們很少去懷疑其可靠性，只會根據它去活動，就像它的確是真實的一樣。

著名心理學家瑪律慈說，人的潛意識就是一種「服務機制」——一個有目標的電腦系統。而人的自我意識，就猶如電腦程式，直接影響這一機制的運動和結果。

如果你的自我意識是一個失敗的人，你就會不斷地在自己內心的「螢光幕」上看到一個垂頭喪氣、難當大任的自我，接收「我沒出息、沒長進」之類負面的信息。然後，你就會感受到沮喪、自卑、無奈與無能——而你在現實生活中便「注定」會失敗。

另一方面，如果你的自我意識是一個成功人士，你就會不斷地在你內心的「螢光幕」上見到一個躊躇滿志、不斷進取、敢於經受任何挫折和承受強大壓力的自我，聽到「我做得很好，而我以後還會做得更好」之類的鼓舞訊息，然後感受到喜悅、自尊、快慰與卓越——而你在現實生活中便會「注定」成功。自我意識的確立是十分重要的，其正面或負面傾向都是你的人生走向成功或失敗的方向盤和指南針。自我意識的形成有這樣一些特點：

一、人的所有行為、感情、舉止，甚至才能始終與自我意識息息相關

每個人把自己想像成什麼人，就會按那種人的方式行事。而且，即使他做了一切有意識的努力，即使他有意志力，也很難扭轉這種行為。

自我意識是一個「前提」，一個根據。你的全部個性、行為，甚至能力都是建立在這個基礎之上的。如果你從心理上逃避成功，害怕成功，害怕面對機會或挑戰，你就可能變得畏畏縮縮。

這樣，你即便不是一個失敗者，也是一個平庸之輩。因為，在你的自我意識裡已經有了失敗的成分。

其實，只要改變一個人的自我意識，不管是企業家、商人或是學生、教師，其工作績效都會發生奇蹟般的變化。

二、自我意識是可以改變的

你難以改變某種習慣或者生活方式，似乎有這樣一個原因：幾乎所有試圖改變的努力都集中在所謂自我的行為模式上而不是意識結構上。

很多人對心理諮詢或指導感到意義不大，是因為他們想要改變的是特定的外在環境，或者特定的習慣和性格缺陷，而從來沒有想到改變造成這些狀況的根源——自我意識。

普萊斯科特·雷奇是自我意識心理學的先驅之一，他在這個問題上做了最早的也是最有說服力的實驗。雷奇認為，個性是「一套思想體系」，思想與思想之間必須一致。同這個體系不一致的思想受到抵觸或排斥，因而也不能引導人的行為。相反，與這個體系一致的思想則被採納。

你不難看出，這套思想的中心就是個人的「自我理想」，也即自我意識，或者他的自我觀念。雷奇是一位教師，他用幾千個學生來驗證了「自我意識」的理論。

雷奇的自我意識的理論認為：如果某位學生學習某一學科產生了困難，可能是因為從這位學生的眼光來看他不適合學習這門學科。

然而雷奇相信，如果改變學生這種觀點體現的自我觀念，那麼他對這門學科的態度也就會相應改變。如果幾千名學生因改變了自我意識進而改變了他的自我定

義，他的學習能力也會改變。

雷奇的這種理論通過驗證後得到了有力的驗證。

一個學生在 100 個單字中拼錯了 55 個，而且很多課程都不及格，以致喪失了一年的學分。然而第 2 年各科平均成績 91 分，成為全校拼寫最優秀的學生。

另一個男孩因成績太差而被迫轉學，進入哥倫比亞大學後卻成了全優生。

一位女生拉丁文考試 4 次不及格，同學校的輔導員談了 3 次話後，就以 84 分的成績通過了。

一位男生被一個考核機構認定為「英語能力欠缺者」，卻在第二年榮獲學校文學獎的提名。

這些學生的問題不在於他們智力遲鈍或基本能力的缺乏，而在於他們的自我意識不恰當。他們「確認」自己的錯誤和失敗，不是說「我考試失敗了」，而是認為「我是個失敗者」；不是說「我這門不及格」，而是說「我是個不及格的學生」。

要想有所成就，並全面地完善自己的意識，就必須有一個適當而又現實的自我意識伴隨著自己，就必須能接受自己，並有健全的自尊心。

必須信任自己，必須不斷地強化和肯定自我價值，必須恰如其分地、有創造性地表現自我，而不是把自我隱藏或遮掩起來，必須有與現實相適應的自我，以便在一個現實的世界中有效地發揮作用。

此外，你還可透過長期的自我觀察或借助心理諮詢師的指導，逐步而客觀地認識自己的長處和弱點，並且積極、現實地對待這些長處和弱點。

當這個自我意識在對自我揚長避短的基礎上日臻完善而穩固的時候，你會有「良好」的感覺。並且會感到自信，會自在地作為「我自己」而存在，自發地表現自己並會適當發揮作用。

如果自我成為逃避、否定的對象，個體就會把它隱藏起來，不讓自我有所表現，創造性的表現也就因此受到阻礙，自我內心便會產生強烈的壓抑機制而無法與人相處。

你的內心所真正需要的正是更豐富的人生、幸福、才幹、寧靜以及你心目中的崇高目標，這在本質上都可從豐富的生活和積極的創造過程中體驗到。

當體驗到幸福、自信、成功的情感時，你就是在享受豐富的生活。當你落魄到壓抑自己的能力、浪費自己的天賦本能，使自己蒙受憂慮、恐懼，達到自我譴責和自我厭惡的程度時，你就是在扼殺你可以利用的生命力，就是在背棄自我發展和完善的道路。

「在你心靈的眼睛前面長期而穩定地放置一幅自我肖像，你就會越來越與它相像。」哈利· 愛默生· 佛斯迪克博士說，「生動地把自己想像成失敗者，這就使你不能取勝；生動地把自己想像成勝利者，將帶來無法估量的成功。偉大的人生以想像中的圖畫——你希望擁有什麼成就，做一個什麼樣的人——作為開端。」

積極的自我意識的形成雖然不是一兩天的事情，但在這其中還是有一定的規律可循。 有規律，就有訣竅，遵循下面的訣竅或原則，你將在自我意識上有可喜的進步。

1· 比別人更愛自己。

為什麼要比別人更愛自己呢？

坦白地說，你的價值至少值幾千萬元，假如你決定將自己出售的話。如果沒有經過你的允許，在這個世界上沒有人能使你覺得自己是低賤的。

印第安那州的一個婦女獲賠 100 萬美元，因為有一種藥物傷害了她的視力。她曾用這種藥物來消除臉上的痘痘，但藥物卻進入了眼睛，使她喪失了 98%的視力。

在加州也有一個婦女獲得了 100 萬美元的補償，那是因為在一次飛機失事中，她的背部受到傷害，醫生說她永遠不能再走路了。

如果你的視力正常而你的背部也正常的話，你會考慮和上面兩位女士交換嗎？一旦你向她們提出的話，她們一定很樂意跟你交換，並且衷心地感謝你。

貝蒂· 格萊相是第二次世界大戰時美國的選美皇后。她以「百萬美元的腿」而聞名，這是因為她的腿投保了 100 萬美元。

你想見到另一雙百萬美元的腿嗎？ 如果想的話，就往自己下面看，你會看到一雙腿，如果它們能使你走動的話。你是不會把它照貝蒂· 格萊相百萬美元的價格出售的，既然你不願以百萬美元換眼睛、百萬美元換背、百萬美元換腿，那麼你已經擁有 300 萬美元了，我們不過是才剛剛開始計算你的價值。

你已經比較喜歡自己了吧，難道不是嗎？

幸運的是，你不必以一項資產，比如你的健康來交換另一項資產，比如金錢。事實上，你只要利用本書所介紹的17條成功法則，你就能擁有所有的一切。

一份雜誌曾刊登了荷蘭畫家林布蘭的一幅油畫，價值百萬美元，你一定會問：「到底是什麼東西，使畫布上的畫這麼值錢？」

然後你就應這樣回答：第一，這顯然是一幅很獨特的油畫，是林布蘭罕見的親筆畫，所以價高；第二，林布蘭是一位天才，這種天才每幾百年才可能出現一個。顯然，那是因為他的才能受到肯定的緣故。

有史以來，億萬人曾經生活在這個地球上，但從來未曾有過，也將永遠不會有第二個你。你是地球上一個獨特的、唯一的生物。

正是這些特性賦予了你極大的價值。

你應該知道，即使林布蘭有天賦，他也只是一個普通的凡人而已。

創造林布蘭的大自然也同時創造了你，照大自然的眼光看來，你跟林布蘭一樣的珍貴。

因此你應該更加珍惜自己，愛護自己。

2. 避免庸俗便是高尚。

進入你心靈的每一件事情都有一種效用，且會被永遠地記錄下來。它可能會有所創造，為你未來的成就打下基礎；也可能會有所毀滅，從而降低你未來可能的成就。

不知哪一位心理學家曾說過，《巴黎最後的探戈》、《大法師》，或者任何X級的影視節目，在你心靈上都會具有「跟一次身體上的真實體驗」一樣的衝動。看過這些節目的人都會有同感，他們在性方面會受到刺激，而且感到沒有自尊。理由很簡單，當遇到你的同胞如此下流時，事實上，你也就見到了自己下流的一面。

當你在觀察人類慾望的種種形式時，不自覺地，你的價值也就正在你的觀察過程中消失。值得諷刺的是，大部分X級影片都是打著「成年」娛樂的廣告，名義上專供「成熟」的觀眾欣賞。

而實際上，它們是青年的娛樂，專供「未成熟的觀眾」欣賞。

占星或算命也可以以一種相同的方式引誘你，而且可能還會產生更壞的效果。

許多人認為占星無足輕重，因為他們一點也不相信它。實際上，你將會逐漸迷上它。令人難以置信的是，如果有些人的占星效果不好，他們就不做決定或不出外旅行，而占星的學問建立在「太陽繞地球運行」的假定上，你肯定會說，這有何科學性可言？

3· 向已經成功的失敗過的人學習。

歌劇明星卡魯索無法唱到高音，所以他的歌唱老師好幾次勸他放棄。但他繼續唱歌，最後他被認為是世界上最偉大的男高音。

愛迪生的老師稱他為劣等生，而且在以後的電燈發明中，他曾失敗了 1．4 萬次之多。

林肯的失敗是出了名的，但是沒有人認為他是一個失敗者。

愛因斯坦也曾數學不及格。

亨利· 福特曾在 40 歲時破產。

迪士尼在成功以前曾破產 7 次，還有一次精神崩潰。

在美國 90%的推銷機構中，那些最成功的推銷員比他們公司中其他的推銷員漏過更多的生意，這種情形有目共睹。

實際上，這些人的成功都是由於他們堅持不懈的努力所帶來的。偉大的槍手跟渺小的槍手之間的主要差別，就在於偉大的槍手是一位堅持到底的槍手而已。

以上的例子和分析使我們了解到，成功者與失敗者只有一個重要差別，那就是毅力。

了解了這一點，你就不應該自卑，別仰視那些成功者，他們也失敗過、沮喪過、自卑過。

你和他們一樣，一生下來就被賦予同等的機遇、同等的成功權利。因此，具有積極的　　　　　　　　自我意識是你應有的能力，也是你應具備的能力。

如果有機會加入一個有目標的組織，對你提高自我意識將極有說明，不僅該目標能引導你向良好方向發展，組織成員之間也會說明你、引導你，而且你也就有了向失敗者學習的機會，因為你有了更廣泛的與人接觸的機會。人人都會失敗，你能從成功者身上學到他們是如何走出失敗的，而他們的智慧並不比你高。

這樣，你的自信意識就會大大提高。你會在碰到同樣問題時，用一句話來激勵自己：「我與那些成功者有同樣的條件，他們能行，我也能行！」

4· 良友是你生命的一部分。

盡量跟那些「道德高尚、性情良好、站在人生光明面」的人交往，那樣你所得到的好處將十分驚人。

拿破崙· 希爾博士曾見過幾百位各行各業的男女，他們以害臊、內向、能力不足的模樣進入他們所從事的職業，可是他們在幾周內就變得有信心、有能力，而且成為更富於朝氣的人。

這到底為什麼呢？

在許多情況下，這些人過去一直生活在消極的環境中，而且周圍的人也不斷地往他們心靈中灌輸消極的因素。現在，每個人都開始向他們說，他們能做到任何事。他們從訓練師與同事那裡聽到了積極的敘述，他們每天都看見這種方式在各方面產生的結果。由於他們發現這種喜歡自己的做法實在是很有趣，所以他們幾乎立刻開始改變自己的自我心態。

你應該相信，你會獲得你周圍的人的大部分思想、舉止與個性，即使你的智商也會受到你的環境與夥伴的影響。

在以色列，經過測驗，東方猶太兒童的智商平均為 85，而歐洲猶太兒童的平均智商為 105。這似乎表明歐洲猶太兒童要比東方猶太兒童聰明些。可是當他們都在以色列住過 4 年以後，由於當地環境是積極的，學習環境良好，而且獻身學習的氣氛也很濃厚，所以平均智商都達到了 105 的相同水準。這一點令人興奮——當你和心態積極、具有道德觀的人士相處，成功的機會也就大大增加了。

同樣，你的夥伴也會在消極方面影響你。

一個小孩子（大人也一樣）如果跟其他抽香煙的人在一起，就會比跟不抽煙的人在一起更容易染上抽煙的習慣，其他不好的習慣也是一樣容易被傳染。幸運的是，你有權利選擇你的夥伴。

書，這種沒有聲音的朋友，對你的影響也是很深遠的。

你要定期閱讀勵志修養的書籍，要閱讀各種成功人士的傳記和自傳。當你閱讀愛迪生、卡內基等人的故事時，要不被感動是很困難的。你把這些故事中的人物跟自己比較，你見到他們的成功，也會預見自己同樣能獲得成功。

要傾聽那些建造人類心靈的演說家、教師的話語，這樣你就會在許多方面獲得提高。只要它能健全你的心靈，即使是一本書、一次演說、一部電影，或一台電視節目，都會陶冶你的情操，從而提高你的自我意識。

5. 你認為你行你就行。

在某種事情上，你也許會產生一種「不可能」、「行不通」的消極意識，這只能表明你對事物認識不深、經驗不足，或是軟弱退卻，但絕不是你真的不行。

愛迪生說過：「如果我們真的去做所有我們能做的事，我們會使自己大感驚奇。」

你有使自己驚奇過嗎？

每個人都有不可限量的潛能，不論遇到什麼困難或危機，只要冷靜而正確地思考，就能產生有效的行動，從而創造奇蹟。

你應相信自己的能力。你要成為堅強有才幹的人，要成為真正的「男子漢」，創造出一番事業，就要記住這一成功準則——我認為行我就行。

大聲宣讀這一準則，並一再把它注入到你的意識之中，要把「不」字從字典中去掉，從生活中抹去，從心靈中剷除，談話中不提它，想法中排除它，態度中去掉它，不再為它提供「原料」，不再為它尋找市場，你應該用「我可以」來代替它。

如果你面對問題時受到「不可能」觀念的阻礙，你可以對所謂不可能的因素展開一次實事求是、客觀的研究，結果你會發現，所謂的不可能，通常不過是源於對問題的情緒反應而已；而且你還會發現，只要以冷靜、非情緒的態度，運用智慧的眼光去審視所涉及的一切，你通常能克服這些所謂的「不可能」。

「我們可以為失敗提出成千上萬條理由，但應沒有一條是藉口。」

沒有任何人和任何事可以打敗你，只要你不被你自己打敗。

如何保持平穩良好的情緒

對所有人來說，不良情緒是有害的，好情緒當然是有益的。

據我們所知，要想保持身體健康，一定要時刻注意自己的情緒，使其處於快樂的狀態中。

最適合的荷爾蒙平衡是什麼？只有身體才知道這個秘密。雖然我們不知道這個秘密，卻知道必須要將荷爾蒙置於最佳的平衡狀態。這就一定要靠高興、愉快的好情緒來幫忙了。透過這些快樂情緒的刺激，體內的荷爾蒙才會達到最佳的平衡狀態。

好情緒產生的生理影響是正面的，而那些不良情緒帶來的生理影響則是負面的。當然，我們也不能高估了那些好情緒給軀體帶來的醫學價值。

保羅·懷特博士是波士頓的一個醫生，他是 20 世紀 50 年代美國的心臟病專家中最傑出的代表，也是第一個號召大家注意情緒對人體造成影響的醫生。

一、良好情緒的特殊療效

在內科醫學記錄中，有懷特博士能證明他的觀點的詳細病例。在我們對荷爾蒙 ACTH 一無所知的日子裡，懷特博士的一個病人透過親身經歷告訴了我們真相。她是個年輕的母親，有兩個未成年的孩子和一個愛酗酒、整天什麼也不做的丈夫。這個女人得了可怕的風濕熱，整日臥病在床，她就這樣維持了 3 年。她的醫生說最多還有一年的時間，她就會離開這個世界。

這個年輕的女人情緒極度低落，一點求生的欲望也沒有。但是，突然發生了一件事，對於她的病來說，可謂是上天賜給的祝福。她丈夫不知什麼原因離家出走了，留下這個可憐的母親和兩個孩子，甚至一點生活費也沒有留給她們。正是這個突發事件使她從憂鬱的陰影中解脫出來了。

當懷特博士去看她的時候，她很堅強地說：「懷特醫生，我一定要起床，我還要照顧、撫養我的兩個孩子呢。」

懷特博士安慰她：「親愛的女士，我也希望你能儘快康復，可是你的心臟會受不了的。」懷特博士一直是她的醫生，對她的心臟狀況瞭若指掌，那麼虛弱的一個人，心臟怎麼能承受得住如此之大的壓力呢。只要是懷特醫生看過的病人，他一般都能清楚地掌握病人的具體病況，這一點毋庸置疑。可是，這次懷特博士卻低估 ACTH 這種荷爾蒙產生的生理作用，當然在那個時候，人們還不知道 ACTH 是什麼東西，能起什麼作用。同時，懷特博士也低估了人類的情緒能刺激垂體，產生 ACTH 和其他荷爾蒙的可能性。不顧懷特醫生的反對，那位年輕的母親鼓起勇氣，下定決心，充滿激情和興奮，下床開始工作了。她靠著自己的努力撫養了兩個孩子，又過了 8 年她才離開這個世界。

經過幾年的行醫，任何一個細心的醫生都能隨口說出幾個和上面的年輕母親類似的故事。人們通常會在病人做完外科手術後，看到這樣的例子。還有一次醫院裡的一個外科醫生對一個病情急劇惡化的病人施行了手術，這可是個難度極大的手術，懷特的同事最終從病魔手中奪回了這個男人的生命。手術過後的第三天，懷特的同事讓他去看看這個病人，並告訴懷特，「他可是個快要死的人了。」

懷特看過他的病歷卡，從治療記錄上看來，他確實病得很嚴重，離死亡可能只有一步之遙。懷特來到他的病房，這個病人還是有意識的，不過，僅此而已。

「你好，亨利，今天感覺怎麼樣？」懷特問道。

亨利優雅地微笑著，從他的眼神裡，我們能看出堅定並且充滿信心的光輝。懷特真不知道這樣的力量是怎樣賦予到他身上來的。儘管身體仍然十分虛弱，他仍真實而誠懇地回答：「我很好，過幾天我就可以出院回家了。」

亨利的樂觀精神確實發揮了很大的作用，他真的康復了。如果他當時沒有那麼樂觀、堅定，充滿信心的話，他肯定是活不了幾天的。

另一個令人震驚的病例發生在一個中年婦女身上。她是因無法控制的大出血而住進醫院的。她的病情非常嚴重，每次到病房看到她時，都會讓人以為她將不久於人世。然而，無論懷特什麼時候問候她，她總是帶著慣有的喜悅微笑和堅定的信心回答：「我很好，今天我還想坐起來呢。很快，我就可以回家了。」

有了這種比藥物治療還管用的精神療法，她確實康復了。

二、良好情緒能調節荷爾蒙達到最佳狀態

人們只要有了好情緒，就會刺激垂體透過最適當的方法達到荷爾蒙平衡，這一點我們無法透過人工合成荷爾蒙來達到。千萬不要忘記，這些荷爾蒙跟前一章曾提到過的荷爾蒙是一模一樣的，同樣的特殊，同樣的對人體造成各種反應。但是，適當的情緒會產生適量的荷爾蒙，不好的情緒則會產生出對人體有害的荷爾蒙。

三、良好情緒甚至能創造奇蹟

我們所掌握的有關荷爾蒙的知識還不完全，像碎片一樣零零星星地散落在漫無邊際的醫學世界裡，即便如此，這些零散的碎片也足以照亮許多看上去像是發生了奇蹟的嚴重病例。當然，我們了解的荷爾蒙知識越多，對此掌握得越深，自然界的精彩之處也就會越來越明晰了。那時的世界，將遠遠超出古人想像的空間。

舉例說明上面的結論並非難事，這樣的例子我們可以舉出成千上萬個來。在抗菌素還沒有問世以前，曾經有個男人腎部感染，在 1934 年，這就已經是很嚴重的病了。病人的脾氣一直很暴躁，充滿著挑釁的火藥味，惹人厭惡。他的身體每況愈下，種種跡象表明是他的情緒刺激了垂體，分泌出了過多的有害物質。

不久，伏都教（一種西非原始宗教）的一個治病術士治好了他的病。他使這個男人改變了原有的壞情緒，變得高興、開心起來，好像換了個人一樣。治病術士激發了他的熱情，給了他希望和勇氣。結果，這個病人的荷爾蒙分泌達到了平衡，並且產生了強大的抵抗力。在那個時候，除了軀體自身的免疫力以外，也沒有什麼別的治療方法了。

同樣的效果也顯現在他情緒的改變上了，他的情緒變化是透過其他方法來實現的，如愛情、浪漫的事件等等。重要的不是用什麼方法來改變，而是要使情緒得到適當的調節，並且真的能讓人變得高興起來。

自從有了人類開始，這樣的事情就一直存在了，我們只不過是剛剛才認識到它的真實意義而已。

四、良好情緒的兩種作用效果

我們千萬不要忘記，好的情緒會對人體產生兩個作用效果。第一，好情緒能夠替代使人飽受壓力影響的壞情緒；第二，好情緒會令垂體受到影響，致使內分泌達到最佳平衡狀態。我們通常用這樣的方式來表達人體內分泌的這種最佳平衡狀態：「嘿，我感覺好極了！」感覺好極了就是說自己沒有什麼身體上的、精神上的不適應症，這時，體內的各種分泌都已達到最佳平衡狀態。然而，從各個方面看來，我認為第一個作用，也就是用好情緒來替代壞情緒以減少壓力的影響則是十分重要的。

五、為什麼不好好活著

你可能常會聽人說：健康的生活中，有著樂觀向上的情緒比其他任何東西都重要。每當我們感慨這些的時候，如何培養和處理我們的情緒就尤為重要了。

迄今為止，我們知道的教育一般是指培養人們的智力和提高智商的教育，這當然十分重要。但是，我們常會看到那些智商一般的人儘管智力上不怎麼好，一樣過著幸福的生活。如果有些什麼不幸突然降臨到身邊的話，我想，可能那些擁有好情緒而智商相對偏低的人會生活得更加幸福。事實上，如果人們能正確對待的話，好情緒比高智商更容易得到認可。

儘管誰都不願意讓壞情緒來影響破壞自己的生活。但是現實中，仍然有很多人會受壞情緒的影響。這主要是因為，幾千年來，我們一直都忽略了對人類進行情緒控制的教育和培養。

克服憂慮

羅斯福總統執政時期的財政部長亨利· 摩根工作很忙，每天都要工作 12 個小時以上，而且他是一個責任心很強的人，為了把自己的工作做好，他不辭勞苦，幾十年如一日。

更有甚者，他經常擔心自己的工作是否妥當，為此他讓自己頭昏眼花，精神不佳。他曾經在日記裡敘述說：「一次，羅斯福總統為了提高小麥的價格，在一天之內買了 440 萬蒲式耳的小麥，這麼大的開銷，我真有些擔憂國家的財政，如果繼續這樣，很可能有赤字的危險。」

他又說：「在這件事情沒有結果之前，我覺得頭昏眼花，我回到家裡，在吃完午飯以後睡了兩個小時。」

其實，不止這件事，亨利對自己所有懸而未決的工作都表示出一種莫名的憂慮，這使他患上了恐懼症。在他 70 歲時，他患上了心臟病，不久，便因心臟病發作而死亡。

看來憂慮已經成了影響人們情緒甚至生命健康的大敵，那麼如何克服這種憂慮呢？

讓我們來看看卡瑞爾的辦法。

卡瑞爾是一個很聰明的工程師，他開創了空調行業的先河，現在，他是位於紐約州塞瑞庫斯市的世界聞名的卡瑞爾公司的負責人。卡瑞爾先生曾向拿破崙·希爾講述道：

「年輕的時候，我在紐約州巴法羅城的巴法羅鑄造公司工作。我必須到密蘇里州水晶城的匹茲堡玻璃公司——一座花費好幾百萬美元建造的工廠去安裝一架瓦斯清潔機，以清除瓦斯燃燒的雜質，使瓦斯燃燒時不會傷到引擎。這種瓦斯清潔方法是一種新的嘗試，以前只試過一次，而且當時的情況很不相同。我到密蘇里州水晶城工作的時候，很多事先沒有想到的困難都發生了。經過一番調整之後，機器可以使用了，可是效果並不像我們所保證的那樣。

「我對自己的失敗非常吃驚，覺得好像是有人在我頭上重重地打了一拳。我的胃和整個肚子都開始扭痛起來。有好一陣子，我擔憂得簡直無法入睡。

「最後，出於一種常識，我想憂慮並不能夠解決問題，於是便想出一個不需要憂慮就可以解決問題的辦法，結果非常有效。我這個抵抗憂慮的辦法已經使用三十多年了。這個辦法非常簡單，任何人都可以使用。

「第一步，毫不害怕而誠懇地分析整個情況，然後找出萬一失敗後可能發生的最壞情況是什麼。沒有人會把我關起來，或者把我槍斃，這一點說得很準。不錯，很可能我會丟掉工作，也可能我的老闆會把整個機器拆掉，使投下去的 2 萬美元泡湯。

「第二步，找出可能發生的最壞情況之後，讓自己在必要的時候能夠接受它。我對自己說，這次失敗，在我的記錄上會是一個很大的污點，我可能會因此而丟掉工作。但即使真是如此，我還是可以另外找到一份差事。至於我的那些老闆——他們也知道我們現在是在試驗一種清除瓦斯的新方法，如果這種實驗要花他們 2 萬美元，他們還付得起。他們可以把這個賬算在研究費上，因為這只是一種實驗。

「發現可能發生的最壞情況，並讓自己能夠接受之後，有一件非常重要的事情發生了。我馬上輕鬆下來，感受到幾天以來所沒有體驗過的一份平靜。

「第三步，從這以後，我就平靜地把我的時間和精力，拿來試著改善我在心理上已經接受的那種最壞情況。

「我努力找出一些辦法，以減少我們目前正面臨著的 2 萬美元的損失。

「我做了幾次實驗，最後發現，如果我們再多花 5000 美元，加裝一些設 備，我們的問題就可以解決了。我們照這個方法去做，公司不但不會損失 2 萬美元，反而可以賺 15000 美元。

「如果當時我一直擔心下去的話，恐怕再也不可能做到這一點。因為憂慮的最大壞處就是摧毀一個人集中精力的能力。一旦憂慮產生，我們的思想就會到處亂轉，從而喪失做出決定的能力。然而，當我們強迫自己面對最壞的情況，並且在精神上先接受它之後，我們就能夠衡量所有可能的情形，使我們處在一個可以集中精力解決問題的地位。

「我剛才所說的這件事發生在很多年以前，因為這種做法非常好，我就一直使用。結果呢，現在我的生活裡幾乎不再有煩惱了。」

拿破崙· 希爾說：「不知道怎樣抗拒憂慮的生意人都會短命而死。」

有一位生意人，他不僅消除了 50%的憂慮，還減少了 70%以前用來開會、解決他生意上問題的時間。

法蘭克· 貝特吉爾是美國的保險業鉅子。他告訴拿破崙· 希爾，他不僅減少了生意上的憂慮，而且讓自己收入倍增。他所使用的也是類似的方法。以下是他給拿破崙· 希爾講述的故事——

很多年以前，我剛開始推銷保險的時候，對自己的工作充滿了無限的熱忱和喜愛。然後發生了一點事情，使我非常氣餒。我開始瞧不起我的工作，甚至想放棄。我幾乎都要辭職了，可是我突然想到一件事。在一個星期六的早晨，我坐下來，想找出我憂慮的根源所在。

我首先問自己：「問題到底是什麼？」我的問題是，訪問過那麼多的人，可是業績並不夠好。我似乎跟那些潛在的顧客都交談得很好，可是到最後快要成交的時候，那位顧客就會跟我說：「啊！ 我要再考慮考慮。貝特吉爾先生，什麼時候再來時再說吧。」於是我又要再去找他，浪費掉不少的時間，使我覺得很頹喪。

我問自己：「有什麼可能的解決辦法？」可是要得到問題的答案，我一定得先研究以前的事例。我拿出過去 12 個月以來的記錄，仔細看看上面的數字。結果，我有一個非常驚人的發現，就在記錄上，白紙黑字寫得很明白。我發現我所賣的保險裡，有 70%是在第一次見面就成交的；另外有 23%是在第二次見面的時候成交的；還有 7%是在第三、四、五次才成交的。這些東西，讓我覺得很難過，很浪費時間。換句話說，我的工作時間幾乎有一半都浪費在實際上只占 7%的業務上。

「那麼答案是什麼呢？」答案很明顯，我立刻停止第二次以後的所有訪問，把空出來的時間拿來尋找新的顧客。結果真是令人難以相信：在很短的時間裡，我就把平均每一次賺 2．8 美元的業績提高到 4．27 美元。

今天，法蘭克·貝特吉爾是美國著名的人壽保險推銷員，每年完成的保險業務都在 100 萬美元以上。可是他也曾經一度想放棄他所從事的職業，幾乎就要承認失敗。結果分析問題使他步入了成功之路。

自我激勵與激勵他人

懂得怎樣用有效的態度和悅人心意的方法去激勵別人，對你的工作和生活有著十分重要的影響。

你在整個一生中都扮演著雙重的角色，你既是你自己，但同時又是你眼中的他人；你激勵別人，別人同樣也會激勵你。我們知道，世間的父母經常都在激勵著自己的孩子。

不過，關於它的重要性我們則是從湯瑪斯· 愛迪生和他的母親那兒認識到的。旁人對一個小孩的信心能使這個孩子信任他自己。

當這個孩子感覺到他是完全沉浸在溫暖而可靠的信任中時，他就會幹得比以前更出色。他不會絞盡腦汁地去保護自己免遭失敗的傷害。相反，他將全力地探索成功的可能性。他的心情是舒暢的。信任已經大大地影響了他——使得他把自己內在的最美好的東西發揮出來。

愛迪生說：「我的母親造就了我。」

拿破崙· 希爾本人在這方面也有親身體驗。

他曾這樣說過：「當我是一個小孩時，我被認為是一個應該下地獄的人。無論何時出了什麼事，諸如母牛從牧場上跑了，或堤壩決口了，或者一棵樹被神秘地吹倒了，人人都會懷疑：這是小拿破崙· 希爾幹的。

「而且，所有的懷疑竟然都還有什麼證據！ 我母親死了，我父親和弟兄們都認為我是惡劣的，所以我便真成了非常惡劣的了。如果人們竟是這樣看待我，我也不至使他們失望的。

「有一天，我的父親宣佈：他即將再婚。我們大家都很擔心，因為不知道我們的新‘母親’是哪一種人。我本人斷然認為將來我們家的新母親是不會給我一點同情心的。這位陌生的婦女進入我們家的那一天，我父親站在她的後面，讓她自行對付這個場面。她走遍每一個房間，很高興地問候我們每一個人——就是說直到她走到我面前為止。我直立著，雙手交叉著疊在胸前，凝視著她，我的眼中沒有絲毫歡迎的神情。

「我的父親說：‘這就是拿破崙，是希爾兄弟中最壞的一個。’

「我絕不會忘記我的繼母是怎樣對待他這句話的。她把她的雙手放在我的兩肩上，兩眼閃耀著光輝，直盯著我的雙眼，使我意識到我將永遠有一個親愛的人。她說：‘這是最壞的孩子嗎？ 完全不是。他恰好是這些孩子中最伶俐的一個，而我們所要做的一切，無非是把他所具有的伶俐品質充分地發揮出來。’

「我的繼母總是鼓勵我依靠自身的力量，制訂大膽的計畫，堅毅地前進。後來證明這種計畫就是我事業的支柱。我絕不會忘記她的教導。因此，當你去激勵別人的時候，你要使他們建立自信心。

「我的繼母造就了我，因為她深厚的愛和不可動搖的信心激勵著我努力成為她相信我能成為的那種好孩子。」

所以，你可以用信任的方法激勵別人。

但是要正確地理解信任。它是積極的，而不是消極的。消極的信任沒有力量，正如同不能觀察的眼睛沒有作用一樣。

必須運用積極的信任，必須說明你的信心，告訴別人：「我知道你在這個工作中是會成功的，所以我和別人承擔了保證你成功的義務。我們都在這兒，等待著你的成功。」

當你對別人抱有信心時，他就會成功。

任何成功的銷售經理都懂得，激勵銷售員最有效的方法之一就是親自到現場，和銷售員一起工作，樹立榜樣。

希爾博士成功學的傳人克裡曼特·斯通曾經講述他如何訓練一位銷售員的故事給學員們聽，從而鼓舞了許多人。

斯通這樣講道：

「愛荷華州西奧克斯城有我們公司的一些銷售員。有一天晚上，我聽到一位推銷員抱怨說，他在西奧克斯中心已經工作了兩天，但沒有賣出一樣東西。他說：'在西奧克斯中心出售商品是不可能的，因為那兒都是荷蘭人，他們講究宗派，不想買生人的東西。此外，這片土地歉收已達 5 年之久了。'「雖然他這樣說，我還是建議他第二天到那兒去做生意。第二天，我們驅車前往西奧克斯中心。在車上，我閉著眼睛，放鬆身體，靜思默想，調整我的心理狀態。我不斷地思考我能如何與這些人做成生意，而不去想為什麼我不能與他們做成生意。

「我是這樣想的：他說他們是荷蘭人，講宗派，因此他們不願買我們的東西。那有什麼關係呢？ 眾所周知的事實是，如果你能將東西賣給一族人中的一個人，特別是一個領袖人物，你就能賣東西給全族的人。現在我必須做的一切就是要把第一筆生意做給一位適當的人。即使要花費很長的時間，我也要做到。

「還有，他說這片土地歉收已達 5 年之久。還有什麼能比這一點更好呢？ 荷蘭人是極優良的人，他們十分注重節約，做事認真負責，他們需要保護他們的家庭和財產。但他們很可能從沒有購買過意外事故保險，因為別的推銷員可能跟和我一起開汽車的那位推銷員一樣具有消極心理，從沒有向他們試著銷售過事故保險。要知道，我們的保險只收很低的費用，卻能提供可靠的保護。

「當我們到達西奧克斯中心時，我們首先進了一家銀行。當時，那有一位副經理，一位出納員，一位收款員。20 分鐘內，副經理和出納員各買了一份我們公司所銷售的最大的保單——全單元保單。接著，我們一個商店接著一個商店，一個辦公室接一個辦公室地訪問每個機構中的每一個人，有條不紊地兜售著我們的保險單。

「就這樣，一件驚人的事發生了：那天我們所訪問的每一個人都購買了全單元保單，沒有一個例外。

「在歸途中，我感謝神力給我的幫助。

「為什麼在同一個地方，別人的銷售失敗了，而我的銷售卻成功了呢？實際上他失敗的原因和我成功的原因是相同的，除去一些別的東西。」

從斯通的敘述中，你學到了什麼？下面是斯通本人的心得：

「那位推銷員說他不可能售保險單給他們，因為他們是荷蘭人，並且有宗派觀念。那是消極的心態。現在，我知道他們會買保險單，因為他們是荷蘭人，並且有宗派觀念，這是積極的心態。

「還有，他說他不可能售保險單給他們，因為他們已歉收達 5 年之久。那是消極的心態。

「我知道他們會買，因為他們已歉收達 5 年之久。這是積極的心態。「我們之間的差別就在於心態，是消極的心態和積極的心態。

「後來，這位推銷員回到西奧克斯中心並待了很長的時間。在那兒他每天都取得一定的銷售成績。」

只因為學會了用積極的心態從事工作，這位推銷員在他失敗的地方成功了。這個故事說明了用榜樣激勵別人的重要性。

還有一種行之有效的激勵他人的方法是，指導人們讀一些勵志書刊。

一位著名的銷售主管和銷售顧問曾送給斯通一本希爾博士的《思考成功》。自從那時起，斯通就一直在使用勵志書籍去鼓舞推銷員。

斯通深知鼓舞和熱情是銷售組織的生命。除非人們不斷地添加燃料，不然熱情的火焰總是要熄滅的。

斯通養成了一種這樣的習慣：他總是不時地查詢他的一些代理人是否經常收到勵志書刊，斯通打算讓這些出版物發揮精神維他命的作用。

瓦爾特· 克拉克出生在美國東北部海岸的羅德艾蘭州首府普羅維登斯港，那裡有一 個以他的名字命名的「瓦爾特· 克拉克同志會」。在瓦爾特· 克拉克的兒童時代，他想當醫生，但是當他長大些時，他又想當工程師。於是他就去學工程學。

然而，在哥倫比亞大學，他發現探索人類心理的功能十分有趣且引人入勝，於是他就放棄工程學，改攻心理學。最後，他拿到了碩士學位。畢業後，瓦爾特· 克拉克就到瑪西百貨公司及其他幾個著名的公司擔任人事職員。 那時，著名的心理測驗成為一種特殊的資訊，人們用這種測驗方法為公司提供申請就業者的資訊，包括：申請者的智商、資質和個性。但是有些重要的東西卻被忽略了。

瓦爾特就努力尋找這種失掉了的因素。

他想：「工程師能選擇適當的零件，並把它安裝到適當的位置上，讓機器能有效發揮功能。我要給人們做的事也是這樣的：選擇恰當的人擔任恰當的工作。」

瓦爾特像許多人事職員一樣，發現有些人在工作上是常會失敗的，即使心理測驗表明他們有最佳的智慧、資質和個性，足以在這個工作上取得成就。

他自問道：「為什麼那時我們有那麼多的缺勤者、人事變動和失敗呢？」

他分析道：「現在，我對這個問題的答案是十分簡單和明瞭的，而別的心理學家卻沒有發現這個答案：你要明白一個人不是一個機械體。人具有心理，他的成功或失敗都是由於他的心理受到或未受到激勵。」

因此，瓦爾特努力發展一種分析技術，這種技術起著十分積極的作用，其作用為：

1. 指出在令人愉快的或痛苦的環境中，個人行為的傾向性。
2. 說明環境的種類——能在有利的形勢下吸引人的環境，或能在不利的形勢下排斥人的環境。

3. 在本質上指出個人的潛在素質。

使用這種技術，你就能成功地分析一定的工作需要什麼樣的人。

瓦爾特工作勤奮，不斷探索，因此能夠發現和準確地認識到他所正在尋找的東西。 他發展了被稱之為活動向量分析的技術，它被稱為 AVA；它的基礎是語義學，特別是個人對詞形的反應。瓦爾特根據就業申請者所給的答案，設計了一種圖表；他還求得了一個公式，用以設計類似的圖表，使之能適用於任何特殊的工作。

當他發現申請者的圖表符合某種工作需要的人的圖表時，他便找到了人員與工作的完美結合點。

那麼，這是為什麼呢？

因為這時申請者就會找到與他的性格相適應的工作。

一個人能做他所喜歡做的工作是很愜意的。

按照瓦爾特的設想，活動向量分析唯一的目的是說明商業管理，主要表現在：

1. 選擇人員。

2. 發展管理。

3. 削減缺勤造成的高額費用。

4. 加速不合格人員的淘汰。

瓦爾特達到了原定的主要目的。

斯通多年來也在不斷地探索一種科學的勞動工具，以幫助他的代理人成功地解決他們的個人、家庭、社會、業務等方面的問題。

他在尋找一種簡單、正確和可行的公式，以便把這種公式應用於特定環境中的特殊個人，從而消滅臆測，並且可以節省時間。因此，當斯通聽到「活動向量分析」時，他便主動作了調查，並立即承認：這正是他長期以來一直在尋求的勞動工具。

他看到活動向量分析可用於許多方面，大大超出了構思它時所確定的目的。

培養積極情緒

一、愛與溫情

任何負面的情緒在與愛接觸後，都會如冰雪遇上了陽光般，很容易就消融了。如果現在有個人跟你發脾氣，你只要始終對他施以愛心及溫情，最後他們便會改變先前的情緒。福克斯說得好，只要你有足夠的愛心，就可以成為全世界最有影響力的人。

二、感恩

一切情緒之中最有威力的便是愛心，但它以不同的面貌呈現出來，感恩也是一種愛。因而人們喜歡透過思想或行動，主動表達出自己的感恩之情，同時也好好珍惜上天賜給他、人們給予他的人生經歷。如果我們常心存感恩，人生就會過得很快樂，因此請好好經營你那值得經營的人生，讓它充滿芬芳。

三、好奇心

如果你真心希望你的人生能不斷成長，那麼就得有像孩童般的好奇心，孩童是最懂得欣賞「神奇」的。如果你不希望人生過得那麼乏味，那就在生活中多帶些好奇心；如果你有好奇心，那麼便會發現生活中奧妙無處不在，你就能更好地發揮潛能。這是個環環相扣的道理，你有必要好好去研究。如果你能好好發揮你的好奇心，那麼人生便是永無止境的學習，其中全是發現「神奇」的喜悅。

四、振奮與熱情

如果做任何事情都帶著振奮與熱情，它就會變得多彩多姿，因為它們能把困難化為機會。熱情具有偉大的力量，鼓動我們以更快的節奏邁向人生的目標。

19 世紀英國著名首相狄斯雷利曾說過這樣的話：「一個人要想成就偉大，唯一的途徑便是做任何事都得抱著熱情。」

我們要如何才會有熱情呢？ 就跟要如何才會有愛、有溫情、有感恩和有好奇心一樣，只要我們決定開始熱情起來！

可千萬別想渾渾噩噩過日子，那不僅會使生活過得很乏味，人生也會充滿不幸。

五、毅力

毅力能夠決定我們在面對困難、失敗、誘惑時的態度，最終決定我們是倒下去，還是屹立不動。如果你想減輕體重、如果你想重振事業、如果你想把任何事做到底，單單靠著「一頭熱」是不行的，你一定得準備毅力才能成事。因為那是你產生行動的動力源頭，毅力能把你推向任何想追求的目標。具備毅力的人，他的行動必然前後一致，不達目標誓不甘休。

安東尼· 羅賓認為，只要你有毅力，就能夠做成任何大事，反之，缺乏毅力，你就注定失敗。一個人之所以敢於冒險去做任何事情，憑的就是他們的勇氣，而勇氣則源於毅力。一個人做事的態度是勇往直前還是半途而廢，就看他們是否時常練習他的毅力。

六、彈性

埋頭苦幹不表示就是有毅力，必須能察看出實際情況的變化，並不失時機地改變自己的做法。試問，如果你只要走兩步路便能找到出口，難道非得把牆打個洞才能出去嗎？ 有時候光有毅力並不一定能成就事業，你還得有彈性。

我們要保證任何一件事能夠成功，保持彈性的做事方法是絕不可少的。要你選擇彈性，其實也就是要你選擇快樂，在每個人的人生中，都必然會遇到諸多無法控制的事情，然而只要你的想法和行動能保持彈性，那麼人生就能永保成功，更別提生活會過得多快樂了。蘆葦就是因為能彎下身，所以才能在狂風肆虐下生存；而榆樹就是想一直挺直腰杆，結果經常為狂風吹折。

七、信心

不輕易動搖的信心是我們每個人所嚮往的。如果你想一直都滿懷信心，那麼你一定要從心裡建立起「有信心」的信念。你得從此刻便開始學習想像並感受那份信心，相信自己有資格取得它。但這可不能光靠做白日夢，希望著美好的未來有一天會平白冒出來。當你有信心，就敢於去嘗試、敢於去冒險。要想建立信心，有個辦法，那就是不斷練習去使用它。如果有人問你是否有信心能把鞋帶繫好？相信你會以十足的信心回答說沒問題。為什麼你敢說得那麼肯定？只因為你做過這件事已成千上萬次了。同樣的道理，如果你能不斷從各方面練習自己的信心，你的人生事業就成功了 50%。

八、快樂

當我們把快樂這一項加在最重要的追求價值表內時，大家都說：「你跟我們不太一樣，你似乎很快樂。」事實上，我們是很快樂的，可是同時卻從未表現在臉上。你知道嗎？內心的快樂和臉上的快樂有著很大的差別。前者能使你充滿自信、對人生心懷希望、帶給周圍之人同樣的快樂。當你遭遇了一些不好的事，卻硬是在臉上浮現笑容，這會使你覺得再也沒什麼比這個更讓你難受的了。

要想從臉上表現出快樂的樣子，並不是說要你不去理會所面對的困難，而是要知道學會如何保持一種快樂的心情，那樣就有可能改變你生活中的許多事情。只要你能做到臉上常帶笑容，就不會有太多的東西引起你的痛苦。

九、活力

這是很重要的一種情緒，如果你不能很好照顧自己的身體，那就很難享受到擁有它的快樂。你要經常注意自己是否有活力，因為一切情緒都來自於你的身體，如果你覺得有些情緒溢出常軌，那就趕緊檢查一下身體吧。你的呼吸怎樣？當我們覺得壓力很重時，呼吸就會很不順暢，這樣就慢慢把活力耗竭掉了。如果你希望有個健康的身體，那就得好好學習正確的呼吸方法。

另外一個保持活力的方法，就是要維持身體足夠的精力。怎樣才能做到這一點呢？我們都知道每天的身體活動都會消耗掉我們的精力，因而我們得適度休息，以補充失去的精力。請問你一天睡幾個小時呢？如果你一般都得睡上 8 ～ 10 個小時的話，很可能有些多了點，根據研究調查，大部分的人一天睡 6~7 小時就足夠了。

還有一個跟大家看法相反的發現，就是靜坐並不能保存精力，這也就是為什麼坐著也會覺得疲倦的原因。要想有精力，我們就必須「動」起來才行，研究發現，我們越是運動就越能產生精力，因為這樣才能使大量的氧氣進入身體，使所有的器官都活動起來。唯有身體健康，才能產生活力，才能讓我們應付生活中各種各樣的問題。由此可知，我們一定得好好培養出活力，這樣才能控制生活裡的各樣情緒。

十、服務

某天午夜時分，安東尼· 羅賓駕車在高速公路上飛馳，心中想著：「我得怎麼做才能改變人生？」突然有個意念閃過腦際，羅賓如夢初醒，興奮得難以自持，隨即把車開下高速公路並停在路邊，在筆記本上寫下了這句話：生活的秘訣就在於給予。

人作為這個社會的一分子，如果我們所說的話、所做的事，不僅能豐富自己的人生，同時還可以幫助別人，那種心情是再令人興奮不過了。我們常常會被那些為了追求人生最高價值之人的故事所感動，他們無條件地去關心人們，帶給人們極大的幸福。每天我們都應該好好省思，到底能為人們做些什麼事，別只想到自己的好處。

一個能夠不斷地獨善其身並兼善天下的人，必然是因他明白人生的真義，那種精神不是金錢、名譽、誇獎所能比擬的。擁有服務精神的人生觀是無價的，如果人人都能效法，這個世界定然會比今天更美好。

剷除消極情緒

成功的最大敵人是缺乏對自己情緒的控制。憤怒時，不能遏制住怒火，使周圍的合作者對你望而卻步；消沉時，放縱自己的萎靡，讓許多稍縱即逝的機會白白從身邊溜掉。

你會發脾氣嗎？ 你懂得什麼時候應該發脾氣，什麼時候不應該發脾氣嗎？ 如果你在開車時，碰到別人從你身邊呼嘯而過，使你大吃一驚時，你是否會破口大罵呢？ 很多人會因此而大發脾氣，甚至為此不高興一整天。卻不知，對方可能早已高興地開著車跑掉了。要化解不良情緒，我們不妨以風趣、溫和的態度解釋當時的情形：「這傢伙，一定是老婆趕著去生孩子。」然後，對此報以一笑置之的態度。

反之，忍住不發脾氣一定是好的嗎？比如，當你的孩子在念書時，隔壁的音響開得很大聲，你只管忍耐，不去伸張權益，結果如何呢？在這種情況下，我們忍住不發脾氣，也等於在縱容別人做不該做的事情。

生活中非理性的因素很多，我們常常會因為這些非理性的因素而控制不住自己的情緒，從而導致一些不應該的後果發生。為了更好地控制自己的情緒，我們應該先分析一下生活中常見的非理性因素。

世界之大，我們每個人傾盡一生，能看到、聽到、感覺到、體驗到的事物極其有限。且不說浩瀚無垠的洪荒宇宙，即使我們立足的這個渺小的星球，已經使我們再三地承認生命的有限和短促了。可見，即使是煩瑣的小事，投射到我們的心靈世界裡時，極有可能變得極其複雜和豐富。

在生活中，我們感覺周圍的事物，形成我們的觀念，做出我們的評價，以及相應地判斷、決策等，無一不是透過我們的心理世界來進行的。只要是經由主觀的心理世界來認識和體察事物，我們就不可避免會受到非理性因素的干擾和影響，使我們對事物的認識和判斷產生偏差，影響我們認知準確性的因素很多，如知識、經驗的局限、認知觀念的偏差、感官的限制等等。其中，影響因素最大的是情緒的介入和干擾。

生活中常見的非理性因素如下：

一、嫉妒

嫉妒使人心中充滿惡意和傷害。如果一個人在生活中對別人產生了嫉妒的情緒，那麼他就要從此生活在陰暗的角落裡，他也不能再在陽光下光明磊落地行事了，而面對別人的成功或優勢則咬牙切齒，恨之入骨。嫉妒的人首先傷害的是自己，因為他把時間、經歷和生命不是放在人生的積極進取上，而是日復一日的蹉跎之中。嫉妒同時也會使人變得消沉，或是充滿仇恨，如果一個人心中變得消沉或是充滿仇恨，那麼他距離成功也就越來越遙遠。

二、憤怒

憤怒使人失去理智思考的機會。許多場合，因為不可抑制的憤怒，使我們失去解決問題和衝突的良好機會，而且，一時衝動的憤怒，可能意味著事過之後付出昂貴的代價來彌補。在實際生活中，憤怒導致的損失往往可能是無法彌補的，你可能從此失去一個好朋友，失去一次事業成功的機會，你可能從此在他人眼裡的形象受到損害，別人也從此開始對你產生疑惑。

憤怒時最壞的後果是，人在憤怒的情緒支配下，往往不會想到去顧及別人的尊嚴，並且嚴重地傷害了別人的面子。損害他人的物質利益也許並不是太嚴重的問題，而損害他人的感情和自尊卻無異於自絕後路，自挖陷阱。如果你心中的夢想是渴求成功，那麼憤怒是一個不受歡迎的敵人，應該徹底把它從你的生活中趕走。

生氣的結果，總是承認自己錯了。你能制止不生氣，證明你是對的，你的對手便無能為力了。行動冷靜則對方也會冷靜下來。對方的辦法是要激起你生氣而做出一種不合理的事來，使你事後後悔。一個對你這種憤怒毫無反應的人，你對他生氣，實在是毫無意義的。打倒一個憤怒的對方，沒有比冷靜更好的辦法了。不要因為別人生氣，你便怒不可遏，要知道那正是你應當平和的時候。

如果你想要生氣的時候，便想想這種爆發會帶來怎樣的嚴重後果，如果你明白生氣必定會有損於你自己的利益時，那麼最好約束你自己，無論這種自制怎樣吃力。

生氣應視時機，憤怒在人生中有一種很高的價值，運用得當就是很好的東西。當你生氣的時候，要記著這個原則：你是要做一件有目的的事。不可壓制一切行為，因為壓迫反而增加緊張，會令人受不了的。你要做的事情，就是想方設法地去約束它，憤怒並不是壓迫憤怒，而是把憤怒導引為一種行動，以增進自己的事業。

憤怒可以作為努力背後的原動力。一個完好的機器轉動時毫無聲息，但是在其背後是有極大的力量的。一個弱小而吵鬧的機器，以其聲音外表來看似乎是有很大的力量，但是這種機器太不協調，很容易損壞。

同樣地，如果有什麼困難發生，你就覺得急躁不安而無心工作，就好像把機器暫時停止了（一點事也不做），殊不知如果無限期地無所動作，最後將像破舊的汽車一樣，被送往廢鐵場。

憤怒時，最重要的是使「怒氣」獲得適當的引導，以免積壓，以至日後一發不可收拾。抑制一種機器時，要能夠利用「怒氣」，而且要用得不動聲色，極有效力。但有時「怒氣」太多，機器跟不上，則不得不用一種安全塞，把氣釋放。

有時，人會產生一種無意識而又瘋狂的爆發，這是因為他們只知壓制心中的怒氣，而不知準備一種釋放的活塞。諸如狂叫、扯頭髮、丟盤子、用力關門等等，都不是好的活塞。這樣做將使我們內心難以忍受的一面赤裸裸地顯現出來，不但會引起他人注意及嘲笑，還將使我們留下難以彌補的傷痕。

心平氣和的人並不是從來都不生氣，他們把憤怒發洩於有益之處，同時在過度時，有一種安全活塞用以疏導。

三、恐懼

過分的擔憂可能導致產生恐懼，而恐懼則使人學會迴避、躲藏，而不是迎接挑戰，不畏困難。對某些事物的恐懼情緒，可能來自於缺乏自信或自卑。

一次失敗的經歷或尷尬的遭遇都可能使人變得恐懼。比如，經歷過一次在公眾面前語無倫次的演講，可能使他從此恐懼演講。這無疑使他在生活中憑空少了許多機會，本來可以透過一番演說和遊說來獲得成功機會，結果卻因恐懼而使得那個機會從手指縫裡溜走。恐懼的氾濫能導致焦慮，而焦慮的情緒甚至比恐懼還要糟糕。

有些人把焦慮情緒形容為「熱鍋上的螞蟻」，這個比喻可謂相當準確，也相當形象。產生恐懼情緒而不想方設法加以控制和克服，其潛台詞相當於默認自己是個怯懦的失敗者。成功的路途上小小的失敗就令他望而卻步，駐足不前，那麼，成功後可能面臨的更大挑戰他又如何能應付呢？

四、憂鬱

成功路途中最可怕的敵人是憂鬱。如果說別的消極情緒是成功路上的障礙，使成功之路變得漫長和艱險；那麼，憂鬱根本就使成功路南轅北轍。克服別的情緒問題可能是個修養和技巧的問題，克服憂鬱卻相當於一項龐大的工程，它需要徹底改變你的性格：從認知、態度到性格、觀念。

一個追求成功的人如果患上憂鬱，即使有成功的機會，也會離他而去。因為成功帶給他的並不是喜悅，不能使他興奮起來，他沉浸在自己的瑣碎體驗中不能自拔。憂鬱者仿佛是一個隨時馱著殼的蝸牛，只是束縛他的硬殼是無形的。憂鬱者宛若置身於一個孤獨的城堡中，不僅他自己出不來，別人也進不去。

五、緊張

緊張能使我們集中精力，不致分神，但緊張過度卻使我們長期的準備工作付諸東流。本來設想和規劃得很好的語言和手勢，一緊張便會忘得一乾二淨。過分的緊張使人變得幼稚可笑：臉色發白或漲得通紅，雙手和嘴顫抖不已，冒著冷汗，心跳劇烈，甚至使人感到心悸，呼吸急促，語言支離破碎。這樣的情形使我們宛若一個撒謊的幼童。

一個成功者，他也許一直都有些緊張的情緒，但之所以成功，是因為他已經學會了如何控制緊張。美國歷史上最著名的總統林肯，當眾演講時始終有些緊張，可是他知道如何控制和巧妙地掩飾過去，不讓台下的聽眾看出來。

六、狂躁

狂躁容易給人以一種假像，彷彿可以使人精力充沛，說話和做事都那麼有感染力，顯得咄咄逼人。初次接觸狂躁者時，許多人都會產生錯誤的感覺，以為他是多麼的具有活力和使人感動。可是隨著時間的推移和了解的加深，你就會發現狂躁其實不過是一張白紙。他的談話沒有深度，他行事缺乏條理和計劃性，他說過的話轉眼就忘記，交給他的任務也不會受到認真對待。

狂躁的情緒容易使人陶醉，因為狂躁者的自我感覺好極了，他會顯得雄心勃勃，似乎要去把最後一顆太陽也射下來。可是，世界上沒有狂躁者也取得成功的例子，因為狂躁和憂鬱其實是情緒的兩個極端：狂躁是極度的興奮，而憂鬱是極度的抑制。在精神病分類裡，有一種精神疾患就叫做狂躁——憂鬱症。

如是因小事而急躁，就找一種發洩的方法，然後心境平和起來，保持你的精力，以準備應付大事，因為大事是需要極大的自制力的。一些小小的煩惱如果不放鬆出來，便會聚成一種長期的積憤，到頭來時便完全不能自制了。

還有一點重要的，便是怒氣發出來之後，如果要收其實效，就必須在發洩後把神經放鬆下來。

如果在生活中一些瑣碎的事情使你老是煩躁不安，你最好是休息一下，或是進行一次旅遊，或是在鄉野散步，至少你要找出使你煩躁的原因，然後想法解除。

七、猜疑

猜疑是人際關係的腐蝕劑，它可以使觸手可及的成功機會毀於一旦。莎士比亞在他那出著名的悲劇《奧賽羅》裡面十分生動而深刻地刻畫了猜疑對成功的腐蝕，愛情因為猜疑變得隔閡，合作因猜疑而不歡而散，事業因猜疑而分崩離析。

猜疑的原因主要是缺乏溝通，許多猜疑最終都被證明是誤會，如果相互之間的溝通順暢，那麼猜疑的霉菌就無處生長。對成功路上艱難跋涉的追求者來說，猜疑將是一個隨時可能吞沒你整個宏偉事業的陷阱。

因為你的猜疑可能隨時被別人利用，而蒙在鼓裡的你還渾然不覺。其實，只要你細加分析，就不難發現猜疑是多麼沒有道理和破綻百出。

猜疑的另一個原因是對自己的控制能力缺乏足夠的自信。為什麼會猜疑？因為擔心自己的利益受到損害，而這種擔心顯然是由於對自己控制局面的能力信心不足造成的。

戰勝情緒低潮

諸事不順——如果常常抱有這種想法，我們就會更加沮喪，更感覺受挫。不但如此，我們可能會變本加厲地反覆去想一連串不愉快的事，讓惡劣的想法籠罩心頭久久無法散去。結果當然是惡運連連，噩夢不斷，甚至可能連本來會有的好日子都不會來臨。

因此，我們應試著向霉運喊停。只要有一件不順心的事發生，立刻告訴自己：「依照幾率，每天應該碰上一件倒楣事，而那一件已經過去了。」從此刻開始，都是美好的。說服自己往光明面走，挫折感一定會減少的。

下面是一男孩子的故事：在上手工課時，同學都拿到了平平滑滑、沒有瑕疵的木板，只有他那塊有個明顯的裂痕。但他沒有抱怨，而是順著那裂痕雕琢。結果，他完成了一件精美的作品。

如果今日你覺得不順心，彷彿生命有那麼一道裂痕，別灰心，努力改造，在裂痕之上創造奇蹟。

低潮的情緒是累、懶、厭、倦、煩的綜合症。忙久了會「累」，不想再忙是

「懶」，一件事常常做就令人生「厭」，身心疲憊是「倦」，看人看事都覺得「煩」。漸漸地，人消沉了，做事提不起勁兒，認為自己一無是處，再努力也沒用。

消沉是每個人都有的經驗，某些時候甚至特別厲害。消沉有不同的症狀，其程度是由輕至重的。

輕度：覺得不快樂，反應較遲緩，睡得不好，對日常生活失去興趣或樂趣，情緒悲觀，對人對事不熱心。

中度：覺得鬱悶，想哭又哭不出來，傷心難過，優柔寡斷，沒有自信，注意力不集中，健忘，常喝酒，依賴藥物才可能提神。

重度：覺得毫無生趣，想結束生命，自殺和自傷的念頭愈來愈強烈，大量飲酒，濫用藥物。

《聖經》中有段詩，是詩人自述消沉及其對策：「我的心哪，你為何憂悶？ 為何在我裡面煩躁？ 應當仰望神，因他笑臉幫助我，我還要稱讚他。」這首詩的作者知道自己的心憂悶、煩躁，但不是自怨自艾，停留在憂悶之中，而是仰望心靈，尋求有能力者的幫助，而且高聲歌唱。當我們自覺消沉煩悶時，可效法詩人：

1. 反省自己現況：知道自己的情緒低潮，但不逃避，正視困境。
2. 思考突破方法：不停留在憂悶之中，希望主動改善困境。
3. 尋找有能力者：我們在低潮時，需要有人拉我們一把，讓我們重獲能力，走出困境。
4. 尋求幫助，並且感謝讚美對方，感恩的心也是一股走出低潮的動力。

心理學家蓋瑞艾默莉曾提出三個步驟對抗消沉：

1. 知覺：留意自己有些低潮的想法，不忽視、不低估。
2. 回應：以較實際的想法挑戰和改變負面的想法。
3. 行動：採取具體方法，執行新方法，並保持恆心去實踐。

另兩位心理學家瑞麥凱和狄克梅爾也提出相似的 ACE 原則，以此可超越消沉：

A（accept）：接受，接納自我與自己的情緒。

C（choose）：選擇，尋找新的目的、想法和情緒。

E（execute）：力行，採取積極行動執行新的選擇。

的確，對你而言，有些日子容易使人消沉低潮，但決不要向這些憂鬱的情緒低頭，改變想法，選擇更積極的人生，並努力實踐新的想法。

我們每個人都應向低潮消沉大喊：「你們別囂張，別狂傲，我們不低頭！」

以下是消極情緒的信號：

1. 不痛快
2. 害怕
3. 難過
4. 生氣
5. 挫折感
6. 失望
7. 懊悔
8. 不中用
9. 心力交瘁
10. 孤獨感

每天你需要好好照顧你的情緒，因為它們能使你的人生充滿活力、不斷成長。如果你想盡量不出現負面情緒，那麼就得具備一些積極的信念。

你需要經常運用你的情緒，把那些消極行動信號轉化為積極的行動。別忘了，不管你的感受是否舒服，它們都是你所認知的結果，每當你有不舒服的感受時，問問自己這個問題：「這件事還有沒有其他的解釋？」這是你掌握情緒的首要步驟。

重視你的各種情緒，並且學會感謝它們提供的資訊，因為這使你有機會學會怎樣在短時間內改變自己的人生。永遠不要把痛苦的情緒當成敵人，其實它們只是告訴你一個資訊，你有些地方需要改一改。

當你運用這些積極行動信號改進了自己的能力，從此就能更有效地掌 握自己的人生。 不要小看情緒對一個人的影響，在它剛出現徵狀時就得馬上對付，別等到它已牢牢控制了你之後才處理，那就為時已晚。就像減肥一樣，當你發現才超重一點點，立刻採取行動很容易就能把體重減下來，然而等你超重了 30 公斤才想減肥，到那時沒有很大的毅力是很難奏效的。

第 11 章 合理安排你的時間與金錢

惜時如金

你珍惜生命嗎？ 那麼就請珍惜時間吧，因為生命是由時間累積起來的。

「別忘了，時間就是金錢。假設，一個人一天的薪資是 10 個先令，可是他玩了半天或躺在床上睡了半天覺，他自己覺得他在玩上只花掉了 36 個便士而已。錯了，他已經失去了他本應該得到的 5 個先令。千萬別忘了，就金錢的本質來說，一定是可以增值的。錢能變更多的錢，並且它的下一代也會有很多的子孫。

「假如一個人殺死一頭能生小豬的母豬，那他就是毀滅了它所有的後代，甚至於它的子子孫孫。假如誰消滅了 5 個先令的金錢，那樣就等於消滅了它所有能產生的價值。換句話說，可能毀掉了一座金山。」

這段話是美國著名的思想家班傑明· 富蘭克林的一段經典名言，它簡單直接地告訴了人們這樣一個道理：假如你想成功，必須認識到時間的價值。

拿破崙· 希爾曾說過，能好好地利用時間是很重要的，每天 24 小時，如果不能認真計畫一下，一定會無緣無故地浪費掉，時間會跑得不見蹤影，人們什麼也得不到。

從做過的事可以得出經驗，怎樣分配時間對於成功和失敗起著決定作用。人們經常這樣以為，在這浪費幾分錢，在那兒消耗幾小時沒什麼關係，但是它們卻有很大作用。這種差別對於時間來說顯得很微妙，要經過很多年才能讓人們覺察出來。可是有的時候，這種差別也是顯而易見的。

時間是你自己可以握在手中的最寶貴的財富，請認認真真地、合理地安排時間，不要平白無故在無聊的事上消耗一分或哪怕一秒鐘，千萬別忘了不珍惜時間就相當於不珍惜自己的生命。

時間的一個顯著特點，就是不能挽回、不可逆轉，也不可能貯存。它是一種永遠不會再生的、與眾不同的資源。所以拿破崙·希爾這樣說：「一切節約歸根到底都是時間的節約。」

時間相對於每一個人、每一件事情都是毫不留情的，是蠻橫霸道的。時間可以被肆無忌憚地消耗掉，當然也一定可以被很好地利用起來。很好地運用時間，就是一個效率的問題。換句話說，在單位時間裡對時間的利用價值就是效率。有限的時間一點一滴地累積成人的生命。假設以 80 歲的年紀來計畫一個人的一生的話，那麼大概就有 70 萬個小時。在這之中，人們可以精力充沛地進行活動的時間僅僅只有 40 年，大概相當於 15000 個工作日，36 萬個小時，減去吃飯睡覺的時間，大約還可以有 20 萬個小時的工作時間。我們在這些有限的時間裡最大限度地發揮作用就能體現生命的有效價值。最大限度地增加這段時間裡的工作效率就相當於延長了你的壽命。很明顯，「效率就是生命」，這是不容置疑的。

美國麻省理工學院對 3000 名經理作了調查研究，結果發現凡是成績優異的經理都可以做到非常合理地利用時間，讓時間的消耗降低到最低限度。《有效的管理者》一書的作者杜拉克說：「認識你的時間，是每個人只要肯做就能做到的，這是每一個人能夠走向成功的必由之路。」根據有關專家的研究和許多領導者的實踐經驗，可以從以下幾個方面駕馭時間，提高工作效率：

一、要善於集中時間

千萬不要平均分配時間。應該把你的有限的時間集中到處理最重要的事情上，不可以每一樣工作都去做，要機智而勇敢地拒絕不必要的事和次要的事。

一件事情發生了，就不能消極地對待。一開始就要問問：「這件事情值不值得去做？」千萬不能碰到什麼事都做，更不可以因為「反正我沒閑著，沒有偷懶」就心安理得。

二、要善於把握時間

每一個機會都是引起事情轉折的關鍵時刻。有效地抓住時機可以牽動全域，用最小的代價取得最大的成功，促使事物的轉變，推動事情向前發展。

如果沒有抓住時機，常常會使已經到手的結果付諸東流，導致「一著不慎，全域皆輸」的嚴重後果。因此，取得成功的人必須要擅長審時度勢，捕捉時機，把握「關節」，做到恰到「火候」，贏得機會。

三、要善於協調兩類時間

對於一個取得成功的人來說，存在著兩種時間：一種是可以由自己控制的時間，我們叫做「自由時間」；另外一種是屬於對他人他事做出反應的時間，不由自己支配，叫做「對應時間」。

這兩種時間都是客觀存在的且必要的。如果沒有「自由時間」，完完全全處於被動、應付狀態，不會自己支配時間，就不是一名有效的領導者。

可是，要想絕對控制自己的時間在客觀上也是不可能的。沒有「應對時間」，都想變為「自由時間」，實際上也就侵犯了別人的時間，這是因為每一個人的完全自由必然會造成他人的不自由。

四、要善於利用零散時間

時間不可能集中，常常出現許多零碎的時間。要珍惜並且充分利用大大小小的零散時間，把零散時間用去做零碎的工作，從而最大限度地提高工作效率。

五、善於運用會議時間

我們召開會議是為了溝通資訊、討論問題、安排工作、協調意見、做出決定。很好地運用會議的時間，就可以使工作效率提高，節約大家的時間，運用得不好，則會降低工作效率，浪費大家的時間。

那麼，怎麼才能有效地運用時間呢，有如下一些方法：

1. 合理地安排時間。

每一代人都會哀歎他們生活在歷史上最困苦的環境下，他們只想抱怨這個殘酷的世界，並且像逃難的鴕鳥一樣，以為把頭深埋在沙中，就可以永遠不需要挽起袖子來解決他們自己的問題了。他們可以把問題歸咎於長輩或政府，然後大玩美國當前最流行的遊戲——「捉迷藏」。在這種遊戲中，每個人都要拼命奔跑，並且想方設法地躲藏起來，被捉到的人只好當倒楣鬼，然後再去找另一個人來代替他。

拿破崙·希爾對年輕朋友發表演講，或在研討會上時，總要對這些未來的領袖們說：「所謂美好的時光，就是今天。就因為這才是我們的生活、我們的日子，也是我們在歷史上唯一一段生存的時間。這是屬於我們的時代。我不曾向你們描繪生活中美好的一面，也不曾向你們訴說生活中悲慘的一面。我不會向你們灌輸過度的樂觀主義，只是要告訴你們，生活中的變化是無可避免的。」

那麼如何才能抓住今天呢？我們要心存這樣的信念：

就在今天，我要開始工作。

就在今天，我要擬訂目標和計畫。

就在今天，我要考慮只活在今天。

就在今天，我要鍛煉好身體。

就在今天，我要健全心理。

就在今天，我要讓心休息。

就在今天，我要克服恐懼憂慮。

就在今天，我要讓人喜歡。

就在今天，我要讓她幸福。

就在今天，我要走向成功卓越。

2. 制定先後順序。

所有功成名就的人都會為自己將要辦的事情訂立先後順序。

伯利恒鋼鐵公司總裁查理斯·舒瓦普先生承認自己曾會見過效率專家艾維·利。會見時，艾維·利說自己的公司能幫助舒瓦普把他的鋼鐵公司管理得更好。舒瓦普說他懂得如何管理，然而事實上效果卻常不盡如人意。他說，我需要的不是更多的知識，而是要付諸更好的行動。他說：「應該做什麼，我們自己是明白的，如果你能告訴我們如何更好地執行計畫，我聽你的，在合理的範圍之內價錢由你說了算。」

艾維·利說可在10分鐘之內給舒瓦普一件東西，這東西能使他公司的業績提高至少50%，然後他遞給舒瓦普一樣東西，是一張空白紙，說：「你把明天要做的

6 件最重要的事寫在這張紙上。」過了一會兒又說：「現在用數字來標明每件事情對於你和你公司的重要順序。」這大約花了 5 分鐘。

艾維· 利接著說：「現在把這張紙放入你的口袋。明天早上的第一件事就是把紙條拿出來，做第一項，別看其他的，專心致志地著手辦這一件事，直到最終完成而止；然後用同樣的方法做第二項、第三項……直到你下班為止。如果你只做完第五件事，那也不必擔心。你總要做最重要的事情。」

艾維· 利說：「每一天都要這樣做。在你對這種方法的價值深信不疑之後，叫你公司的人也這樣幹。這個試驗，你想做多久就做多久，然後你再寄支票過來給我，你認為值多少就給我多少。」

整個會見過程歷時不到半小時。幾星期後，舒瓦普寄給艾維· 利一張 2．5 萬元的支票，還附了一封信。信上說，從金錢的觀點來看，他上了這一生中最有價值、最令人難忘的一課。5 年之後，這個當年鮮為人知的小廠一躍而成世界上最大的獨立鋼鐵企業。艾維· 利提出的方法功不可沒，這個方法總共為查理斯· 舒瓦普賺取了 1 億美元的利潤。

人們都有不按事情的重要性順序辦事的錯誤傾向，多數人寧可做些令人感到方便的事。但是沒有其他辦法比按事情重要性辦事更能有效地利用時間了。試用這個方法一個月，你會取得「士別三日，當刮目相看」的驚人效果。人們會忍不住地問，你從哪裡得到那麼多精力？ 但你知道，你並非得到了額外的精力，而是懂得了應把精力放在最重要的地方。

3· 寫出你的目標。

想知道做事的優先順序，最關鍵的一個問題就是：什麼能說明我達到人生的某些重要目標？

荷馬· 賴斯是喬治亞科技大學黃衫隊的運動總監。因為賴斯的成就突出，美國全國大學運動協會的同僚們便以他的名字設立了一個獎項，每年分別發給那些全國最優秀的運動總監。

賴斯曾在肯塔基一鄉下中學任教，後又轉到一所較大的中學繼續他的教練生涯。他締造了十分輝煌的紀錄：101 勝、9 負、7 平、7 季全勝，50 場連勝及連續 5

年的冠軍！ 在目標達到之後，他又當上了大學教練、專業教練和大學的運動總監。

他是如何取得這麼輝煌的成就呢？

首先，賴斯翻遍了所有找得到的關於如何成功的書，他發現這許多書中都有一個共同的特點，它們都建議讀者完成自己希望達成的事，它們是：你的渴望、目標及夢想。

於是，年輕的賴斯便依葫蘆畫瓢，並且認真地在旁邊標明達成目標的期限，以及達成目標的計畫。像是遇到了奇蹟，賴斯一步步地完成了他寫下的目標。他本人對於這種目標的結果非常滿意，還樂此不疲地告訴他的隊員們也依照這樣去做。

賴斯有時會被邀請去發表演講。有一次，他給同學們出示了一組幾百張卡片，然後他微笑著告訴同學們：「上面都是我的目標，一張一個，我隨時隨地都帶著。當我等著登機時，便會將這些卡片拿出來溫習。而我真正的樂趣便在於實現這些目標。」他相信目標應該清楚而明確，「並且每天至少大聲念出兩次」。他堅信目標清楚明確必會有助於將這些目標融入潛意識裡。他說：「有耐心，放輕鬆，保持信心，該是你的自然跑不掉。」這是他的心得。

4. 制訂計畫表並檢查表上專案。

拿破崙·希爾個人認為，要定期檢查自己所製作的計畫表。

早晨起床的第一件事就是查看計畫表。如果你確定要做的事情全都列在計畫表上，你就不會「忘記」這個計畫當中還有事情沒有完成。

富比世二世的書桌上總是放著一張記錄重要事件的卡片，他把它作為管理系統的中心：「每當我躊躇猶豫的時候，我就會看著這張表，思考眼前的事情值不值得我違反預定計劃。」

通常在富比世二世的卡片上大約有 20 件事，包括電話、信件、傳真，以及他口述的小段專欄文章。他曾告訴別人：「如果你不用一個較為固定的記事本來記錄你想做的事，那事情將永遠也無法解決。」

當然，他這樣講確實有些片面，不過這是管理其他事情時十分有用的技巧。

每當你分配工作給下屬時，應要求他們把你所交代的事情記在工作計畫表上。在隨後的會議中，也要請他們帶計畫表來開會，並以此作為推進工作的根據。只有這樣，你才會放心而不至於遺漏工作中的某些環節。

計畫表的範圍要廣泛，但也不能像大百科全書，否則你會覺得力不從心。

適時知難而退

拿破崙·希爾認為，如果一開始沒有成功，那你可以再試一次，如果仍不成功的話就應該放棄。

諾貝爾獎得獎者萊納斯·波林說：「一個優秀的研究者知道該堅持哪些構想，而放棄哪些構想，否則會浪費時間。」

你已嘗試過了，並花費了大量時間、精力，然而卻毫無結果；你已經一再討論、談判妥協了，但是似乎注定要走下坡路；你已經做了相當大的投資，但不忍心去放棄。那如何辦？

幾個基本問題可以幫助你明確何時應堅持，何時應放棄，何時繼續嘗試，以及何時知難而退：

一、你可以取得更多資訊嗎

好的方法之一是尋求更多的資訊，或用新的觀點重新審視舊的觀點。如果與對方關係並沒有達到預期料想的地步，也許可以從曾經與對方交過手或經歷類似狀況的人當中取得相關資訊。

拿破崙·希爾認為，一個能幹、效率極高、而又直率的同事是一個研究者所能擁有的一項最重要的資源。

在業務工作方面，經驗相當豐富的銷售人員會教會新手何時放棄一個客戶，轉而去尋找另一個客戶。

二、是否有無法克服的障礙

你也許曾遇到過所謂「走為上策」的情況，這時，即使你一再努力也只會給雙方都造成重大損失。

那麼，你就應該花費一些時間去調查造成這種情況的原因，再尋找解決這些問題的途徑。然而通常卻找不到癥結，其原因是：人們都不願意去面對或不願去找出正確的答案。 儘早開始找出癥結，然後全力以赴地去應付無法妥協的事。

無法克服的障礙也許是原始結構的問題。比如說你希望在公司裡能步步高升，但這家　公司是由其家族成員擔任高層領導的，這就需要你轉移成功的目標。

三、可能回收多少

如果你是尋找法老王墳墓的霍爾德·卡特，由於潛在的回報率相當大，你可以花上許多年的時間。但是，假如你只是一名普通的業務員，你就會承擔不了花幾個小時在一個最多只能給你帶來幾塊錢利潤的準客戶身上。

四、完成計畫或維持關係需要花多少錢

如果你是為修理辦公室裡的影印機還是買一台新機器而大傷腦筋時，你可以將你前一年花在現有機器上的費用計算一下，然後合理估計在未來的兩年內你還得花多少錢來修理它？ 一定要將機器壞掉時所需要的花費考慮進去。算一下送出去複印或等機器修好的代價是多少，再估算一下機器修好後的功效。當機器達到最好狀態，發揮最大功效時，大家就不需排隊等候了。這樣，進行了幾次計算後，你就可能意識到：就算你投入了時間和金錢來修理舊機器，你仍然得不到你真正想得到的。

五、你有多少本錢

如果你的本錢不多，那麼有的事情你就不該做。科寧公司有上百萬美元的資本，可以承擔研究光纖電纜，但要在多年後才能賺到第一份錢。雖然最後的回收利潤是可觀的，但科寧公司卻等了一個相當長的時期。或許你有一個偉大的構想，但這個構想對你而言必須耗費太多資源，你必須投入大量時間和金錢才能開花結果。這樣的話，你就應該找一個合作夥伴，或者賣掉甚至乾脆放棄。

六、是否有固定的模式

假如你為了是否維持一段感情、事業或保持人際關係而猶豫不決，那麼這裡邊肯定有困擾你的事情，否則你就不會猶猶豫豫了。也許你的房地產經紀人不像你所

期望的那樣盡力推銷你要賣的房子，或者是一個已經多次對你發脾氣的朋友，也可能是一個答應過幫你做事但後來卻食言了的同事，你是否會再給他一次機會呢？是否會翻臉呢？

對一些特定物件做調查是十分必要的。調查此人或公司過去與別人合作的情況，然後確定這令人失望的情況是常態還是一個例外。這個經紀人是否是那種曾經接了項目卻什麼也不做的人？那個朋友是否曾經亂發脾氣？這個同事是否經常食言、輕率承諾而不兌現諾言？如果你在關係開始前就先調查過類似的問題，那你現在就大可不必做此番調查了。不過，即使問晚了也總比不問而繼續陷在這種已定型的、需付出很高代價的關係中要明智得多。

七、是否有暗盤

通常會出現這種情況：遊戲場地高低不平，或是紙牌不齊全，有些骰子的滾動有問題。一般情況下，大多數時間管理的專家都不會提到這個問題。可是每年有大量時間都浪費在所有參與者都絕對不會成功的事情、計畫或是比賽上。而有效的時間管理專家會運用技巧，因為他們知道進可攻退可守的道理。

如果你懷疑其中有暗盤、做了手腳，那你該怎麼辦呢？別妄下論斷，盡可能查明事情的真相。選拔也許是被做了手腳，但是那些內定的人選也並非一定能成功，他們也許只是比較會討好巴結。如果你表現得非常優秀，最終取勝的可能還是你，是真金總會發光的。但是，如果其餘的參賽者也是非常優秀的，那你就無法估量你是否會取得勝利。當你有明確的理由相信無論你付出多大努力，你都不會贏的話，那麼就馬上退出，不要做無謂的犧牲，不要將時間和精力投入到一場不誠實、不公平的比賽中去。

80 ／ 20 法則的益處

一、80 ／ 20 法則有何用處

1897 年，義大利經濟學家帕累托在對 19 世紀英國人財富和收益模式進行研究

時，透過調查取樣發現大部分財富流向了少數人手裡。在當今社會，這本身並沒有什麼值得大驚小怪的，但他透過進一步分析發現了一項非常重要的事實：某一群體占總人口數的百分比，和該群體所享有的總收入或財富之間，有一項相當穩定的數學關係，而且這種不平衡的模式會重複出現。他在對不同時期或不同國度的考察中都見到這種現象，不管是早期的英國，還是與他同時代的其他國家，或是更早期的資料中，他發現相同的模式一再出現，而且有數學上的準確度。

後來人們透過更精確的分析，從帕累托的研究中歸納出這樣一個結果，即如果 20%的人口享有 80%的財富，那麼就可以預測，其中 10%的人擁有約 65%的財富，而 50%的財富，是由 5%的人所擁有。在這裡，重點不是數字，而是事實：財富在人口的分配中是不平衡的，也無法預測到。

人們用 80／20 來描述這種不平衡關係，不管結果是不是恰好為 80／20(就統計來說，精確的 80／20 關係不太可能出現)，習慣上，80／20 討論的是頂端的 20%而非底部的 80%。

人們對於這項發現有不同的命名，例如帕累托法則、帕累托定律、80／20 定律、最省力的法則、不平衡原則，在這裡我們把它稱作 80／20 法則。

80／20 法則主張：以一個小的誘因、投入或努力，通常可以產生大的結果、產出或酬勞。

就字面意義來看，這一法則是說，你所完成的工作裡 80%的成果，來自於你所付出的 20%。也就是說，對所有實現的目標而言，我們五分之四的努力——也就是付出的大部分努力，是與成果無關的。

所以，80／20 法則指出，在原因和結果、投入和產出以及努力和報酬之間，本來就是不平衡的。80／20 法則的關係，為這個不平衡現象提供了一個非常好的指標，典型的模式會顯示：80%的產出，來自於 20%的投入；80%的結果，歸結於 20%的起因；80%的成績，歸功於 20%的努力。

如果把這種法則運用到時間上，就可以表達為：

80%的成就，是在 20%的時間內達成的，反過來說，剩餘的 80%的時間，只創造了 20%的價值。一生中 80%的快樂，發生在 20%的時間裡，也就是說，另外

80%的時間，只有 20%的快樂。

如果承認上述假設，也就是上述假設對你而言屬實的話，那麼我們將得到四個令人驚訝的結論：

結論一：我們所做的事情中，大部分都屬於低價值的事情。

結論二：我們所有的時間裡，有一小部分時間比其餘的多數時間更有價值。

結論三：若我們想對此採取對策，我們就應該徹底行動，只是修修補補或只做小幅度改　善沒有意義。

結論四：如果我們好好利用 20%的時間，將會發現，這 20%是用之不竭的。

二、利用 80 ／ 20 法則的技巧

花一點時間去印證 80 ／ 20 法則，找出在時間的分配與所得的成就或快樂兩者之間，是否真的有一種不平衡現象。看看你最有生產力的 20%的時間，是不是創造出了 80%的價值？ 你的 80%的快樂，是不是來自生命中 20%的時間？ 這是非常重要的問題，不可輕視。也許你該把本書放下，去外面散下步，一直到你確定了你的時間分配是否平衡，再回來繼續讀。

我們對於時間的品質及它所扮演的角色所知甚少。許多人用直覺即可明白這個道理，而千百個忙碌的人並不知道學習怎樣管理時間，他們只知道瞎忙，我們必須改一改我們對待時間的態度。

如果要你把你最寶貴的 20%的時間拿出來，去當一個好士兵，去達成別人對你的期望，去參加一場別人認為你會參加的會議，或去做同伴都在做的事，去觀察你所扮演的角色，不論是哪一項，你可能都不願意。因為對你而言，上述這幾件事都不是你想做的。

若你採取傳統的行動或解決方式，那麼你就逃不掉 80 ／ 20 法則的殘酷預測，而把 80%的時間花在不重要的活動上。

為了避免這種下場，你必須找出一種可行的方法來管理你的時間。問題是，若你不想被排除在世界之外，你能離傳統多遠？ 有特色的方法不見得全都能提升效率，但至少有一種方式是可行的。想出幾種，然後挑一個最符合你個性的方法來進

行時間管理。

運用 80／20 法則，你可以很快地找到符合自己的時間管理方法。80／20 法則對於時間的分析是與傳統看法大相徑庭的，而受制於傳統看法的人，可從這個分析中得到解放。80／20 法則主張：我們目前對於時間的使用方式並不合理，所以也不必試圖在現行方法中尋求小小的改善。我們應當回到原點，推翻所有關於時間的假定。

很多青少年抱怨時間不夠用。事實上，他們的時間多得是，我們只運用了我們 20%的時間，對於聰明人來說，通常一點點時間就造就了巨大的不同。依 80／20 法則的看法，如果我們在重要的 20%的活動上多付出一倍時間，便能做到一星期只需要工作兩天，收穫卻可比現在多 60%以上。這無疑是對於時間管理的一項革命。80／20 法則認為，應該把重點放在 20%的重要時刻上，而應削減不重要的 80%的時間。執行一項工作計畫時，最後 20%的時間最具有生產力，因為必須在期限之前完成，因此，只要使預計完成的時間減去一半，大部分工作的生產力便能倍增，時間就不會不夠用。

能應用這個 80／20 法則的人，瑣事過多的煩惱就會消失。首先，盡可能地早點處理重要的事，不必將所有事情一個個地完全處理，即使剩下的事到後來出了什麼麻煩，也不會是什麼大不了的問題，重要的工作應該要先完成，而且這個法則，不僅適用學生、上班族，對所有的人都具有著非常積極的意義。可以說，80／20 法則將迅速提升你的效率，同時也是對傳統的時間管理的否定，80／20 法則將引導時間管理的革命。下面的例子將告訴你如何提高效率，縮短時間的運用。

吉姆是一位公司經理，他的辦公室很小，裡面還有很多其他同事，是一個非常擁擠且忙亂的辦公室，整個屋子裡到處是聲音，但吉姆好比一片平靜的綠洲，他能把注意力全集中在分內的事上，他在運籌帷幄。有時他會帶幾位同事到安靜的房間內，向他們解釋他對每一個人的要求，不只是講一兩遍，而是再三說明，務求交代所有細節，然後，吉姆會要求同事重述一遍他們即將進行的工作。吉姆的動作慢，看似無生氣，且近乎半聾，但他是非常棒的領導者，他把所有時間都拿來思索哪件工作最具價值，誰是最合適的執行者。然後，緊盯著事情進行。

看了上面的例子，你是否有一種想運用 80/20 法則來改善你的生活和學習的衝動呢？

要勤勞，不要懶惰

窮理查在他所著的《1733 年日曆》中寫道：「人們總是認為，政府徵收的稅太重了。殊不知好逸惡勞這種習慣徵收的‘稅’比政府的還多。如果我們擺脫懶惰的不良習慣，那麼我們就能創造出大量的財富，即便是在政府徵過稅後，我們留下來的財富還足夠我們過上富裕的生活。懶惰有百害而無一利，長期四體不勤的人很容易導致身體虛弱，疾病纏身，讓人壽命大大縮短。懶惰，就像鐵銹一樣，比勞動的汗水更快的耗蝕著人的身體。」窮理查曾鄭重其事地說：「假如你熱愛人生，那麼你就不要遊手好閒，浪費寶貴的時光，因為光陰是組成你人生的重要成分。」

貪睡每天都會浪費我們許多寶貴光陰，別忘了，睡著的狐狸什麼獵物也逮不著；也別忘了，當我們告別人世之後，睡覺的時間有的是。正如窮理查所言，如果在萬事萬物中最為寶貴的是時間，那麼浪費時間肯定就是最大的揮霍。窮理查在其他場合還告訴我們，光陰一去不復返，我們總覺得時間多得是，但是到某一天，當我們猛然回過頭來一看，那麼多的寶貴時間都流逝了，留給我們大展宏圖的時間已經不夠了。然而，如果我們非常勤奮的話，在很短的時間內，就能夠有豐碩的收穫。

此外，窮理查還聲稱，懶惰讓一切事情顯得萬般困難，而勤奮則讓一切事情顯得非常容易。閱讀過窮理查著作的人，幾乎都能夠記得他說過的許多至理名言。比如，他曾經說，懶惰者走得太慢，貧窮很快就會俘虜他；早睡早起，可讓人健康、富有、智慧；如果我們奮發圖強，那麼我們就能夠心想事成。勤奮的人腳踏實地，終有所成，懶惰的人沉溺幻想，一事無成；不流下辛勤的汗水，就不會有巨大的收穫；即便我們擁有很大的地產，如果不去繼續努力，只知道坐享其成，那麼過不了多久，恐怕我們連稅都交不起了。

如果我們一生都勤奮努力，那麼我們就不會忍饑挨餓，這正如窮理查所說，饑餓朝勤勞者的房屋裡看了看，卻根本不敢入內。

窮理查還指出，就連那些負責傳喚、逮捕及執行判決情況的司法官，也不會前去造訪勤勞者的房屋，因為勤勞償還債務，絕望增加債務。窮理查說，任何珍寶，任何與富有者的結交，都無法遺留給你精神財富。勤勞是好運之母，上帝願把一切賜予勤勞者。有了辛勤的耕耘，便會有日後的累累碩果。窮理查指出，一鳥在手勝過兩鳥在林，一個今天強於兩個明天。如果你打算做出一番大事業的話，那麼不要再拖到明天，你應當從今天做起，從現在做起。窮理查說，當你做一個僕人時，被主人抓住你偷懶，你難道不感覺羞愧嗎？當你作自己的主人時，你是否為發現自己好逸惡勞而愧疚萬分呢？當有那麼多事情需要你為你自己、為你的家庭、為你的國家、為你的君王去做的時候，你就需要只爭朝夕，勤奮努力。不要讓快要落山的太陽對你說：「總見你懶洋洋地躺在那兒。富蘭克林在他編寫的窮理查年鑒中寫道：「要時常利用手中的工具去勞動。如果伐木工的斧子都生銹了，你可以想像他是一個多麼懶惰的人。」時刻都要牢記，裝在口袋裡的貓，什麼時候也逮不住老鼠。你的一生有許多事情等著你來做，哪怕你的身體比較柔弱，但只要你能夠堅持不懈地去做，你就能夠看到偉大的收效。水滴石穿，飛瀑之下必有深潭。一隻老鼠靠著耐心不停地咬著纜繩，最終它也能把纜繩咬斷。靠著不斷地推打，人能夠把一棵巨大的櫟樹推倒。

窮理查告訴我們，人們口口聲聲說人生就是要追求輕鬆自在的生活。朋友們，你們要知道，如果你真的想享受輕鬆自在的生活，你就應該充分地利用自己寶貴的時間。不珍惜每一分鐘的人，也會白白地浪費掉一小時。真正的輕鬆自在，是人們在做一切有用事情的時候才能夠體驗到。勤快的人能夠體驗到它，而懶惰的人則永遠也體驗不到它。因此，我們可以十分肯定地說，輕鬆自在的人生和懶惰的人生，完全是兩碼事。說實在的，你究竟是覺得懶惰使你感到更愉快呢，還是辛勤勞作使你感到更愉快呢？你的答案肯定是後者。正如窮理查所言，麻煩來自遊手好閒。俗話說得好，心閑生餘事，手閑惹是非。勤勞的人在勞動的過程中獲得了真正的快樂，為社會創造了許多財寶，自然能夠贏得人們的敬重，有一個理想的歸宿。

窮理查還告誡我們，眼見為實，不要輕信他人。提到快樂，窮理查認為，你主動躲著快樂走，快樂反倒主動追隨你。窮理查還說，他從未見過時常移動的樹，也從未見過時常搬動的家。樹在一個地方穩穩紮根之後方可枝繁葉茂，家在一處安定下來才能興旺富裕。常言道，搬三次家，等於失一次火。勤快地照顧好你的小店，你的小店便可了卻你日常生活的後顧之憂。如果你想做生意的話，那麼就認真地去做吧！如果你不想做的話，那就轉給他人做。主人用於觀察的雙眼比用於勞動的雙手起著更大的作用。

尋求他人照顧的願望，如果強於尋求知識的願望，那麼我們肯定要深受其害。對雇工的所作所為視而不見，主人的錢包會永遠地癟下去。過多地相信別人，依賴別人，最終只能導致自己受制於人。因此，一個人的自我努力可讓其受益無窮。窮理查稱，知識屬於勤學者，財富屬於勤勞者，力量屬於勇敢者，天堂屬於高尚者。此外，如果你想擁有一個忠實的僕人，一個你喜歡的僕人，一個令你感到十全十美的僕人，那麼你就努力為自己服務吧！另外，窮理查忠告人們，無論做什麼都要三思而行，切忌魯莽行事，哪怕是在幹一些很不起眼的小事，也應該如此。這是因為，有些時候一個小小的疏忽，足以讓人追悔莫及。賢哲窮理查曾語重心長地說：「親愛的朋友，每時每刻都要清楚地意識到，一個人首先要勤奮，看一看那些成功者，哪一個不是兢兢業業的勤奮者呢？但還要記住，要想發家致富，要想繁榮富強，確保我們的勤奮能夠換來更大的成功，光靠勤奮還是不夠的，還需要節儉。如果一個人收穫的同時，卻不知道節儉，他的一生就等於一直繞著磨盤轉，最終辭別於世時，其價值甚至還不如磨盤磨出的穀物碎片。現實生活中，許多人本來積聚起不少財富，可就是由於他們不知節儉，揮霍無度，最終落個家貧如洗的悲慘境況。」賢哲窮理查在另外一本年鑒中寫道：「如果你想發家致富，那麼就應當在考慮獲得的同時不忘節儉。忘卻節儉，很容易導致入不敷出。」

金錢並非萬惡之源

金錢既可用於正道之上，也可用來犯罪，關鍵是看你如何利用它，在用它來滿足基本的生活消費後，還可用來做一些慈善事業。

成千上萬的人透過洛克菲勒家族的捐款而得幸福。許多美國的工業大人物在 19、20 世紀之交相繼去世，人們對於他們的巨額家產的下落自然極為關心。

大多數人認為那些繼承者都將難以保持那份財產，並且將毫無節制地花掉它們。

例如，對在鋼鐵工業界因冒險而獲得巨額財產的鋼鐵大王約翰·W·蓋茲來說，他的巨大的家產在他兒子手中卻被浪費一空，所以「一擲百萬金」又成了他兒子的綽號。

小洛克菲勒自然也被人們一直關注著。

《世界主義者》雜誌在 1905 年刊登了這篇文章《他將怎樣安排它》。開頭寫道：「約翰·D·洛克菲勒先生即將留下的世界上最大的一筆財產引起了世人的關注。他的兒子小約翰·戴·洛克菲勒將在幾年後繼承這筆財富。很顯然，這樣一筆巨額財富足以能夠影響到整個世界……或者，把它用在幹壞事上，那將使世界文明的發展推遲 25 年。」

牧師蓋茲先生是老洛克菲勒的最親密的朋友，在老洛克菲勒晚年時，他不斷地勸說他把錢捐給一些慈善機構。老洛克菲勒在他的建議下把上億美元鉅款捐給了學校、醫院、研究所等機構，並組成了龐大的慈善機構。老洛克菲勒雖然進行一些捐款、投資，但是更吸引他的是如何賺錢，如何更好地掌握和運用賺錢這項藝術，這是他一生中最執著的動力，也是唯一的追求。

這樣，小洛克菲勒就得到並緊緊地抓住了這次向世界行善的機會。

小洛克菲勒回憶道：

「蓋茲在此間充當了創造家和理想家，我則是一名推銷員——抓住一切時機向我父親推銷的中間人。」

小洛克菲勒在老洛克菲勒心情不錯的時候趁機提出各種建議，通常情況下，他父親都會答應的。老洛克菲勒在 12 年間中，把 4 億多美元的巨金分給了他的 4 大慈善機構：普通教育委員會，蘿拉·斯佩爾曼·洛克菲勒紀念基金會、洛克菲勒基金會和醫學研究所。在這些機構中，小洛克菲勒就成為具體負責人。 小洛克菲勒在這些機構的董事會中，遠遠不僅只充當個配角的角色。他一邊要主持調查工作，一邊要尋求合適的人才來管理機構。

1901 年，在慈善事業家羅伯特·奧格登的邀請下，小洛克菲勒和其餘 50 名知名人士對南方的黑人學校做了一次歷史性的考察。南方之行回來後，他就把建立普通教育委員會的建議透過郵信告訴了他父親。兩個星期後，他父親就匯了 1000 萬美元給他，以後又陸續捐贈了 3200 萬美元。到 1921 年時，捐款額已達到 1 · 29 億美元之巨。

蓋茲憑牧師的神聖靈感和商業敏銳性，在洛克菲勒基金會成立後，已經準確地預料到它即將在全世界範圍內產生巨大影響。

小洛克菲勒最為關注的還是慈善機構中的社會衛生局。

1909 年，賣淫問題成為紐約州長競選的一個重頭戲。被人們稱之為「好好先生」的小洛克菲勒著手組建並負責一個委員會，任務是專門調查買賣娼妓的生意。

他將全部的精力都投入到他接受的任務中，全天候地忙於這些工作。一份詳盡的調查報告在幾個月後公布了。在報告中指出：應該建立一個專門委員會來解決這個問題，但被紐約市長拒絕了；於是，小洛克菲勒決定自己把這個任務擔起來。他於 1911 年投資 50 多萬美元建立了社會衛生局。派出弗萊克斯納到歐洲去考察美國與歐洲娼妓問題的區別，是該局的第一步行動。

弗萊克斯納在美國國務卿介紹信的幫助下，訪遍了歐洲大城市後得出這樣一個結論：把這些事情轉入地下是一種可行方法之一，這樣雖然不能根除，但起碼能有一個隔離的效果。

他認為：如果想解決賣淫問題，就必須了解賣淫存在的環境。

為了證明他的看法，該局又派人到歐洲對警方進行一次跨國的考察。

結論令人們十分吃驚：美國員警對待這個問題很隨意、紀律性不強，而歐洲員警卻是一絲不苟。

美國員警從這次調查中受益匪淺，於是便進行了完善和加強的措施。

洛克菲勒基金會的廣泛和複雜的捐贈範圍，是難以計算的。人們對它的印象是它是一個高效率的造福人類的超級慈善機構。

實際上，美國的衛生、教育和福利事業在 20 世紀發展時，洛克菲勒家族功不可沒。 洛克菲勒基金會把目光不僅注視在克服世界性疾病上，而且對世界各地的饑荒和糧食問題也給予了極大的關注。一些優秀的科學家在基金會的資助下，發明出來許多新玉米、水稻和小麥，給一些不發達的國家帶來了極大的優惠。

在科學技術方面，加加州所造的世界上最大的天體望遠鏡和有助於分裂原子的184英寸迴旋加速器，就是在基金會的巨額科研經費支持下完成的。

洛克菲勒基金會每年大約給16000名科學家提供活動經費，其中也包括許多世界一流的科學家。

小洛克菲勒在經營這些慈善機構的同時，還從事著保護自然環境這一項他終生愛好的事業。

1910年，他把緬因州一個風景美麗的島嶼買了下來，目的就是使這裡的自然風光不受到破壞。在保護自然和方便遊人的前提下，他出資修建了路和橋。後來，他把這塊以後被稱為阿卡迪亞國家公園的島嶼捐給了國家。

1924年，在黃石公園遊玩的他發現公園樹木東倒西歪，兩邊雜草叢生，原因是政府不給清理道路的款項。他立刻出資10萬美元清理和修復了公園的破落之處。10年後，美國政府的政策中又添了一條：清理所有國立公園的道路。

據統計：為了保護自然，小洛克菲勒投入了幾千萬美元；

阿卡迪亞國立公園用了300多萬。

送給紐約市的特賴思堡公園600多萬。

替紐約州搶救哈得遜河一處懸崖用1000多萬。

為加州的「搶救杉林同盟」捐款200萬美元。

約塞米國立公園得到160萬美元的捐贈。

謝南多亞國立公園得16.4萬美元的捐贈。

大特頓山的名勝「傑克遜洞」是他花了1740萬美元買下周邊33萬多畝私人地產後才得到的，後來他把它完好如初地奉送給人民大眾。

恢復和重建整整一座殖民期的城市——佛吉尼亞時期的首府威廉斯堡，是小洛克菲勒最大的一項義舉。

「不自由，毋寧死」的口號就是那裡的人們最早喊出來的，該城由此被稱為美國歷史上的「無價之寶」。

在恢復和重建工作中，小洛克菲勒每次都親自參與。他說，不論花多少金錢，多少精力，也要把 18 世紀原樣的威廉斯堡呈獻給公眾。

事實上，81 所殖民時期原有建築都被恢復了，並重建了 43 所，把 713 所非殖民時期建築遷走或拆毀，重新培植了 83 畝的草坪和漂亮的花園，另外，又新增建了 45 所其他風格的建築。為此，他總共花了 5260 萬美元。

1937 年，美國政府的法律規定資產在 500 萬美元以上的遺產徵收 10%的遺產稅，第二年又把 1000 萬元及以上的遺產稅增至 20%，但儘管如此，在 20 多年的時間中，小洛克菲勒還是從他父親那獲得了 5 億多美元的財產，這和老洛克菲勒捐給慈善機構的數目沒什麼差別。最後，洛克菲勒只給自己留了在股市上可以消遣消遣的 2000 萬元的股票。

小洛克菲勒繼承了這筆令人瞠目結舌的財產，他一生都揮霍不完。但他從不以自己是這筆財產的主人自居，他只是把自己當成一名管家，他更願意對得起自己的良心。

小洛克菲勒在從大學畢業後近 50 年的時間裡，他一直是他父親的好助手。後來，他憑自己對慈善事業的熱情和寬大的胸懷，又為它投入了 8 億多美元，用途都是按照他的想法去為人類謀福利。他說：「健康的生活奧秘就是無私的給予……金錢除了能做壞事外，還能用來建設社會生活。」

在他所贊助的慈善事業和基金會中，所涉及的領域是廣闊而深遠的，而且，每一次投資都經過了他仔細的考慮。

「我相信，人並不是因為有了錢就能得到幸福，而真正體會到幸福只能是來自於幫助別人而得到的那一種感覺。」

這是老洛克菲勒說的，但真正做到這一點的是他的兒子——小洛克菲勒。

對他而言，人生的職責就是一種無償的贈予。

可以這樣說，洛克菲勒家族的烙印在 20 世紀前 50 年的美國社會生活中每一個新開闢的事業中都能找到。

養成儲蓄的習慣

拿破崙·希爾說：存錢對於所有的人而言，都是成功的基本條件之一。但是那些未存錢的人最關心的是：「我應該如何去存錢呢？」

存錢是一種很奇怪的習慣問題。人的個性是經由自己的習慣而塑造出來的，這觀點一點也不假。任何習慣都是在重複幾次後形成的。所以，我們日常習慣的推動力量也就由人的意識在主宰了。

一旦某一種習慣在腦海中形成後，它就會自動地讓人採取某種行動。例如，如果你每天上班都走同一條路線，那麼不久後，已成為習慣的意識就會自然引導你繼續走上這條路的。有意思的是，即便你在出發前就打算要走另一個方向，但假如你不刻意地提醒自己，你會發現，不知什麼時候，你又回到了原來的那條路上。

養成儲蓄的習慣並不會限制你賺錢的才能。而是相反，這項法則被你應用後，不僅你賺得的錢都很好地存起來，而且會給你提供更廣泛的機會，你的觀察力、自信心、想像力也會因此而大增。

債務被人們稱為無情的主人。

貧窮的力量足以將一切自信心、進取心和希望一舉毀滅，如果再加上一個債務，那麼，任何人都將生活在一片昏暗的天空下。

身上負有債務的人，很難將事情處理得很完美，也很難得到人們的尊重，因而，許多生命中的遠大目標也就無從實現了。

拿破崙· 希爾有位月收入為 1 萬美元的朋友，他的妻子喜歡社交活動，經常冒充收入 2 萬美元的家庭，結果，他們每月不得不透支 8000 美元。他的孩子也將亂花錢的習慣從他們母親那繼承過來。現在，孩子該上大學了，但是由於家庭的債務很重，讀大學已成為希望渺茫的事，所以，子女與父親的爭吵也就不在話下了，整個家庭都處於一種激烈的內戰狀態。

許多年輕人在走進婚姻的殿堂前就背上了沉重的債務包袱，並且，他們對怎樣解除它沒有充分的考慮。當新婚的甜蜜感消失後，夫妻二人就會受到物質貧乏的衝擊，這種感覺不斷增大，最常見的結果是二人只好分手。

背負一身債務的人，肯定不會有一份好心情致力於他的理想和志願，結果是隨著時間的消逝，在意識中開始產生了對自己種種限制的思想，使自己被恐懼和懷疑的高牆所困住，永遠也難以破牆而出。

「仔細想想，你的家人和你是否欠了他人的東西，然後，決心將所有欠的東西都還清。」這是一條非常誠懇的建議。許多人就有過這樣的經歷，很多很棒的機會就因為債務而白白地溜走了。

很少被債務纏身的人往往都能清醒地面對自己的現實。而對於負債的人來說，那些債務就如同泥漿一般，讓受害者一步步地陷入沼澤。

如果一個人要想改變負債的狀況，又要擺脫對貧窮的恐懼，那麼他應該如此：一、把借錢購物的習慣改掉。二、把所有的債務都還清。

在解除了債務的後顧之憂後，你的意識習慣就會得到改變，你就會逐步走上成功之路。你要把固定收入按比例存到銀行，哪怕是每天只存一元，貴在堅持每一天。不久後，你將體會到儲蓄的樂趣。

假如習慣是建立在一個已熟悉的模式之上，那麼最初的習慣必須停止。「花錢」的習慣必須用「儲蓄」的習慣代替，才能爭取財政上的獨立自主。僅僅中止一種不良習慣還是不行的，因為你不知道它還會在什麼時候出現，除非它們在你的思想意識中徹底消除。

假如你一直渴望在經濟方面獲得自主權，而貧窮也被你克服，並且用儲蓄的習慣取代了它，那麼積累起一大筆財富也並非什麼難事了。

這條真理可以稱之為「冷酷」:「一個人在物欲橫流的世界裡，就如一粒隨時都可能被風吹走的沙子。除非他能夠躲在金錢之後。」

對天才而言，他的天分可以給他提供許多機會。但事實上，如果沒有錢幫助他展現天賦，恐怕所謂的天才只是一個空洞的稱謂而已。

愛迪生是世界上最受人尊重的發明家之一，但假如他沒有節儉的習慣，也沒有高超的存錢能力，那麼也許沒有人會注意到他，世界從此也許就會少了一位天才的發明家。

一個成功的人是離不開儲蓄的，如果沒有儲蓄，那麼，那些靠金錢才能得到的機會就會白白地失去，也無法應付那些急需用錢的危急情況。

成功不是用金錢來衡量的

保羅·蓋蒂曾是美國第一富豪。他曾經說過：「我從來不以我所擁有的金錢的數量來衡量我自己是否成功，而以我的工作和我所創造的財富所能提供就業職位的多少和生產出來多少物品來作為衡量的標準。」

人活著不能只看自己擁有多少財產。一個人要想真正地富有，與他擁有多少財產沒關係，要看他是否依照自己的價值而活著，如果他不按照自己的價值活著，那麼再有數不清的錢，他的生活也毫無意義可言，肯定是一片空白。

世上有很多的人，他們活著就是要聽從於別人，做別人要他做的事，不管那是不是他們想要做的。他們落入了俗套，沒有了自己的個性，做事就想模仿他人。

「我的夢想是當一名作家，然而父親卻不那麼認為，他堅持讓我學法律，雖然我成為了一名律師，生活很富裕，但是很沒意義，我無法使自己平靜下來……」

「我不想幹我的事業，我想找個地方買一大片牧場，過我自己喜歡的生活，但太太不同意我那麼做，她認為如果這樣做的話就會失去一大筆可觀的收入，或名譽掃地……」

「我一點不喜歡住在郊外，我很想能在城裡邊買座公寓，可這好像辦不到，我的同事們都住在郊外……」

以上種種的抱怨，我們聽得實在太多了，好像無處不在，隨時都會聽到。這是一種個人想法得不到滿足的無奈的抱怨，看起來與我們無關，但它從一定程度上反映出這個社會的一種疾病。

想要出人頭地和受到他人的尊敬是人的一種基本的慾望，這是一種上進的表現。在一定程度上，它是一種興奮劑，能激勵人們奮發向上，積極進取。也正是由於人的這種向上的慾望，使得他們對人類歷史的發展做出巨大貢獻，推動人類文明的進步。但是，越來越多的人發現，今天的這種出人頭地的慾望越來越多地偏離了正確的軌道，向著不健康的方向發展，而且走得越來越遠。

什麼是地位？ 我們不難回答，它是對人們對社會做出不平凡貢獻的嘉獎。地位不能憑空而來，人們必須透過不斷地努力才能得到。也可以說地位是給一個對大眾有貢獻的人的獎勵，地位跟成就的價值成正比。但是，這些年來，人們不由自主地把金錢看作成功的勳章，以為有了金錢就等同於有了社會地位。而且有了社會地位，這便是最終的價值目標，它成了很多人奮鬥的目標，也成了衡量他人生價值的唯一的標準。

現代大多數人都確信，擁有了大量的財富，就可以購買那些貴重的東西，有了這些物質資本就有了不可動搖的地位。然後他們把這些錢和東西都聚積起來，以為這是他們的才能、成就和地位的不可磨滅的證據。在他們認識中有個錯誤的理論，以為只要他們賺的錢比別人多，東西比別人多，他們就得到了夢寐以求的地位和別人的尊敬。他們還把這個謬論當作真理。他們除了對銀行存款有幾位元數位和買一樣東西花多少錢感興趣外，對其他的什麼都不感興趣。

這有一個典型事例，大家不妨仔細看一看。

一名商人來到倫敦看蓋蒂，他是蓋蒂在紐約的一個朋友介紹來的。客人在蓋蒂家裡大吹大擂這幾年來他賺了多少錢，而且告訴蓋蒂他正準備去法國，打算在那兒買一些繪畫來收藏。

「聽人們說你是個很出色的名畫收藏家，對繪畫很有鑒賞力。我想讓你幫我一個忙，告訴我哪些畫廊可靠，和一些畫家的名字、住址，我可以買一些名畫。」他說。

「你對什麼畫感興趣呢？ 具體喜歡哪個時代的作品或什麼學派的畫呢？ 或是你想要某位特別藝術家的作品？」蓋蒂問他。

「這沒什麼區別，反正都一樣，我只是需買一些畫而已，我打算至少要花上 10 萬元。」他有些不耐煩地回答道。

「為什麼至少花 10 萬元，不可以少一點嗎？」

蓋蒂對此表示不解，竟然有這樣定下打算的。不是最高數額，而是最低數額。

「沒什麼可奇怪的，你知道的，」他嚴肅地說，「我的夥伴以前來過這一趟，買了好些畫，大概花了 75000 元，想要使人們對我另眼相看的話，那麼我必須再多出一些錢，我至少要比他多花上 25000 元……」

這個商人是如何衡量價值的，我們並不難看出。蓋蒂看得很清楚，這個商人很可悲，無論他一生做什麼事，他的目標很明顯也很簡單，跟買畫是為了顯示地位一樣，俗不可耐。但更可悲的是，世上這樣的人還的確為數不少。

人類社會已經進步了，不再是只為了填飽肚皮的階段，我們有了更高的生活追求。我們的生活必需品，還有許多奢侈品，為這些東西，我們必須努力賺錢來滿足需求。但這並不能說明金錢是一切，除了用金錢衡量外，還有許多衡量價值的方法。也許一本糟糕的小說也能賣到幾塊錢，而一本世界性的名著，沒準幾毛錢就能容易地買到一本平裝版，這難道能用金錢來衡量嗎？ 你能說後者的價值不如前者的價值大嗎，雖然後者的價錢可能只是前者的幾分之一或百分之一。所以同樣的，還有好多其他類型的成功。衡量人的價值的時候，我們也不應只看他的收入、擁有金錢的多少或者所有物的價值，還有好多東西是無價的。

人類文明是一代代人們所創造的，過去乃至現在的人們時刻都在為人類做著自己的貢獻，但是他們的所得未必與付出相應。世界上無數個著名的哲學家、科學家、藝術家等，他們一生都是很清貧的，甚至到死時還身無分文。像凡·高、貝多芬，誰又能計算出他們對人類的貢獻到底值多少錢？

設計一座美麗的公寓的人，跟那些住進去的人相比，很顯然，我們的設計師肯定是窮人。還有比如建堤壩的工程師，他的收入比起那些因受到灌溉的田地的主人的收入可能要少得多。建築師和工程師雖然沒有那麼豐厚的收入，但他們的業績卻永遠留了下來，沒有因他們賺的錢少，而使他們的地位受到任何影響。

在這個為金錢和地位而奮鬥的年代裡，拿破崙·希爾真誠地告訴我們，還有比金錢更有價值更值得追求的東西。

借用他人的資金可以助自己成功

小仲馬在劇本《金錢問題》中指出：「商業就是向別人借錢的事，沒什麼難的。」

是的，的確不是很複雜，透過借用別人的金錢使自己的目標得以實現。

現在，如果你還沒有錢，你就應該好好看看此書。

借用別人資金時，你需遵循以下原則，你的行動要合乎最高道德標準：正直、誠實和守信。這些道德標準將貫穿於你的事業中。

人們很難對不誠實的人產生信任感。

你必須按時把所借別人的錢款和利息還清。

缺乏信用將導致個人、團體或國家逐步走向困境。所以，你不妨看看成功而明智的班傑明· 富蘭克林的建議。

他在《對青年商人的忠告》一書中對「借用他人資金」作如下論述。

記住：「生產和再生產是金錢的性質，金錢能生產金錢，而它的產物又能生產更多的金錢。」

「記住，每年節省 6 磅，對每天來說是微不足道的。正因如此，它才會在不知不覺中被浪費掉。一個有良好信用的人，可以保證讓財富積累到 100 磅，並把它真正當成 100 鎊用。」

在今天，這個忠告依然有很高的價值。按照這個忠告，你可以從幾分錢開始，可以積累到 500 元甚至更多。希爾頓就做到了這點，他很講信用。

希爾頓旅館在大機場附近修建了許多豪華帶有停車場的旅社，這是靠數百萬元借貸完成的。希爾頓誠實的名聲就成了公司最好的擔保。

誠實是一種美德，從來沒人能夠想出另外一個名詞替代它。一個人的神態或言行，自然而然地就體現出誠實與否。不誠實的人，在他談話的神情、外在表情、談話的性質和傾向中，或者在他接人待物時，都能流露出其致命的弱點。

所以，一個人要想事業有成，除了借用別人的資金外，品德問題也是不容忽略的。事業的成功和誠實、正直、守信是密不可分的，一個人如果擁有誠實，那麼其餘三種品德也會在前進的道路中慢慢獲得。

威廉· 立格遜也是一位著名的守信和誠實的人士，他在書中說出怎樣充分利用業餘時間，利用他人的資金賺到錢。

在《如何利用我的業餘時間，把 1000 美元變成了 300 萬美元》一書中，他寫道：

「假如你告訴我一位百萬富翁，我就可以告訴你一位大貸款者。」他舉出亨利· 凱撒、亨利· 福特和華特· 迪士尼作為例證。

此外，像靠借貸而致富的還有：查姆·塞姆斯、康得拉·希爾頓等。

貸款是銀行的一項主要業務，他們給誠實可信的人貸款越多，他們的回報就越豐厚。銀行貸款的目的是發展商業，為了過豪華生活的人是很難貸到款的。

你要成為銀行家的朋友，這一點是很重要的，你可以得到他的幫助。假如你的銀行家朋友很精通商業，那你不妨多聽聽他的建議。

一個精明的人絕不會輕視他借到的一元錢或專家的忠告。一個叫查理·塞姆斯的美國孩子，正是透過借用他人的資金和計畫，再加上本身的積極心態、主動精神和勇氣，而成為一名富翁的。

他出生在德州。在 19 歲時，他除平時省下的錢和一點可憐的薪資外，並不顯得比別人有錢。

他規定自己每週六都去一家銀行存款，因而該行的一名職員對他產生了濃厚的興趣。他認為這個小夥子是個品德好、能力強，又懂得金錢價值的人。

所以，在查理決心獨自做棉花買賣時，他就從這位銀行家手裡借到了錢。這也是他借的第一次銀行貸款。你也許會預料到，這絕不是最後一次。於是這樣一個真理顯現出來：你最好的朋友就是銀行家。一直到現在，這種觀點依然被證明是正確的。

查理成了棉花經紀人，半年後他的身份又轉成一名騾馬商人。他在成功中領悟到一個哲理——通情達理。

當查理成為騾馬商人後，有兩個人到他那裡找工作。他們兩人已具有優秀的保險推銷員的好名聲，他們來找查理的原因是他們從失敗中總結到一個教訓。事情是這樣的：

作為一個保險推銷員，他們已經成功地推銷出多筆人壽保險。有了一定經濟基礎作後盾，於是他們開了一家保險公司。雖然他們推銷成績是出色的，但卻缺乏管理才能，所以他們的公司一直處於虧本狀態。

在商業中獲得成功必須依靠銷售，這是一種很糟的觀點，因不當的經營管理而賠錢比你賺錢的速度快得多。他們的麻煩就是不能勝任管理工作。

他們中一人對查理說：

「我們的推銷能力是出眾的，所以我們的特長——銷售應該一直堅持下去。」停了一會兒，他看著查理又說：

「查理，你的良好的經營知識是我們所需的，如果我們合作，肯定會成功的。」

於是，他們便聯合起來。幾年後，這個保險公司的全部股票都落入查理手中。他是如何得到的呢？顯然，只有透過貸款才能實現。記住：他的原則就是把銀行家當作自己的朋友。

當年，保險公司的營業額就達到 40 萬美元。這一年，保險公司的經理也發現了快速成功的捷徑。銷售員如果有足夠的、良好的促銷法，就能獲得令人驚喜的收入。

你也許有過這樣的經驗，許多推銷員都害怕向他們所不認識的人開口。正由於此種恐懼心理，他們的許多時間都浪費了，他們原可能在這段時間找到他推銷的顧客的。

但是，假如一位很普通的銷售員得到一些有價值的促銷法，在此鼓勵下，他就可能去拜訪那些不熟但可能成為他顧客的人。因為他意識到，有了恰當的促銷法，就等於成功了一半，哪怕他本人的經驗並不豐富。

在沒有任何前提條件的情況下，讓一個人去幹推銷，那他一定會感到恐懼，但如果有了「提示」，他就會改變他的恐懼心理。有些公司就是憑此制訂銷售計畫的。

廣告就是用以促銷的方法，但費用卻頗高。

因此，查理的正直、會計畫、又知道如何去落實，恰好是銀行家感興趣的品質。

的確，有一些銀行家認為了解他們當事人是浪費時間，但州立銀行的職員凱特和他的同事卻不這樣以為。所以，查理透過解釋他的促銷計畫，順利借到貸款成立保險公司。

正是利用了這種信貸制度，查理在 10 年中把他的營業額從 40 萬元發展到 4000 萬元。成功的原因正是由於他能充分利用別人的資金，不失時機地發展屬於他自己的事業。

價值 160 萬美元的公司就是克裡曼特· 斯通以賣方自己的錢所購買的。

他介紹這次經過時說：

「那年年底，我便開始仔細考慮，確定第二年以建立一家保險公司作為主要目標，並準備同時在幾個州開展業務。我把下一年 12 月 31 日作為完成這一目標的最後期限。

「現在，我需要什麼？ 實現目標的最後日期也都明確了，卻不知道該如何去實現，但這並不是最重要的，因為我相信我能找到一個好辦法的。所以，我想目前我所需的是一個公司，我要它來完成我的兩個目的：

「一是有出售事故和人壽保險單的執照。

「二是能讓我在各州同時開展業務。

「當然，也得有資金，但那個問題我是能夠解決的。

「我認清了我的處境後，我想，首先應告訴外界我現在需要什麼，從而得到幫助。當我想購買的公司出現時，我自然遵循他的建議，保持雙方的協商，直至我們的交易完成。

「此外和我有一面之緣的超級保險公司的吉伯遜也是這種類型的人。

「我在充滿激情的時候迎來新年，我開始為實現自己的目標而努力去做，但在過去的十多個月中還是沒能找到合適的公司。

「在 10 月的一個週六，我把我的工作安排查看了一下，除了最重要的一項，其他的我都完成了。

「我鼓勵自己說，雖然只有兩個月了，但我一定會有辦法的，因為我相信我能完成我的目標，天無絕人之路。

「奇蹟在兩天以後出現了，電話鈴在我工作時突然響起來，我接起，'喂，斯通嗎？ 我是吉伯遜。' 雖然我們說的不多，但這足以令我終身難忘了，他很著急地說：'我告訴你一個令你興奮的消息：賓州意外保險公司的債務由馬里蘭州的巴爾的摩商業信託公司負責，你知道，前者是後者的子公司，信託公司將在摩爾召開董事會，前者的保險業務已轉交信託公司的另兩家保險公司了。瓦爾海姆是商業信託公司的副總經理。'

「我又問了幾個問題，並向吉伯遜表示了謝意。我知道如果我能訂出一項比商業信託公司更有效的計畫，那麼勸說那些董事放棄他們的計畫是有可能的。

「但我並不認識瓦爾海姆經理，我該不該直接給他打電話呢？ 一個警句提示我：‘假如一件事失敗了沒有什麼損失，但成功後卻能給你巨大收益。那麼就別猶豫，馬上就去做。’

「於是我決定拿起話筒，開始我的冒險。結果，我當即就被允許於第二天去見瓦爾海姆和他的助手。

「那天下午，我們會面了。

「我的需要在賓州意外保險公司實現了，它不僅有執照，而且可以在 35 個州開展業務。它在沒有保險業務後被商業信託公司出售了。我為這張執照付出了 2．5 萬美元。

目前該公司的資產達到 160 萬美元，我是透過借用他人的資金實現的，過程是這樣：‘這 160 萬元的資產如何處理呢？’瓦爾海姆問道。

‘我可以替你們貸到 160 萬美元。’我答道。

我們都愉快地笑了，我說，‘你在不損失一文的前提下獲得一切，你們這次真是做了一筆好生意，除了我外，誰還能提供這樣好的抵押品呢？’

‘那這筆貸款你怎麼歸還呢？’瓦爾海姆問。

‘放心，60 天內我就能還清，你知道在其他 35 個州開展保險業務不超過 50 萬美元，當我接手公司後，我會把公司資本和餘款從 160 萬減到 50 萬，剩下的我就能還你的貸款了。’

「他又問：

‘那 50 萬的差額呢？’

‘這也沒問題，現在你這家公司的大量資產都可以利用。我能從我銀行朋友那借 50 萬美元，以該公司擔保。’

我們這筆交易在下午 5 點鐘就談妥了。」

由此，我們大概可以了解借用資金的一般步驟。

雖然此例說明了借用資金能助人成功，但濫用和不按期歸還的貸款則反而讓你生活在一種憂心忡忡之中。

第 12 章 保持身心健康

增強體魄

大部分的人都沒有活在「今天」，他們不是活在「從前」，就是活在「以後」。人生有許多寶貴的時刻都匆匆溜走了，因為我們的心都被過去和未來所占滿。「活在今天」這個觀念並不是非常深奧，卻很少有人能夠做到。

大多數人都像昏昏欲睡似的，虛度大半段光陰，很少留心周圍的事物，這些人在大部分的時間裡都是不知不覺的。

你如果想成為那些少數有知覺的人中的一個，那麼切記：活在現在，而且只有在現在——你擁有的只是現在。活在現在非常重要，因為只有此時才是你真正擁有的。除了此時此刻，你別無選擇。活在現在，就是要承認你不能到過去或未來的時刻。就是現在！ 信不信由你，你一生只有現在。

活在現在，不外乎是享有眼前的一切。有一位藝術家，他就是能夠活在現在的人。他辭去了大學裡的教授之職，從事心靈探索，並且追求個人成長。他說沒有工作的生活對他而言一點難處都沒有，他只是在「掌握此刻」。

掌握此刻對於享受創意的人生是很重要的，創意品質的優劣要看你能不能完全投入活動之中，只有如此，你才會在所做的那些事當中得到充分的快意與滿足。不管你正在下棋還是和朋友說話，或是觀看落日，掌握此刻的美好吧。將創意投注於現在，會產生一種明快親切的感覺，並且感到與世界之間的真正和諧。

禪學是一種東方的修養之道，強調活在現在，其目的就是啟發個人的意義。下面我們以禪的故事說明掌握此刻的重要性：

一個學禪的弟子問他的老師：「師父，什麼是禪？」

師父回答道：「禪是掃地的時候掃地，吃飯的時候吃飯，睡覺的時候睡覺。」

弟子說：「師父，這太簡單了。」

「沒錯，」師父說，「可是很少有人做得到。」

大部分的人很少處於眼前的時刻，這很不幸，因為他們錯失了生活的許多機會。注意此刻，我們每一個人都做得到，並且可以從中得到好處。不論工作或休閒，創意過程中非常重要的一環就是活在現在，專注於手裡的事情。

要掌握此刻，你首先必須學會一次只做一件事，而不要同時做兩件事或三件事。手裡做著一件事，心裡又想著另外一件事，這是矛盾且行不通的。你如果想著別的事情，就不能放手做你所選擇的事。我們在成功之途遇到的問題之一，就是選定某一件事，然後一直撐到該撒手的時候為止。無論任何事只要值得去做，我們就應該全心全意去做。

選定一個簡單的物體，如一截粉筆或一個紙夾，把注意力集中在這個物體上5分鐘。你的任務就是不要讓任何雜念來干擾你，專心地想這個物體、想它的形體以及形體之中蘊涵的概念。這個東西是從哪裡來的？誰發明的？為什麼是這個形狀？

還有一個好方法可以測驗你是否能享受現在：淋浴的時候，試著去除所有的念頭，不要想生活中的任何一件事。當你到了這個地步，耳朵裡、心裡都只有令你輕鬆舒暢的水聲時，你就是真正地在淋浴了。

當你試著這樣做的時候，你會發現自己很容易想到其他的事情，那些事情經常奪走了你的精力和眼前的時刻。

你剛才如果沒有照著練習來測驗自己，而接著讀下來，可見你是被自己的舊我所牽制。所以現在停下來，回去做那個練習。如果你無法做那個練習，就別想能真正地掌握此刻，因為你已被外力所牽引，這些外力將不斷地主宰你的回應方式。

假如你做了練習，感覺如何？若是你像大多數的人一樣，剛才一定被游離的念頭干擾，你做此測驗的時候就會批評、論斷或是感到無助，而且認為這個練習太荒謬了。無法順利完成這個練習，顯示你的思維經常失控。然而，你不必因此失望，你可以接著練習，努力嘗試著去克服這個問題，只要你願意，你就可以培養出置身此時此地的能力。

以下三個練習將會幫助你培養置身此時此地的能力。做過這些練習的人都表示，他們增進了享受此刻的能力。

找一個簡單的物體，每天花 5 分鐘專心研究它，專注於它有形及無形的構造。兩三天後，當你完全探索了第一個物體時，再找另一個簡單的物體繼續研究，必要的時候再換別的物體，這個練習至少要連續 30 天。這個練習期很長，因為要改變我們的觀念，培養專注的心思就得花上這麼長的時間。在練習的過程中，你要是漏了一天，就要回頭重新練習 30 天。這個練習的好處無法用三言兩語來解釋，潛意識裡的能力將會大大地拓展，你就能以前所未有的方式來專心致志了。

調整你的鬧鐘或手錶，每天在不同的時刻發出響聲，提醒自己要活在此時此刻，可以使你享受當前的美好時光。把它當作一種提醒的方法，你就能全心埋首於你正在做的事，它可以提醒你細嚼慢嚥、品嘗食物的滋味，提醒你全心領受美麗的夕陽，提醒你全神貫注地和周圍的人相處。無論做什麼事，試著完全投入其中，不要用一般的方法來做事，即把心思擺在千里之外。

不論何時何地，你都可以做這個練習，其目的就是要你專注於自己的情緒感覺，不管這感覺何時出現。當你的感覺興起時，不管是好是壞，你要試著察覺他們的起因，問問你自己這些感覺傳達了什麼資訊。你為什麼有這樣的感覺？ 你的感覺和憂愁、恐懼、不安或內疚有關嗎？

雖然這練習看似干擾著我們的自主性，其實恰好相反。這個練習說明我們接收發自內在的資訊，然後，我們就更能依照自己的感受而行，而不用壓抑任何感覺。事實上，當我們促使自己心思專注時，自發性就會隨之提高。

體會此時此地這種能力是有創意、有活力的人的一大特色。有創意、有活力的人就是能夠完全埋首於一件事的人，他們的專注程度如此之高，甚至失去了時間感。他們所做的事完全籠罩了他們，根本不會有分心或出現雜念的時候。他們有什麼秘訣？ 他們為此刻而享受此刻，從不擔心接下來會發生什麼事。

你是否曾被一種活力所支配，拋開所有憂慮，進入最佳的境界？ 如果你曾有這種經驗，就是掌握了當時的那一刻，體會到許多平常體會不到的感覺。有的研究發現，真正的事業成功者都曾有以下這些感覺：

自由的感覺、完全專心於眼前的活動、渾然忘我、增進對事物的理解力、不太察覺時光流逝、感官的知覺提高、情緒的知覺提高。

經常參與一些活動，從中掌握此刻，你將會被那些極快樂、極滿足、極有意義的感覺帶入一種忘我之境。掌握此刻就是，一整個下午隨意地在圖書館中瀏覽，或是手寫一封信，盡情傾瀉思緒。你若做起一件事來如癡如狂、樂趣無窮，就會忘了自己身在何處，今天是哪年哪月哪日。你正掌握此刻，眼裡沒有其他任何事情，只有你在做的那件事。

「健全的心靈寓於健康的身體。」這句格言可追溯到羅馬時代，而且歷久彌新，到今天仍然適用。

如果你想成功，想實現人生的自我價值，你一定要注意讓自己保持身體健康。作為人生和事業目標實施主體的你，不能因自己身體情況不佳而影響到目標的實現。

健康欠佳會減弱你的決策能力，因為如果想要達到一個目標需要較多的體力與耐力，健康狀況欠佳的話你可能就會因此放棄。即使這種影響只是在下意識裡，終究會讓你的決定不夠謹慎，波及許許多多的人。

事實上，若健康因素可能影響到決策力時，領導人就該辭去原來的職務。不管怎麼說，即使在比較次要的職位上，這些人仍可貢獻多年的經驗與知識來幫助團隊。

為了健全的心靈，為了達到成功的彼岸，盡力保持身體健康吧！

你相信你能做什麼，大多數情況下，就能做到。

一般說來，人有兩種類型的能量，一個是身體上的能量，另一個是心理上和精神上的能量。在特定情況下，後者比前者要重要得多，因為在必要的時候，你能從你的下意識心理中汲取巨大的能量。

例如，人們在緊張情緒的驅使下，能使自己的體力和耐力達到在正常情況下決不能達到的程度。曾經發生過一次交通事故，丈夫被扣在翻了的小汽車下面動彈不得，他的嬌小瘦弱的妻子在緊急時刻，竭力抬起了汽車，將丈夫救了出來。一個神經錯亂的人，當他發狂時，也能夠具有他在正常情況下所絕不可能有的力量，這些看似不可能的事情是確實存在的。

把你自己推進到耐力的極限，並隨著每一次的練習而擴大極限。

田徑教練沃爾夫是美國一位著名的教練，成績卓越。在他指導下，有幾位中學生已經打破了全美學校的田徑紀錄。

他是怎樣訓練這些學生的呢？是如何將他們訓練成為今日一顆又一顆新星的呢？沃爾夫有一個雙重規定，他教他們在增強心理素質的同時增強體魄。

沃爾夫曾對他訓練的同學們說：「如果你相信你能做到什麼，在大多數情況下，你就能做到。」

班尼斯特在《體育畫報》所寫的一系列文章中提到，他進行鍛煉時採用的是心理訓練和身體訓練相結合的方法。所以他才能夠於 1954 年 5 月 6 日第一次打破了 4 分鐘跑一英里的世界紀錄，實現了體育界長期以來的夢想。他往往要用好幾個月時間進行心理控制訓練，使他適應這個信念：「這個成績是可以達到的。」

而他也終於達到了想要的成績，這正好檢驗了沃爾夫教練的那句話。有些人認為班尼斯特 4 分鐘跑一英里是這個項目的極限，想再次突破是不可能的。但班尼斯特並不這樣想，他認為它是一個大門，一旦通過了它，就會為自己和其他一英里長跑運動員打通取得新紀錄的道路，從而開創一個新的紀錄。

他的想法是對的，事實也證明了這一點。班尼斯特引了路，在以後 4 年多的時間裡，也就是繼他首先打破了 4 分鐘一英里的紀錄之後的 4 年裡，他和其他的長跑運動員又先後 40 多次打破了這個紀錄。1958 年 8 月 6 日，在愛爾蘭都柏林的一次比賽中，竟有 5 位長跑運動員以不到 4 分鐘的時間跑完了一英里，從而打破了人們對極限的迷信。

班尼斯特可謂是創造了一個奇蹟，引導他創造這個奇蹟的人是伊利諾伊大學身體適應實驗室主任庫里頓博士。庫里頓博士發展了關於身體能量水準的革命觀念。他說，這種觀念不僅適用於運動員，同時也可以應用於非運動員。它能使長跑運動員跑得更快，也可以使普通人活得更久。

「沒有‘為什麼’的理由」，庫里頓博士說，「任何人在 50 歲時都不能像在 20 歲時那樣適應環境——除非他懂得如何訓練他的身體。」

庫里頓博士的理論體系基於如下兩個原則：

1. 訓練全身。

2. 把你自己推進到耐力的極限，並隨著每一次的練習而擴大極限。

庫里頓博士在幫歐洲運動明星檢查身體時，結識了班尼斯特，是他注意到了班尼斯特的身體的與眾不同——班尼斯特身體的某些部位驚人地發達。例如，班尼斯特的心臟比常人大 25%。

但是，他身體的其他部分的發育就不及一般人了。庫里頓博士忠告他：要鍛煉身體的每個部分。班尼斯特接受了他的忠告，他透過爬山去訓練他的心理，同時培養了他克服困難的意志。

與此同樣重要的情況是：他學會了將一個大目標分解成幾個小目標。班尼斯特的推理是這樣的：一個人跑 1 個 1／4 英里比他連續跑 4 個 1／4 英里要快些，因此他訓練自己要分開想到一英里中的 4 個 1／4，他在平時的訓練中先是衝刺第一個 1／4 英里，然後就繞著跑道慢跑。這段慢跑就作為跑步過程中的一個休息階段。然後他再衝刺第二個 1／4 英里。他的目標是以 58 秒或更少的時間跑完 1／4 英里。58 秒 ×4=232 秒，即 3 分 52 秒。每次跑時，他都在加大訓練的極限，他每次總是跑到極限點。所以他最後能以 3 分 59 秒 6 的成績第一次打破一英里長跑的世界紀錄。

庫里頓博士教導班尼斯特說：「身體忍受的訓練強度越大，它的耐力也就越強。所謂‘過度訓練’和‘精疲力竭’的說法都是荒誕不經的。」

不過他又強調說：「休息是同鍛煉一樣重要的。身體是需要鍛煉的，身體只有透過刻苦的鍛煉才能顯得健壯。體力、活力和能量都是透過刻苦鍛煉漸漸發展的。」

同樣，身體和心理兩者的休息的過程同時也是使體力和精力得以休息的過程。所以你必須使身體有一個休息的過程，否則，就可能受到嚴重的損傷甚至死亡。

尋求一種輕鬆的生活方式

我們每個人都在尋求某種自己喜歡又比較輕鬆自在的生活方式，這種生活方式，必須能讓人在精力、時間、金錢、自尊及其他方面付出盡可能小的代價，同時得到最大限度的滿足，而且這種生活方式必須盡可能少地打攪到他人，否則它就可能成為一種不道德的生活方式了。

學校並沒有給學生和教授這樣一種輕鬆生活的方式。學生們倒是學了不少在現實生活中並沒有多大用處的東西，甚至一些滑稽可笑的東西。隨著社會的進步，以前不盡如人意的狀況會有所改觀，學校開始朝著那種至高無上的教育目標而努力。然而，與此同時，許多事情卻背離了正道。數百萬以前十分富裕的人，到現在卻一貧如洗；另有數百萬人由於不得不接受社會或個人的接濟，而失去了往日的自尊；除此之外，還有數百萬人由於對前途感到無望而走上了犯罪的道路。整個世界變得緊張、焦慮，許多人對於自身及其未來一片迷茫。

在這樣一種危機中，為了重新找回失去的樂園，我們必須做些什麼呢？如何找到一種輕鬆的生活方式呢？

輕鬆的生活方式，已經被掌握了兩門偉大藝術的人所找到。其中一門是保持自尊心的藝術，而另一門則是與這個世界其他人相處的藝術。這兩門藝術有不少交匯點，如果你不認真辨別的話，那麼在你眼中，它們就是一碼事。在現實生活中，許多人往往只掌握其中一門藝術，而忽略了另外一門藝術。在這種不平衡中，許多人漸漸感到心神不安、憂心忡忡，甚至使身體健康受到嚴重影響。為你自己考慮太多，而為其他人考慮得太少，則導致你自私自利，做出那些不道德的事情來。為你自己考慮得太少，而對其他人考慮得太多，可能會讓你到頭來落到一無所有的悲慘境地，讓你為生計而擔憂。

古希臘哲學家蘇格拉底曾說過，未經權衡的人生道路，是不值得往下走的。我們不僅同意蘇格拉底的這一觀點，而且還要補充一句：我們不值得去生活在未經權衡的世界裡。接下來，我們再前進一步，堅持現代科學家的立場，相信所有科學研究揭示出的這樣一個道理：一個人如果能夠明確意識到人生經歷的多樣性，並且在時間與境況允許的條件下，盡可能深入細緻地分析每一次經歷，那麼他就能夠很快地尋找到輕鬆的生活方式。

大多數人之所以抱著那種模糊不清、不切實際的人生哲學，只是因為他們並沒有在這上面付出足夠多的努力。他們懶得去匯總事實情況，在觀察事物的過程中常常犯些愚蠢的錯誤，馬馬虎虎地得出結論，不敢實踐，只願意讓他人對自己發號施令。他們不喜歡付出腦力，不願履行有些艱辛的義務，而且迴避那些並不那麼讓他們賞心悅目的真理。

許多女性寧願每天花 10 個小時去玩橋牌，也不願意花上幾分鐘時間去認真思考自己的人生；許多男性寧願在高爾夫球場上花幾個小時，想方設法提高自己的球技，也不願意花上 5 分鐘時間，探討一下人生與幸福。這些難道不是真實情況嗎？

輕鬆的生活方式，如同吃藥一般，可以被歸納為兩大類：一類是治療性的，另一類是預防性的。每一類都各有其法。但其中任何一類，你都不能依靠照抄照搬他人的方式去追求。例如，你喝了被污染的水，因此而患上傷寒甚至病倒。醫生採取饑餓療法去為你治病，每到吃飯的時候，只給你一小杯冰水，或許在此同時，他會再採取其他一些措施，來幫助你治好傷寒。這是治療性的方法，透過採取這種方法，達到治癒疾病的目的。

當你康復之後，決心從此以後小心防病，再也不讓自己身患危險的傷寒了。而現在你在做些什麼呢？你會拒絕可口的飯菜，在餓得實在受不了的時候，再靠喝杯冰水來維持生命嗎？你絕對不可能這麼做。這樣的生活實在是太沒有意思了。你要做的，就是極力避免再喝被污染的水，再吃那些可能和病源接觸過的食物。

在對待令人感到緊張不安的那些壞事方面，道理也是一樣。一旦你感覺到自己被憂慮、恐懼、疲勞、絕望或其他消極情緒所困擾，那麼你就必須想方設法地消除它們。如果你不及時消除，它們就會導致你明顯地感到神情緊張，你的肌肉隨後就可能產生自己無法抑制的痙攣。到了這個時候，你就會感到心裡比較憋悶，這並不是醉酒之後的那種憋悶，而是如生理學家所說，體內血流不暢，致使人很難、甚至無法完成某些動作，並給人內心造成一種「總覺得有什麼地方不對勁」的感受。

如何治療這種心神不寧呢？辦法倒有幾種，每一種都對緩解特定類型的肌肉緊張有用。艾德蒙·傑克布森博士在他所著的《你必須放鬆》一書中，為我們講述了一些巧妙的方法。你完全可以採用這些方法，從而讓自己得到放鬆。你也可以求助於醫生所開的鎮靜劑，或者離開鬧哄哄的家庭，暫時不去考慮煩惱的業務，而是找一個清僻之地，自己好好散散心，徹底放鬆一下。此外，你也可以去找一位比較有經驗的心理醫生，讓他們有針對性地給你進行治療。另一方面，可別小看身體某一部位的小毛病，它同樣會給你的生活製造大的麻煩。

比如，一顆牙壞了之後，給你帶來的疼痛會攪得你寢食不安，最終使得你別無選擇，只好把這顆牙拔掉了事。導致你神志不安、肌肉緊張的原因多種多樣，而治療它們的辦法也多種多樣。

現在，假定你飽受肌肉酸痛之苦，最終經過精心治療，總算使它痊癒。你暗自告誡自己，今後無論如何，再也不能遭受這種痛苦。為了防止舊病復發，你應該做些什麼呢？ 什麼樣的方法最值得你採納呢？ 如今你必須學會去避開能夠造成肌肉緊張酸痛的境況及影響。你可以採取三大策略：

1. 努力消除內心的緊張不安，擺脫煩躁焦慮的困擾。

2. 透過強身健體，來增強身體的抵抗力。

3. 摸索出一些與給你製造麻煩的元兇相適應的巧妙方法，只允許它們以一種方式給你帶來稍許不安，從根本上杜絕它們給你帶來嚴重的惡果。

與其緊張不安出現之後再去進行治療，我對預防造成緊張不安的元兇更感興趣。我至今仍然堅信，預防勝於治療。給心神不安的人提供治療，以緩解或去除他們內心的緊張固然重要，而教人們學會如何避免緊張不安，難道不比它重要百倍嗎？

正確的人生哲學，可以讓你對邪惡刺激有種免疫力。你最好透過培養這種人生哲學，從而避免走上艱難的人生之路。它首先是一件涉及教育的事情。我則喜歡把這樣的人生稱為良好平衡的人生。

一旦你變得心神不寧、煩躁焦慮，你的人生哲學可能無法快速消除它們。只有思想毫無條理的人才會認為，良好的預防方法同時也必須是良好的治療方法。然而，一旦你發現了自己的忍耐力，或你對自己有了足夠的了解，可以合理調節自己的飲食、睡眠、日常工作、友誼、體育運動、讀書、戀愛生活，以及人生的方方面面，你就等於把自己很好地武裝起來，能夠承受緊張與壓力。你坦然地面對一切，你輕鬆愉快地工作、生活著。

古往今來，人類為自己創造出不同的宗教哲學，希望能藉此讓自己的人生一帆風順。這些都是預防方法，印度曾湧現出一些著名人士，他們經過不懈努力，還發展了治療術。人是一種會理性思考的動物，這主要是因為人為了維持其平衡，必須學會忍耐。這可能是人的最大不幸，但它也是人類唯一的自我拯救之法。智慧是人的能量的管轄者，它說明人儲存能量，保證能量的平穩流動，而且延長人這台複雜機器的壽命。智慧可能無法幫助人修理機器所有破舊的零件，但它能夠把這台機器需要修理的時間大大推遲。

一個人篤信的人生哲學越合理，那麼他的每一項行動越能被充分加以調節。這樣一來，他做事也就越有成效。即便他出生時體內並未蘊涵巨大的能量，但與那些沒有學會思考人生的人們相比，他卻能夠靠著僅有的能量，獲得令人仰慕的成就。這就是為什麼明智之人總要去為自己尋求更好的人生哲學，用以指導自己在人生道路上取得豐碩的成果。普普通通的觀察者們會被思想者的表現所誤導。他們錯誤地把一切都寄希望於思想者，指望思想者能給自己帶來超人的能量或智慧。然而，如果他們能夠更加細緻、全面地觀察思考，那麼他們就會明確地認識到，自我理解與鐵的紀律是有思想的人成功的兩大基石。

健全的心理有利於身體健康

人的精神具有巨大的反作用力。所以說，健全的精神對健康的身體有很大的影響和促進作用。人們經常會聽到這樣的話語：「我煩得要死」。這句極為平常的話是為人們用來表達極度的憂慮和煩惱的。有位醫生曾經說過，在他的病人之中有 50% 的人有憂煩的症狀。那麼如果一個人經常感到憂煩，就算他不死也會生出病來的。所以說憂煩是極大的現代瘟疫是不為過的。

引起健康不良的顯著因素之一是憤恨。有位醫生曾經描述過一位病人就是由於長期心懷憤恨而導致死亡的過程。他說到了病人的眼睛是怎樣失去了光彩，膚色怎樣變得灰暗、無光，而且吐氣帶有臭味，最後導致器官功能逐漸減退衰竭。醫生並不能把這種情況列為正式報告中的死亡原因，但他仍一直強調說：「他變得非常缺少抵抗力，這樣便容易為疾病所侵犯。他的整個身體狀況便日益惡化了。」他說，這個人死於長期的心懷憤恨。

這個例子當然是較極端的，但是生活中有成千上萬的人整日昏昏欲睡，無精打采，缺乏活力，不是這兒痛就是那裡痛，連生活都顯得乏味、無光。這說明，所有這些主要是由於情緒和精神狀況不健康造成的。由於人的心理不健康影響了身體的健康狀況，破壞了身體機能，這就造成了人的身體門戶大開，使得疾病長驅直入。當然這些並不是要說明所有的疾病都是由情緒引發的，但是如果情緒壓抑，它在所有的疾病中都會發揮催化劑的作用是完全正確的。

世界上許多心理、精神狀態不健康的人，時間久了就會引發各種各樣、輕重不同的情緒狀況，並最終在身體狀況上顯示出來，這樣的例子不勝枚舉。

比如有一天，在一處教堂裡，當拿破崙·希爾講話完畢之後，有一位性格 直率的婦女對他說：「我該怎樣才能止住癢呢？我現在癢得要命。」拿破崙·希爾吃驚地回答她：「這位女士，我的講話曾經引起過各種不同的反應，但是說真的，它能使人身上發癢，這倒還是第一次。」女士說：「我一上教堂便很容易出現這種情形，真不知道怎麼回事，而且身上這樣常常發癢已差不多持續 3 年了，請您看看我的手臂，現在就癢得不得了。」她露出來的手臂，除了有些發紅以外，便沒什麼特殊的變化，看不出有什麼東西。那麼她為什麼會覺得身上癢呢？這愈加使拿破崙·希爾感到驚奇。但與她交談之後，唯一顯露出來的跡象便是她對她姐姐極度的憤恨。

據她說，她的姐姐是分配他們家庭的遺產的執行人，卻沒有把她「應得的」大部分財產分給她。據此，拿破崙·希爾得出結論：由於財產原因，她對她姐姐十分憤恨，而她又是虔誠的信徒，這使得她一到教堂就感到罪惡感襲來。所以他認為她身上出現癢的現象，極可能是由於罪惡感和憤恨集在一起的「情意結」所產生的症狀。

完全出於好奇，拿破崙·希爾請求並得到了她的允許，便去與她的醫生討論這件事。醫生對拿破崙·希爾給他講述的話也十分感興趣。他透過分析認為：因為她從來沒有把這種情形告訴過他，這位女士一定是有著我們可以稱之為「心內熱疹」的弊病，她一定是心裡面抓狂而產生了外部的假癢，所以，他認為只要能使得她排除掉憤恨，她的癢病就會被治好，起碼這可以當做一次試驗。

這位醫生依據這個分析作出決定，便找到這位女士並與之深談了一次，然後，他要她再去看拿破崙· 希爾。醫生警告她說，如若她不改掉不健康的想法，那麼她會癢得直到精神崩潰。

她雖然接受了這種治療，但並不是那麼容易做到的，因為她對她姐姐的憤恨已經深入到心裡面了。但是她仍然努力堅持下去。她做出了排除憤恨的第一步，原諒了她姐姐，當罪惡感日益減輕的時候，她的癢也減少發作了，以至最後完全好了。意外的，她自身態度的轉變，也影響了她那貪心的姐姐，她姐姐又給了她一些錢，從此兩個人都感到滿意，她們的姐妹之情也回到當初。由此可見，如果你有不健康的想法，那麼你就很容易變得不健康，你如果想要健康並且充滿活力和朝氣，那就必須克服一切不健康的想法。

著名的約瑟夫· 克瑞姆斯基醫生說：「人的內部防禦機制是抵抗入侵病菌最堅強的堡壘。如果我們體內正常，自然的力量就可以抵抗向我們身上滲透和進攻的病菌及病毒。」這種把身體和心理看成一體而且相互有關係的綜合性治療，被現在的術語稱為「精神治療」。

克瑞姆斯基醫生接著說道：「在科學上已經得到了證據，說明情緒的緊張，

以及情緒的壓抑可以產生長期的精神消沉和疲勞，同時也降低了身體抵抗疾病的能力。那長期的憂慮和煩心，不被控制的感情和脾氣，再加之現代生活的高度壓力和節奏都會使得心臟、腎臟、肝和其他重要器官產生功能減退的變化，而且會帶來高血壓和動脈硬化。可見，憤恨和恐懼可以像任何有毒化學品一樣毒害我們的身體。」

所以說，健康的想法可以使身體產生活力，有助於身體保持平衡和發揮正常的功能。一直有人爭辯說，「心理的健康可以使得身體健康」這說法是說不通的。他們這些人會怏怏不樂地說，我的病是我某個地方確實有問題。這並非是我們小看器官上的疾病，我們認為，就算是器官上真有問題，我們的想法、我們的思想還是能激發或者減弱我們的活力和健康狀況。就算我們有了疾病，那麼增強信心的想法仍然可以幫助我們取得好結果。

據此，同樣是一位成功學家的麥爾頓——拿破崙· 希爾的朋友講述了他自己的親身經歷。

有一次，他到紐約某醫院去探望一位女士的時候，她趁丈夫離開病房時對麥爾頓講述了她是一名癌症患者，並表示她相信她會痊癒的，只不過她的丈夫總是非常悲觀，擔心她的時日不多了。她丈夫態度消極，老是向壞的方面想。她問麥爾頓先生能不能想出辦法幫助她丈夫建立健康的想法。她要他從心裡面看她是個健康的人，不要把她看成是癌症的犧牲者或是他即將失去的妻子。這是因為這位女士相信，她丈夫不會失去她，她現在還不打算離開這個世界。

說到這裡，或許會有人認為她頭腦不清楚，說瞎話，但是她的確有強烈的信心和堅定的想法，因為她是一個樂觀向上的人。幾個星期以後，那位充滿活力的女士來看麥爾頓，她問他還記得她嗎？ 她的信心使麥爾頓印象深刻，他告訴她說，她看起來很好。

「啊！ 我當然很好，因為我一直都相信我一定會很健康。」她十分快樂地說著話。這以後麥爾頓又見到過她好多次，她還是很健康，氣色也很好。你看，這不又是一個信心和正確的想法有益於治療疾病的例子嗎？

一個人只有採取正確的行動才能長期保持朝氣蓬勃。其中一項就是要從心智思想中把所有陳舊、疲勞、衰亡、沒精打采和不快樂、不積極的想法徹底清除掉。

有位叫做薩拉· 喬登的醫生說，如果每人每天都能給自己來個心智上的淋浴，那麼，我們的診所便會少很多前來應診的人。

記得有一次，麥爾頓先生和另外 3 個人在紐約共同坐一輛計程車，因為那天天氣很好，所以麥爾頓上了車就對司機贊道：「今天天氣真好，不是嗎？」可是司機卻喃喃道：「現在天氣好又怎樣，但天黑前會下雨的，甚至有可能會有雪。」他還說了其他一些消極的話，可能是因為在車上的其他人都叫麥爾頓「醫生」，所以那位司機便索性扭過頭來，想做個免費的治療。他說：「醫生，為什麼我的背一直在痛？」麥爾頓有些驚訝的樣子，回答他：「哦？ 像你這樣年齡的人應該不會有背痛的毛病的，你大概 30 多歲，是吧？」這位司機痛苦地回答：「對，我今年 37 歲，可是我不僅背痛，而且渾身都感覺到疼痛。因為我胃不好，所以也吃不好，我可真覺得不舒服。你認為我有什麼毛病嗎？」當麥爾頓告訴那位司機他是得了心理硬化症時，那位司機感到難以言傳的恐慌。這個詞語對他來說陌生、可怕至極。

「這是什麼病？ 它有什麼可怕或者神秘的症狀？」他連忙問。他以前只聽到血管硬化症之類的疾病，想不到心理也有硬化的時候。

麥爾頓向他解釋：「你知不知道血管硬化症？ 這是一種極為嚴重的血管硬化，要知道，它是很難治的。」

「血管硬化症和心理硬化症難道有什麼聯繫嗎？」麥爾頓的解釋把司機搞混了。

「當然，他們的症狀應該有相似之處。只不過它們一個是有形的，一個是無形的。無形的東西更不容易被發現，它比有形的更為嚴重。」

「而且」，麥爾頓繼續對他說：「你的心理硬化症是較為嚴重的那種，從我坐上你的車我就注意到了。」

司機的手不由自主地哆嗦起來，他問麥爾頓：「我該怎麼做呢？」

「別擔心！」麥爾頓回答說，「像你這種病人並不需要醫生的治療，而是需要心理方面的醫生，我正是這樣的人。」最後，他說：「你最好抽時間，當然越快越好，到我的辦公室來，我們可以給你提供相應的治療。」麥爾頓給了那位司機一張名片，那位司機如獲至寶。

「別擔心！」麥爾頓又重新說了一遍：「我們肯定能讓你恢復健康。」後來那位司機果真得到了麥爾頓博士的治療，他透過本書所說的定律，靠自己的奮鬥清除了病態的心理。 染上生理疾病並不可怕，可怕的是心理出現病態。成千上萬的人都是自己使自己病倒，他們缺乏健康的心理狀態。罪魁禍首是他們自己的心理出現了嚴重的健康問題。

解決的方法最簡單不過，肯定自己，重視自己，讓自己的生命散發出青春的活力。用愛代替所有的怨恨，從愛出發，戰勝一切，回到愛的身邊。去愛每一個人，並且努力使每一個人愛你。用積極的態度修身養性，拋去自卑，堅持信念。 努力保持和培養健康的身心，走出困境。

約翰· 柏吉夫人是一個成功的例子，她在拿破崙· 希爾的指導下，戰勝舊的自我，最終從生活的煩惱中走出來。

曾經有一個時期，緊張而單調的生活使柏吉夫人陷入高度的精神緊張之中。

她整天忙碌不停，不只是身體，還有她的腦子。她的腦子一片混亂，白天無法休息，晚上失眠。她覺得生活毫無樂趣可言，對自己和生活全然喪失了信心。

「生活太可怕了。」她時常對自己說，「我簡直快要喘不過氣來了！」

是的，她給自己的思想加了太重的包袱，以至超出了她的承載能力。

柏吉夫人的情況日漸嚴重，她再也不能像以前一樣過正常快樂的家庭生活，她的丈夫甚至也受了她的影響：她丈夫準備建一棟房子，只是柏吉夫人如今身心憔悴，讓他開始猶豫不決。柏吉夫人自己也清楚自己的狀況給家人和生活帶來了多大的麻煩，她的 3 個女兒不得不去和親戚同住。剛從軍中退下來準備成立一家法律事務所的丈夫不得不因此而暫時放棄。

然而，她愈是想這些，就愈陷入其中不能自拔，她痛苦萬分，覺得被煩惱徹底擊垮了。

這時候，拿破崙· 希爾出現了。他無異於是她的一顆救星。

拿破崙· 希爾首先認真地分析她病症的原因：「現實生活讓你喘不過氣來，但是你應該正視它，你內心深處的自卑和對生活的妥協使你逐漸陷入其中不能自拔。是你不健康的心理造成了這一切。」

然後拿破崙· 希爾提出了戰勝這一切的方法：「建立起你的信心之船，張揚起你的自信之帆，勇敢地去挑戰生活的風風浪浪，最終你將抵達平和幸福之港。」拿破崙· 希爾最後鼓勵她，不必逃避現實，越是逃避你就越會陷入其中無法自拔。

柏吉夫人像是得到了佛教徒式的頓悟，終於有人能使她重新找到了自信。她的生活漸漸有了起色。

她首先試著完成一些簡單的工作。雖然這在以前被她視為「不可能」，她的

的確確毫不費力地完成了任務。她開始獨立照顧兩個幼小的孩子，把他們護理得無微不至，孩子們健康快樂地成長著。

後來，她漸漸地發現自己精神飽滿，渾身有使不完的力氣。開始有了食欲，睡眠品質也有了明顯改善。一個星期後，當柏吉夫人的父母來看柏吉夫人時，發現她一面哼著歌兒一面熨燙衣服。

她永遠記住了這個教訓，並對自己說：「堅持信念！ 迎接挑戰！ 面對自己！面對生活！」

她真的那樣做了。從此以後，柏吉夫人強迫自己去工作，並沉迷其中。最後，她把孩子們全部接回來，然後和丈夫一起住進那棟新房子。柏吉夫人的身體日漸健康，雖然偶爾也會有不如意的時候，但她總能微笑著告訴自己一切困難都是暫時的，生活中的種種挫折只是調劑生活的一部小插曲，烏雲過後的太陽才是最美的，風雨洗滌過後的天空才是最晴的。她不再多想這些會讓她煩惱的東西，而且用加倍的工作和頑強的信心去戰勝它們。於是漸漸地，這些不和諧不愉快的東西竟然從她心中消失得無影無蹤。柏吉夫人終於恢復了身心健康，她重新從生活中找到了樂趣。

現在，她和丈夫以及 3 個健康活潑的孩子幸福地生活在一起。再也不會有什麼東西能讓她對自己和美好的生活失去興趣了，她變得快樂起來。

相信自己可以健康長壽

透露給你一個資訊：在各行各業中，成功的而且健康長壽的人比比皆是。

例如，美國擁有億萬財富的企業家、石油大王洛克菲勒，壽命長達 98 年，他是健康的佼佼者，當之無愧。再有愛迪生是「發明大王」，人盡皆知，他活到 84 歲。其他還有活了 84 歲的鋼鐵大王卡內基，90 多歲的日本企業鉅子松下幸之助，還有本書這位成功學家，美國的 87 歲的拿破崙· 希爾等等。

他們這些人在事業成功的同時又做到了健康長壽，是否有什麼內在規律可循呢？還是有什麼奧秘呢？事業的成功，常常和健康長壽相輔相成，由此看來，這個問題值得那些追求成功、嚮往成功的朋友們花費點時間和精力去探討、研究。

由於積極的心態對人的健康起著重要的作用，那麼這樣的心態和良好的健康狀況肯定會對你的生活品質以及工作進展發揮不可泯滅的積極作用。「由於上帝的仁慈，我過得越來越好。」這句話，對有些人而言並非華而不實的語言，他們每天在清晨醒來時和臨睡前都把這句話朗誦好幾次。其實我覺得說這句話的人，在某種意義而言，他們正在運用著積極的心態把生活中較好的東西、正確的東西吸引到他們身邊。

毫無疑問，積極的心態極有助於促進你的心理健康和身體健康，延長壽命。相反的，消極的心態一定會逐漸地破壞你的心理健康和身體健康，縮短壽命。許多人正是由於適當地運用了積極的心態，所以拯救了他們自己的生命。

針對這一點，成功學家拿破崙·希爾又講述了兩件小事以作證明。

這第一件事名為「這個小孩會活下去」。醫生對著一個剛生下來兩天的孩子說：「這個孩子不能活了。」然而，這個孩子的父親具有積極的心態，他那樣充滿信心，他同時相信祈禱，相信行動，他毅然回答：「這個孩子會活下去！」於是他實際行動起來了。他委託了一位同樣具有積極心態的小兒科醫生照料這個小孩子。根據一位醫生的經驗，他相信自然會給每種生理缺陷都提供一個補償的因素。結果，這孩子真的活了下來！

第二個故事名為「我不能活下去了！」

她一句「我不能活下去了！」使得死神毫不留情地奪去了她的生命。這則新聞出現在《芝加哥每日新聞報》上，文章講述了一位 62 歲的建築工程師，一天他回到家裡，上床準備就寢的時候，忽然感覺胸痛，呼吸急促起來。這時，小他十歲的妻子見狀，十分驚慌，但她還是懷著希望，努力地為丈夫按摩，增強他的血液循環，試圖挽救他的生命。但是，最終死神還是沒有放過他。

事後，這位可憐的寡婦竟然對她的老母親說：「我再也活不下去了！」終於，因為經受不住心理上的沉重打擊，在她丈夫死的同一天，她也撒手而歸。

由此可見，以上兩個故事所講的那活了的嬰孩和死了的寡婦的不同結局，不就證明了積極的和消極的心態同樣具有強大的力量嗎？

設想，如果一個人懂得積極的心態能把好事吸引到身邊，而消極的心態會帶來壞的事情，那麼，難道還會有人說發展積極的思想和態度不是合情合理的嗎？

洛克菲勒先生退休賦閑在家後，便把保持健康的身體和心理，盡量爭取長壽確定為主要目標。請問，洛克菲勒若想達到這個目標，金錢能對他有所幫助嗎？以下是洛克菲勒為達到這個目標而實行的計畫。

1. 每週的星期天去參加做禮拜，將所學到的記下來，以供每天應用。
2. 每天爭取睡足 8 個小時，午後小睡片刻。這樣適當的休息可以保證充足的睡眠，避免對身體有害的疲勞。

3. 為保持乾淨和整潔，使整個身心清爽，堅持每天洗一次盆浴或淋浴。
4. 如果各方面因素允許的話，可以移居到環境宜人、氣候濕潤的佛羅里達州生活，那裡有益於健康和長壽。
5. 有規律的生活節奏對於健康和長壽有益無害。最好將室外與室內運動結合起來。每天到戶外從事自己喜愛的運動，如打高爾夫球，到室外吸收新鮮空氣和陽光；並定期享受室內的運動，比如讀書或其他有益的活動，當然也要依隨愛好和興趣。
6. 要做到飲食有節制，不暴飲暴食，要細嚼慢嚥。不要吃太熱或太冷的食物，以免不小心燙壞或凍壞胃壁。總之，諸事要和緩、含蓄。
7. 要自覺、有意識汲取心理和精神的維他命。在每次進餐時，多說些文雅的語言，並且可以適當同家人、秘書、客人一起讀些有關勵志的書。
8. 要雇用一位稱職的、合格的醫生為自己的私人醫生（事實證明了這很有效，他使得洛克菲勒身體健康，精神愉快，性格活躍，愉快地活到了 98 歲的高齡）。
9. 這一點也至為重要，就是要把自己的一部分財產分給需要的人共用。關於這一點，不得不說起初洛克菲勒的動機是自私的，因為他是為了換取良好的名譽才將財產分給別人。但實際上他又獲得了意外的收穫，可那是他未曾料到的：在他透過向慈善機構捐獻，把幸福和健康帶給了許多人的同時，也贏得了聲譽，更重要的是自己也得到了同等的幸福和健康。他捐資建立的基金會將有利於今後好幾代的人。洛克菲勒的生命和金錢都是做好事的工具，他達到了自己的目標，獲得了健康與幸福。

這時，你應不難意識到積極的心態會吸引成功，隨後方能得到成功。但是，提醒一點，在你使用積極的心態時千萬不要忽略了你的身心健康。

有這樣一個故事：有一位年輕的汽車銷售經理，在他的面前本是一條充滿了陽光的大道，可是，他的情緒卻非常的低沉。他甚至這樣認為：他存在於這個世界上的時間已經不多了，死神已張開魔爪，一步步地靠近他，眼看就要吞噬他。他已經為自己選購了一塊墓地，並且為自己葬禮的一切做好了打算。而實際上，他只是經常感到呼吸急促，心跳加快，喉嚨梗塞而已。他的家庭醫生——一位很優秀且成功的全科醫生，勸他多多休息，靈活處理生活瑣事，急流勇退，退出他所鍾愛的銷售汽車的業務。

這位經理在家休息了一陣子，但由於恐懼，心裡仍然無法平靜下來。他的呼吸變得更急促，心跳得更快了，而喉嚨則更加梗塞，這時，他的家庭醫生則勸他到科羅拉多州度假。

科羅拉多州雖有宜人的美景、壯麗的高山，卻仍不能使這位銷售經理從恐懼中抽身出來。一周後，他度假歸家，深深的恐懼使他覺得死神即將把他喚過去。

「消除你的猜疑！」拿破崙·希爾告訴這位銷售經理，「如果你到一個診所，到明尼蘇達州羅契斯特市的梅歐兄弟診所，你就可以徹底地弄清病情，而絕不會失望。別再猶豫，立即出發！」這位銷售經理聽從了拿破崙·希爾的建議，他的一位親戚開車將他送往羅契斯特市。實際上，他卻很害怕自己將再也不會回來。

梅歐兄弟診所的醫生幫他做了徹底的檢查。醫生告訴他：「你的癥結是吸進了過多的氧氣。」他笑起來說：「那太愚蠢了，我該怎樣對付這種情況呢？」

醫生說：「當你感到呼吸急促、心跳不正常時，你可以找一個紙袋，向紙袋裡呼氣，或暫時屏住呼吸。」醫生遞給他一個紙袋，他遵照醫囑向紙袋呼氣。結果他的心跳和呼吸正常了，喉嚨也不再梗塞了。他離開這個診所時，心情一下子舒暢起來。

此後，每當他的病情發作時，他總是屏住呼吸，堅持幾分鐘，使身體機能正常發揮。幾個月後，他的心情開始慢慢恢復正常，而病症也隨之消失了。這事發生於 30 多年前，自那以後，他再也沒找醫生看過病。

當然，並非所有的治療都這樣容易奏效、省時，必須運用你所有的智慧，然後才能找到較適合的療法，然而，明智的方法則是堅持用積極的心態繼續摸索。

還有一位銷售經理的故事是這樣的：

這位孤獨的銷售經理在一個小城市的旅館裡登了記，當他走進旅館為他安排好的房間時，不幸的事發生了。他摔了一跤，一條腿跌斷了。旅館經理派人把他送到附近的一所醫院，在那裡，一位主治醫師給他的腿做了接合的治療，幾天以後，人們認為他不要緊了，可以下床走動了，於是，他就搬回了自己家裡。

在家庭醫生的護理下，他的身體表面上似乎已痊癒，然而，他的腿卻並沒恢復健康。許多星期以後，醫生告訴他，他遭遇了一件十分不幸的事情，他的腿將會一天天地惡化，直到最後，變成一個瘸子。這位銷售經理感到異常的苦惱，因為他的工作，一個銷售經理的工作必須用腿來走路，而他，將會變成一個瘸子。

這位異常苦惱的銷售部經理找到了拿破崙·希爾，開始與拿破崙·希爾就這一問題進行探討。拿破崙·希爾告訴他：「不要相信這一套鬼話！總會有一種療法——去找到它，不要猶豫，立即行動！」拿破崙·希爾把前一位汽車銷售經理的故事告訴了他，並同樣建議他到梅歐兄弟的診所去。

他離開診所時也成為一位快樂的人。醫生告訴他：「你的身體需要補鈣。我們可以給你補充鈣。但是，鈣可以耗損掉。你必須堅持每天喝下去一夸脫牛奶。」他這樣做了。幾個星期過去，那條受傷的腿漸漸康復，變得同健康的腿一樣強壯而有力了。

正確的飲食有利於身體健康

正確的飲食是與旺盛的生命力緊密相關的。現代科學指出，抵抗都市壓力的一個重要因素便是營養，而營養主要是從飲食中直接得來的。我們只有從飲食中攝取了足夠的養料，才能具備應付壓力的資本。所以正確的飲食相當重要，這樣可以增強身體抵抗壓力的能力。

當人們在生活中注意了飲食方法以及飲食宜忌的規律後，就要依據自身的需要來選擇適當的、有利於自己身心健康的食物進行補養，這樣便能有效地發揮並維持生命的活力，提高新陳代謝的能力，保持身心健康。具體一點兒說，正確的飲食具有補充營養、預防疾病、治療疾病、延緩衰老的作用。

人的飲食要節制，切忌暴飲暴食，不能隨心所欲，講究科學的飲食方法至關重要，所以說，人們的健康是從飲食中獲得的。如果在短時間內飲食過量，使大量食物進入食道，必然會加重胃腸的負擔，超出腸胃承受能力，食物滯留於腸胃，不能被及時消化，這樣，很明顯就會影響到營養的吸收和輸送。久而久之，脾胃因不堪重負，其功能當然會受到損傷，所以「食量大的人是不會健康的」，拿破崙· 希爾這樣說。

現代的許多有關醫學方面的實驗都證明，減少食物的攝取量是延長壽命的最好的方法之一。拿破崙· 希爾指出：「如果你能只吃七分飽，那麼你會保持身體健康。」針對這一點，德州大學的馬沙洛博士做了一個很有意思的實驗，為我們提供了有力的證據。他的實驗是圍繞一群實驗鼠進行的，它把一群實驗鼠分為三組：

他任由第一組的實驗鼠隨便進食，把第二組的食量減了四成，第三組的實驗鼠食物中蛋白質的攝取量減少一半，然後便任由它們吃。兩年半以後，實驗結果為：第一組老鼠成活率為 33%，第二組的成活率為 97%，第三組存活率僅 50%。

該實驗表明了什麼呢？ 溫血動物延緩衰老、延長壽命的唯一有效途徑就是減少營養，這是他迄今為止所知的溫血動物的生理特徵之一，並且指出該論點同樣適用於人類。所以我們可以從中得到有關保健、長壽的規律，即要盡可能地限制食量，因為這樣可以大大延緩生理上的衰老和免疫系統的失效，用一句話概括起來，就是：吃得少，活得久。

接下來，應該討論如何做才能養成這種健康的飲食有節制的習慣。據此，拿破崙· 希爾給我們提出了以下的建議。

首先，大約每天攝取含 1000 至 1500 卡路里熱量的食物，同時，需要保證補充足夠的礦物質與維他命，以此來維護身體的健康。

其次，要改變以往吃飯與喝湯的順序，即改變用餐的順序。先喝湯，然後吃蔬菜類的食物，最後再吃肉類食品和米飯，因為高熱量食物有違以上講述的健康飲食方法，而先吃熱量低的食物便可以減少對高熱量食物的食欲。

第三點，告誡人們，尤其是食欲很好的人，盡量保持每餐七分飽，不要吃撐了還不停。所以說採取少食多餐的飲食習慣是相當不錯的。

第四點，大家可能知道，脂肪的儲存是導致肥胖的直接原因，並且過多的脂肪也有害於身體健康。所以吃完飯後，先不要急著躺在床上休息，應該稍作活動，讓脂肪在尚未儲存前就先消耗掉。

第五點，關鍵是盡量減少油脂的使用量。脂肪中所含的熱量遠遠高於蛋白質和醣類，甚至是它們的兩倍還多，而油類中便含有大量的脂肪。

第六點，大家都知道多喝水可以促進新陳代謝，有助於熱量的消耗。所以建議口渴時，只喝白開水，因為汽水和可樂中含有高熱量，避免飲用。

第七點，要提醒大家，一定要經受得住巧克力、蛋糕、油炸食物等食品的引誘。因為它們是富含高熱量的食品。所以，可千萬別輕易接受它的誘惑。

由此看來，如果你想避免忍受饑餓之苦，並且能夠保持身材的苗條，只要能做到針對食物的不同特性，多吃些富含纖維質和低熱量的食物，而同時遠離油脂類的高熱食物，那麼就從今天起，開始享受一下輕鬆的感覺吧。

拿破崙·希爾大膽提出：藥丸並不能治療體內的毒素，而喝水卻能將毒素排出體外。

眾所周知，水在地球表面的覆蓋率高達 70%，而人的身體竟有 80%是由水組成的。那麼人類所攝入的食物中所含水量應是多少呢？ 一般來說是 70%。因為有了足夠的水，才能保證人體的新陳代謝正常通順地進行，使細胞保持生命的活力。因此看來，我們除了每天定量補充一定的水分、茶或牛奶之外，還應適當地補充一些新鮮的水果和蔬菜，因為僅是一定的白開水還是不夠的，而且水果中榨出的新鮮汁液對人體是極有益處的。

風行於歐美各國的「天然衛生法」，強調「正確飲食為健康之本」，「腸胃健康乃身體強壯之本」。與此同時，它也提出：人類的一切疾病皆由體內的毒素引起，那麼就有必要知道這些毒素的來源。事實上，那些不正確的飲食習慣、被污染的空氣以及人類自身的壓力所造成的內分泌失調以及由不正確的心態而引起的荷爾蒙紊亂是它的主要來源。如此看來，如果每天能多吃一些天然的富含水分的食物，那將是滌清我們體內循環系統的最佳的方法。像水果、蔬菜，食用這類食物能提供給我們豐富的水分及維他命，有利於毒素排出。

保持身心健康

「健康是一種生理、心理和社會適應力都趨於完善的狀態，而不僅僅只是沒有疾病和虛弱的狀態。」這個定義強調了人的心理健康的重要性。健康的具體標準可分為 10 條：(1) 有足夠充沛的精力，能從容不迫地應付日常生活和工作的壓力，而不感到過分緊張；(2) 態度積極樂觀，勇於承擔責任，心胸開闊；(3) 精神飽滿，情緒穩定，善於休息，睡眠良好；(4) 自我控制能力強，善於排除干擾；(5) 應變能力強，能適應外界環境的各種變化；(6) 體重得當，身體勻稱；(7) 眼睛炯炯有神，善於觀察；(8) 牙齒清潔，無空洞，無痛感，無出血現象；(9) 頭髮有光澤，無頭屑；(10) 肌肉和皮膚富有彈性，步態輕鬆自如。在這個標準中，從 (1) 至 (5) 都是從心理健康的角度提出來的。

在當今這個競爭日益激烈的社會，人們的生活、學習和工作的節奏加快，有不少人因為不能適應這種快節奏，而產生了許多心理問題。

以下是幾個有代表性的健康觀點：

一、睡眠時間要充足

你的身體需要為第二天的活動而充電，希望減少睡眠以增加白天工作時間的方式是最不明智的做法，一個人每天的睡眠時間為 6~8 個小時。記住，即使當你睡著時，你的潛意識依然在持續活動。

失眠，通常是因為在睡覺前無法放鬆自己，因此不要等到你精疲力竭時才停止工作。你應該在一天快結束時，做一些你喜歡做但又不會造成太大刺激的事情。你可以和你的另一半聊天、刷刷牙、整理床鋪，這些動作會傳達一種資訊給你的身體，告訴它現在是睡覺的時候了。

二、適量運動

最理想的情況，是把運動當做放鬆自己和娛樂的一種方式。放鬆和娛樂對你的思想能力有很大的影響，而運動除了能保持身體健康之外，對思想同樣也會有所幫助。但你必須保持適量和適度，過量的運動反而會引起疲勞。

你每週應做三次體操，每次 20 分鐘。運動是身體和心理最好的刺激物，它對於清除負面影響因素方面有很大的幫助。體育訓練已成為了解人類潛力的重要方法，並且可以培養出一些有助於你追求成功的技巧。

三、飲酒要適度

專家指出：酒精能改變腦波，這可以用腦電圖儀記錄下來。酒精對神經細胞的新陳代謝破壞最大，它能引起腦血管硬化，使人的思維能力和自我控制能力下降。

當一個人處在這種心理狀態時，意識和其他力量便充當調節下意識心理的控制器。神志清醒是一種健康的狀態，這時有意識和下意識心理的活動處於適當的平衡中。當這個控制器的活動有所減弱時，機器就會瘋狂地運轉起來，人就有可能做出不合邏輯的事情來。

由於酒精對腦細胞的影響，有意識心理的控制作用被降低了，人處在這種狀態中，就會無約束地放縱下意識心理的種種活動，就會出現各種愚蠢的和令人不滿的行為，甚至會做出一些令人抱憾終生的事。還有的人因酗酒失去了理智，以至於走向了犯罪的道路。

這也就是酒精中毒，一旦酒精控制了一個人的生命，它就不會輕易地放棄它的領地。酒精中毒實在是一種可怕的疾病，如果一個人放縱飲酒，就會在生理、心理和道德上得病，並會被送到「活」地獄中去。

酗酒者可以在許多地方得到治療，醫治酒精中毒的方法很多。然而每個人必須戰勝自我，以堅強的毅力克服這種惡習，因為它是你事業和健康的勁敵，請不要為自己找太多的藉口。總之，改不了這個壞習慣，你就永遠也不可能取得進步，你的夢想和所有的計畫就會像肥皂泡一樣破滅。請你樹立積極的心態，它能幫助酗酒的你創造出奇蹟，只要你願意聽從勸告，以積極的心態去思考和工作，你的生活就會比想像得還要好。

四、性要與健康一起

性是人們最寶貴和最具有建設性的推動力，性是所有創造力的支柱，而且也是促使人類進步的力量。性建立了家族和國家。性怎麼會有這麼大的力量呢？因為性的慾望使我們願意為他人做事，並且從性的慾望中表現出對他人的體貼和諒解。

性是最自然的慾望，不要對它有所恐懼或拒絕，但是，就像對待其他慾望一樣，你必須引導它為一個明確目標做出貢獻，而不可將性本身當做目標。如果你把性本身當做目標的話，就會不惜為了得到它而做出任何事來，並且會忘記你的自信心、明確目標以及你的道德標準。

當你想到性時，同樣也不能有不勞而獲的想法，也就是說你應該為它建立一種致力於奉獻和維護的關係。如果你能將對性的慾望延伸成為奉獻時，你就不但可以得到性，而且還能達到高度的成就。

五、重視利用刺激物

人的身心隨時都需要推動力，而在你平常所做的事情當中，就有許多具有良好的推動效果，你只需要去了解他們的效力，並且使他們發揮出來就可以了。

1. 性和昇華後的推動力是開啟你思想的一把鑰匙，它可使你的思想迅速、良好地發揮作用。
2. 愛——性欲的最終目標——也具有同樣的功能，當二者結合在一起時必可戰勝所有艱難險阻。
3. 強烈的慾望會發揮強有力的刺激效果。
4. 工作是發揮創造力的最佳機會，做一些明確且又能令人感到滿足的小動作，例如打個電話或寫一張表示感謝的字條等等。
5. 運動可消耗過多的體力，消除挫折感，並且可使更多的血液和氧氣刺激大腦。
6. 簡單的娛樂可給潛意識活動的機會。
7. 音樂充滿了節奏感和脈動感，你可藉著音樂燃起你的熱忱或幫助你平靜下來。
8. 友情是很重要的刺激物，和你的朋友談論問題，和他們一起歡笑。
9. 子女也會對你產生激勵的作用，你應和子女建立良好的關係，並且盡可能給他們多一點的時間，教你的孩子一些技巧，並且重新振奮你的自信心。
10. 自我暗示會在你的思想中注入一些你希望得到的觀念，當你需要它時就可以隨時使用它。
11. 信仰是最高貴的刺激物，接受它們，並重新建立你的目標意識。

任何人的思想都是和健康密不可分的。當你強化其中一項時，另外一項也會受到正面的影響，你的思想和身體就好像航行的船，它們共同將你載往你所希望的成功目標，你應盡可能保持和維護它們。

總之，有健康才有未來，只要能保持身心的健康，成功就一定會有保證。

診治心理疾病

心理治療是治療者有目的地運用相應的心理學原理及其技術，藉助一定的符號或藥理因素去影響治療物件，藉此克服心理障礙，矯正行為問題，增強治療物件的心理健康。

心理治療技術是用以使情緒、人格或行為發生改變的治療方法。心理治療的方法數以百計，按理論基礎不同主要可分為精神分析療法、行為療法、患者中心療法及認知療法等。它們的側重點各有不同：有的集中於外部的行為或表現，有的集中於認知或智力，有的集中於情緒或情感，但目的都只有一個：使當事人產生某些預期的變化。以外顯行為為例，這種變化包括：被認可行為的增加，不恰當行為的減少，調整某一行為使它在更恰當的情境下出現。

凡對一切有益於心理健康的事件做出積極反應的人，便是心理健康的人。而有少數人，他們不能適應社會環境，待人接物、為人處世、情感反應和意志行為均與常人格格不入或不相協調，給人一種「脾氣古怪」的感覺，心理學上就稱這類人患有人格障礙。人格障礙亦稱「心理病態人格」，是指有精神症狀的人格適應缺陷，患者以固定的反應方式對環境刺激作出反應，在知覺與思維方面產生適應功能缺損，或增進自覺的痛苦，並作為傾向組成對自己對社會都不被公允也不得體的行為模式。

所謂伴有精神症狀的適應缺陷，是指在沒有認知過程障礙或沒有智力障礙的情況下出現的一種情緒反應、動機和行為活動的異常。

例如，一個人的抽象思維過分或畸形發展，就會變得過分理智，缺乏人情味，顯得僵化、死板。因此，人格障礙患者常常難以正確估價社會對自己的要求，及自身應當採取的行為方式；難以對周圍環境作出恰當的反應；難以正確地處理複雜的人際關係，常常和周圍的人甚至親人之間發生衝突；對工作缺乏責任感，經常怠忽職守，甚至超越社會的倫理道德規範，做出違反法律或擾亂他人的危害社會的行為。

有些人把人格障礙看成是患有精神病，這種觀點是錯誤的。嚴格意義上的人格障礙，是變態心理範圍中一種介乎精神疾病與正常人之間的行為特徵。因而患者既不是「精神病」，又不能算是「正常人」。

人格障礙的表現十分複雜，根據其表現可分為三大類群。第一類以行為怪僻、奇異為特點，包括偏執型、分裂型人格障礙。第二類以情感強烈、不穩定為特點，包括戲劇型、自戀型、反社會型、攻擊型人格障礙。第三類以緊張、退縮為特點，包括迴避型、依賴型人格障礙。人格障礙的種類較多，表現各異，但各類型都有一些共同特徵：

1. 一般始於青春期。人格是從小逐漸形成的，人格障礙也是如此。人格障礙的特徵往往從兒童期就有表現，到青春期開始顯著。因為年齡愈小，人格的可塑性就愈大，因而在青春期以前不能輕易診斷人格障礙。
2. 都有紊亂不定的心理特點和難以相處的人際關係，這是各類型人格障礙最主要的行為特徵。不論是被動的還是主動的行為變異，如偏執、自戀、反社會攻擊等，都會給他人造成困難，甚至帶來禍害。
3. 常把自己所遇到的任何困難都歸咎於命運或別人的錯處。因而不會感到自己有缺點需要改正，而常把社會或外界的一切看做是荒謬。
4. 認為自己對別人無須承擔任何責任。例如對不道德行為沒有罪惡感、傷害別人而不覺得後悔，並對自己的所作所為都能做出自以為是的辯護。他們總把自己的想法放在首位，不管他人的心情和狀態。
5. 總是走到哪裡就把自己的猜疑、仇視和固有的看法帶到哪裡，任何新環境的氣氛無不受其特點的影響。
6. 其行為後果常傷及和致痛別人，使得左鄰右舍雞犬不寧，而自己卻泰然自若。
7. 總是透過別人的告發和埋怨才知他們的怪僻或不良行為，而不是自己感到有什麼心情不安或想不通之事求助於人。

人格障礙的行為問題程度各不盡相同，輕者完全過著正常生活，只有與他緊密接近的人（親屬或同事）才會感覺到他的怪僻，覺得他無事生非，難於相處；嚴重者事事都違抗社會習俗且積極表現於外，使他甚難適應正常的社會生活。

人格障礙的形成有多方面原因，是一個人生活環境綜合起來變成了壓力，壓力形成了人格障礙。人格一旦形成，往往具有一定的穩定性，要改變並非易事。但只要加強自我調適、治療，進而舒緩壓力，人格障礙是可以得到糾正的。

人格障礙主要是自我評價的障礙、選擇行為方式的障礙和情緒控制的障礙，集中表現為社會環境適應不良，即不能根據外界環境所回饋的資訊，及時調整自己的行為。

因此，人格障礙的治療應以心理治療為主，包括對適應環境能力的訓練，選擇適當職業的建議與改善行為方式的指導，人際關係的調整以及優點與特長的發揮等等。

消除心理壓力

壓力是身體對一切加諸其上的需求所做出的無固定形式反應。任何加於身體的負荷，不論是源於心理方面（如不愉快事件）還是物理因素（如環境污染），都是壓力的來源——壓力源，都會引起「一般適應綜合症」。事實上，只要人們生活中必須扮演某種角色，而且又有許多自己不願扮演的社會角色存在，那麼都會產生壓力。

生活事件的變化給人們造成壓力，包括貧困、失戀、失業、離異、喪偶、疾病等等，主要來自於事業和感情生活兩方面，尤其表現在前者。由於中青年人是社會的中流砥柱，是社會財富的直接創造者，他們就可能面對更多的壓力。

具體說來，青年人的壓力主要有：

1. 擇業的壓力。學歷要求相對較高與就業機會相對較少帶來的壓力。
2. 各種時尚、潮流的誘惑構成的壓力。由於工作、生活節奏的加快，外部環境誘惑重重，如出國潮、金融潮、裝修潮等林林總總的時尚潮流誘惑著青年人，然而條件所限，並非所有人皆能如願，這也對青年人造成了壓力等。

中年人可能遇到的壓力有：

1. 事業上追求盡善盡美與現實差距形成的壓力。一般來說，中年人都會認為自己從事的事業已到了開花結果的時候，然而現實是並非所有人都能在事業上春風得意，這種理想與現實的差距便形成了壓力。
2. 盡可能自我發展的期望與客觀工作環境之間的差距形成的壓力。
3. 感情生活、婚姻生活不順帶來的壓力。包括離異、喪偶、夫妻感情不和等。
4. 望子成龍的心理帶來的壓力。所有家長都希望自己的孩子能夠出類拔萃，但實際上大多數孩子都不免平常，這種「恨鐵不成鋼」的感情往往會形成很大的壓力。
5. 心理與生理差異的壓力。人到中年,身體狀況可能出現這樣或那樣的問題，從而影響心理造成壓力等等。

在賽里醫生的應激學說中，還將壓力的發展分為三個階段：即初始警戒反應階段、抗拒階段和衰竭階段。

初始警戒反應階段，是由交感神經系統與副交感神經系統共同產生作用。這種反應，由交感神經刺激腎上腺素，同時由大腦下部啟動腦上垂體，產生了一種激素，腎上腺便會利用這種激素，調整身體做出適應性的防禦措施。

若壓力源（如皮膚的一處破損處）只是威脅到局部範圍，那麼，破損的這一部分便會發炎，以發揮封閉性的保護作用，便於免疫系統驅逐「侵犯者」，發揮治癒受損的組織的目的。如果威脅並不只限於局部，如心理方面的疾病或潛在的環境公害，一般適應綜合症便會動員身體最大的生理反應，這就是抗拒階段。在這一階段，有些人對壓力源的心理反應猶如「鬥士」，立即將這種不良情緒壓力排去；而另一些人是軀體化者，他們拒絕體驗壓力帶來的影響，將壓力局限於體內某一處，那麼就會產生諸如頭痛、背痛、消化不良之類，或更嚴重的身心疾病。另外還有些稱為「心理演化者」的人，他們以憂愁、焦慮、消沉或慢性緊張來表現他們對於壓力的抗拒。

顯然，前兩階段會使身體的重要部分蒙受損傷，往往還會導致第三階段，即衰竭階段。因此，如果過度疲勞的人得不到充分休息以恢復體內平衡，壓力便會使人產生一系列的人格障礙，逐步損毀身體，造成身體崩潰。

面對壓力，一些人認為它有益，另一些人則認為它有害。認為它有害的人對於越來越大的壓力不堪重負，長此以往，就會逐漸形成一種不健康的心理，表現出人格障礙，會逐漸侵蝕人體的身體和情緒，造成不可挽回的損失。

身心疾病無疑影響著人們的一言一行，而身心疾病又與壓力密切相關。現實生活中，身心疾病不勝枚舉，幾乎每種疾病都有其情緒誘因，而所有的情緒誘因都或多或少地起源於外界壓力，即社會環境形成的壓力。可見壓力與身心健康有著密切的關係。

我們應如何化解壓力，克服壓力，保持身心健康，實現自己的遠大抱負呢？這裡就要涉及一門學問——「壓力管理學」。

事實上，我們可能看到兩位同時從一個公司相同職位失業的人，一位因不堪重負、灰心喪氣以至得了重病；另一位卻因開朗樂觀，終於在別的崗位上實現了自身的價值。這種結果固然與兩人的機遇、性情等不同有關，但有一點不容置疑，就是兩人對待挫折和壓力的不同態度對身心兩方面有很大的影響。

現代心理醫學的研究也證明，在心理社會因素的關係效應中，外來壓力並未直接導致疾病，但是外來壓力的變化常常影響、惡化了一個人的情緒，從而導致疾病。因而，個體的評價和應對方式，對外來刺激產生的結果有很大影響。

正確的評價與應對方式可能會弱化外來不良刺激的強度，錯誤的評價與應對方式則可能強化不良結果。要想減輕外界壓力對自我心身兩方面造成的不良影響，盡可能防止身心疾病的糾纏，就要對壓力管理這門學問有明確的理解。現代「壓力管理學」中，對壓力管理有以下要求：

個體作為被壓力威脅的對像，應對外界壓力有正確的認識（即評價），並採取樂觀開朗的態度正確對待。可以這樣認為，大多數富人在發跡之前，無一例外地，都受到過諸如身體健康、財源等方面壓力的困擾。如拿破崙·希爾少年時代，就是靠當新聞記者的收入去完成自己的學位的。各種生活壓力，甚至還為他的奮鬥生涯增添了許多光彩。既然一個人在生活中總不可避免遭受各種各樣的壓力、不如意乃至打擊等，那麼評價壓力、了解壓力，就是要分析他們可能對自我身心健康方面造成的危害，從而盡量避免接踵而至的可能對自己造成不利的後果。比如，一個下屬在和老闆吵架時可以想一想，如果繼續吵下去的結局是自己被「炒魷魚」，那麼究竟是被炒魷魚後自己的生活和心靈的壓力大，還是現在隱忍不滿所感受到的心理壓力大？ 兩害權衡取其輕，就能得出理智的有利的解決方法。

「壓力管理學」對此提出了兩條有效的解決途徑：

一、身體方面的途徑

強調持之以恆地運動，特別是做「有氧運動」。例如，游泳、跳繩、騎單車、慢跑、急步行走、爬山等。這些運動不僅能夠讓血液循環系統更有效率，還能夠強化我們的心臟與肺功能，直接地增強腎上腺素的分泌，讓整個身體的免疫系統強大起來，從而有更強的「體質」去應付人生或事業發展中隨時可能出現的各種壓力。

現在我們可以明白為什麼洛克菲勒、卡內基、拿破崙· 希爾等超級成功者都酷愛運動了吧！ 事實上，身體肌肉的運動，能夠讓全身心得到鬆弛，並讓我們的大腦有一個恰當的休息機會。

二、心理方面的途徑

心理學家視個人的情況而給予個別指導和心理治療，仍然是個人學習應付壓力的最佳方法。他們也贊成利用有效的自助法來排除壓力，例如循序式肌肉放鬆法、靜坐、自我催眠和練習吐納 (呼吸) 等。

總之，壓力管理就是一種積極應對外來刺激的方式，它包括對壓力的了解、評價，從而達到緩解和避免壓力的目的。

第 13 章 富有合作精神

合作助你成功

合作就是為了同一個目標和願望而共同努力的人們聯合起來，它是所有組合式努力的開始，拿破崙· 希爾稱此為「團結努力」。

在「團結努力」的過程中有專業、合作、協調三項最重要的因素。

為了證明組合和合作的重要性，我們可以拿法律事業來加以說明。

如果一家法律事務所只擁有一種類型的律師，哪怕它擁有幾名甚至幾十名能力很強的人才，它的發展也將會受到很大的限制。我們知道法律制度是錯綜複雜的，並不是單獨一兩個人所能提供的，它需要的是各式各類出類拔萃的人才。

顯而易見，僅僅是把人組合起來還不夠。在這良好的集體組織所包含的人才中，每個成員必須都能提供這個團體其他成員所不能提供的特殊才能，也就是將自己的工作做成不可替代性的工作。

一個組織良好的法律事務所應該具備什麼樣的人才結構呢？ 最起碼應該具有能為各種案子做好充分準備工作的特殊才能的人，還有能夠把法律條文與證據同時納入一個很好的計畫中的具有想像力的人，當然，這些人沒有必要都具有出庭處理案件的能力。所以，法律事務所還必須要有熟悉法庭程式的人才，不同的案子需要不同的專門人才來做事前的準備工作以及出庭工作。這樣分工下去就更細了。

一個了解「合作努力」原則的律師，在尋找合夥人時，他絕不會採用「聽天由命」的辦法，找自己熟識的人或跟自己個性合得來的人，而是看他們是否擁有特殊的專門法律才能，是否對自己所想要執行的專門的法律及其程式極為熟悉。

一、合作具有雙重的獎勵

當今的世界「適者生存」，這兒所說的「適者」就是有力量的人，而力量就是團結努力。

很不幸的是，由於無知或是自大，有些人因而誤認為自己完全有能力駕馭好這葉脆弱的小帆船，駛入這個處處危險的生命海洋，這些人將會發現，有些旋渦比任何危險的海域還要危險萬分。大自然所有的法則與計畫都是建立在和諧與合作的領域上，世界上所有的領袖早就發現了這個偉大的真理。

當人們處於不友好的敵對戰鬥狀態時，不管是在何處，也不管戰鬥的性質及原因是什麼，我們都可以發現，在戰場附近都有這樣的一個大旋渦在等待著這些戰鬥者。

只有透過和平、和諧的合作努力，才能獲得生命中的成功。獨自一個人必定無法獲得成功。即使一個人跑到荒野中去隱居，遠離各種人類文明，然而，他仍然需要依賴他本身以外的力量才能生存下去。他越是成為文明的一部分，越是需要依賴合作性的努力。

不管一個人是依靠白天的辛勤工作為生，還是依靠利息收入生活，只要他能夠和其他人友好「合作」，他的生活就可以過得更為順心一點。還有，生活哲學以「合作」而不是以「競爭」為基礎的人，不僅可以比較容易過日子，還將享受到額外的「幸福」，而這是其他人所永遠享受不到的。

經由合作努力而獲得的財富，不會在它們的主人心上留下任何傷疤，如果是經由衝突與競爭方法而獲得的財富，必然會使它們的主人受到不同程度的傷害。

不管只是為了生存，或是為了獲得豪華生活而努力積聚物質財富，這種努力占去了我們在這個世俗世界掙扎奮鬥的大部分時間。如果我們無法改變人類天性的這種物質傾向，我們至少可以改變追求財富的方法，那就是把「合作」當做追求財富方法的基礎。

「合作」可使人們獲得雙重的獎勵：一方面可使我們獲得生活的一切需求享受；另一方面可使我們的內心回歸於一種平靜，這是貪婪者所永遠無法得到的。貪心不足的人也許可以積聚龐大的物質財富，這一事實是不容否認的，但是他也將會為了一己之利而顛覆他的靈魂。

二、合作可以截長補短

如果能截長補短，就會在自己身上產生一股「合力」的作用，而這種合力更能推動你由弱而強、由小而大。

每個人的能力都是有限的。有些人精力旺盛，認為這世界上根本就沒有自己做不到的事。其實，精力再充沛，個人的能力還是會有一個限度，超過這個限度，就是人所不能及的，也就是你的短處了。每個人都有自己的長處，同時也有自己的不足，這就要與人合作，用他人之長補己之短，養成合作的習慣。

人的性格和能力是有差別的，這些差別是經過日積月累而逐漸養成的，不能說哪一種類型就一定好，哪一種類型就一定壞。正是因為這些不同，每個人所能從事的工作性質就不一樣。要想有所作為，首先得明白自己的性格和能力，然後選定一個適合於你自己的工作目標。在與人合作時，也應注意分析別人的性格特點，盡可能使每個人都能找到適合於自己的工作。也就是說，他能彌補你的短處，而你卻能補救他的不足。

每個人最好能從事與自己個性相關聯的工作，這樣就一定會全心全意做好這項工作。世界上最大的悲劇，也是最大的浪費就是，大多數人從事不適合自己個性的工作。過去的社會體制限制著個人，使得他們沒有選擇的權利。現在的社會，選擇餘地越來越大，好多人卻仍然只是選擇或從事從金錢觀點看來最為有利可圖的事業或工作，根本沒有去考慮自己的個性和能力。現在，社會為人們提供了便利的條件和寬鬆的發展環境，你可以自由擇業，這樣的機會你一定要好好去把握，才不會在年老回首往事時感到遺憾。

只有充分發揮自身優勢並能利用他人的優勢來彌補自己不足的人，才會在今天的社會中取得成就。

三、合作給你力量

阿姆謝爾是紐約的一個水暖設備商人，長期經營水暖設備。在布魯克林區有一位自來水管道工，一直也在為工作發愁，因為這位自來水管道工十分嫉妒那些大公司，不願意與他們合作。阿姆謝爾的商品銷路不好，主要原因就是這個自來水管道工的不夠「合作」，而自來水管道工的生意不好，也主要在於自己的個性。在這樣彼此互相僵持不下時，誰的生意都做不好。

後來，阿姆謝爾主動與那位自來水管道工交涉，但大都無功而返。後來他放下了經理的架子，對那位自來水管道工說：「我想在長島增開一間商店，很少有人像你這樣熟悉那地方，你看我值不值得一試呢？」水管工被他謙虛的態度驚呆了，一個大公司的總經理竟然不恥下問，屈尊向他徵求意見，這可是頭一回。於是，那水管工的態度變得和藹多了，他們交流了一個小時，水管工給他提了不少有益的建議。當阿姆謝爾告辭時，水管工向他訂購了大量的自來水設備，經過合作，雙方都得到了很好的商業利益。

一個人的能力畢竟是有限的，相信自己的力量固然是正確的，但是一味保守地堅持自己的意見，則不可避免地要遭到失敗，每個人都有自己的優勢和特長，適當地互相聯合起來也許會達到絕佳的效果。

激發合作的動機

任何形式的集體努力——兩個或更多的人組成一種合作聯盟，為了達成一個明確的目標而共同努力比一人獨自去完成工作更有力量。

一支橄欖球隊只要擁有協調良好的團隊精神，一定會百戰百勝，即使它的球員在球場之外可能彼此不和。

一個董事會的成員可能在私底下彼此意見不合，卻仍然可以很成功地經營這家公司。

一對夫婦之間也許並不和諧，卻可以共同生活在一起，存下不少的資產，養育幾個兒女。

但如果他們能建立在極為和諧的基礎上，也許這些組合會更有力量、更有效率。合作就一定能夠產生力量，這是毫無疑問的。但建立在完全和諧基礎上的合作與努力卻能產生超人的力量。

如果任何一個合作性團體的每一分子都能把全部心思放在一個相同的 明確目標上，建立起完全和諧的精神，再加上這個團體的所有成員都能為了 達成這個團體所追求的目標而放棄個人利益，那麼這個團體將可以培養形成「智囊團」。

美國之所以能成為世界上最強大的國家之一，最主要的原因是州與州之間有高度組織性的合作。美利堅合眾國是有史以來最強大的一個「智囊團」的產物。這個「智囊團」的成員就是《獨立宣言》的簽訂者。

這些人在簽署這份文件時，有意無意間應用了這個被稱之為「智囊團」的力量，而這種力量已足以擊敗所有軍隊。這些人為了使獨立宣言能夠永傳後世，他們不是為金錢而戰，他們是為了自由而戰——而自由是目前已知的 最大的動力。

所有偉大的領袖，不管是在商業界、金融界還是企業界、政界，都了解如 何創造一種鼓舞性的目標來讓他的每個追隨者熱心接受自己。

在政界，「熱門問題」就是一切。在此「熱門問題」就是指聯合大多數選民達成的某個目標。這些問題通常能以簡潔的口號加以傳播，如「保持柯立芝式的冷靜」。這就是向選民暗示如果再讓柯立芝連任，就能留住繁榮。這句口號果然生效了！

林肯競選的口號是：「支持林肯，挽救聯邦。」這句口號也同樣生效了。

威爾遜在競選連任時，他的競選負責人推出這樣一句口號：「他使我們免於戰爭。」這句話果然起了作用。

任何團體所產生的力量的大小，通常取決於這個團體努力達成的目標的性質。所有為了特定目標而組成團體的人能想到這一點是極為有利的。如果你能找到一個能吸引人們以和諧的精神團結起來的目標，那麼你就找到了創立一個「智囊團」的起點。

這是一個眾人皆知的事實，人們為了理想而工作會比純粹為了金錢而工作要更努力。在尋找一個「動機」作為發展合作性團體的基礎時，如果你能記住這個事實，將對你極為有利。

不久之前，美國國內出現了一股激烈反對和批評鐵道公司的怒潮。這股反對力量的支持者是誰，我並不知道，但我確實知道這種怒潮的存在可以而且也應該被當作一股刺激力量。鐵路官員可能會和幾十萬名依賴鐵道公司生活的員工聯合在一起，形成一股巨大的力量，有效地消除這些不利的批評。

鐵路是美國的支柱。停止所有的鐵路運輸業務，各大城市的居民將在糧食到達之前被活活餓死。從這個事實中也許可以找到一項動機，而使得絕大多數民眾願意支持鐵道公司所希望實施的任何自我保護計畫。

由所有鐵路員工以及絕大多數鐵路乘客所聚集而成的這股力量，已足以保護鐵道公司對抗所有不利於它們的立法與所有企圖打擊鐵路事業的計畫，但這股力量只有在被組織起來以及得到某個明確動機的支持之後，才能發揮其驚人的作用。

人是一種奇怪的動物，一個能力平平的人，在普通的情況下，給他一個足夠積極的動機，他就會突然爆發出超人的力量。

男人會為了取悅他所喜愛的女人而成就一番驚人的事業（如果這個女人懂得如何去刺激他採取行動的話），這一直令研究心理的人感到疑惑不解。

有三種主要的動機，會使人全力作出回應。這三種動機是：自我保護的動機、性接觸的動機、經濟與社會的動機。

簡而言之，促使人們採取行動的主要動機就是金錢、性與自我保護。任何一位領袖人物，如果要找出一項動機來促使他的支持者有所行動，那麼他所找的動機一定是在這三者之內。

人們合作時的和諧程度取決於驅動力的大小。創造一個「智囊團」所必需的完美和諧，只有在下面這種情況下才能獲得：一個團體的驅動力大到足以使其中每一個人忘掉他的個人利益，而為了團體的利益或為了實現某種理想的、慈善的或仁愛的目標而努力。

我們在此敘述人類的三大動機是為了幫助那些希望創造一些計畫，以爭取屬下無私的支持與融洽的合作的領導們。

一般來說，人們是不會以這種和諧的精神來支持一位領導的，除非驅使他們採取行動的動機十分強烈，足以使他們拋卻一己私心。

對於我們自己所喜歡的工作，我們一定會做得很好。一位領導者如果能記住這個事實，並據此擬定他的計畫，使他的屬下各得其所，那麼這位領導將是十分幸運的。

一位領導如果能使下屬竭盡全力，那是因為他在他們每個人的意識中灌輸了一個極為強烈的動機，使每一個人能放棄他自己的個人利益，而以一種極為和諧的精神和團體中的其他人合作。

不管你是誰，也不管你主要的明確目標是什麼，只要你打算透過其他人的合作努力而實現你的目標，那麼你一定要找到一個足以使他們提供無私合作的動機。這樣才能使你的計畫得到「智囊團」的強大支援。

集思廣益的原則

一個人可以憑著自己的想像力取得一定的成就，但是如果可以把自己的想像力和別人的想像力結合起來，就會取得令人意料不到的成就。我們可以把每個人的「心智」結合起來，形成一個強大的「能量體」，那麼，它創造財富的力量也必定是無與倫比的。

兩塊木頭所能共同承受的力量，大於這兩塊木頭獨自的承受力之和；兩種藥物並用的效用，也可能大於分開使用的效用之和。集思廣益的觀念源從這類自然現象中得出，就是全體大於部分的和。

可是人類社會不像自然界那麼簡單。集思廣益，換句話說，也就是集體創新，但創新的結果總是讓人很難預料。創新的路上難免會碰到艱難險阻，人只有肯放棄眼前安適的環境，才能開創新的事業。

集思廣益的精髓在於尊重差異，截長補短。在家庭中，夫妻雙方生理、精神、情感與社會角色的不同，可以成為開創新生活和促進個人成長的契機，孕育出更為美好的下一代。

一、課堂上的集思廣益

拿破崙· 希爾的朋友約翰先生積累了多年的教學經驗。他深信考驗師生集思廣益能力的最佳時刻就是出現不一般狀況的時候。

他難以忘記曾教過一班大學生「領導哲學與風格」的課程。那是在剛開學的時候，有一位同學做口頭報告時，坦白地吐露自己的心聲，內容感人淚下，深深地觸動了班上的同學。

受此影響，其他同學也紛紛走上講台，暢所欲言地發表自己的看法，甚至對內心深處的疑慮也毫不保留。

當時，那種信賴和坦誠的氣氛深深地觸動了約翰先生。他也渾然忘我地投入其中，並逐漸萌發了放棄原訂教學計畫的想法，開始嘗試一種新的教學方式。

最終，大家決議拋開課本、進度表和口頭報告，重新修訂教學計畫和作業，全體同學都投入到課程內容的策劃之中。三周後，大家又把這一段的學習心得彙集成書。然後，又重新制訂計畫，重新分組。

為了另外一個截然不同的目標，大家的努力熱情比以前高漲多了。這段看似平常的歷程卻對這班學生的成長產生了積極的影響。最主要的是培養出了罕見的向心力和認同感，以後他們經常舉行同學會，一直持續到今天，每個人對那個學期的點點滴滴都難以忘懷。

為什麼在這麼短的時間內，這班學生就能夠完全互信與合作？約翰認為，他們的個性已相當成熟，渴望進行有意義的課程嘗試，而自己適時地提供了催化劑，所以對那班同學而言可謂「水到渠成」。

人只要鼓起勇氣，真誠地言他人所想言，總會得到相應的回饋，集思廣益的溝通以此開始。

二、會議桌上的集思廣益

拿破崙·希爾曾經與全體同事一起擬訂公司的使命宣言，那次會議讓他心中增添了無數美好的回憶。

開始，會議像原先預料的那樣規規矩矩地進行，可一到自由發言時，卻成了百家爭鳴，那場面熱鬧非凡。最後達成共識，形諸文字，成為一則令人滿意的使命宣言。

還有一次，拿破崙·希爾應一家大型保險公司邀請，主辦當年度的企劃會議。經過一番調查後，他決定拋棄以往那種只由主管發表意見，而無大家發言的開會方式。

拿破崙·希爾強調集思廣益的重要性。經過他的一再解釋和堅持，他們只好同意改變形式。會議的重頭戲就由批評與辯護轉到聆聽與集思廣益。這次會議開得很成功，讓人不再感到無聊，每個人都爭先恐後地搶著發言。最後，大家對公司所面臨的主要挑戰有了更深的認識，所有的意見都受到重視，新的共識嶄露雛形。

讓我們記住拿破崙·希爾這句有意義的話吧：「一旦體會到集思廣益、眾志成城的個中滋味，眼前便會展現一片嶄新的世界，人也如同脫胎換骨。」

三、開闢第三條路

在溝通層次方式上，我們能否找到一條更讓雙方都能滿意與接受的方案？讓我們看看下面的例子：

假期來臨，一位父親想實現自己策劃已久的計畫去露營釣魚。可是妻子卻打算利用這個假期照顧已臥病不起的母親。一場家庭爭端就擺在我們面前。

丈夫堅持以母親病情不那麼嚴重、又有人照顧為理由，讓妻子參加他們的露營釣魚計畫。

妻子認為母親在世上活不多久，自己有責任照顧她。

丈夫認為自己和孩子比母親重要。

大家可能會希望妻子獨自去探望母親，丈夫和孩子去度假。這樣一來，問題不就解決了嗎？可是事情並沒有那麼簡單，夫妻雙方都會有愧疚感，心情也不可能快樂。

如果讓他們其中的一個讓步，那麼情況又會是怎麼樣呢？無論怎樣妥協，都不能很好地解決問題。先生向太太投降自然不甘心，如果妻子順從先生的心意，母親不幸此時病危或撒手西去，那麼妻子無論如何也不能原諒丈夫，丈夫也難以原諒自己。

如果這事得不到合適的解決，那麼原本幸福美滿的家庭就會因這類小事的日積月累，最後導致夫妻反目成仇。

如果夫妻感情深厚，他們完全可以找個兩全其美的「第三條路」來解決問題。這樣就可以為合作提供了前提條件。

經過溝通，丈夫終於了解妻子的苦心——想在母親有生之年多盡孝道。妻子也理解，丈夫精心策劃了這趟旅行，連設備都準備好了，如果不去也很可惜。

於是他們一起開始尋找第三條可行之道。

丈夫說：「我們可以到距母親較近的地方去度假，甚至邀上附近的親友一起度假，豈不更有意思？」

事情就這樣令人滿意地解決了，這樣不但滿足雙方的需要，而且更進一步加深了彼此之間的感情。

四、化阻力為助力

在合作關係中，對付困局的最有力的途徑就是集思廣益。為了形象說明這個問題，社會學家曾以「力場分析」模型來描述鼓勵上進的助力與阻撓上進的阻力，是怎樣平衡或互助的。

怎樣看待助力和阻力呢？助力一般是積極、自覺、符合發展規律的力量；而阻力多半是消極、負面、不自覺、不合邏輯、社會性和心理性的因素。可以以家庭為例，認同家庭應該和睦相處，氣氛應該開放和尊重，就可以認為是我們所說的助力。可是單有助力是遠遠不夠的，家庭中還有諸如夫妻間關係不和、子女間關係不睦，或者由於工作忙碌而無暇顧家等阻力，無時無刻不在抵消正面的力量。

不要一味地增加推力，而要想方設法消滅阻力，否則總有阻力積累超過助力的那一天。

如何才能破解阻力，甚至化阻力為助力呢？這得看我們是否具有利人利己的動機，設身處地的溝通技巧和集思廣益的整合能力。

拿破崙·希爾曾經多次參與談判，可是由於雙方怨恨頗深，難以調和、溝通，看來只能訴諸公堂。

這時拿破崙·希爾會建議：「我們是否能尋找一個兩全其美的解決方案呢？」

當事人只會口頭答應，而內心則認為這個方法根本行不通。

我們為何不換一種問話方式：「假如我能夠使對方心服，你能否同意重新開始新的溝通？」在通常情況下，答案毫無疑問是肯定的。

這樣一個在法律上與心理上對立的難題，經過拿破崙·希爾的私下調解，在數小時或數天內就迎刃而解了。實際上，這是集思廣益後產生的最完美的解決方案。有一天早晨，一位土地開發商向拿破崙· 希爾打來了求救電話。這位開發商需要更多的資金才能完成土地開發，然後出售獲得現款才能償還貸款。可是銀行以拖欠貸款為由，拒絕再向他提供貸款，並且還打算沒收抵押的土地。雙方無奈只好訴諸法庭。

這件事情波及面很廣，連附近居民都抗議開發進度緩慢，弄得市政府很被動。為了打贏這場官司，雙方都已投入成千上萬的訴訟費，使本來就資金缺乏的開發商猶如雪上加霜。

受開發商的委託，他安排與銀行方面在開庭之前進行談判。談判剛開始時進展得並不順利，銀行方面的律師關照談判人員不要說話，而由他本人發言，以避免影響將來上法庭時的立場。在前一個半小時，拿破崙· 希爾講述利人與利己、有效溝通和集思廣益等觀念，並把銀行方面的顧慮寫在黑板上，擺在雙方的面前。開始對方不知道他玩的到底是什麼把戲，不為所動，隨後隨著講解的深入，雙方終於可以溝通了。雙方都盼望能私下和解，不希望訴諸法庭。銀行談判人員不顧律師的一再警告，暢所欲言地發表了自己的看法。

後來雙方立場雖沒有變化，但不再竭力替自己辯護，也樂意聽對方的說法。拿破崙· 希爾趁此時機把土地開發商的意見又寫到黑板上。經過一番溝通，原先的這場誤會消除了，和解向前邁出了重要的一步。四小時後——原定談判時間結束，可會場上的氣氛依然那麼熱烈，開發商的建議正得到對方的熱烈回應。又過了半個多小時，經過一番討價還價，雙方終於達成初步協定。隨後官司撤回，雙方又進行了幾次談判，那片土地上終於矗立起一棟棟高樓。

我們並不是為了證明——不走法律途徑也能解決問題。訴諸法律是在萬不得已的情況下才進行的，有些事情我們透過合作、溝通就能得到很好的解決。

我們應該化解來自負面的阻力，取別人之長補自己之短。在僵持不下、看似無法解決的情況下，我們何不另闢蹊徑，尋找第三種可能呢？

站在他人立場思考，贏得他人的合作

我們應該試著了解別人，從他人的觀點來看問題，我們就能得到友誼，減少摩擦和困難，共同創造事業上的奇蹟。記著，別人也許完全錯誤，但他自己並不認為如此。因此，不要責備他，只有傻子才會那麼做。試著去了解他，聰明、寬容的人就會這麼做。

別人之所以那麼想，一定有他自己的原因。了解那個隱藏的原因，你就等於擁有了解答他的行為——也許是他的個性的鑰匙。

試著忠實地使自己置身在他的處境。如果你對自己說：「如果我處在他的情況下，我會有什麼感覺，有什麼反應？」那你就會節省不少時間，解除很多苦惱，因為若對原因產生興趣，我們就不會對結果不喜歡。

你對自己的事業深感興趣，跟你對其他事情的漠不關心，互相做個比較。那麼，你就會明白，其他人也正是抱著這種態度。與人合作能否成功，全看你能不能以同樣的心理接受別人的特點。在你表現出你認為別人的觀念和感覺與你自己的觀念和感覺一樣重要的時候，談論合作才會有融洽的氣氛。在開始談話的時候，你接受他的觀念將會鼓勵他打開心胸來接受你的觀念。

卡內基經常在他家附近的一處公園內散步和騎馬。他跟古代高盧人的督伊德教徒一樣，只崇拜橡樹。因此，當卡內基看到那些嫩樹和灌木，一季又一季地被一些不必要的大火燒毀時，他感到很傷心。那些火災並不是疏忽的吸煙者所引起的，它們幾乎全是由那些到公園內去享受野外生活、在樹下煮蛋或做熱狗的小孩子們所引燃的。有時候，火勢太猛，必須勞駕消防隊才能將火撲滅。

在公園的一個角落裡，立著一塊告示牌說，任何人在公園內生火，必將受罰或被拘留。但那塊牌子立在公園一個偏僻的角落裡，很少有人注意到。有一個騎馬的員警，他應該領導滅火才對。但他並未盡職，火災繼續在這裡蔓延。

有一次，卡內基慌慌張張地跑到一位員警面前，告訴他有一場大火正迅速在公園裡蔓延，希望他趕快通知消防隊。但他竟然漠不關心地回答，這不關他的事，因為這不是他的管區。卡內基很失望，所以後來到公園裡去騎馬的時候，他的行為就像一位自封的管理員，試圖保護公家土地。

剛開始的時候，他沒有試著去了解這些孩子們的看法。卡內基一看到樹下有火，心裡就很不痛快。他總是騎馬來到那些小孩子面前，警告說，他們可能會因為在公園內生火，而被關進監牢去。卡內基以權威的口氣命令他們把火撲熄。如果他們拒絕，他就威脅叫員警把他們逮捕起來。他只是盡情地發洩自我的感覺，根本沒有想到他們的看法。

結果呢？那些孩子們表面上是服從了，但是一個個都是心不甘情不願的。等卡內基騎馬跑過山丘之後，他們很有可能重新把火點燃了，並且極想把整個公園都給燒光。

隨著年歲的增長，卡內基對做人處世有了更深一層的認識，他變得更為圓滑了，更懂得從別人的觀點來看事情。於是，他不再對那些縱火的孩子下命令，而會騎馬到那堆火前面，說出大約像下面的這一段話：

「孩子們，你們玩得痛快嗎？你們晚餐想煮些什麼？我小時候自己也很喜歡生火——現在還是很喜歡。但你們應該知道，在這公園內生火是十分危險的。我知道你們這幾位會很小心；但其他人可就不這麼小心了。他們來了，看到你們生起了一堆火；因此他們也生了火，而後來回家時卻又不把火弄熄，結果火燒到枯葉，蔓延起來，把這裡的樹木都燒死了。如果我們不加小心，以後我們這兒連一棵樹都沒有了。你們生起這堆火，就會被關入監牢內。但我不想太囉唆，掃了你們的興。我很高興看到你們玩得十分痛快；但能不能請你們現在立刻把火堆旁邊的枯葉子全部撥開，而在你們離開之前，用泥土，很多的泥土，把火堆掩蓋起來，你們願不願意呢？下一次，如果你們還想玩火，能不能麻煩你們改到山丘的那一頭，在那些沙坑裡生火？在那兒生火，就不會造成任何損害……真是謝謝你們了，孩子們。祝你們玩得痛快！」

這種說法有了很不同的效果！使得那些孩子們願意與他合作，不勉強、不憎恨。他們並沒有被強迫接受命令，他們保住了面子。他們會覺得舒服一點，卡內基也會覺得舒服一點，因為他先考慮到他們的看法，再來處理事情。在個人的問題變得極為嚴重的時候，從別人的觀點和立場來看待事物也可以減緩緊張。

你想改變人們的看法，而不傷害感情或引起憎恨，那麼就要試著誠實地站在他人的觀點和立場上來看待客觀事物。

化衝突為合作

一、使用同化技巧

其實你和大部分人的合作應該都很順利，只不過和少數人的合作會產生一些困難。下面我們要喚醒大家對一些合作技巧的注意。其實這些技巧可能你早已開始使用了，只是自己沒有發覺而已，希望這些技巧能讓你和你所關心的人建立互相信任的關係。一旦你了解這些技巧之後，便可以把和一些人的關係由衝突轉向合作。到底是什麼原因使有些人容易相處，有些人卻難以應付呢？ 為什麼你和甲相處甚歡，和乙相處時卻衝突頻頻呢？

這些問題的答案是：團結則和平共存，分裂則水火不容。衝突的產生是因為太強調人與人之間的差異，結果兩者之間的距離愈來愈遠，於是就愈容易落入衝突的深淵了。

如果把焦點放在別人和自己的共同點上，則在與人相處時就要容易些。我們和朋友或是難纏人物都可能起衝突，其中的差別在於和朋友的衝突會因彼此共同的立場觀點而緩和。成功的合作就是在把互動轉向新結果之前，先找出共同的立場觀點。很顯然，減少差異是成功應付難纏人物的不二法門。

要減少差異就必須同化和轉向。所謂的同化是以行為來減少人們之間的差異，設身處地為別人著想，以達成共同的觀點，同化所產生的結果是使彼此的關係愈加融洽。轉向是利用融洽的關係來改變互動的軌道。

同化是一項基本的合作技巧，當人們擁有共同眼光，彼此關心，或是想加深關係時，很自然地就會用上這項技巧。也許你會很訝異，其實同化時常出現在你的生活中。

舉例來說，你是不是曾經在和別人談話的時候，意外地發現，你們兩個是在同一個地方長大的？ 有了這樣的發現，差異就減少了，彼此也就感到更加親近了，這就是同化的經驗。

你是不是曾經有過和朋友一起去餐廳，看看菜單，問對方道：「想吃什麼？」其實你並不是真的想知道對方的口味，而是發出了友誼的信號，如果對方在飯前點了杯飲料，你也跟著點，那也是同化的例子。

要是你看到自己的孩子從遊樂場回來，膝蓋受了傷，眼中含著淚光，你會怎麼做？如果對孩子的愛很強烈，你不是把孩子抱起來和他眼光相對，就是彎下身來讓孩子看到你關懷的眼神，你甚至可能把手放在膝蓋上，皺著眉頭，以擔心的聲音說：「痛不痛？」這也是一種同化，證明你關心孩子。

你有沒有發現在和鄉音重的人談話時，你自己說話的腔調也有點像他們？如果是這樣的話，那是你和喜歡的人打成一片的自然表現。

如果你曾經打扮得很正式到某個地方去，結果卻發現其他人都穿短褲、T 恤，就能體會到什麼是格格不入的感覺了。

同化的方法有很多種。你可從臉部的表情、反應的多寡和身體的協作來和別人同化；也可以在語言上以音量和速度和別人同化；甚至利用言辭來傳達共同的觀念。和自己喜歡的人，或是目標相同的人同化是再自然不過的事情了；和你認為難纏的人格格不入也是天經地義的事。不過，不能同化的結果卻是相當嚴重的，因為如果不消除彼此的歧義，那麼歧義便會成為日後衝突的導火線。

沒有人會跟和自己作對的人合作。在合作關係中沒有中間地帶，每一個人都在有意無意間想知道：「你是不是和我站在同一旁？」人們之間的關係不是熟悉就是冷漠，不是立場相同，就是南轅北轍。信不信由你，在這一點上，你和你眼中的頭面人物會是一致的。

有些人可以用手說話，有些人則只會用嘴巴說話，有人幾乎對所有人都禮貌地微笑，有的人則對每個人都皺眉頭，還有的人高深莫測，有些人站著說話，有些人則喜歡靠著傢俱。這些不同的風格都可能成為被人誤解、產生幻覺和誤會的原因。用手勢說話的男人常認為只用嘴巴說話的女人墨守成規；而只用嘴巴說話的女人，則認為說話時手舞足蹈根本是失去控制；喜歡微笑的人，認為老是皺眉頭的人令人討厭；而喜歡皺眉頭的人，則認為喜歡微笑的人不是「笑面虎」就是「傻瓜」。

如果人們相處甚歡，彼此的動作、表情和神韻都有可能會很相似。如果你和一個蹺著二郎腿的朋友相談甚歡，過了一陣子你也會同樣地蹺起你的腿來。要是這個朋友放下腿來，身體往前傾，過不了幾分鐘你也會做同樣的動作；如果人們對你笑，你也會報以微笑；他們告訴你煩心的事，你也會表示關心；如果他們用手勢來表達，你也會做同樣的回應。甚至，如果對方抓抓頭，你可能也覺得頭上同一個地方很癢。其實，如果你把自己與他人同化的情形錄下來，再把帶子快轉，你就會發現這種同化很多就像學生在模仿老師。

請把今天剩下的時間用來觀察你是如何與別人同化的，而別人又是如何與你同化的。或從遠處觀察兩個人，注意他們動作同化的過程。如果你看一對夫妻在吵架，那麼注意看看他們之間一定很少有同化，但卻有許多不一樣的動作。非語言的同化大部分都是自然發生，而且通常雙方都是不自覺的。同化會使人們之間產生信任和合作的氣氛，反之是容易有不信任和不合作的感覺。在有害氣氛下應付頭痛人物有一種方法，就是故意在身體動作、臉部表情上盡量與之同化，同化所發生的訊號是：「我跟你是站在同一戰線的！ 我不是你的敵人！ 我對你的言行感興趣！」

非語言的同化不可多到引起對方的注意，讓人覺得你是在嘲弄他們，把對方從頭到腳都加以模仿是不必要的。通常只有當你跟別人相處融洽時，才會產生行為的同化。在正常的情形下，模仿動作上的改變，是會有時間落差的。有時候，非語言的同化會同中有異。你有沒有注意過喜歡抖腳的人？ 開始和他們一起你可能不會抖腳，但是要不了多久，你可能會跟著同樣的節奏不由自主地抖起來了。

有一種動作是你永遠都不應該被同化的，那就是對你有敵意的動作。如果有人對你揮拳大叫：「我覺得你真是個笨蛋！」千萬不要以相同的方式對待：「我覺得你也是個笨蛋！」這並不是同化。我們不贊成以暴制暴，處理侵略性動作的同化之道是故意淡化。

如果你要和人們合作成功，自然會在音量和速度上同化，如果對方說話愈來愈大聲，你也會愈來愈大聲；如果對方愈說愈快，那麼你也會加快速度。說話快的人喜歡速度感，說話慢的人則享受自在感；安靜的人不喜歡吵鬧，愛熱鬧的人卻喜歡大聲談笑。如果你不能在音量和速度上與人同化，最後可能會落得自說自話，或是和人產生嚴重誤會的地步。

有一對母女抱著最後一線希望來尋求諮詢，希望化解彼此間無法調解的差異。我們注意到當母親對女兒生氣的時候，說話的速度會加快。但是除了生氣，她的說話速度也會因其他的理由而加快。先不管母親說話加快速度的原因是什麼，女兒的反應就是退縮。女兒不再聽母親說的任何事，倒不是因為所說的內容，而是因為說話的方式。母親覺得這種情形令人失望至極，不可避免地會發脾氣，於是女兒更加退縮了。過了一段時間，她們的距離愈來愈遠，甚至到了必須彼此吼叫的地步。

很不幸的，許多親子關係的情況正是如此，問題不是愛得不夠，而是同化得不夠。我們把這個關鍵的原因告訴這對母女，幫助他們注意彼此溝通的差別，後來她們也都開始改變了自己的行為。當母親了解到應該如何跟女兒說話，女兒才能多注意時，她開始刻意放慢說話的速度，也就是說她用女兒可以接受的速度來表達了。

其實女兒也同樣急切地想要和母親進行良好的溝通，而不是不斷地聽到騷擾之聲。因此她開始努力注意媽媽所說的話，而不去管她說話速度的問題，因為她終於知道了速度快不見得代表生氣。

二、使用傾聽策略

人人都需要被傾聽和被了解。

一個人以言語表達自我的時候，會希望聽他說話的人能有所回饋，他希望別人能了解他們。即使在這些說話的人連自己也不了解自己的情況下，也希望能獲得別人的了解，當一個心煩意亂的人想要表達自己的情感和想法時就是如此。不過如果同時有兩個以上的人想要被傾聽和了解，但是卻沒有一人願意這樣做，那麼爭吵或是冷漠幾乎就不可避免了。因此，善於溝通的高手在嘗試讓人傾聽和了解之前，會把傾聽別人和了解別人列為第一目標。

這裡要告訴你一個壞消息：我們的傾聽策略需要你在最不願意的時候，先把自己被傾聽和了解的需求擺在一旁。

不過，也有好消息：幫助他人完全地表達他們自己，他們能夠願意聽你說話的可能性就增加了。實際上，如果一個人有了被傾聽和被了解的經驗，他就不會對自己的想法和感情念念不忘。這麼一來，他們就會敞開心門，要他們傾聽你的話也就容易多了。

三、學會傾聽

大多數人一生中有 70%到 80%的時間都在從事某種形式上的溝通：寫作、說話或傾聽。我們很多人都曾經上過教人如何寫作、閱讀、說話的課程，這些課程可以在中學、專科和大學中找到。但在學校、企業環境中都找不到正式的訓練傾聽的課程，而「傾聽」無疑是溝通過程中最重要的技巧。

懂得如何傾聽的人最有可能做對事情、取悅上司、贏得友誼，並且把握別人錯過的機會。如果你注意傾聽顧客真正的需求，就可以避免浪費時間、金錢在他們不要以及不會買的東西上。

以下是重要的傾聽原則：

傾聽是一種主動的過程，要隨時注意對方傾談的重點。

1. 切勿多話。假想你的手上拿著一根燃燒的火柴，當你認為火焰即將燒到手指時，停止說話，尋求其他人的回應。
2. 切勿耀武揚威或咬文嚼字。你傾聽的對象可能會因為你的態度而膽怯或害羞，他們可能因為不想聽起來很笨拙而變得自我保護。即使你是某一個話題的專家，有時仍應學習保持沉默，同時表示出你希 望知道得更多。
3. 表示興趣。沒有比真心對人感興趣更使人受寵若驚了。
4. 專心。不要心不在焉，你可以練習如何排除使你分心的事物以培養專心的能力。
5. 切勿匆忙下論斷。聽聽別人怎麼說，你應該在確定知道別人完整的意見後才做出反應。別人停下來並不表示他們已經說完了想說的話。
6. 切勿花所有時間去思索你的下一個反應。在課堂上話最多的學生通常不是成績最好的學生。這是因為經常發言的人，並沒有注意傾聽老師或其他學生的講話，而是將所有的時間都花在了思索他們下一步要說什麼上。
7. 鼓勵別人多說。我們有時在談話或訪問時會先言不及義地聊一聊，隨後才出現精闢的見解、有意義的陳述或有價值的資訊，此時要以誠心地讚美來誇獎說話的人，例如：「這個故事真棒！」或「這個想法真好！」之後你希望對方再加強的行為就會出現。因此，如果有人做了你欣賞的事情，應該伺機獎勵他。僅僅是良好的回應，就可以激發很多有用而且有意義的談話。

8. 聽意見而不只是詞彙。嘗試在心中描繪出你所聽到的內容的藍圖。
9. 選擇性。專注於重要的事實。讓別人知道你在聽。保持視線接觸，用你的眼睛和耳朵傾聽、答話。
10. 無聲的停頓。如果你在談話中一直回答、點頭，那麼偶然暫停反應或許可激發更寶貴的資訊，這是新聞記者慣常採用的方式。許多人無法應付沉默或缺乏反應的場面，所以他們會馬上發表意見打破沉默。
11. 停止焦慮。假如你的情緒不集中，你可能無法接受資訊。
12. 對事不對人。別人或許有令你反感的態度，但是要訓練自己注意聽人家的說話，即使是仇人說的話也有傾聽的必要。
13. 注意非語言性的暗示。對方嘴巴上說的話實際可能與非語言方面的表達互相矛盾，學習去解讀情境。
14. 注意弦外之音。注意沒有說出來的話、沒有討論的資訊和觀念以及答覆不完全的問題。
15. 記錄你所聽到的。在某些情況下拿出紙筆或錄音設備可能造成反效果，但是，事後將主要的事實及重要的觀點做成筆記可能非常有用。

假如你要用錄音設備，先請求使用許可，然後盡量放在被訪問者視線以外的地方。因為當麥克風或錄音設備直接放在面前時，許多人馬上就會變得非常害羞，即使他們並不反對錄音，但他們的談話會因此變得過於謹慎且拘束。

16. 接受並做出回應。最好的方法就是把剛說過的重點複述一遍，你可以說：「為了確定我了解你要我做的是什麼，我重述我了解的情形是……」
17. 善加利用聽到的東西。特別是辦理業務的人員，應該注意傾聽顧客或準顧客的意見，同時利用這些意見達成銷售的任務。

領導者更應注重與他人的合作

在合作活動中，有一個人的活動方式很特殊，但他的作用並不亞於以更直接的方式提供有效服務的人。這個人就是領導人。他能引導其他人投入到協作之中，從事適合他們的工作，發揮他們的積極性，更好地為工作服務。

在工商企業中，有些人像卡內基那樣很能夠鼓舞並指揮手下的一些幕僚人員，並使他們取得在沒有這種指揮影響力之下不可能做到的成就。

要想獲得成功，必須擁有「共同諒解及合作的精神」。每位銷售經理，每位軍事領袖，以及各行各業的領導者，都了解這種合作精神的價值和重要性。那麼，這種精神是怎樣獲得的？它是經由自覺或強制的紀律而獲得的。在這種過程中，個人的智慧被融合成一種「智囊團」，同時個人的思想受到修正，此時的思想融為一體。

如何才能造成這種融合呢？不同的人採用不同的方式。有的人採用強迫的方法，有的人會採用說服的方法，有的人則會採用懲罰或獎賞的手段，其目的是明確的，那就是減少某一團體組織中的個人思想，使它們融合為統一的思想。在各行各業中，大到政治、經濟，小到一個企業，我們都能找到一個使用這種技巧並獲得成功的領袖人物。

世界上真正偉大的領袖不但宣揚自己的思想，而且善於吸收其他思想。拿破崙波拿巴手下的士兵為什麼能夠毫不畏懼地為他而犧牲自己？關鍵是被他的個性所吸引。所謂的個性就是能夠像磁鐵那樣，把所接觸過的任何人吸引過來。

如何使這位了解合作精神的領袖在離開團體時，已經融合的集體思想不至於立即分裂崩潰呢？

例如，最成功的人壽保險銷售組織或其他銷售團體，每週都要集會一次或一次以上。它們的目的是把所有的個別思想融合成為一個集體智慧，這樣就可以在一段時間內不斷激勵每個人。

如果你自己不培養出要這樣做的強烈慾望，那麼，你就無法以進取的精神與別人交談。你可以運用自我暗示原則向別人提出種種說法，不管說法是真是假，都會在自己的潛意識中留下難以磨滅的印象。

除了以上的條件，你還必須發揚合作的精神，才能更好地發展自信心和領導才能。

如果一個人單獨做一件事，那麼他是無法堅持長久的，更難以取得什麼成就。兩個或兩個以上的人可以結成聯盟，這樣，在和諧和合作的基礎之上，每個人都將倍增自己的成就和能力。

什麼時候這項原則表現得最為明顯呢？ 在工商企業，特別在老闆和員工之間保持完美團隊精神的工商企業——這種團隊精神發揚得比較好的地方，就會出現雙方發展得都很好、又能友善相處的景象。缺乏這種合作精神將導致什麼結果呢？ 只會是失敗，而且比因其他原因失敗的可能性還要更多。

拿破崙· 希爾在自己長達 25 年的商業經驗和觀察中，親眼看到了由於衝突及缺乏合作原則而倒閉的各色各樣的工商企業。在處理法律事務的過程中，他看到由於夫妻之間缺乏合作而造成家庭破裂的各種案例。在研究各國歷史的過程中，他發現由於缺乏合作精神而導致了一場場災禍。我們不要忘記這些教訓，只有對它們進行深入研究，才能獲得對合作的深刻印象，使它永遠留在我們的記憶之中，永不磨滅。

學會與人合作

在當今這個世界，我們很難像愛倫詹姆斯一樣，悠然移居海邊，日出時漫步，日落後歸家寫作，靠著皇室的稿費度過自己的餘生。這種景象對現代人來講更似一種幻想。我們每天都得奔波於喧囂塵世，都得與各種各樣的人去打交道。與他人之間保持良好的合作關係，是我們必須面對的事情。

對於不知所措的你來說，下面這些方法一定對你有很大的幫助：

一、別將自己的想法強加於他人

想贏得他人的合作，就要根據他人的願望、需要和想法去與其溝通，讓他覺得他是出於自願。沒有人喜歡被強迫購買或遵照命令列事。許多人為使別人同意自己的觀點而說個沒完。這未免有點太心急了。心急並不能把事情做好，反而會把事情弄糟。尤其是推銷員，常犯這種錯誤。每個人都重視自己，喜歡談論自己，而不是傾聽對方的意見。尋求合作時，最好先讓對方說。即使你不同意他的意見，也不要輕易打斷他的話。因為那樣做會造成對方的抵觸情緒。因此，你要耐心聽著，抱著一種寬容的心態，運用你所學的「傾聽原則」，讓對方充分說出他的看法。一位法國哲人說：「如果我想樹立敵人，只要處處壓過他，強過他就行了。但是，如果你想贏得朋友，就必須先讓朋友超越你。」每個人都有相同的需求，都希望別人重視自己，關心自己。給他人一種優越感，你們的合作就會很順利地進行下去。那麼，怎樣才能做到「讓他人覺得想法是自己的」呢？

1. 尊重合作對象，讓他盡可能多說，你則盡量少說。尊重是一劑解藥，它可以解開彼此的冷漠與隔閡。
2. 引導他們表達自己的想法與看法。對此，你不妨採用「投其所好」的方法。投其所好並不難。只要你巧妙地利用心理暗示，表明是不經意和他人的興趣相一致就行了。「投其所好」的目的是為了達成共識，然後自然過渡到合作的事情上，依然要遵循「讓他人先說」的原則。

(1) 不要主動挑起話題。比如對一個喜歡寫詩的人，你卻大談特談如何寫詩，這也許會令他大為反感。因為他在這方面是專家，你所說的在他看來，也許是班門弄斧。

(2) 做到無意中流露出興趣，讓他人盡興地談。一定要自然。

(3) 透過多種方式，了解他人的興趣與愛好。投其所好地與之交流。

二、以他人的觀點看問題

要與他人保持良好的合作關係，不妨站在他人的角度上來看問題，以達到感同身受的默契，感同身受十分重要，它「能創造生活中的奇蹟，使你得到友誼，減少摩擦與困難。」以他人的觀點看問題所達成的默契確實具有實質性的效果。那麼，如何才能達成默契呢？

1. 學會做到同步呼吸。

曾經師從榮格，研究心理分析學的嘉爾曼認為：「呼吸的同步具有誘導性，它可以誘導溝通者和自己的心靈產生感應，從而使雙方步調一致，彼此配合。」這就是說，共同的呼吸是達成默契的方法之一。那麼如何才能做到同步呼吸呢？

要選擇合理的位置。與你的合作者最好坐成 90 度的夾角。這個角度能夠感應到彼此呼吸頻率，且能看到對方一起一伏的胸膛。面對面及坐成一排的效果均不如坐 90 度的效果明顯。當然，還可根據環境的不同，視情勢而定。

(1) 觀察彼此呼吸的節奏。男人一般用腹部呼吸，女人是用胸部呼吸。

(2) 同步。對方呼氣，你也呼氣；對方吸氣，你也吸氣，並注意掌握呼吸的輕重緩急。

(3) 說話時呼氣比較多，聽他人說話時，就得呼氣。相反，對方沉默時，也要求同步。

(4) 自己開口說話時，言辭應盡可能配合對方的呼氣。吸氣則可以稍加忽略。

研究表明，當合作雙方的感情和情緒變化激烈之時，用同步呼吸法效果最好。而在會議等場合一定要運用得當，否則會得不償失。

2. 做到視覺同步。

「說話時要看著對方的眼睛。」這已成為現代交際學的一句名言。事實也正是如此。注視對手的眼睛，最起碼可以暗示對方：「嗨，我聽著呢！ 我們的合作是真誠的，有什麼想法就全說出來吧！」

(1) 他人轉移視線時，你也轉移；他人眨眼睛時，你也眨眼睛。當然，做這些動作時，不要過分專注，要顯得自然，盡量讓對方相信你只是朝他的眼睛說話。

(2) 追蹤對方視線，隨著對方視線的調整而調整自己視線的方向。

(3) 初次見面時，不要死盯著對方的眼睛不放，那會使對方覺得不太舒服，結果將適得其反。

3. 語速與音量的同步。

不要有語速與音量的優越感。因為溝通不是為了競賽拿冠軍，所以你要與他人同步。心理學研究表明：相同的語速與音量可以消除溝通中的緊張感與戒備心。對一個細聲慢語的人，就不能採用高速而大聲的交談方式；相反，面對一個快言快語的人，又不能採用緩慢而凝重的方式。

要做到這一點，就要求你平日多練習自己的觀察力——察言觀色。只有具備敏銳和善感的觀察力，才能夠和他人的速度隨時配合到一起。

4· 心理活動的同步。

這才是從他人的觀點看問題的關鍵。當然，心理活動往往是透過呼吸的頻率、語氣、眼睛、肢體語言等表現出來的。當你了解了他人的內心活動後，再適當地投其所好，給他人以必要的滿足感（包括被尊重、被讚揚、虛榮心的滿足等），就能做到很有效果的合作。　　關於這一點，你最好牢記哈佛商業學院的唐哈姆院長說的一段話：「會見某人之前，我寧願在他辦公室前面的人行道上多走 2 個小時，而不貿然走進他的辦公室。因為腦海中沒有清晰的概念，不知道該說些什麼，也不知道他——根據我對他的興趣及動機的認識判斷——大概會怎麼回答。」

第 14 章 張開想像的翅膀

正確思考的方法

在拿破崙· 希爾看來，成功是以正確的思考習慣為基礎的。

所以，你要想邁向你的成功的巔峰，你就必須培養並具備正確的思考習慣。艾瑪· 蓋茲博士能夠把這個世界變成更理想的生活空間，全靠創造性的思考方式。蓋茲博士是美國的大教育家、哲學家、心理學家、科學家和發明家，他一生中在各種藝術和科學上有許多發明和發現。蓋茲博士的個人生活證實，正確的思考方法有培養健康的身體和促進心智的靈活等作用。

拿破崙· 希爾曾帶著一封介紹信前往蓋茲博士的實驗室去見他。

當拿破崙· 希爾到達時，蓋茲博士的秘書告訴他說：「很抱歉……這個時候我不能打擾蓋茲博士。」拿破崙· 希爾問：「那我要過多久才能見到他呢？」 秘書回答：「我不知道，恐怕要 3 小時。」拿破崙 希爾繼續問：「請你告訴我為什麼不能打擾他，好嗎？」

秘書遲疑了一下然後說：「因為他正在靜坐冥想。」 拿破崙· 希爾忍不住笑了：「那到底是怎麼回事呢——靜坐冥想？」

秘書笑了一下說：「最好還是請蓋茲博士自己來解釋吧！ 我真的不知道要多久，如果你願意等，我們很歡迎；如果你想以後再來，我看看能不能幫你約一個時間。」

拿破崙· 希爾決定留下來等待蓋茲博士。

這是一個明智的選擇，否則拿破崙· 希爾就不會看到下面的這個場景了：

「當蓋茲博士終於走進房間裡時，他的秘書給我們做了介紹。我開玩笑地把他秘書說的話告訴他。他高興地說：‘你難道不想看看我靜坐冥想時的情形嗎？’

「於是他把我領到一個隔音的房間。這個房間裡的陳設十分簡單，只有一張簡樸的桌子和一把椅子，桌子上放著幾本白紙簿、幾支鉛筆以及一個可以開關電燈的按鈕。

「在我們談話中，蓋茲博士說，每當他遇到困難而不知如何是好的時候，就會到這個房間裡來，關上房門坐下，熄滅燈光，讓自己全身心地投入一種深沉的集中狀態。運用這種‘集中注意力’的方法，蓋茲博士解決了不少棘手的問題。

蓋茲博士說，有時候，靈感似乎遲遲不來；有時候又好像一下子就湧進他的腦海；更有些時候，至少得花上兩小時那麼長的時間才會出現。等到念頭開始澄明清晰起來時，他會立即開燈把它記下。」

艾瑪·蓋茲博士曾經把別的發明家努力鑽研卻沒有成功的發明重新研究，進一步去完善他們，因而獲得了 200 多種專利權。他的成功秘訣就在於能夠加上那些欠缺的部分——另外的一點東西。蓋茲博士特別安排時間來集中心神思索，尋找另外一點兒有價值的東西。對於這個「另外一點」，他很清楚自己要什麼。因而他獲得了成功。由此看來，正確的思考習慣威力驚人。

那麼，怎樣才能養成正確的思考習慣呢？

正確的思考習慣需要兩個方面的基礎，即：

第一，必須把事實和純粹的資料分開。

第二，必須把事實分成兩種，重要的和不重要的，或是，有關係的和沒有關係的。

在達到你的主要目標的過程中，你所能使用的所有事實都是重要而有密切關係的；你所不能使用的則是無足輕重的。

某些人因為疏忽而造成了這種現象：機會與能力相差無幾的人所做出的成就卻大不一樣。

你可能因此猜測這其中的原因。

只要你勤於去尋找研究，你將會發現，那些成就大的人都已經自己培養出了一種習慣，把影響到他們工作的重要事實全部綜合起來加以利用。這樣一來，他們在工作時比起一般人來會更為輕鬆愉快。

由於他們已經懂得了如何運用這個秘訣，知道如何從不重要的事實中抽出重要的事實，因此，他們等於已為自己的杠杆找到了一個支點，只要用小指頭輕輕一撥，就能輕輕移動別人即使使出渾身解數也無法完成的工作。

一個人如果能養成把其注意力集中到某個重要事實上的習慣，並根據這些重要事實來建造他的成功殿堂，那他將獲得一種強大的潛在力量，正如一下子可以擊出 10 噸力量的大鐵錘，而不是只有 1 磅力量的小鐵錘。

為了使你能夠了解分辨事實與純粹資料的重要性，拿破崙· 希爾建議你去研究那些聽到什麼就做什麼的人。

這種人很容易受到語言的影響，對於自己在報上所看到的所有消息全盤接受，而不會加以分析，他們對別人的判斷，則是根據這些人的敵人、競爭者及你對人的評語來決定。

你不妨從你認識的朋友當中，找出這樣的一個人來，在討論這一主題期間，把他當作是你的一個例子。

注意，這種人一開口說話時，通常都是這樣說：「我從報上看到」，或者是「他們說」。

稍微有點辨析能力的都知道，報紙的報導並不是完全正確的。另外，「他們說」的內容通常都是不正確的消息多過正確的消息。如果你尚未超越「我從報上看到」和「他們說」的層次，那麼，你必須十分努力，才能成為一個擁有正確思想方法的人。

當然，很多真理與事實，都是包含在一些閒談與新聞報導中。但是，思想方法正確的人並不會把他所看到的或是所聽到的全盤接受。

在你成為一個思想方法正確的人之前，你必須知道並了解這一事實，即無論在什麼行業，當一個人擔任領導職務時，反對者就開始散佈「謠言」、傳閒話、對他展開各種語言攻擊。

不管一個人的品行多麼好，也不管他對這個世界有多麼卓越的貢獻，都無法逃避這些人的攻擊，因為這些人喜歡破壞而不喜歡建設。

林肯總統的政敵散佈謠言說他和一名黑人女人同居。

美國第一任總統華盛頓的政敵也散佈了類似的謠言。

由於林肯和華盛頓都是南方人，因此製造這些謠言的人也就認為，這是他們所能想像出來的最合適且最有殺傷力的謠言。

當威爾遜總統從巴黎回到美國時，他帶回了終止戰爭及解決國際糾紛的最有效的計畫。但是除了思想方法正確的人，大部分人受到「道聽塗說」報導的影響，全都認為他是尼祿（暴君）與猶大（出賣朋友的人）的綜合體。

他們對待林肯也一樣，而且行徑更可怕——鼓動一名狂熱分子以一顆子彈提早結束了林肯的生命。

要知道，世界文明的歷史上，有關政治家的各種各樣的謠言是很多的。

思想方法正確者必須防範閒言碎語的攻擊，並且不只是在政界。

一個人只要開始在商界揚名，這些閒言碎語馬上就會開始湧現。

如果某人所做的捕鼠器比他的鄰居所做的要好得多，那麼，全世界的人都會湧到他家門口向他道賀，這是毫無疑問的。但是，在這些前來道賀的人群當中，卻有一些人並不是來道賀的，而是前來譴責並破壞他的名聲的。

已故的「國家收銀機公司」總裁派特森，就是最著名的一個例子。

派特森製造的收銀機超過了其他任何人，因此也就受到了無情的打擊。然而，在頭腦清醒的人看來，並沒有一絲一毫的證據可以支援派特森的競爭者所散佈的惡毒謠言。

至於威爾遜和哈定，我們只要看看林肯和華盛頓已經名垂青史，就可以知道，後人將如何評價他們了。

因此，拿破崙·希爾的成功學告訴你，只有真理與事實能夠永垂不朽，其餘的都經不起時間的考驗。

永遠別輕言失敗

盡量改變你的想法，改用一種積極、建設性的態度去處理自己遇到的問題。

請記住這一堅定原則：輕言放棄總嫌太早。真的，你能不能夠達到目標，常常要看你對一些巨大的挫折有怎樣的反應。你是放棄？還是繼續努力？事情就這麼簡單。你決定怎麼辦，就決定了你的未來前途。

永遠別輕言失敗

你聽過海耶士· 詹森的事蹟嗎？ 他是 1960 年跨欄比賽的風雲人物，他贏得了多場比賽的勝利，打破了多項紀錄，是位元轟動一時的體壇巨星。曾作為重要的選手參加了當年在羅馬舉行的奧運會。他參加了 110 米跨欄賽，全世界都認為金牌非他莫屬。但出乎人們意料的是，他並沒有得到金牌，只是跑了個第三名。這當然是個極大的挫折。他的第一個想法是：「怎麼辦呢？ 我或許該放棄比賽。」要再過 4 年才會有奧運會，而且他已經贏得其他比賽的高欄冠軍，何必再受 4 年更艱苦的訓練？ 看來唯一合理的辦法是忘掉比賽，開始在事業上尋求別的發展。這當然非常合乎邏輯，但是詹森卻不能安於這種想法。因為跨欄是他的生命，「對自己一生追求的東西，我不能放棄。」他說，「你不能夠事事講求邏輯。」因此他又開始了訓練，一天 3 小時，一個星期 7 天。在這之後的幾年裡，他又在 60 碼和 70 碼高欄項目上創造了一些新的紀錄。

1964 年 2 月 22 日，在紐約麥迪遜廣場花園，詹森參加 60 碼高欄賽。賽前他曾經宣佈這是他最後一次參加室內比賽。大家的情緒都很緊張，每個人的眼睛都看著他。他贏了，打破了自己以前所創的最高紀錄。詹森跑完後，重新回到跑道上，以此答謝觀眾的歡呼。17000 名觀眾都起立致敬，詹森感動得流下了熱淚。一個曾經失敗的人仍然繼續堅持下去。　　他不放棄，而愛他的人們就愛他這一點。他參加 1964 年東京奧運會，在 110 米高欄跑出 13．6 秒的成績，得了第一，終於贏得了那塊早就向他招手的金牌。

海耶士· 詹森的故事使我想起了歌德的話：「不苟且地堅持下去，嚴厲地驅策自己繼續下去，成功並非遙不可及。即使最平凡的人這樣去做，也能達到他追求的目標。因為堅持的力量能戰勝一切。」這就是說，繼續努力，一切就都沒有問題。

撤退也容易，但是在不見希望時卻要戰鬥再戰鬥——這才是最好的人生之戲。雖然你經歷每一場激戰，渾身是傷、是痛，但是你只有再努力一次——繼續抬頭前進，直到成功，才是給傷與痛最好的回饋。

但令人悲哀的是，在這個軟弱妥協的時代，我們似乎很少聽到「堅持」這兩個字了。歷史上曾經有很多堅強的人，「堅持」的重要性深深地打入他們的意識裡，他們所接受的教導是要去打一場好架，永遠不讓任何人把自己摔倒；如果倒了，就應該馬上站起來，再去攻擊，猛力攻擊，不論任何情形都要繼續下去。過去，「堅持」這兩個字是人類的精神所在；而現在人們如果想要成功，這兩個字仍然是基本原則。如果不努力「堅持」，你的一生就絕對不可能有什麼創造性的成就。

世界上的思想家，那些深明事理的人，都常常用不同的方式來說明堅持的重要性。穆罕默德曾說:「上帝和堅持不懈的人在一起。」莎士比亞也曾說:「雨能穿石。」石頭是很硬的東西，但是小雨滴不斷地滴在石頭上，終究可以穿透石頭。

「每一個問題都隱含著解決辦法的種子。」這句了不起的話是美國一位傑出的思想家史坦利· 阿諾德說的。它強調了一個重要的事實：每一個問題的本身都自有一種解決之道。你認為你行，你就行。

幾乎所有的人都認為問題本身就是麻煩。其實事實正好相反，很多問題通常會帶來好的結果。其實，問題的出現正是一種生命現象。我們的祖先是哲學家，他們知道問題正是宇宙結構中的一部分。事實就是這樣。他們認識到造物者的目的是要使人成為巍然屹立的人，有能力站起來正視生命的盛衰消長，經歷生活的艱苦而不退縮、不怠惰，反而以創造和勇往直前的精神迎向前去。我們的祖先是思想家，因此他們知道唯有經歷奮鬥方能成為堅強的人。這就是說，「問題」對人的發展與進步具有督促的作用。問題能增強人的洞察力、精力以及其他能力，使人生活更有意義。

已故的美國著名電機工程師和發明家查理斯· 克德林深深領悟到了這一點，因此他在通用公司實驗室的牆上釘了一塊牌子，用來勉勵自己和助手。牌子上寫著：「別把你的成功帶給我，因為它會使我軟弱。請把你的問題交給我，這才能增強我的力量。」

事實上，注意自己對問題的反應，可以進一步了解自己心智健康的狀況。如果我們對問題的反應是唉聲歎氣，怨憤不已，抱著「為什麼不公平的待遇只落在我頭上」這種態度，就可能是我們的心理狀況需要治療、說明的徵兆。如果我們能夠體認問題只是生活中本有的一部分，並且認為問題很可能還對我們有利，同時也堅信自己有能力處理，那就說明我們的心理狀態是健康的。這也就是我們強調的原則——你認為你行，你就行。

具有積極思想和信仰的人知道，總會有個辦法可以解決他的問題，而他決意要找出這個充滿活力和創意的辦法，這就是我們所要說的第三個要素——信仰。我們現在就拿泰德和陶樂絲·胡斯特為例。在 1931 年 12 月，身為藥劑師的泰德和曾任教員的陶樂絲，在南達科他州瓦爾鎮買下了一間小的藥房兼冷飲店。這個小鎮只有 300 人，他們一直要找一個有學校和天主教教堂的小鎮定居，好每天去做彌撒，瓦爾鎮很符合他們的條件，此外鎮上還有一名好醫生。

不過瓦爾鎮還有它另外的一面，在那時候足可以使勇氣不足的人不敢在那裡落戶安家。從黑山鎮到懷地鎮旅遊的人只是偶爾到瓦爾鎮歇腳，大家戲稱瓦爾鎮為「什麼都不是的地理中心」。這是個農業經濟區，曾經遇到過各式各樣的自然災害——乾旱、蝗蟲災害，以及歉收等等，接著又受 1930 年「經濟大恐慌」的進一步摧殘。

1932 年不是開創事業的有利時機。但如果總是坐待時機有利時再行動的話，那可能有得等了。

那一個炎熱的夏天，曬焦了的路上積了非常厚的塵土。風兒掃過，帶起成噸的灰塵，幾乎把陽光都遮住了。少數幾名遊客在沒有冷氣的車子裡，沿著塵土飛揚的道路開過瓦爾鎮，得忍受著酷熱和塵土，喉幹舌燥。根本沒有人走進泰德和陶樂絲的店裡來，因此他們有充裕的時間可以動腦筋和祈禱。這也好，否則的話他們可能就想不出好主意，他們也就得不到極大的成功了。

問題是怎麼樣讓那些不太舒服的遊客離開大路而到瓦爾鎮上，進到他們的店裡來。他們兩個人不停地思考，要想出一個辦法來。當他這樣做的時候，辦法就會顯現出來。那些疲倦、滿身塵土、熱汗淋漓的遊客在這個時候最需要的是什麼？答案是——一大杯透心涼的冰水。瓦爾藥房小食店免費供應冰水。

因此他們就到鎮外去，豎上一些寫有美妙字句的牌子，起初只有兩三塊。於是情形就不同了。遊客找路來瓦爾飲食店，其中有些人就成了顧客。受到了鼓勵，他們每個星期再豎些牌子，而在那個夏天結束之前，他們在公路兩邊所豎立的牌子各向兩個方向延伸了 15 ～ 20 英里之遙。免費冰水，南達科他州瓦爾鎮瓦爾飲食店兼藥店。

最後經由胡斯特企業以及朋友和遊客的熱心，瓦爾飲食店兼藥店的牌子佈滿了全美國。這些牌子還漂洋過海，豎立在歐洲各國的首都以及全世界各個角落。這家店的牆上還貼有照片，顯示這種牌子還遠豎立到埃及大金字塔、北極、南極。在印度圓頂寺前面所照的照片顯示一塊牌子，上面寫著：「泰德· 胡斯特的瓦爾藥店兼飲食店，離此 10728 英里」，還有一個箭頭指示方向。

現在美國的藥店兼飲食店多年來都會為顧客送上免費的冰水，但是泰德和陶樂絲· 胡斯特卻是首先以此做廣告的。結果，每天從各地來的幾千名顧客湧到這個小鎮他們的店裡來，他們這個店成為所有這類店中最著名、最成功的一個。是什麼使他們創造出這樣了不起的結果呢？ 答案很簡單，就是他倆對棘手問題的反應不情緒化、不洩氣、不放棄。相反，他們動腦筋，於是好辦法就那樣被他們思考出來了，解決了他們的問題。因此，你不但要有知識，你還需要思考，再加上信心。

你要相信問題總有答案。你要相信問題是可以克服的，你要相信問題是可以處理解決的。而最重要的是，你要相信你可以解決問題。信心是一種了不起的力量。你以積極的心態去思考，它們就一定會帶回來結果。正如沒有信心的人會自棄成功一樣，真正有信心的思考一定會導向成功。

充分開發自己的潛能

在拿破崙· 希爾的成功學看來，我們每個人自身都有著無限的潛能。

潛能日夜地工作，以一種不為人知的程式利用著你無窮無盡的智慧，這種智慧可以把你的慾望轉化為財富或地位等你想要擁有的東西。

積極成功的心態之所以會使人心想事成，走向成功，是因為每個人都有巨大無比的潛能等待開發。消極的心態之所以會使人從先前的怯弱無能而走向最終的失敗，是因為它使人放棄了偉大潛能的開發，讓潛能在那裡沉睡，以至白白浪費掉。

人們都渴望成功，那麼，成功有無「秘訣」可尋呢？

拿破崙· 希爾的成功學認為，任何成功者都不是天生的，成功的根本原因是開發了人們無窮無盡的潛能，只要你抱著積極心態去開發你的潛能，你就會有用不完的能量，你的能力就會越用越強。相反，如果你抱著消極心態，不去開發自己的潛能，那你就只有歎息命運不公，並且越加消極越加無能！

每一個人的內部都有著相當大的潛能。

著名發明家愛迪生曾經說過:「如果我們做出所有我們能做的事情，毫無疑問，它會使我們自己大吃一驚。」從這句話中，可以提出一個相當科學的問題:「你在自己的一生中有沒有使自己驚奇過？」

有一次，拿破崙· 希爾閱讀到一個極富戲劇性的故事，說的是戰爭期間一名海軍水兵。

拿破崙· 希爾所講的這個海軍水兵的故事是這樣的：

二次大戰期間，一艘美國驅逐艦停泊在某國的港灣中。那天晚上天空萬里無雲，明月高照，四周一片寧靜。一名水兵正在按例巡視全艦，就在這時，他看到在不遠的水面上，浮動著一個烏黑的大東西。那是一枚觸發水雷，可能是從一處雷區脫離出來的，正隨著逐漸退去的潮水慢慢地朝驅逐艦漂來。水兵立即抓起艦內電話機，通知了值日官。值日官又很快通知了艦長，並且發出全艦戒備的訊號。全艦立時動員了起來。

官兵都愕然地注視著那枚慢慢漂近的水雷，大家都了解眼前的狀況，災難即將來臨。軍官立刻提出各種對策。他們該起錨走嗎？ 不行，沒有足夠的時間。發動引擎使水雷漂離開？ 不行，因為螺旋槳轉動只會使水雷更快地漂向艦身。以槍炮引爆水雷？ 也不行，因為那枚正在漂近的水雷緊挨著艦裡面的彈藥庫。

那麼該怎麼辦呢？ 放下一艘小艇，用一支長杆把水雷捅開？ 這也不行，因為那是一枚觸發水雷。

悲劇似乎是沒有辦法避免了。

突然，那名水兵想出了比所有軍官所能想出的更好的辦法。 他大喊著:「把消防水管拿來。」大家立刻明白，這個辦法有道理。

他們便向艦艇和水雷之間的海上噴水，強大的人工水流使水雷離驅逐艦越來越遠，等水雷漂流到一個安全距離之後，再用艦炮引爆水雷。

這位水兵真是了不起。他思維固然不凡，但是他卻也只是個凡人。不過他卻具有在危機狀況下冷靜而正確思考的能力。

我們每一個人的身體內部都有這種天賦的能力，也就是說，我們每一個人都有著無限的創造潛能。不論遇到什麼樣的困難或危機，只要你認為你行，你就能夠處理和解決這些困難或危機。對你的能力抱著肯定的想法就能發揮出積極的力量，並因而產生有效的對策。

不知道你是否聽過一個「鷹自以為是雞」的寓言？

寓言說，一天，一個喜歡冒險的男孩爬到父親養雞場附近的一座山上，發現了一個鳥巢。他從巢裡拿了一隻鷹蛋，帶回養雞場，把鷹蛋和雞蛋混在一起，讓一隻母雞來孵。後來，孵出來的小雞群裡有一隻小鷹。小鷹和小雞一起長大，因而不知道自己除了是小雞外還會是什麼。起初它很滿足，過著和雞一樣的生活。

但是，當它逐漸長大的時候，它的內心就開始不安分起來。

它不時地想：「我一定不只是一隻雞！」只是它一直沒有採取什麼行動。直到有一天，它在養雞場的上空看見了一隻展翅而飛的雄鷹，一種想法突然出現在小鷹心中：「養雞場不是我待的地方。我要飛上青天，棲息在山岩之上。」它從來沒有飛過，但是它的內心裡有著無窮的力量和天性。它展開了雙翅，飛升到一座矮山的頂上。極為興奮之下，它再飛到更高的山頂上，最後衝上了青天，到了高山的頂峰。終於，它發現了偉大的自己。

當然會有人說：「那不過是個寓言而已。我既非雞，也非鷹。我只是一個人，而且是一個平凡人。因此，我從來沒有期望過自己能做出什麼了不起的事來。」或許這正是問題的所在——你從來沒有期望過自己能夠做出什麼，所以你什麼也做不了。這是事實，而且是一個嚴酷的事實，那就是我們只能把自己釘在我們自我期望的範圍以內。

但是我們的人體內確實隱藏著更多的才氣，更多的能力，更有效的機能。拿破崙·希爾從報上看到這樣一個故事，不僅有趣，而且有意義。這個故事是這樣的：

一位農夫在穀倉前面注視著一輛輕型卡車快速地開過他的土地。他 14 歲的兒子正開著這輛車，由於年紀還小，他還不夠資格考駕駛執照，但是他對汽車很著迷，而且他似乎已經能夠操縱一輛汽車，因此農夫就準許他在農場裡開這輛客貨兩用的汽車，但是不準把車開到外面的路上去。

但是突然間，農夫眼看著汽車翻到水溝裡去了。

他大為驚慌，急忙跑到出事地點。他看到溝裡有水，而他的兒子被壓在卡車下面，躺在那裡，只有頭的一部分露出水面。

農夫並不很高大，頂多只有 170 公分高，140 磅重，但是他毫不猶豫地跳進水溝，把雙手伸到車下，卡車就這樣被抬了起來。當地的醫生也很快趕來了，醫生給男孩檢查了一遍，只有一點皮肉傷需要治療，其他毫無損傷。

這個時候，農夫卻開始覺得奇怪了起來，剛才他去抬卡車的時候根本沒有停下來想一想自己是不是抬得動。出於好奇，他就再試一次，結果根本就動不了那輛卡車。

醫生解釋說，身體機能對緊急狀況產生反應時，腎上腺就大量分泌出激素，傳到整個身體，產生出額外的能量，這就是他可以做出的唯一解釋。

要分泌出那麼多腎上腺激素，首先當然得有那麼多激素存在腺體裡面。如果裡面沒有，任何危急情況都不可能使它分泌出來。由此可見，任何人都蘊藏著巨大的潛能。

這個事件還告訴我們，農夫在危急情況下產生了一股超常的力量，並不光是肉體反應所致，它還涉及心智和精神的力量。

農夫看到自己的兒子可能要淹死的時候，他的心智反應是一定要去救兒子，他一心只想把壓著兒子的卡車抬起來，精力高度集中。可以說是精神上的能量引發出了這股潛在的力量。而如果情況需要更大的體力，心智狀態就可以產生出更大的力量。

有句老話說：「在命運向你擲來一把刀的時候，你能抓住它的兩個地方：

刀口或刀柄。」如果你抓住刀口，它會割傷你，甚至使你致死；但是如果你抓住刀柄，你就可以用它來打開一條道。

因此當遭遇到大障礙的時候，你要抓住它的柄。換句話說，讓挑戰提高你的戰鬥精神。你沒有充足的戰鬥精神，你就不可能有任何的成就。

因此你要能發揮戰鬥精神，讓這種戰鬥精神來引出你內部的力量，並最終將它付諸行動。

想像力能使你創造奇蹟

我們每個人都具備不同程度的想像力，如果一個人缺乏想像力，那麼他的工作與生活就會平淡而乏味。然而，想像力又是什麼呢？

想像力就是一個人的靈魂的創造力，是每個人自己所擁有的一筆寶貴財富，是一個人在這個世界上唯一能夠自己絕對控制的東西。

如果你能正確使用自己的想像力，它將協助你把自己的失敗與錯誤變成價值非凡的資產，也將引導你去發現一個只有使用想像力的人才能知道的真理，那就是，生活中的最大逆境和不幸，反而會給你帶來幸運的機會。

美國最好的一位雕刻師，以前是位郵差。有一天，他在搭乘一輛電車時，不幸發生車禍，他因此而被鋸掉了一條腿。

電車公司賠給他 5000 美元，以賠償他的損失。他用這筆錢作學費、學習雕刻技藝，最後，他終於成為一名雕刻師。他憑藉豐富的想像力和精湛的雕刻工藝，賺到了比他利用他的雙腿當一名郵差所能賺到的更多的錢。由於電車發生車禍，他必須改變他一直努力的目標，結果他發現了自己原來也具有想像力。

由於神經系統無法區分生動的、想像出來的經驗和實際的經驗，心理的圖像便給我們提供一個實踐機會，把新的優點和方法「付諸實踐」。想像為我們獲得技巧、成功和幸福開拓了一條嶄新途徑。

如果我們正想像自己以某種方式行事，幾乎也就是實際上在這麼幹了，想像給我們提供的實踐可以促使這種行為臻於完美。

透過一個人為控制的實驗，心理學家凡戴爾證明：讓一個人每天坐在靶子前面想像著他對靶子射鏢。經過一段時間後，這種心理練習幾乎和實際射鏢練習一樣能提高其準確性。

《美國研究季刊》曾報導過一項實驗，證明想像練習對改進投籃技巧的效果：

第一組學生在 20 天內每天練習實際投籃，把第一天和最後一天的成績記錄下來；

第二組學生也記錄下第一天和最後一天的成績，但在此期間不做任何練習；

第三組學生記錄下第一天的成績，然後每天花 20 分鐘做想像中的投籃。如果投籃不中時，他們便在想像中做出相應的糾正。

實驗結果：

第一組每天實際練習 20 分鐘，進球增加了 24%；

第二組因為沒有練習，也就毫無進步；

第三組每天想像練習投籃 20 分鐘，進球增加 40%。

查理· 帕羅思在《每年如何推銷兩萬五》一書中，講到底特律的一些推銷員利用一種新方法使推銷額增加了 100%，紐約的另一些推銷員增加了 150%，其他一些推銷員使用同樣的方法則使他們的推銷額增加了 400%。

推銷員們使用的魔法其實就是所謂的扮演角色。

其具體做法是：想像自己處於各種不同的銷售情況，然後再找出方法，直至在出現各種實際銷售情況時自己應當注意說些什麼、該做些什麼為止。

透過這種奇特的訓練，一些卓有成效的推銷員，取得了不菲的工作業績。毫無疑問，這裡面包含著想像力的功勞。

自古以來，許多成功者都曾自覺或不自覺地運用了「正確想像」和「排練實踐」來完善自我，獲得成功。

拿破崙在帶兵橫掃歐洲之前，曾經在想像中「演習」了多年的戰法。

韋伯和摩爾根在《充分利用人生》一書中說：「拿破崙在大學的時候所做的閱讀筆記，整理印刷後竟達滿滿 400 頁之多。在這些閱讀筆記中，他把自己想像成一個司令，畫出科西嘉島的地圖，經過精確的數學計算後，標出他可能佈防的各種情況。」

世界旅館業巨頭康拉德· 希爾頓在擁有一家旅館之前，很早就想像自己在經營旅館。當他還是一個小孩子的時候，就常常「扮演」旅館經理的角色。

亨利· 凱瑟爾說過，事業上的每一個成就實現之前，他都在想像中預先實現過了。這真是奇妙之極！

難怪人們過去總是把「想像」和「魔術」聯繫起來。「想像力」在成功學中，確實具有難以預料的魔力。想像力的作用如此大，那麼我們又該如何發揮想像力呢？

為此，拿破崙·希爾的成功學給我們指出了一條光明大道。其主要做法如下：

一、預見性想像力（即想像的超前性練習）

在進行想像練習時，應首先練習自己的超前想像力。即透過科學的想像，培養自己對未來事件進行正確預見的能力。超前想像的練習辦法如下：

1. 在對目前市場狀況進行綜合分析的基礎上，預見到市場將要出現的某種變化。要知道，一切事物的靜止總是相對的，而變化則往往是絕對的。
2. 在預見到市場將要出現的變化時，更真切地在大腦中浮現出某種場景，並同時注意自己正在幹什麼。
3. 在邁向成功過程的每一個階段，都應依據自己所掌握的資訊，結合市場狀況，構思出自己將要面臨的處境，在你的大腦中浮現出美好的境況。

預見性想像對事業、生活成敗的影響是不言而喻的。

一個錯誤的決定往往與其預見不相同，而一個正確的預見則可以幫助你在成功的路上捷足先登。

曾一度令整個歐洲瘋狂的聯邦德國「電腦大王」海因茲·尼克斯多夫，就是以其超前想像力而取勝的。海因茲原在一家電腦公司裡當實習員，做一些業餘研究，卻一直不被接納，於是他兜售自己的研究成果。

終於，他獲得了萊因 - 斯特發倫發電廠的賞識。電廠預支了他 3 萬馬克，讓他在該廠的地下室研究兩台供結帳用的電腦。

不久，他獲得了成功，創造出了一種操作簡便、成本低廉的 820 型小型電腦。由於當時的電腦都是龐然大物，只有大企業才用得起。所以這種小型電腦一經問世，立即轟動全球。

他為什麼要做這種微型電腦呢？他自己的回答是：「看到了電腦的普及化趨勢，也因此看到了市場上的空隙，意識到微型電腦進入家庭的巨大潛力。」

在其預見性富於想像力的大腦中，他甚至「看到」每個工作台上都有一台電腦。可以說，正是這種預見性和想像力使他獲得了成功，並成為巨富。

二、預見性想像力

想像力的預見作用在成功之路上的發揮，還有一套尚不被人們重視的運作法，它要求經營者：

1. 重視所能獲得的一切資訊，並進行正確的綜合分析和判斷，預見其商業 價值。
2. 及時證實某條資訊的可靠性，估量其對成功目標的影響程度。
3. 當你確定自己已注意到了這一徵兆時，就應立即著手擬定應對方案，並開始實施。

也就是說，應善於透過大量資訊，及時、科學、準確地把握機遇到來時的各種徵兆，並加以利用，以獲得經營的成功。

菲力普· 亞默爾對預見性想像力的妥善運用，曾幫助他所經營的美國亞默爾肉食品加工公司獲得了成功。

有一天，菲力普在當天報紙上偶然看到一條新聞，並因此而興奮不已，這條新聞的主要內容是：墨西哥發現了類似瘟疫的病例。菲力普馬上聯想到：如果墨西哥真的發生了瘟疫，那麼瘟疫就一定會傳染到與之相鄰的美國加利福尼亞州和德克薩斯州，從而傳染到整個美國。事實上，這兩州正是美國肉食品供應的主要基地。如果情況屬實，美國的肉食品一定會大幅漲價。

於是，菲力普當即派出幾位資深的醫生前往墨西哥考察證實，並立即集中全部資金購買了鄰近墨西哥的兩個州的牛肉和生豬，及時運到東部。果然，瘟疫不久就傳到了美國西部的幾個州。美國政府下令禁止這幾個州的食品和牲畜外運，一時間美國市場肉類奇缺，價格暴漲。

菲力普在短短幾個月內，淨賺了 900 萬美元。

在這個成功的事例中，我可以看出，菲力普運用的資訊，是偶然讀到的「一條新聞」，並運用了自身所具有的地理知識：美國與墨西哥相鄰的是「加州和德州」，此兩州為全美主要的肉食品供應基地。另外，依據常規，當瘟疫流行時，政府定會下令禁止食品外運，禁止外運的結果必然是市場肉類奇缺，價格高漲。

但是否禁止外運，決定於是否真的發生了瘟疫。因此，墨西哥是否發生瘟疫是肉類奇缺、價格高漲的前提。精明的菲力普立即派醫生去墨西哥，得以證實那條新聞的可靠性。他確實這樣去做了，所以才獲得了 900 萬美元的利潤。這個運用過程可概括為兩個關鍵點：第一，報紙對墨西哥瘟疫流行的報導；第二，派醫生去墨西哥證實此資訊。

類似菲力普這樣運用預見性走向成功的實例，在商界不勝枚舉。這大概就是人們所謂的「機遇」吧。

在我們周圍，不是許多人都在埋怨自己缺少機遇嗎？那就請不失時機地運用預見性想像吧！因為預見性想像力對我們的大腦而言，只有越用方能越靈。要知道，預見性想像力具有使人一夜之間暴富的魔力。

培養卓越的遠見能力

拿破崙·希爾說過這樣一個故事：

愛諾和布諾差不多在同時受雇於一家超級市場，做著同樣的工作。可不久愛諾受到總經理青睞，一再被提升，從領班直到部門經理。布諾卻像被人遺忘了一般，還在最底層做事。終於有一天布諾忍無可忍，向總經理提交辭呈，並痛斥總經理狗眼看人低，辛勤工作的人不提拔，倒提升那些一天到晚只會吹牛拍馬的人。

總經理不慍不火地聽著他的嘮叨。他了解這個小夥子，工作肯吃苦，但似乎缺少了點什麼，缺什麼呢？三言兩語又說不清楚，即便是說清楚了他也不服，看來……他忽然有了個主意。

「布諾先生，」總經理說，「你馬上到集市上去，看看今天有什麼賣的。」

布諾很快回來說，剛才集市上只有一個農民拉了車馬鈴薯在賣。

「一車大約有多少斤？」總經理問。

布諾又跑去，回來說有 10 袋。

「價格多少？」布諾再次跑到集市上。

總經理望著跑得氣喘吁吁的他說：「請你先休息一會吧，看愛諾又是怎麼做的。」

說完，他叫來愛諾對他說：「愛諾先生，你馬上到集市上去，看看今天賣的有什麼。」

愛諾很快從集市回來了，彙報說到現在為止只有一個農民在賣馬鈴薯，有 10 袋，價格適中，品質很好，他帶回幾個讓經理看。這個農民過一會還將弄幾筐番茄出售。據他看，價格還公道，可以進一些貨。這種價格的番茄總經理可能會要，所以他不僅帶回了幾個番茄做樣品，而且把那個農民也帶來了，他現在正在外面等著回話呢！

總經理看了一眼紅了臉的布諾說：「請他進來。」

愛諾由於比布諾多想了幾步，於是在工作上獲得了比布諾更多的成功。

請問，你能想到幾步呢？

在現實生活中，多想幾步，生活和工作將從此而改觀。

凱薩琳·羅甘說：「遠見告訴我們可能會得到什麼東西，遠見召喚我們去行動。心中有了一幅宏圖，我們就能從一個成就走向另一個成就，把身邊的物質條件作為跳板，跳向更高、更好、更令人快慰的境界。這樣，我們就擁有了無可衡量的永恆價值。」

遠見會給你帶來巨大的利益，會為你打開這扇不可思議的機會之門。

遠見會增強你人生發展的潛力。要知道，一個人越有遠見，他就越有潛能。

當然，遠見的主要意義在於：

一、遠見會使你工作與生活輕鬆愉快

成就令人生更有樂趣。沒有任何東西比把工作做好這種感覺更愉快了。它賦予你成就感，它是一種真正的樂趣。當那些小小的成績正為更大的目標服務時——譬如使一個遠見成為現實，就更令人激動了。每一項任務都成了一幅宏圖的重要組成部分。

二、遠見給你的工作增添價值

同樣，當我們的工作是實現遠見的一部分時，每一項任務都具有價值。哪怕是最單調的任務也會給你帶來滿足感，因為你看到更大的目標正在實現。

有一個有關一位經理和三個砌磚工人的故事很能說明這一道理。

經理問第一個工人：「你在幹什麼？」

工人回答：「我正為拿薪資而工作。」

經理用同樣的問題問第二個工人。

第二個工人回答：「我在砌磚。」

但當他問到第三個工人時，這位工人卻熱情洋溢地回答：「我在建築一座教堂！」

三個人都在做同一種工作，但只有第三個人的工作受到遠見的指引。

他看到了那幅宏圖，宏圖則給他的工作增添了價值。

三、遠見預言了你的未來

缺乏遠見的人可能會被等待著他們的未來弄得目瞪口呆。變化之風會把他們刮得滿天亂飛。他們不知道自己到底會落在哪個角落，等待他們的又會是什麼。

如果你有遠見，又勤奮努力，你將來就更有可能實現你的目標。誠然，未來是無法保證的，任何人都一樣，但你能大大增加成功的幾率。

人類早就知道遠見對於成功的重要性。據《聖經·箴言》第 29 章第 18 節記載，大約 3000 年前就有人說過：「沒有遠見，人民就放肆。」

遠見的重要性不言而喻，但今天有遠見的人卻不是很多。

相信你能使自己活得更好，這只是第一步。要使自己的遠見真正有價值，還必須與另一種能力結合起來：如何使遠見變為現實。

有遠見但不能把它變成現實的人，只能是個空想家。

拿破崙·希爾的成功學表明了實現你遠見的指導原則，下面便是幾個十分重要的指導原則：

1·你應該首先確定你的遠見。

這個觀點雖然非常簡單，但實現遠見總得由確定這個遠見開始。

對有些人來說這實在是太容易了，因為他似乎生來就有一種遠見卓識，另一些人則需要經過長時間的沉思、考慮、祈禱才能獲得這種本領。

如果你想成功，就必須多想幾步，確定你人生的遠見。

你的遠見不能由別人給你。如果那不是你自己的遠見，你就不會有實現它的決心與衝勁。

遠見必須以你的才能、夢想、希望與激情為基礎。

遠見是了不起的東西，它還會對人產生積極的影響——特別是當一個人的遠見與他的　命運不謀而合時。

2· 考察一下你當前的生活。

將你自己的遠見變成現實不是一蹴而就的事，這是一個循序漸進的過程，跟一次旅程十分相似。

你決定去旅行之後，首先要做的事情之一，就是決定出發點，沒有這個出發點，你就不可能規劃出旅行路線和目的地。

考察當前生活的另一個目的是規劃行程，並估算此行的費用。

一般來說，你離自己的理想越遠，所花的時間就越多，代價就越大。實現自己的理想是要作出犧牲的。

3· 為大遠見放棄小選擇。

所有夢想的實現都是要付出代價的。為了實現你的遠見，就要做出一定的犧牲，其中　一個涉及到你的其他的選擇。你不可能一面追求你的夢想，一面保留著你其他的選擇。

這個觀點尤其不容易被美國人接受。美國文化很強調選擇的自由。整個自由市場體制都是建立在這個基礎上的。

多種選擇是好事，可以為你提供更多的機會。但對於想取得成功的人，有時你卻必須放棄種種選擇來交換那個唯一的夢想。

這情形有點像一個人來到岔路口，面臨幾種前進道路的選擇。他可以選擇一條能通往目的地的路，他也可以哪一條都不走，可是這樣他就永遠達不到目的地。

4· 按自己的遠見來規劃自己的成長道路。

實現自己的遠見包含著必須選定一條個人發展的道路，並在這條路上堅持不懈。以為自己可以從生活的一個階段向另一個階段進步而無需改變自己，是在自我欺騙。

人生的任何積極轉變都必定需要個人成長，因為個人成長是實現遠見的必經之路。所以你能訂出的最具策略性的計畫，是按你的遠見來規劃你的成長道路。想一想你必須先做些什麼才能夠實現你的理想。然後確定，要成為你想做的那種人，你還需要學習些什麼。看些書籍；聽些錄音帶，以感受一下別人的成長過程。

5· 你應該多與成功人士接觸。

個人成長的過程包括與人接觸。學習如何成功的最佳方法是與成功人士接觸。觀察他們，向他們請教。逐漸地，你會開始跟他們一樣看問題。

有句古話說得好：「羽毛相同的鳥們會聚在一起。」

6· 不斷地增強自己對夢想的信心。

實現夢想要求你不斷努力，並發揮出最大的衝勁。

加強韌性與衝勁的方法之一，就是不斷地增強自己對夢想的信心。向別人講，同時默默地對自己講。保持一種積極的充滿信心的狀態。即使偶生疑惑，也要全神貫注，保持信心。

7· 要預料到也許會有人反對你的夢想。

必須保持積極的心態，因為你肯定會碰到別人反對的情況。

那些自己沒有夢想的人是不會理解什麼叫夢想的。他們覺得夢想是不可能實現的。所以他們會對你說：你的夢想一錢不值。

即使他們明白到它的價值，他們也會說，雖然這是可以實現的，但不是由你來實現。碰到別人反對時，你不必驚慌，而應有思想準備。

你必須抱著永不消沉的積極心態。

8· 你不能把有消極心態的人當作自己的密友。

你應該正確對待批評和懷疑你的理想的人。但這並不意味著你必須信賴他們，把他們當作你的密友。

特別是消極的人，一旦與他們深交。這些人將不停地向你灌輸他們的疑慮與消極觀點，你慢慢也會變得像那樣思考的。一旦你相信自己的理想無法實現時，那它就真的無法實現了。

9· 人應該盡可能地尋找實現理想的每條途徑。

為了實現理想，你必須不停地尋找一切對你有幫助的東西。

要樂於嘗試新途徑，到處尋找好主意。要善於觀察。在別的領域效果很好的主意，在你這裡也可能有用。全神貫注於你自己的理想，但對走哪條路才能實現理想，則必須抱靈活的態度。

實現理想要有創新精神。如果你對新觀念關上大門，你就不可能有創新精神了。

以上提到的種種方法，都有助於你實現自己的理想。但是，如果你不願意超越自己，這些方法也就不會起什麼作用了。

切記，只付出一般的努力是實現不了理想的。

消除思想的病因

人總是因悲傷而哭泣，但往往卻因哭泣而更加悲傷。

世界上有許多被不安、自卑所折磨的人，他們總以為自己對任何事都無能為力。這便是負面自我暗示在起作用。

正面的自我暗示，有訓練我們如何增進自信心，如何從失敗中體驗成功，又如何克服惡劣的情緒等作用。自我暗示能使你把麵粉當藥劑，從而治好你身體裡的疾病，也可使你把藥水當毒液吃，從而斷送你的生命。

自我暗示如何正確使用，是你的人生歷程中不可避免且必須弄清楚的一門學問。

自我暗示是一件極為有力的武器。好好地使用這件武器，你就能登上成功的巔峰。不過，如果把它使用在消極方面，它將毀掉你所有成功的可能性，長期下去甚至會嚴重破壞你的健康。

如果把一流的醫生與心理醫生的經歷作一番細緻的比較，我們會吃驚地發現，將近 75%的病人患有疑心病。

所謂疑心病患者，指的是那些相信自己患有某種想像中的疾病的人。通常這些可憐蟲相信自己染上了某一種他聽說過的疾病。

疑心病通常都是因為腸部系統未能及時排清廢物中毒而誘發的。患有這種病的人，不僅無法正確思考，而且還會受到各種歪曲的、消極的和虛幻念頭 的困擾。

許多類似的病人因此割除了扁桃腺、拔掉了牙齒，或是割除了作怪的盲腸，但事實上，他們只需服一瓶鎂氧檸檬酸鹽，把體內的廢物排除之後，所 有煩惱就可以迎刃而解了。（我要向我的醫師朋友們表示抱歉，他們之中的某位向我提供了這個處方。）

疑心病是所有精神失常的開端！

亨利·R· 羅斯博士是疑心病治療的權威，他曾碰到過這樣的病例：

「如果我妻子死了，我將不相信有上帝存在。」N 的妻子得了肺炎，當我 趕到他家時，他見到我的第一句話就是上面這句話。她請我來是因為醫生告訴她病好不了了（大多數醫生都知道不應該當著病人的面這麼說的）。她把丈夫和兩個兒子叫到床邊，向他們道別。然後，她請求把我找來——我是她的教區牧師。我看見她丈夫在外面的房間裡啜泣，兩個兒子則在盡量安慰她。我走進她房間時，她的呼吸已經顯得急促並且十分困難，護士告訴我說她的情緒很低落。

我很快就發現，這位 N 太太請我來的目的是要我在她死後照顧她的孩 子。於是，我對她說：「你絕對不可放棄希望，你不會死的！ 你一向強壯健康， 我相信上帝不會讓你死的，你不需要把你的兒子託付給我或任何人。」

我這樣與她談了很久，然後向她朗讀《聖經》中的經文，並祈禱她早日康復，而不是進入天國。我告訴她要對上帝有信心，以全部的意志和力量來 對抗每一種死亡的思想。在我離開時，我說：「教堂禮拜結束後我會再來看你。那時我將會看到比現在好許多的你。」

這是禮拜天早上的事。那天下午我又再去拜訪她。她的丈夫面帶微笑迎接我。他說我早上剛一離開，他太太就把他和兒子們叫進房裡並說道：「羅斯博士說我不會死，我會康復的，我現在確實好多了。」

她真的康復了。但究竟是什麼原因呢？ 兩個原因：我對她的暗示喚起了 她的自我暗示，以及她自己的信心。作為牧師，她對我抱有很大的信心，因此我才能夠激起她對自己的信心。正是這種信心使她戰勝了肺炎。當時沒有藥物能治療肺炎，醫生們承認這一點。也許有些肺炎的病例是無法治癒的。對於這一點，我們必須悲哀地予以承認，但有時候，像這個病例，如果心理調節得當，就能扭轉局勢。只要一息尚存就有希望，但希望必須是至高無上的，而且要發揮作用。

還有一個顯著的例子可以用來說明自我暗示能產生的巨大力量。有位醫生請我去見 H 太太。他說這位太太身體並沒有什麼毛病，可就是不願吃任何東西。她認為她自己的胃留不住任何東西，因此決心什麼也不吃，準備慢慢餓死。我首先就發現她已喪失了自信心。我又發現她對自己消化食物的能力沒有信心。我第一步是千方百計幫助她樹立起信心，接著便告訴她，她可以吃自己想吃的任何東西。不錯，她對我有極大的信心，我的話說服了她。

從那天起，她就開始吃東西了。3 天後，她就下床了，而她本來已經在床上躺了幾個星期。如今她已恢復正常，既健康又愉快。

是什麼原因促成了這種結果呢？ 跟前面所描述的那個病例一樣：外來的暗示(她接受這項暗示，並透過自我暗示而運用)，以及內在的信心。

有時候思想生病了，身體也會生病。在這種時候，它需要一種更強大的 思想來治療它，給它指示。它會把你的信心和力量轉移給其他人，並能使他人相信你所相信的，做你所希望的事情，用不著實施催眠術，你能在完全清醒和絕對理智的病人身上收到奇效。病人必須對你有信心，而你必須了解人腦的活動，以應付病人的爭辯和回答病人的疑問。我們每個人都可以擔任這種治療者，並給病人提供一定的幫助。

每個人都應該去閱讀一些有關思想力量的優秀書籍，並學習如何讓思想能夠發揮驚人的作用，讓人們保持健康和快樂。我們已經看到，錯誤的思想會對人類產生極為可怕的影響，甚至迫使他們發瘋。現在我們正在研究和發掘思想作用的力量，因為思想不僅能夠治療心理失常，也能治癒身體的疾病。

並不是說思想可治百病，這樣說，那醫生就得失業了。沒有可靠的證據證明，某些癌症是靠思想、信心或任何心理及宗教過程所能治癒的。如果你想治好癌症，必須在癌症初期就做手術。除此之外，沒有任何其他治療方法。但思想確實可以治好很多疾病，因此我們應該更多地依賴它。

拿破崙率軍遠征埃及時，他的士兵中有很多人患了黑死病，生命垂危。

拿破崙走在他們當中，用手摸摸這個，扶起那個，鼓舞其他人不要害怕，因為這種可怕的瘟疫如果沒有想像力的協助是不會蔓延得那麼迅速的。

歌德告訴我們說他自己也去過熱病流行的地區，但從未受到感染，因為他運用了自己的意志。這些人中豪傑所知道的事，我們現在才開始慢慢發現——自我暗示的力量！透過相信自己不會染上某種疾病的影響，潛意識可以戰勝病菌並抗拒它們，只要我們下定決心，不讓疾病的思想嚇倒我們。

「想像會讓貓送命」，這是一句古老的格言。當然它也可能害死一個活生生的人，但從另一方面來講，想像也可以幫助人們取得最為驚人的成就。但必須以它作為自信心的基礎。曾經有幾件真實記載的案例，有些人死亡，因為他們想像有一把刀子切斷了他的頸部動脈，而事實上只是用冰塊劃過他們的脖子，並讓水滴下，這樣他們聽得到水聲，以為他們的血正在不斷地流出。在實驗開始之前，他們都被蒙上了眼睛。

當你早上開始工作時，不管你感覺多麼美好，假設你所遇見的每個人都對你說：「你的臉色看起來很差，應該找個醫生看看。」不用多久，你就會開始覺得自己很不舒服了。如果這種情況持續幾個小時，那麼，你在下班回到家裡時，真的會渾身無力，不得不看醫生了，這就是想像力或自我暗示的力量。

想像力是一種非常神奇的東西，但它可能，而且經常會對我們耍一些稀奇古怪的花樣，除非我們能夠對它加以防範和控制。

前面已經說過，疑心病經常是由於身體廢物未能正確排泄中毒而引起 的，它也可能是因為想像力運用不當而產生的。換句話說，疑心病的出現，可能是身體本身的原因，也可能是想像力不受控制的緣故。醫生們對於這一點深有同感！

蘇菲爾德醫師曾經描述過一個婦人長了腫瘤的情形。他們把她放在手術台上，幫她施以麻醉。這時，她的腫瘤立即消失了，再也用不著進行手術了。

但當她恢復清醒後，那個腫瘤又回來了。醫生們這時才發現她一直和一位真正長了腫瘤的親戚住在一起，她那豐富的想像力告訴她自己也長了腫瘤。她被再度推到手術台上，施以麻醉，在腹部綁上繃帶，使那個腫瘤不至於再生。當她甦醒後，醫生告訴她，手術已經成功，但她必須繼續綁住繃帶幾天。她相信醫生們的話，當繃帶最後拿下來時，那個腫瘤再也沒有出現了。事實上她並未動過任何手術。她只是從潛意識中除去了她長有腫瘤的想法，當然她就能正常生活了。

思想可以治療因想像而引起的疾病，而且其治療方式和因為自我暗示 而患病的方式完全相同，治療錯誤幻想的最佳時機在晚上，就在你準備入睡之前，因為這時候潛意識已能主宰一切。你在這時灌輸給潛意識的想法與暗示都將會被接受，且將在晚間受到處理。

這也許顯得有點不可能，但可以按以下步驟輕易檢驗這項原則：你希望在明天早晨 7 點鐘起床。在你即將入睡時，對自己說：「我必須在明天早上 7 點起床，絕不可有誤。」把這句話重複說幾遍，同時把這事實深深烙印在你腦海中：你必須真的準時起床。把這個念頭傳遞給你的潛意識，並且有絕對的信心。而當那一時刻真正來到時，你的潛意識將會把你叫醒，潛意識將在你所設定的任何時間把你叫醒，就如同有人來到你床邊，輕輕拍著你的肩膀。但是，你所下達的命令必須肯定和明確。

同樣，潛意識也可以接受任何命令，而且它將準確無誤地執行這些命令，如同它在一個特定的時刻喚醒你一樣。例如，每晚臨睡前，命令你的潛意識發展出自信、勇敢、進取心或任何其他品質，它就會聽命於你。

如果想像力能夠假想一些病症，使人因為這些病而臥床，那麼它也同 樣容易解除這些病的病因。

拿破崙· 希爾曾揭示了 6 個「實現目標的步驟」，也即透過自我暗示使自己獲得成功的方法。下面便是這 6 個實現目標的步驟：

1. 當你實行第一步驟時，你要在你的心裡先確定你所要達到的具體目標。例如，具體的金錢的數目，並全神貫注、牢牢地盯著這個具體的目標，直到達到目標——你得到了這些金錢。

伯生特曾指出：「我研究過的富豪，每一個都是有確切的目標，都明確為自己定下過要賺的錢的數額，並同時確定了完成這一目標的時間表。」

2. 你應牢牢記住，天底下的一切都是不可能不勞而獲的，你不能自我欺騙，特別在你的目標明確之後。

美國最大的信封製造公司總裁麥基，是一個不折不扣的務實主義者。他在談論成功之道的《與鯊同遊》一書中告誡人們：做事一定要有目標，但最重要的是：第一，要知道你要建立的目標到底是什麼；第二，應有詳盡的計畫去實現這一目標；第三，對這一實現目標的計畫，你還要有一個相應的時間表。這樣，再加上勤勞而務實的工作，目標就會成為你一個有限期實現的夢。

3. 不要再停留於想像中的空談，因為沒有去執行的想法只是空想。你必須立刻開始著手你的計畫，不必浪費時間，更不要害怕失敗。

一個公司在招聘人時，每每會問到應聘者，在工作中你怎樣對待錯誤，許多人的回答往往是：「盡量不出錯誤。」對如此回答的應聘者，該公司往往不予理會。該公司希望聽到的回答是：「我並不擔心自己會出錯，但我能做到不重複同一個錯誤。」

使美國克萊斯勒汽車公司起死回生的鉅賈艾科卡，回憶自己曾有的那段經歷時也說：　　「冒險的精神是極其重要的——有很多時候，都應該去搏一搏。」在通往成功的道路上；　錯誤是必不可少的，但創富者總是能很快地汲取教訓，總結出更現實可行的經驗。

4. 要將目標寫下來，光憑記憶是不夠的。這在心理學中，被認為是很重要的自律方式。這樣做，還能使本來模糊的細節清晰明確。明確的自律是成功創富必備的條件。
5. 現實地在行動中修訂你的計畫，但不要輕易地改變時間表，更不能隨意地轉換你的目標。
6. 每天起床前、臨睡前兩次默念你的目標。因為這兩個時候，你的意識的活動力都比較弱，你的自我暗示更容易與潛意識溝通。在默念時，應讓自己看到明顯地得到了財富的結果。

遵照上述 6 個步驟的指標是很重要的。對你來說，觀察和遵照第 6 步的指示特別重要。你可能抱怨，在你沒有真正達到你的具體目標——例如得到這筆錢之前，你總是不能「看到我擁有這筆錢」。

但是透過這些步驟，強烈的願望將會幫助你。假如你對成功的嚮往確實已經達到了著迷的程度，相信你能得到它是沒有任何困難的。

你的目的就是要成功，要致富，要成就一番事業，如此堅決的態度會使你相信你會得到它。

偉大的潛意識

潛意識是你心中的大海。它彙集著一切思想感情的涓涓細流，容納了各種心態觀念的山川江河，它是形成你一切思維意識的源泉。

眾所周知，著名的精神分析學家佛洛伊德是第一個全面地研究並分析了這兩種心智活動狀態的，他曾用海上冰山來形容人類的潛意識。在他看來，浮在海平面上可以看得見的那一角是意識；而隱藏在海平面以下，看不見的更巨大的冰山主體便是潛意識，而潛意識則更是人類精神活動的最為主要的部分。不僅於此，他還把這個廣大的潛意識中的推動力確定為是人的性欲衝動。因此，整個人類文明的結果都只是這種潛意識中的性欲衝動的結果。

拋開其理論極端的部分不說，但不管怎樣，最起碼他清晰地看到了這個廣大的潛意識在人類精神活動中的重要性。

一般而言，從功能上講，潛意識大約有下面這些特點：

一、記憶儲存

潛意識像個巨大無比的倉庫或銀行，它可以儲存人生所有的認知和思想，甚至從出生到老死的所見所聞、所感所想等一切東西，都會進入潛意識並儲存起來。一些熟悉的事物，如生活環境中的習俗、觀念、人物景象、他人的某些思維習慣和行為特點等等，常常不經過明顯的意識記憶；不知不覺地直接進入人的潛意識，並儲存起來。所謂「近朱者赤，近墨者黑」便是潛意識吸收和回饋的結果。

二、自動排列組合並分類

潛意識將保存儲存的複雜的東西，進行自動的重新排列組合、分類，以隨時應付各種需要。

人們之所以會做夢，便是潛意識的一種自動排列組合的反映。當我們在思考某個問題的時候，與這類有關的潛意識就可能被我們喚醒，從潛意識裡升到意識中來為思考服務。而與思考問題無關的潛意識，一般情況下不會被喚醒，它會老老實實在那裡埋藏著。大腦功能紊亂的「精神病」，便是潛意識排列組合混亂無序造成的。

三、潛意識的「密碼」性和「模糊」性

「密碼」是用來比喻的權宜之辭，即潛意識的被喚起，應有特定的情景或特定的意識指令才行。「模糊」指存入大腦的潛意識已經變成了我們無法認識的模糊的「代碼」，只有透過意識的重新「翻譯」，才能清晰起來。這個過程速度之快，我們幾乎無法覺察。

當我們要思考回想某件事的時候，比如我們想回憶少年時代一件成功的往事，我們就給潛意識下了一個特定的指令，於是，這方面的潛意識很快便會被喚起，並經過意識的「翻譯」，栩栩如生地重現出來。

當我們在某種特定情景的刺激下，一些相對應的潛意識有時會自動地重現出來。比如你看到電影中的接吻場面，你的潛意識中的某些相關的記憶有可能也會閃現在腦螢幕上，與電影中的場面交相輝映在你的大腦的意識裡，煞是好看。這是潛意識的快速「密碼」喚起和快速意識翻譯的表現。

四、直接支配人的行為

人的一些習慣性動作、行為，以及一些自己也沒有意料到的行為，實際上就是潛意識在支配人。

一些人遇到難題，馬上想到「挑戰」、想到「解決辦法」，行動也幾乎同時跟上。另一些人遇到難題，則不自覺地、甚至不加思考地就想到「退卻」，想到「失敗」，而且也在行動上退卻。這便是過去不同經驗的潛意識在起作用。

五、自動解決問題

當我們冥思苦想某一難題，並且一時無法得到解決時，我們可能會暫時停下來去做別的事。結果突然有一天，答案的線索，甚至完整的答案從你腦中一躍而出時，你不禁驚喜萬分。這便是潛意識在自動替你思維解決問題的結果。所謂「靈

感」，就是潛意識的自動思考功能的體現。

六、潛意識的習慣反應，便可形成超感和直覺功能

據說美洲印第安土著人能從馬蹄印跡中判斷馬走了多遠，這種超感應和直覺實際上是長期與馬、馬蹄痕跡打交道所形成的經驗潛意識的習慣性反應。母親對嬰兒的某些直覺，也是長時間和嬰兒生活在一起的習慣潛意識的直接反應。

人從娘胎裡誕生起，潛意識便已開始形成：父母的期望和教誨，家庭環境的影響，學校的教育，從小到大的閱歷，一切影響過你的外部思想觀念、意識和你自己內部形成過的觀念意識情感，包括正面積極的意識情感和負面消極的意識情感，這些統統都會在你的潛意識裡彙集沉澱儲存起來，形成一個極為豐富的內心世界。

毫無疑問，潛意識是我們形成新的思想、心態、智慧取之不盡及用之不竭的素材和資訊源泉。

潛意識如此包羅萬象，深厚神奇，那麼你又該如何來訓練、開發和利用它呢？

拿破崙·希爾的成功學在此為你提供了一些可供借鏡的途徑，現分述如下：

1. 訓練開發潛意識無限儲存記憶的功能，會為你的聰明才智奠定深厚的基礎。

如果你想建造高樓大廈，就必須儲備好各種各樣的建築材料、裝修材料、設計知識、建築技能、各種建築機械，還有指揮管理技能等等。

對於一個追求成功與卓越的人來說，你應該不斷地學習新的東西，給潛意識輸進更多的基本常識、專業知識、成功知識以及相關的最新資訊。

人們常說：「事事留心皆學問。」

你想要大腦更聰明，更有智慧，更富於創造性，更符合現實性，就必須給潛意識輸送更多的相關資訊。為了使你的潛意識儲存功能更有效率，你可以採取一些輔助手段說明儲存。

如重要資料重複輸入、重複學習、增加記憶功能、建立看得見的資訊資料庫——分類保存圖書、剪報、筆記、日記、現代的電腦軟碟等等，以便協助潛意識為你的創造性思維和其他聰明才智服務。

2. 訓練你對潛意識的控制能力，使它為你的成功服務，而不是把你引向失敗

的深淵。

由於潛意識是非不分，積極消極、好的壞的統統吸收，常常跳過意識而直接支配人的行為，或直接構成人的各種心態。所以，成是潛意識，敗亦潛意識。

因此，你需要不斷地訓練自己，努力開發利用積極成功的潛意識，對可能導致失敗的潛意識加以嚴格的控制。

具體地說，也就是珍惜原來潛意識中的積極因素，並不斷輸入新的有利於積極成功的資訊資料，使積極成功心態占據統治地位，使其成為最具優勢的潛意識，甚至成為支配你行為的直覺習慣和靈感。

另外，對一切消極失敗的資訊進行控制，不要讓它們隨便進入到你的潛意識中，遇到消極思想資訊時，你可採取兩個辦法加以控制：

其一，立即抑制它、迴避它，不要讓它們污染你的大腦。

對過去無意中吸收的消極失敗的潛意識，永遠不要提起它，讓它被遺忘，讓它沉入你的潛意識的海底。

其二，進行批判分析，化腐朽為神奇。

用成功積極的心態來對失敗消極的心態進行分析批判，化害為利，讓失敗消極的潛意識像毒草化成肥料一樣，變成有益於你成功的卓越的思想。

3. 開發利用潛意識自動思維創造的智慧能力，從而幫助你解決問題，並獲得創造性靈感。

潛意識蘊藏著你一生有意無意、感知認知的資訊，又能自動地排列組合分類，並產生一些新意念。所以你可以給它指令，把你成功的夢想、所碰到的難題化成清晰的指令，經由意識轉到潛意識中，然後放鬆自己，等待它的答案。

比如反覆下達這樣的指令：我該如何開闢這種新奇營養品的市場前景呢？

你還可以把指令由大化小：我開闢市場的第一步應該怎樣走？

有不少人冥思苦想某一問題時，結果卻在夢中，或是在早晨醒來，或在洗澡時，或在走路時突然從大腦裡跳出了答案或靈感。

古希臘物理學家阿基米德就在洗澡時，靈感忽現，發現了著名的浮力定律。

由此可見，只要你用心思考，潛意識隨時都會跳出來說明你解決問題。因此，當你在思考的同時，在任何地方，都應有記事本，以便一旦靈感從潛意識中湧現而出時，立刻將它們記下來。

第 15 章 培養專注的能力

養成專注的習慣

專注——成功的神奇之鑰。在把這把鑰匙交給你之前，先讓拿破崙· 希爾告訴你它有哪些用處：

它將會為你打開通往財富之門。

它將會為你打開通往榮譽之門。

它將會為你打開通往健康之門。

它還將會為你打開通往教育之門，讓你進入所有潛在能力的儲藏之所。

於是，在這把神奇之鑰的幫助下，我們會一一找到各種通向成功之門。

每一個獲得巨大成功的人，如卡內基、洛克菲勒、哈裡曼、摩根等人都是在使用了這把鑰匙，擁有了一種神奇的力量之後，才繼而變成大富翁的。

除了這些，它還會打開監獄之門，把人類的渣滓變成對社會有用的人。

是的，它就是這麼神奇，就是這麼有效，只要你擁有了這把「神奇之鑰」——專注，你就可以隨心所欲了。

現在，我們先就「專注」一詞的定義介紹一下：

「專注」，就是要你把意識集中在某個特定的慾望上的行為，並要一直集中到已經找出實現這個慾望的方法，而且已經成功地將之付諸實際行動為止。

而做到這一點，即把意識集中在某一個特定的慾望上的行為，關係到兩項重要的法則：其中一項法則就是我們在前面已經做過描述的「自我暗示」，這裡就不再敘述。現在，所需要關注的是另一項法則：習慣。那麼，現在就來對它進行一番簡單的描述吧！

「習慣」就像是唱片的紋路，而頭腦則是與紋路相吻合的唱針。當任何一種習慣透過一再重複某種想法或行動而徹底養成之後，頭腦便會依附於這種習慣，並且如同唱針唱片紋路一樣緊隨習慣，而不管習慣的好壞。

因此，我們由此可看出以最謹慎的態度挑選環境的重要性，因為環境就是頭腦獲取養料的牧場，我們創造思想的素材。而習慣則把這些思想具體化，使其成為永恆的實體。你當然了解，「環境」是所有來源的總和，而且你是在感官的協助下，受到環境影響的。

習慣是一種普通人就能夠認識的力量。但他們看到的往往是其不好的一面，而不是有利的一面。下面這兩種說法說得非常好：

「所有的人都是習慣的產物」。

「習慣是一條繩索，我們每天織一根線，最後它會變得十分堅固，拉都拉不斷。」

如果習慣最後成為一個殘酷的暴君，統治和強迫人們違背他們的意志、慾望與意願，那麼會動腦筋的人自然會思考這股巨大的力量是否能夠加以利用及控制，使它能夠為人們提供服務，正如其他自然界中的力量一樣。如果人們能夠獲得這項成果，那麼人們也許就能支配習慣，讓它為人們服務，而不是成為習慣的奴隸，在抱怨中做忠實的僕人。現代心理學家非常肯定地告訴我們，我們可以支配、利用及指揮習慣為我們工作，而不必被迫允許習慣控制我們的行為與性格。已經有很多人運用了這項新知識，將習慣的力量導向了新的管道，強迫它推動他們的行為，而不是允許它作無謂浪費，或使其破壞肥沃的思想家園。

習慣是一條「心靈路徑」，我們的行動已經在這條路徑上旅行多時，每經過一次，就會使這條路徑更深一點兒，更寬一點兒。如果你必須穿過一處田野或森林，你就會知道你一定會很自然地選擇一條最通暢的小徑，而不是人跡罕至的小徑，更不會選擇自己開闢一條新路。人的心靈之路也是如此，它會選擇阻礙最少的一條路線來行進——走很多人走過的道路。習慣的形成合乎自然法則，透過所有具有生命現象的事物表現出來，也可以表現在無生命的東西上。我們可以舉一個例子。有人指出，一張紙一旦以某種方式折起來，下一次它還會沿相同的折痕去折。縫紉機或其他精密機器的使用者都知道，一台機器或儀器一旦經過「初試」之後，就會越用越順手。樂器也是如此。衣服或手套用過之後形成某些褶痕，而這些褶痕一旦形成就會永遠存在，怎麼也熨不平。河流或小溪沖出一條道路後就會按這條習慣路線流動，這條法則隨處可見。

這些說明可以幫助你了解習慣的性質，也將協助你形成新的心靈路徑、新的心靈折痕。還有，你一定要隨時記住這一點：若要除掉舊習慣，最好的（也可以說是唯一的）方法就是，透過培養出另一種新的習慣來對抗和取代不好的舊習慣。開闢新的心靈之路，並在上面旅行，舊的道路很快就會變得模糊，遲早會因長期不用而被荒草所淹沒。每一次你走過良好的心靈之路時，都會使這條道路變得更深、更寬、更暢通。這種心靈之路的工作是十分重要的，我只能一再促請你開始修建這樣一條理想的心靈道路。然後練習、練習再練習——做一個好的築路者。

下面就是你可以用來培養自己希望獲得的良好習慣的步驟：

1. 在培養一個新習慣之初，一定要注入一定的力量與熱情。對於你所想的，要有深刻的感受。記住，你正在開始建造新的心靈之路，不過萬事開頭難，一開始，你就要盡可能使這條道路筆直暢通，以便下一次你想要走這條路時容易辨清方向。
2. 把全部注意力集中到修築新路之上，不要去想那條舊路，忘掉它們的存在。
3. 可能的話，要盡量多在你新修的道路上行走。你要自己製造機會來走這條新路，不要等機會自動在你眼前出現。走的次數越多，新路就會越走越順。一開始你要制訂以這些新的習慣為必經之路的計畫。
4. 一定要抵擋重歸舊路的誘惑。你每抵抗一次這種誘惑，就會變得更加堅強，下次也就更容易抗拒這種誘惑。只要你向這種誘惑屈服一次，就更容易在下一次屈服，以後將更難以抗拒誘惑。你一開始就要全身心地投入戰鬥，這是重要的時刻，必須在一開始就證明你的決心、毅力和意志。
5. 要確信你已找出正確的途徑，把它當作你首要的明確目標，然後勇往直前，不要使自己產生懷疑。「著手進行你的工作，莫回頭。」選定你的目標，然後修建一條又好、又寬、又深的道路，直接通向這個目標。

你已經注意到，習慣與自我暗示之間存在著密切的關係。根據習慣而一再以相同的態度和方式重複進行某一行為，久而久之就會成為一種固定行為模式。最後我們將會自動地或不知不覺地進行這種行為。例如，在彈鋼琴時，鋼琴家可以一面彈奏自己熟悉的曲子，一面想著其他事情。

自我暗示是用來開發心理之路的工具，專心就是握住這工具的手，而習慣則是這條心理之路的一紙地圖。要想把某種想法或慾望轉變為行動或事實，首先必須忠實而固執地將它保存在意識之中，直到習慣將它變成一種永久形式為止。

構成專注的要素

自信心和慾望是構成「專注」行為的主要因素。沒有了這些因素，即使你有「神奇之鑰」也同樣於事無補。世界上成名立業的成功者是少數，因為能好好利用這把鑰匙的人也是少數。這主要是因為大多數人都對自己缺乏自信心，而且沒有什麼太大的慾望所造成的。

對於任何你所渴望得到的東西，只要它合乎理性而且是正當的，你的願望又是那麼執著而強烈，這時，「專注」這把「神奇之鑰」將會幫助你得到它。

人類目前所創造出來的任何東西，最初都是在想像中先描繪出來，然後再由「專注」的工作、不懈的努力而變成現實的。

現在，我們來對這把「神奇之鑰」做一次試驗，看看能得到什麼樣的結果，看看你對這個結果感不感興趣。

第一，你要放棄懷疑心態。不管你是做實驗，還是正式做事情，這都是導致失敗的原因之一。對任何事情都抱著懷疑態度的人，將無法採用這把「神奇之鑰」。你必須對即將進行的實驗採取無比信任的態度。

其次，假設你自己要成為一個著名的作家，或是一位妙語連珠的演說家，或是一位事業成功的商界主管，或是一位能力高超的金融家，或是任何一種你想成為的人。現在，我們選擇演講當作這項實驗的主題。但應該記住的一點是，你必須一步一步地遵從指示來做。

接著，取一張你平時用來寫文字的普通的白紙，寫下下面的話：

我立志要成為一位出色的演說家，因為這樣我可以提供這個世界所需要的服務，從而實現我的人生價值；它將為我帶來金錢，用這些錢可以獲得生活的必需品和娛樂的奢侈品。

我會在每天睡覺前及起床後，用10分鐘的時間，把我的思想集中在這項願望上，來決定我該如何計畫，如何使我的願望早日變成現實。

我相信自己將來一定能成為一個有能力、有吸引力、有魅力的演說家。我會盡力做好自己的工作，成為一個優秀之人。因此，任何艱難險阻都嚇不倒我，荊棘叢生、亂石密佈也不能阻擋我前進的腳步。最後簽上你的大名。

簽下了這份誓詞，那麼從今往後，你就要嚴格按照宣誓裡的內容去做，直到獲得你預想的結果為止。

當你在每天睡覺前，起床後，專心致志地集中你的思想時，把你的眼光望向1年、3年、5年，甚至10年後，幻想你是那個時期最有力量、最有號召力的演說家。你已經有了相當不錯的收入；你已經擁有了豪華舒適的住宅；你已經有了很高的社會地位；你已經躋身於社會名流之列；你還擁有一個美滿幸福的家庭，漂亮賢慧的妻子，聰明可愛的兒女；你在銀行裡存有一筆數目可觀、足以頤養天年的存款。這一切的一切，都是因為你是一個無人能及的演說家，你正在從事一項永遠不用害怕失去地位的工作。

這樣美妙的情景，只要你擁有最起碼的想像力，你都能清晰地描繪出它，甜蜜地展望它。如果把這樣一幅美妙、生動的情景當作你「專注」的主要目標，並為之不懈奮鬥，那麼，結果是不言而喻的。

最後，恭喜你，你已經了解並掌握了「神奇之鑰」的秘密。

不要對這把「神奇之鑰」不以為然，不要因為它來到你面前時沒有披上神秘的外衣而看輕它，不要因為我們用人人都懂的文字來形容它，就低估了它的力量。因為，偉大的真理都是簡單的，是容易被大多數人理解並且接受的。如果不是這樣，那就不能稱其為偉大的真理。

如果以智慧的頭腦使用這把「神奇之鑰」，而且開啟的是有價值的大門，那麼，它將為你帶來持久的幸福與成就。這種幸福與成就也正是你一直以來夢寐以求的。

只要你相信自己辦得到，你就能夠辦得到。

只要你努力堅持自己的信念，你就會取得成功。

調整思路以求專注

拿破崙·希爾有一位朋友，他發現自己患了平常人們所說的「健忘症」。

他開始丟三落四、心不在焉，記不住任何事情，剛剛做過的事，轉眼就忘得一乾二淨。為此他感到非常苦惱。現在，引用他的話，來看看他在以後的日子裡是怎樣克服這個障礙的：

「我今年已經 50 歲了，過去的 10 年中，我一直在一家大工廠擔任部門經理。

「起初我的職務很輕鬆，平時也沒有多少工作可做。之後，公司的規模迅速擴大，業務也隨之增加，一下子增加了許多額外的責任，這讓我一時承受不了。可是我的部門中有的是精力旺盛的年輕人，他們中有幾個還表現出能力與魅力——他們中至少有一位企圖奪走我的職位，認為我老了不中用了。

「一般情況下，像我這種年齡的人大都希望過上一種安逸舒適的生活，不願意再有什麼壓力與波折。並且，我已在公司裡服務過很長的一段時間了，所以，我認為我有理由輕輕鬆松地工作，安安心心地在公司裡待下去，畢竟我的工齡比較長，我也有足夠的資歷和經驗。但是，萬萬沒有想到的是，我這種心理狀態幾乎使我失去了我的工作。大約兩年前，我開始注意到，我對工作的‘專注’程度明顯地減退了。只要一工作，我就覺得心情煩躁，以前得心應手的事情那時看來令人頭痛不已。我忘記處理信件，直到後來，桌子上的信已經堆積如山，令我看了大吃一驚。各種報告、文件也在我的辦公桌上積壓下來，使我的部屬深感不便。上上下下都開始對我的工作表示出不滿的態度。可我也沒有解決的辦法，我人雖然坐在辦公桌前，但腦子裡卻想著別的事情。

「接著發生的一連串的事情又充分表明了我的心思根本就沒有放在工作上。

「有一次，我竟然忘了參加公司的一個重要的主管會議。我手下的職員還發現我在估算貨物時犯了一個嚴重的錯誤。並且，他設法讓總經理知道了這件令他十分震怒的事情。

「對於當時我的處境及精神狀態，我是驚訝萬分的，這是以前所未曾發生過的。於是我向公司請了一個星期的假，希望藉這個機會把事情的前前後後仔細地想清楚。我找了一處偏僻山區的度假別墅，把自己關在那裡深刻地反省了好幾天，這幾天的反省也使我更加深信自己確實得了'健忘症'。

「我失去了往日那種'專注'工作的力量，我在辦公室的生理及心理活動變

得閒散且漫無目的。而我做事漫不經心，拖拖拉拉，粗心大意，也完全是因為我的思想並未完全放在工作上的緣故。我已滿意地診斷出了我的毛病，接下來就是尋求解決之道。我需要培養出一套全新的工作習慣，我決定要達到這個目標。

「我拿出紙筆，寫下我一天的工作計畫。首先，處理早上的信件，然後，填寫表格，召集部屬開會，處理各項工作。力求每項工作都安排得有條不紊。臨下班前，我會先把辦公桌收拾乾淨，再離開辦公室回家去。

「我問自己：'如何培養這些習慣呢？'我給自己的答案是：'重複這些工作。'在我內心深處的另一個人提出異議說：'這些工作我每天都在做，已經一而再、再而三地做過幾千次了。'我再自己對自己說：'不錯，可是，你並未專心地從事這些工作。'

「假期滿後，我回去上班，並且立即按計劃來實施。每一天，我都以同樣的興趣從事相同的工作，而且盡可能地在每天同一時間內進行同樣的工作。當我發現我的思想又開始不集中時，就立刻警醒自己，把它拉回來。

「這種靠我的意志力所創造出的一種心理的刺激力量，不斷地激勵我在培養習慣方面獲得更大的進步。慢慢地，我發現，雖然我每天都做著同樣的事情，但卻感到很愉快。這時，我知道我恢復過來了，我又有了往日的精力與自信。」

說到底，「專心」本身並沒有什麼神奇的，只是控制注意力而已。

拿破崙· 希爾深信這一點，一個人只要集中注意力，就能調整自己的思想。這樣，整個世界都將是一本公開的書籍，任你隨心所欲地翻閱，汲取你認為有用的精華。

凡事專注必定成功

哪怕是在一種極其特別的情形之下，只要我們能找出另一個專注的物件，我們仍是能保持一種泰然的態度。

我們最大的毛病便是：常常以為自己是被注意的中心，然而實在並非如此。當我們戴了一頂新帽子或穿了一件新衣時，總以為自己一定會成為眾人矚目的焦點。其實這完全只是我們自己的臆想，別人或許也正和我們一樣以為自己正受到他人的注目呢！如果真正有人在注意我們，那大概是因為我們的自我感覺使我們表現出了一種不正常的態度，而不是由於我們身上所穿的衣服。

同樣的原因也可以應用在許多別的情形上。如果某人十分專注於他的工作，你絕不能使他感覺不安，因為他甚至不覺得有人在身旁。

假如有人看你工作，你便覺得不安，解決的方法是專心地將它做得更好，而不要勉強克制自己的不安。這種不安是因為你怕工作做得不好，怕弄出錯誤，怕別人看出你秘密的思想，於是你禁不住臉紅手顫，聲音戰慄，這些行為都是你怕顯露出來的，但是正因你害怕這些行為反而顯露了出來。

時刻想到自己是不能增加做事的效率或減少自我感覺的，專心想到工作卻能做得到。

在許多情形之下，最重要的不是你對工作或你所要做的事專心，而是對別人保持關注。如果在專心工作之餘，對別人真誠地感興趣，你會無往而不勝。

自我感覺強烈完全是因為只想自己。克制的方法便是不想自己。不想自己的方法是要能尋一點別的事來想。你必須尋找一種代替物。尋到了代替物之後，想自己的習慣便可毫不費力地除去。

假使你演說時只想著你所說的內容和聽眾，而不是想你自己，你便不會自感過敏。如果你做一件工作，只想到你的工作，也就不會對自己產生興趣了。

剛開始時，你或許不能了解與你同在一起的人。專門想自己是不能幫助你去了解他們的，去想別人卻可以辦到。

自我的感覺是臆想的一種形式。別人並不會如你所想像的那樣對你關懷備至，他們有各自的事情要忙。記得這一點，你在他們面前便不會感覺不舒服了。

養成喜歡和人親近的習慣，那樣，當你和他們在一起時便不會感覺渾身不舒服。別人看見你喜歡他們，同時也會感覺愉快。

先使大腦冷靜下來

你是否有時會覺得自己頭暈目眩以至無法集中你的注意力，無法正確地思考問題，甚至感到無法自控，困惑不安？你是否會對某些事感到很害怕或很擔心？如果你需要清晰的思路來說明自己取得你所期望的結果，你可以選擇使自己的頭腦先冷靜下來，集中自己的注意力，每天都清晰地思考問題。

大多數人在做一件事時，大腦裡都會想著另一件事。我們不會完全地集中在此時此刻所發生的這件事上，我們的頭腦每時每刻都在進行著各種各樣的意識交流。此刻你的頭腦裡正在進行著什麼樣的交流呢？你把多少注意力集中於這本書上？你的思維是否已游離至別處？

如果你的思維不可控制地會轉移到那些令人分散注意力或使人倍感苦惱的事上（過去已發生，現在有可能會發生或將來會發生的事），那就說明你並沒有把你的注意力集中於你手頭上的工作上。

這些令人分散注意力、產生壓力的想法（害怕、擔心、消極的想法）會使你難以集中注意力，從而產生錯位的意念，做出錯誤的決定，無法幹好任何一項工作。

集中注意力能幫助你清除大腦中產生壓力的想法，制止分散注意力的交流，並且使你重新得到對自身大腦的控制。無論何時，你只要把注意力集中於此時你手上的事，就能放鬆自己，你的思維就會變得清晰起來。

控制思想轉移的能力會給你另一個關於現實的綜合觀點，會使你對自己、對其他所有的事感覺更舒服，在發展事業過程中更有效，心情也會更好。它能幫助你在每次做事時以一種集中注意力的方式來完成，於是你的效率就會更高。

控制思想轉移的能力包括三個基本思想：

第一，清除頭腦中分散注意力、產生壓力的想法。

第二，使你的思維完全地進入當前的工作狀態。

第三，把你的注意力集中在平靜的、能夠賦予能力的工作上。

什麼時候可以使用控制思想轉移的能力？一旦你感到要集中精力有困難，不能清晰地思考時；或是墨守成規，困擾不安時；或是無法排除頭腦中的憂慮或擔心時；或是當你想從一項工作中得到解脫而進入另一項工作時；或是為了一件小事卻做了大量的無用功而且至今連最重要的部分都尚未完成時。如果你每天一開始就能使自己心情平靜，注意力集中，並在一整天都能保持冷靜、沉著、有自控力，那就更好。你會很高興自己擁有清晰的頭腦和放鬆、沉著的態度，這樣你就能集中注意力，清晰地、富有創造力地思考問題，從而使工作變得更有效率，更富有成果。

針對你將如何對待精神上的壓力和緊張，要立刻做出一個深思熟慮的選擇。精神上的壓力使你很難把你的注意力集中於手頭上的工作，無法清晰地思考、出色地工作，尤其是當你處於緊張的狀態時。

1. 選擇清除頭腦中分散注意力、產生壓力的想法，使自己完全沉浸於此時此刻，集中注意力在一些平靜和賦予能力的工作上，以便使自己專心於所必須解決的問題上，做一些有品質的決定，較大程度地提高自身的效率，尤其是在有壓力的情況下。
2. 選擇使自己沉湎於分散注意力和產生壓力的有關過去或將來的想法，就會讓它們阻礙自己的思維過程而使自己無法專心，無法直接地思考問題，從而做出魯莽的決定或根本無法做出決定，使自己沒有任何效率或可能產生負效應，尤其是在有壓力的情況下。

有研究表明，如果人們在一天中經常得到能夠緩解壓力的休息，那麼我們的工作效率將會更高。事實上，我們必須透過休息來加快和改進自己的工作。同時，透過轉移我們的注意力，使我們從舊框框中解脫出來，解放我們成就事業的創造力。

重新控制思維的一種方法是停止工作，讓大腦先得到必要的休息。

一旦你感到大腦有點僵化，不能很好地思考問題或不能集中注意力時，停止你手中的工作，先讓大腦得到片刻休息。站起來，走動一會兒，喝杯水，跟別人交談幾句，坐在一張舒適的椅子裡，看一些有益的讀物，呼吸一下新鮮空氣，或者躲到一個安靜的地方，參加一項與你的工作毫不相干的活動，讓你的大腦完全沉浸在輕鬆有趣的活動之中。這麼做能打斷精神壓力慢慢地積聚起來的危險過程，緩和大腦的緊張程度，恢復你的大腦思考能力。

如果你經常坐在辦公桌旁，只要靠在椅背上，閉上眼睛，慢慢地深呼吸幾次。在辦公桌電話機旁有多種簡單的健身運動可做，在午後做幾分鐘，即能緩解壓力、放鬆肌肉、煥發精神、恢復體力，你的頭腦也會變得冷靜清醒，從而充滿活力的做好下一項工作。

一旦你感到精神上有壓力，就趕快採取這些措施，而不要等到自己疲憊不堪時才去休息。讓自己放鬆一分鐘，擺脫精神上的緊張，然後花三分鐘或者更長的時間將你的注意完全集中在某個具體、令人愉快、平靜的事物上。它可以是任何東西，比如一幅畫，一件擺設，一個溫和的能給人以安慰的片語，一次精神上的肯定，或者是一次愉快的經歷。你的頭腦將會變得清醒，變得開放，接受能力也會隨著加強，變得富有創造性，而且運轉自如。

這個方法能夠奏效是因為，儘管人的大腦十分複雜，但它在一段時間內只能集中在一件事上。如果注意力集中在消極、產生壓力的想法上，你在心理上和生理上都會感到有壓力。如果注意力集中在令人愉快的事情上，人也就會感到愉快。

翻閱你的相冊或雜誌，找到一幅能讓你感到平和、放鬆的畫，把他們放在你的辦公桌上，用它來鎮靜頭腦。你也可以從腦海中尋找你所認識的最冷靜沉著的人物肖像，把注意力集中於這一形象。他可以是一個商人、職業運動員或是你所崇拜的任何事物。

或者花幾分鐘在腦海裡構想一幅畫面，重溫一番愉快的經歷來恢復你的活力，比如一段令你難忘的時刻，一個愉快的假期，春天第一個陽光明媚的日子等等。你可以在你的腦海中創造你「自拍的電影」，或者也可以利用現有的、專業生產的音訊、視頻形象。

創造你自拍的電影，再次回味、體驗那些美好的經歷。在你開始播放這部電影以前，詳細地描繪一下當時的情節、環境、背景，你正在做什麼，你的感情狀態，你看到什麼，聽到什麼，那個地方的色彩、氣味以及感覺。然後，開始放電影，完整地重溫這一美好的經歷，好像它此時此刻真的在發生一樣。當電影結束時，你將變得年輕，精力也會得到恢復。帶著恢復的平靜、清晰和創造性重返你真實的世界。

另一個出色的選擇是徹底放鬆自己。集中注意力，清除雜念，在身體和精神兩方面都會獲得許多益處。

你應該透過沉思去更深入地發現什麼對你來說是有用的。沉思是一個使頭腦冷靜、清晰的過程，再一次把你的注意力集中在當前某件具體的事、活動或想法上，並使你充分地意識到這一點。這是一門能將你的注意力集中在手頭的工作上的藝術，以一種冷靜、沉著、泰然自若的方式，溫和但高效率地處理任何不可避免的、令人分心的想法。沉思活動是獲得對你思想和心靈控制的巧妙途徑。

工作時或在家中時聽一些使你放鬆的音樂，這有助於你保持一種積極的、富有成效的心理狀態。拿破崙·希爾的一位朋友在他們的辦公室裡放了一台收音機，工作閒暇時，他們也會打開收音機調至他們所喜愛的節目。他們發現這麼做使他們感到一種前所未有的放鬆，再工作起來也比以前更有效率，並增進了他們的工作樂趣。

集中注意力是另一種使頭腦保持冷靜、清晰和專一的方法。集中注意力是一種沉思形式，它能使你在短時間內擺脫日常事務從而與內在的你發生聯繫。集中注意力的技巧能使你得到潛在的無限寧靜和力量。

湯瑪斯·克拉姆在他《衝突的魔力》一書中寫道：我們都經歷過集中注意力的境界。這種情況發生在頭腦、身體和精神完全處於和諧的平衡之中並與外界緊密相連的時候，具有高度的感知和敏銳，是一種一切都很完美的感覺，能夠揭示出我們究竟是怎樣的人。

集中注意力意味著與宇宙的此時此刻合二為一。當你全神貫注時，你不可能會憤怒、害怕或陷入某種衝突之中。當你真正全神貫注時，你肯定會微笑。集中注意力的境界可以用以下的這些詞來描述：完整、有生氣、豐富、單純、美麗、優秀、獨特、便易、幽默、真實。

它是愉快和放鬆的強力劑，它能使你變得更加靈敏和開朗。

集中注意力是一種存在的境界（不是思想或行動），它可以長久地影響你的思想和工作方式。

集中注意力不僅會對你產生積極的影響，而且對你與外界的關係也會產生積極的影響，最終延伸至關係到事業的成功與失敗；你周圍的環境可以確實地感受到這種積極的影響。

在《內在的天資》一書中，亞歷山大·埃弗雷特指出，如果你每天花 15 分鐘（每天時間的百分之一）集中注意力，這將會對一天中其餘的百分之九十九的時間產生深遠的影響。

選擇集中注意力，你的生活將反映出你究竟是誰，你平穩不變的內心世界甚至為你指導你的生活準則。每天清晨，尋找一個安靜的地方放鬆自己，反思你在生活中的首要使命和指導準則，使用你的支配和控制中心，因為它會描繪出你真正所期望的生活和你真正想要成為的人。設想你生活在日常事務之中，你所做的一切完全符合你的指導準則。當你每天醒來時就使用這一技巧，並將其產生的平靜、有力的心態保持一整天，每天定期地抽出幾分鐘使自己回到集中注意力的狀態。

緊張會使你難以集中注意力，難以清晰地思考，導致心理不平衡；緊張會使你感覺自己身體狀態不佳或遭受心靈上的創傷。真正能考驗你集中注意力的水準在於你能否在逆境中堅持下去，尤其是當你的事業處於成敗的關鍵時刻。當人們害怕或感到不平穩時，通常會在交談時失去眼神的交流。如果你在與他人交往時能保持平衡，保持眼神的交流，那麼你的人際關係將會更有深度和清晰度。

每天反思你的首要使命和指導準則，你將在生活中變得冷靜、沉著、自信、積極、富有成果和健康。

當你感到憤怒和焦慮時，承認你的感覺可以幫助你冷靜下來並控制住自己的情緒，說一聲：「這沒關係。」例如，如果你為明天即將召開的一場會議感到擔心時，就對自己說：「我擔心明天的會議……但這沒關係。」如果你因別人拆你的台而感到憤怒時，就對自己說：「我對他十分生氣……但這沒關係。」

當你使用這一技巧時，表明你已經意識到了你的情緒並承認經歷這一切沒什麼關係，因為你是人，不是神。接著你那些不平穩的情緒似乎消失了，這是因為你表達了你的感情並把壓力排出了身體，用一種自然而更有控制力的方式驅散了它。

如果你不承認自己有情緒，你將被它所控制，情緒將會吞沒你。如果你堅持說「我認為我沒生氣」，這會使你的情緒更加強烈。不論發生哪一種情形，壓力將在你身上持續更久，並可能對你造成傷害。但如果你採取旁觀者的態度，只需幾秒鐘，觀察你的感受，承認你的感受並認為這種感覺沒什麼關係，這樣你就能控制住自己和所處的局面。

你是否常說：「我甚至沒有時間思考問題？」如果這對你來說是個問題，那就安排一些時間來好好思考吧。如果你擁有一間私人辦公室，那麼你可以享受一種舒適的環境，一種能夠平靜頭腦以便於安靜思考的方式——關上門，坐下來靠在椅背上，把你的腳放在桌上（如果那樣對你來說更舒服），並放鬆自己，可以把手交叉放在腦後，做幾個深呼吸。如果有窗戶，那就眺望窗外的景色或把注意力集中在一些讓人開心的事上。這會使你頭腦放鬆，減輕壓力，使你控制住自己的情緒，並有助於你解放自己的創造力。讓你的大腦得到放鬆，這樣它就能更好地為你工作。

如果你沒有一間私人辦公室，那就尋找一處能使你平靜下來的地方（例如一間空會議室，公司圖書館的閱覽室）。如果沒有這樣的條件，就安排點時間散散步並利用它作為你安靜思考的時間。

一次只專心地做一件事，全身心地投入並積極地希望成功地完成它，這樣你的心裡就不會感到筋疲力盡。不要讓你的思維轉移到別的事情、別的需要或別的想法上去，專心於你已經決定去做的那個重要專案，放棄其他所有的事。

把你需要做的事想像成是一大排抽屜中的一個小抽屜，你的工作只是一次拉開一個抽屜，將抽屜內的工作完成得令人滿意，然後將抽屜推回去。不要總想著所有的抽屜，將精力集中於你已經打開的那個抽屜。一旦你把一個抽屜推回去了，就不要再去想它。

了解你在每項工作中所需承擔的責任，了解你的極限。如果你把自己弄得精疲力竭和失去控制，那你就是在浪費你的效率、健康和快樂。選擇最重要的事先做，把其他的事先放在一邊。做得少一點，做得好一點，在工作中得到更多的快樂。

為了減輕責任，減少任務，你也許需要同公司裡的有關人員或家庭成員進行面對面的坦率交談和協商。你一定要有勇氣堅持自己的觀點，這會使你更有效率、更健康、更快樂。你、你的公司和你的家庭都會從交談和協商中受益匪淺。

大多數公司都犯了同一個嚴重的錯誤，即分配給公司內勤工作的管理人員、經理和專業人員遠遠超過他們所能擔負的工作量，更不用說要求他們把工作做好。他們分配給人們「不可能完成的工作」，然後他們感到很疑惑：為什麼分配的工作沒有完成？為什麼公司內部缺乏交流？為什麼品質與服務如此之差？為什麼士氣如此之低？職員由於過度工作而變得筋疲力盡，這樣既不利於公司，也不利於他們自身。不幸的是，隨著種種原因，公司合併精簡，以及對生產力提出了更高的要求，這樣的情況變得越來越普遍了。

為了保證你的效率以及最大限度地做出貢獻，你必須學會如何拒絕那些會耗盡你的生產能力的活動和工作。

當斯蒂芬· 科維還是一所大學的系主任時，他聘用了一位十分有天賦、非常積極主動的秘書。有一天，斯蒂芬走進秘書的辦公室，要他立刻完成幾件急需處理的事情。秘書說：「斯蒂芬，我十分樂意效勞。可是你得瞧瞧我的實際情況。」

然後他把斯蒂芬帶到他的牆板旁，讓斯蒂芬看列在上面的他正在從事的 20 餘項工作。牆板上寫明瞭這些工作的操作範圍和最後期限。

他指著牆板說：「斯蒂芬，為了做你現在要我做的事情，你看，我是不是得推遲或取消這些原定的專案呢？」

當然，斯蒂芬不會那麼愚蠢地讓自己最得力的工作人員去做那些並不最適合他的事。那些急於想完成的工作是重要的，但與原定的專案相比，它是微不足道的。斯蒂芬把這份工作交給了另一位處理急事的工作人員。

學會專注

一、切勿分散力量

《成功雜誌》慶祝創刊 100 周年時，編輯們曾經摘錄了一些早期雜誌中的優秀文章。在這些優秀文章中，令人印象最深的是狄奧多· 瑞瑟寫的一篇摘錄文章。

以下是他和愛迪生訪談的部分內容：

瑞瑟：「成功的第一要素是什麼？」

愛迪生：「每個人整天都在做事。假如你早上 7 點起床，晚上 11 點睡覺，你做事就做了整整 16 個小時。其中大多數人肯定一直在做一些事。不同的是，他們做很多很多事，而我卻只做一件事。假如你們將這些時間運用在一件事情、一個方向上，那麼你們同樣會取得成功。」

二、把握現在

包括我們在內的大多數人不是略微超前，就是略微落後，可又有誰準確地把握住了現在呢？ 假如他們正在與人交談，他們可能同時回想自己剛才所說的話、別人說過的話、甚至一些無關緊要的事情。

我們不妨去學學表演藝術並從中獲得一些寶貴的經驗。在表演藝術中，最好的演員能很快地融入現在的角色。他們即使把台詞背得滾瓜爛熟，也會對接下來的台詞有著全新的感覺。而我們缺乏的就是這一點。

我們也必須融入現在。融入現在需要集中注意力，必須做到兩個方面：一是目標，要注意正在發生的事；二是密集度，由於集中所有的力量在一件事情上，也就產生了密集度。

拿破崙· 希爾問有名的馬戲表演者岡瑟· 格貝爾· 威廉斯，對繼承他事業，即將成為一名馴獸師的兒子有何建議時，他回答：「我告訴他要時刻在場。」這位世界知名的馴獸師進一步解釋：「當他在馬戲場中與獅子、老虎、豹在一起時，他可不能心不在焉，他的心一定要在馬戲場上，否則隨時都會有性命危險。」當然，不光在馬戲場上，心不在焉對任何事情都有可能造成災難。

租車專家迪克· 比格斯現在可以對那次丟臉的分心經驗一笑了之，可是在當時一點也不好笑。當年健怡可口可樂公司為亞特蘭大第二屆的薛塔奇 10 公里長跑賽提供了巨額贊助。面對著申請表格、各種媒介、T 恤和比賽號碼上等處處所見的健怡可口可樂商標，擔任大會名譽總裁的迪克· 比格斯卻在台上說：「我們感謝贊助商健怡百事可樂。」這可惹惱了站在他身後的可口可樂公司的代表，「是健怡可口可樂，白癡！」隨之，上千名的參賽者也一同起哄，弄得比格斯頓時下不了台。他後來追悔地說：「我也知道是可口可樂，可是怪就怪我當時失神，從那一天起，我明白了專注的重要。」

三、激發滿溢狀態的潛能

所謂滿溢狀態行為，是發生在精神高度集中之時，由於心智狀態過於專注而忽略其他無關的事物的存在。

作為專精於研究滿溢狀態行為的專家米哈利，曾經利用類似競賽的挑戰狀態，成功激發出滿溢狀態行為。透過試驗證明滿溢狀態最有可能發生在個人處於與任務的難度約略相當的情況下。一般有兩個方面：如果任務很難，人會感覺焦躁不安；如果任務太簡單，人反而覺得更無聊。

由於身在滿溢狀態下的人會喪失對時間的感覺，而且在滿溢狀態下，人們通常會完成之前所無法完成的高難度工作，所以滿溢狀態行為被列入時間管理技巧。在《利用右腦》一書中，貝蒂· 愛德華描述了可以造成滿溢狀態或類似的經驗技巧，她的方法是根據左腦的機制開發的：語言、分析、符號、理智、數位、邏輯與線型；而右腦的機制則由非語言、組合、非理智、直覺與道德的觀念而來。愛德華對這種經驗有著精妙的描述：「那是一種前所未有的經驗，當我工作得很順利的時候，我感到自己的工作就如同畫家與手中的作品合二為一，我興奮極了，但極力克制著。那種感覺並不完全是快樂，倒更像是幸福。」 四、狂熱與沉迷

這種技巧像其他技巧一樣未必適合於每個人，有的人很有成就但對沉迷並不那麼感興趣。無論怎麼講，沉迷於事業、工作的人，可以做比平常人更多的事情，並且通常很有效率。《煙草路》與《上帝的小樂園》的作者厄斯金· 卡德韋爾，由於總是以事業為重，奉工作為上，導致婚姻三次破裂，而且連親密的朋友也失去了。富卡感慨地說，在過去的歲月裡，除了事業外，他竟毫無其他的樂趣。

作家以撒· 愛斯莫夫為了不影響自己的寫作，竟放棄了自己的每一次度假。他認為，最難做的事是，有人打斷他寫作時，而他還得強顏裝笑。亨利· 福特也有同感。「我有的是工作的時間，因為我從來不離開工作崗位；我不認為人可以離開工作，他應該朝思暮想，連做夢也是工作。」這些話讓我們聽來，簡直有點兒不可思

議。

有人會認為這些人不該把精力和時間浪費在這些事物上，可他們自己並不這麼認為。因為在他們眼中，那是樂趣而不是犧牲。李·特里維特說得好：「我就是愛這種比賽。」我們沒有必要為這些沉迷的人感到難過，雖然其中原因很多，有些是來自無知、天真或沮喪，甚至有的是來自罪惡感。無論怎麼說，我們應為他們那種沉迷的態度而嘆服，我們也該沉迷於自己所做的事當中，豐富我們所接觸的每一件事。

第 16 章 創新制勝

認識創新潛能

首先，讓我們來弄清創新的含義。大部分人都把創新想像成拍電影或小兒麻痹症疫苗的發現，或小說創作，或彩色電視機的發明。不錯，這些都是創新的結果。但是，創新並非專屬於某些行業，也不是只有智慧超常的人才會具備的。

究竟什麼是創新呢？

一個低收入的家庭訂出一項計畫，使孩子能進入一流的大學深造，一位居民設法將附近髒亂的街區變成鄰近最美的地區，想法子簡化資料的保存，向「沒有希望」的顧客推銷，讓孩子做有意義的活動，使員工真心喜愛他們的工作，防止一場口角的發生等等，拿破崙· 希爾告訴我們，這些都是很實際的，並且每天都會發生在我們身邊的創新實例。

《伊索寓言》裡的一個小故事為創新下了一個形象的定義：

一個暴風雨日子，有一個窮人到富人家討飯。

「滾開！」僕人說，「不要來打攪我們。」

窮人說：「只要讓我進去，在你們的火爐上烤乾衣服就行了。」僕人以為這不需要花費什麼，就讓他進去了。

此時，這個可憐人請求廚娘給他一個小鍋，以便他「煮點石頭湯喝」。

「石頭湯？」廚娘說，「我想看看你用石頭究竟能做出怎樣的湯。」於是她就答應了。窮人於是到路上揀了塊石頭洗淨後放在鍋裡煮。

「可是，你總得放點鹽吧。」廚娘說，她給他一些鹽，後來又給了他豌豆、薄荷、香菜。最後，又把能夠收拾到的碎肉末都放在湯裡。

當然，您也許能猜到，這個可憐人後來把石頭撈出來扔在路上，快樂的喝了一鍋肉湯。

如果這個窮人對僕人說:「行行好吧！ 請給我一鍋肉湯。」會得到什麼結果呢？因此，伊索在故事結尾處總結道：「堅持下去，只要方法正確，你就能成功。」

創新並不需要天才，創新只在於找出新的可以改進的方法。任何事情的成功，都是因為找出了一種把事情做得更好的方法。

找出創新的方法後，我們需要進一步地發展、加強創新性思考。

培養創新性思考的關鍵是要相信自己一定能把事情做成，有了這種信念，才能使你的大腦運轉，去尋求做這種事的方法。

當你認為某一件事不可能做得到時，你的大腦就會為你找出種種做不到的理由。但是，當你相信——真正地相信，自己可以做到時，你的大腦就會幫你找出能做到的各種方法。

人們為了取得對未知事物的認識，總是會設法探索前人沒有運用過的思維方法，隨後，在實踐過程中，運用這種創新性思維，提出一個又一個新的觀念，形成一種又一種新的理論，做出一次又一次新的發明和創造，為人類實現由「必然王國」向「自由王國」和「幸福樂園」的飛躍創造條件。

創新是不滿足人類已有的知識經驗，而是努力探索客觀世界中尚未被認識的事物規律，從而為人們的實踐活動開闢新的領域、打開新的局面。沒有創新性思維，沒有勇於探索和創新的精神，人類的實踐活動就會永遠停滯，人類社會就不可能在創新中發展，在開拓中前進，甚至會出現倒退的狀態。

拿破崙· 希爾指出，人的可貴之處在於具有創新性的思維。一個有所作為的人只有透過創新，才能為人類做出自己的重要貢獻，才能體會到人生的真正價值。而創新思維在實踐中的成功，更可以使人享受到人生的最大幸福，並激勵人們以更大的熱情去從事創新性的實踐活動，使我們的事業和人生更加輝煌。

提到創新，有些人總是覺得神秘莫測，認為只有極少數人才能辦得到。其實，創新有大有小，內容和形式可以各不相同。創新活動已經不僅是科學家、發明家的專利，它已經深入到普通人的生活中，每一個凡人都可以進行創新性的活動，在生活、工作的各個方面都可以迸發出創造的火花。人們在事業上新的追求、新的理想、新的目標會不斷產生，在為新的事業創造奮鬥中，實現了這些新的追求、理想、目標，就會讓自己產生新的幸福。人類的幸福是沒有終點的，創新也是永無止境的，人的事業目標的實現是一個不斷發展、不斷創新的過程。

創新和事業有著怎樣的關係呢？ 拿破崙· 希爾說，創新是力量、自由及事業成功的源泉。英國著名哲學家羅素把創新看做是「快樂的生活」，是「一種根本的快樂」。前蘇聯教育家蘇霍姆林斯基認為：創新是生活的最大樂趣，成功寓於創新之中。他在《給兒子的信》中寫道：什麼是生活的最大樂趣？ 我認為，這種樂趣寓於與藝術相似的創新性勞動之中，寓於高超的技藝之中。如果一個人熱愛自己所從事的勞動，他一定會竭盡全力使其勞動過程和勞動成果充滿許多美好的東西，生活的偉大、事業的成功就寓於這種勞動之中。這些論述深刻地揭示了創新與事業成功的內在聯繫，說明創新是獲得新的成功的源泉。

為什麼說創新是人類獲得新的成功的源泉和動力？ 我們知道，成功是人們在進行物質生產和精神生產的實踐中，由於感受和理解到所追求目標的實現而得到的精神上的滿足。　　而人們的需要是不斷發展的，需要的層次是不斷提高的，舊的需要滿足了，又要增加新的需要；低層次的需要滿足了，又會產生高層次的需要。要使人們不斷提高的物質與精神需要得到滿足，實現人們對幸福的追求，就要靠創新。社會的進步在於創新，人的幸福和成功與否在於創新。

那麼，創新具有一些怎樣的優點呢？

與常規性思維相比較，創新具有自己的特點，主要表現在以下幾個方面：

一、獨創性

創新的特點在於「新」，它在思路的探索上、思維的方式上和思維的結論上獨具卓識，能提出新的創見，做出新的發現，實現新的突破，具有開拓性和獨創性。常規性思維是遵循現存常規思維的思路和方法進行思考，重複前人、常人過去已經進行過的思維過程，思維的結論屬於現成的知識範圍。創新所要解決的是實踐中不斷出現的新情況和新問題；常規性思維所要解決的是實踐中經常重複出現的情況和問題。

透過仔細觀察研究，可以看到我們周圍有兩種類型的人：一種是不加分析地接受現在的知識和觀念，思想僵化，墨守成規，安於現狀。這種人既無生活熱情，更無創新意識。另一種是思想活躍，不受陳舊的傳統觀念所束縛，注意觀察研究各種新事物。這種人不滿足於現狀，常常給自己提出各類疑難問題，勤於思考，積極探索，敢於創新。我們應該學習後一種人，培養和鍛煉自己的創新思維。

二、靈活性

創新不局限於某種固定的思維模式、程式和方法，它既獨立於別人的思維框架，又獨立於自己以往的思維框架。它是一種開創性的、靈活多變的思維活動，並伴隨有想像、直覺、靈感等非規範性的思維活動，因而，具有極大的隨機性、靈活性，它能做到因人、因時、因事而異。常規性思維一般是按照一定的固有思路方法進行的思維活動，缺乏靈活性。

三、風險性

創新的核心是突破，而不是過去的再度重複。它沒有成功的經驗可以給你借鏡，沒有有效的方法可以讓你套用，它是在沒有前人思維痕跡的路線上去努力探索。

因此，創新並不能保證每次都取得成功，有時可能毫無成效，有時可能會得出錯誤的結論，這就是創新所存在的風險。但是，無論它最後取得什麼樣的結果，都具有重要的意義。因為即使是不成功的結果，也向人們提供了以後少走彎路的教訓。常規性思維雖然看來「穩妥」，但是它的根本缺陷是不能為人們提供新的啟示。

伊夫· 洛列從 1960 年開始生產美容品，到 1985 年，他已經在全世界擁有 960 家分店。　　伊夫· 洛列的生意興旺，多次摘取了美容品和護膚品生產的桂冠，他的企業是唯一可以和法國最大的「勞雷阿爾」化妝品公司相對抗的競爭對手。他的一切成就都是在悄無聲息中取得，以致在發展初期從未引起過同行業競爭者的警覺。他所有的成功依賴於他所具有的創新精神。

1958 年，伊夫· 洛列從一位年老體衰的女醫師那裡偶然得到了一種專門治療痔瘡的特效藥膏秘方，他對這個秘方的內容產生了濃厚的興趣，於是，他依據這個藥方，研製出了一種植物香脂，並開始挨家挨戶地推銷這種新型產品。有一天，洛列忽然靈機一動，為何不在《這兒是巴黎》雜誌上刊登一則介紹自己商品的廣告呢？如果再在廣告上另附上商品郵購的優惠單，說不定會更有成效地促銷產品呢。

洛列的這一大膽嘗試果然使他獲得了意想不到的成功，當他的朋友還在為他所付出的巨額廣告投資惴惴不安時，他的產品已在巴黎開始暢銷起來了，原以為會泥牛入海的廣告費用，與其獲得的利潤相比，在瞬間顯得輕如鴻毛。

當時，用植物和花卉製造的美容用品在人們看來簡直毫無前途可言，幾乎沒有人願意在這一領域投入大量資金，而洛列卻反其道而行之，並對此產生了一種奇特的迷戀之情。

1960 年，洛列所研製的美容霜開始小批量的生產，他那獨具創新的郵購銷售方式，又再次讓他獲得了巨大的成功，在極短的時間內，洛列透過採用各種行銷方式，將多達 70 萬瓶的美容用品銷售一空。

如果說洛列採用植物製造美容品是一種大膽的嘗試的話，那麼採取郵購的行銷方式則是他的一種創新之舉。在今天，郵購商品對我們來說已經不足為奇了，但在那個時代，這一方式卻被認為是行不通的。

1969 年，洛列創辦了他的第一家工廠，並在巴黎奧斯曼大街上開設商店，開始自產自銷美容用品。

他對他的每一位職員說：「每一位女顧客都是我們的皇后，你們應該像對待皇后那樣對她們進行服務。」為了貫徹這個宗旨，他首創了郵購的行銷方式，公司的郵購業務幾乎占到全部訂單的 50%。

郵購的手續也很簡單，顧客只需將地址填妥便可加入「洛列美容俱樂部」，

並會在短時間內收到樣品、價目表和說明書。

這種銷售方式給那些工作繁忙，沒時間逛街購物的女士帶來了很大的方便。到目前為止，全球透過郵寄方式從俱樂部訂購產品的婦女已達 6 億人次，他的公司每年收到的函件多至上百萬封。其中還有為公司提出合理化建議，甚至寄來照片和親筆簽名的顧客。公司往往也會在回復函裡告誡訂購者：美容霜並非是萬能的，有規律的生活才是最佳的化妝品。這樣一來，顧客和公司便建立了固定的聯繫。

公司還把 1000 萬名女顧客的資訊輸入電腦，在她們的生日或重要節日時送上些小禮品以示祝賀。

這樣做是有成果的，公司的銷售額年增長率為 30%，一年的收入也超過了 25

個億，而且國外的業績比國內的還要好。如今，公司的產品已增至 400 餘種，同時擁有著 800 萬名忠實的女顧客。

伊夫·洛列終於在付出了他的艱辛和勞苦之後，找到了成功的契機，化妝品市場競爭激烈，稍有不慎，便會被淘汰出局。但伊夫·洛列透過他不同於大眾的產品——植物花卉美容品，使化妝品低檔化、大眾化，從而滿足了各個不同階層顧客的需要，所以他可以在商場立於不敗之地，洛列的經歷又驗證了拿破崙·希爾的話：「如果你想迅速致富，那麼請別在人群中擁擠了，去另辟一條捷徑吧！」

美國實業家羅賓·維勒的成功秘訣是：

永遠做一個不向現實妥協的叛逆者。而他也正是這麼做的。

羅賓以前經營著一家小規模的皮鞋工廠，只有十幾個雇工，他很清楚自己的工廠規模小，要掙大錢是很困難的。資本少，規模小，人力資源又不夠，無論從哪一方面都不能和強大的同行相抗衡，那麼，怎樣改變這種局面呢？

羅賓面前擺著兩條路：

一是提高鞋料的成本，使自己的產品能在品質上勝人一籌，然而在當時那種狀況下，自己的成本原本就比別人的高，再提高成本，很明顯是在做賠錢的買賣，所以，這條路在當時根本不可取。再有就是在款式上下功夫，只要自己能夠翻出新花樣、新款式，不斷變換，不斷創新，就可以為自己打開一條新的出路，羅賓認為這個主意不錯，並決定走這條道路。

主意打定後，他立即召集工廠的十幾個工人開了個皮鞋款式改革的會議，並要求他們各盡所能地設計新款的鞋樣。羅賓還特設了一個獎勵辦法：凡設計出的樣式被公司採用者，可得到 1000 美元的獎勵；若是透過改良被採用的，獎勵 500 元；即使沒被採用，但別具匠心的仍可獲得 100 美元。

這一個號召很快被響應，沒過多久，被採納的 3 款鞋樣便實行生產了，當然這 3 名設計者也得到了應得的 3000 美金的獎勵，生產出的第一批產品，被送往各大城市進行推銷。

許多顧客都很欣賞這些款式新穎的皮鞋，這些皮鞋在很短的時間內便被搶購一空。兩個星期後，羅賓的工廠便收到了 2700 多份訂單，工人們開始加班加點，生意越做越大，公司已在原來的規模上擴充成 18 間規模龐大的工廠了。

但沒過多久，危機又出現了，由於皮鞋工廠越來越多，做皮鞋的技工開始顯得供不應求了，其他的皮鞋工廠都出重資挽留住自己的工人，即使羅賓提高薪資也難以把工人從其他工廠拉過來，沒有了工人，工廠將難以維持，這是最令羅賓頭疼的事了。他接了不少訂單，但如在規定的期限內交不上貨，那麼他將賠償巨額的違約金。

羅賓為此煞費腦筋，他召集 18 家皮鞋工廠的工人開了一次會議，他堅信，三個臭皮匠頂個諸葛亮，眾人同心協力，定能把問題解決。

羅賓把沒有工人的難題告知大家，並宣佈了那個動腦筋有獎的辦法，會場陷入了寂靜，人們都在埋頭苦想。

過了片刻，一個不起眼的毛頭小子舉起了右手，在羅賓應允後，他站起來發言：

「羅賓先生，沒有工人，我們可以用機器來造皮鞋。」

羅賓還未表態，底下就有人嘲諷地說：「小子，用什麼機器造鞋呀？你能給我們造出一台這樣的機器嗎？」

那小朋友一聽，怯生生地坐回了原位，這時的羅賓卻走到了他的身旁，然後挽著他的手把他拉到了主席台上，大聲向大家宣佈：

「諸位，這孩子說得很對，雖然他還造不出這種機器，但這個想法很重要也很有用處，只要我們沿著這個嶄新的思路想下去，問題肯定會迎刃而解。

「我們不能永遠安於現狀，應該把思維從局限之中擴散開來，這樣我們才能不斷創新，現在，我宣佈這個孩子可獲得 500 美元獎金。」

過了 4 個多月，透過大量研究和實驗，羅賓的皮鞋工廠中的很大一部分工作已經被機器所取代了。

羅賓·維勒，這個美國商業界的奇才，就像一盞指路明燈照亮了美國商業界的前途。

創新，是經營者致富的捷徑，企業家之間的競爭往往在這方面體現出來。商海茫茫，只有那些獨具創意，有開拓精神的水手才能抵達勝利的彼岸。

皮爾·卡登第一次展出各式衣服時，人們就像在參加一次真正的葬禮，紛紛指責其服裝的醜陋，結果，他被顧主聯合會給除名了。不過，多年之後，當他重返這個組織時，他的地位大大提高了，他從大學裡直接聘請時裝模特，使人們直接了解他的服裝，從而確保了他的成功。

1959 年，皮爾·卡登異想天開，舉行了一次別開生面的借貸產銷，這一舉動使他遭到失敗，時裝行會即服裝業的保護性組織對他的舉動十分震驚，再次將他拋棄，可他在四年之後，又一次東山再起，還被這個組織聘任為主席。

就這樣，皮爾·卡登的產業規模越來越大，不僅有童裝、男裝、包包、鞋和帽子，而且還有一些配飾，並且開始不斷向國外擴張，首先在歐洲、美洲和日本獲得許可。1968 年，他又轉向傢俱設計，後來又沉溺於烹飪，並且成了世界上擁有自己銀行的時裝家。

「卡登帝國」從服裝起家，30 年來一直是法國時裝界的先鋒，1983 年，卡登在巴黎舉行了「活的雕塑」的表演，展示了 30 年來他設計的女士時裝，雖然已過去了二三十年，可這些時裝仍顯得極有生命力。

卡登在經營時裝業的同時，還向別的行業發展，1981 年，皮爾·卡登以 150 萬美元的價錢從一個英國人手裡買下了馬克沁餐廳，這一舉動在巴黎引起了巨大的震動。這家坐落在巴黎協和廣場的餐廳已有 90 年的歷史，當時已瀕臨破產，前景十分慘澹，很多人對他這一舉動百思不得其解，人們都懷疑這位奇才是否真有魔力讓這家餐館東山再起，但是，3 年過去後，馬克沁餐廳竟真的重放異彩，不但恢復了原來的繁榮，而且，其影響擴展到了整個世界，馬克沁的分店不僅在紐約、東京安了家，同時在新加坡、里約熱內盧和北京落了戶，以馬克沁為商標的各種食品也成為世界各地家庭餐桌上的美味。卡登終於實現了他的諾言：「執法蘭西兩大文明牛耳的烹飪、時裝將走向世界！」

皮爾·卡登的事業在 40 多年來不斷地擴充發展，現在他的企業遍佈全球，法國就有 17 家，全世界有 110 多個國家的 540 個廠家持有他頒發的生產許可證。在全球他共有 840 個代理商，有 18 萬員工在為他生產「卡登牌」或「馬克沁牌」產品，全年的營業額為 100 億法郎，皮爾·卡登現已躋身法國十大富翁之一。皮爾·卡登的時裝敢於突破傳統，以富於時代感和青春氣息而著稱，在 1955 年，皮爾· 卡登因創新而被同行逐出巴黎時裝協會，但他並未因此而停止追求創新的腳步，反而加速了他事業的發展，他的設計別具匠心，獨樹一幟，從面料的選用到款式的設計無不統領著世界的潮流。60 年代末，他設計出一套女式秋季服裝，以樣式新、面料柔、做工精而被巴黎的時髦女郎和年輕太太搶購一空，在巴黎造成了一時的轟動。由於他的設計刻意追求標新立異，因此，在法國時裝界刮起了一陣又一陣的「卡登革命」旋風。

銷售上，皮爾· 卡登實行多角度、全方位的策略，從高樓大廈到小小的領帶夾都使用他的名字做商標，如時裝、打火機、手錶、地毯、框子、汽車、飛機……幾乎一切有形的美化的活的東西都在他以皮爾· 卡登為商標的經營範圍之內。這種行銷方式，使卡登的各項經營走向了一條全方位、流動式的發展道路，其效果可謂十分卓著。

有關皮爾· 卡登的發展歷程，我們可以概括為：經營需要創新。

任何人都具有創造力

一個人所擁有的潛在獨創力與想像力是無限的，譬如凡爾納雖然很少離開他那恬靜的家園，然而，他的想像力卻遠達 2 萬英里深的海底，世界各個角落，甚至月球。他對曾經譏諷過他的人如此回答：「人類的幻想，在不久的將來一定會成為事實。」如其所言，在 70 年前，凡爾納所想像的深海潛水艇，現在已經不再是神話，不過，出乎凡爾納意料之外的是，這種深海潛水艇是用核能發電的，想像力成為人類活動的原動力。自古以來，便有許多偉大的思想家承認莎士比亞所說的「這種神聖的靈感是使人類成為萬物之靈的原因」極具創意。文化本身即為獨創式思想的產物，關於創意對於人類進步的意義，約翰· 梅斯斐曾說：「人類的肉體是不完全的東西，人類的心也不值得信賴，然而，人類的想像力卻是使人類卓越的動力。」

詹姆士·H· 魯賓遜說：「如果人類未曾不斷嘗試錯誤，迎接失敗的挑戰，也許人類至今還是茹毛飲血的靈長動物也說不定。」火的發明，實在可說是創世紀以來最偉大的創意，西元 1000 年以前，車輪的主要用途是戰車，不久人類忽然異想天開，將戰車改為水車使用，當威廉征服英國時，這個面積狹小的孤島已有 5000 多個制粉廠以水力為動力。華格納說：「由於發明虎頭鉗而使大拇指強健有力，發明鐵錘而使拳頭與手臂的肌肉發達，這些都是想像力的恩賜。」人類的想像力誘發了人類的高度能力，根據耶魯大學某位元教授的估計，由於人類使用機械的緣故，使現代人擁有相當於 120 位奴隸使用肌肉勞動的勞動力。

查理斯·P· 凱特深信這種由於想像力所帶來的進步社會將會不斷延續下去，他說：「每當我們翻開新的日曆，便將面臨新的創意、新的進步和新的場面。」

一、任何人都具有想像力

想像力和記憶力一樣，是任何人都具備的。根據科學的能力測驗，任何人或多或少都具有獨創性的潛在能力。人類工業研究所在分析完一般工人的才能以後，提出 2/3 的工人都具有平均以上的獨創力的報告。換句話說，人與人之間雖有程度上的差異，可是任何人都具有獨創力，這是毫無疑問的。獨創力會因精神狀態而有所改變。

科學上的成果通常是由資質平庸的人提出來的。舒沃茲· 泰斯認為，富有創意的人反而都是門外漢。在第二次世界大戰期間，普通的士兵在受到愛國動因的刺激時，便會產生獨創力，這是有目共睹的。你相信嗎？ 為數幾百萬的創意都是由平凡如你、我的人們所想出來的。B·F· 固特異公司的董事長約翰· 柯利亞指出，在第二次世界大戰期間，每年平均有 3000 多件的提案是由從業人員提出來的，其中 1/3 的優秀程度可以獲得獎金。譬如軍需部門在 1943 年，由於從業人員的創意而節省了 5000 萬以上的美金。

一場戰爭，使得無數人想出無數個優秀的創意。這個事實足以證明任何人都具有獨創力，只要稍加努力，便會產生不凡的成果。

藝術方面的獨創，也不是某些人的專利。「任何人都具有獨創力，任何人都會設計構圖，即使不是一流的傑作，至少也相當優美。」這段話是藝術大師亨利· 威爾遜所說的。

二、獨創力與年齡

柏拉圖說：「經驗的消失比累積還要快，所以年輕人比老年人更有創意。」柏拉圖確實是一位值得人們崇敬的哲人，可是他明知蘇格拉底在 60 歲時還能不斷產生新的創意，為什麼還要說這句話呢？ 也許是因為亞歷山大大帝的經歷而使他作此結論吧！ 凡是研究過亞歷山大大帝生涯的人都知道，亞歷山大大帝在 25 歲欲征服波斯以前，非常具有獨創力，25 歲以後，他的獨創力由於虛榮而逐漸麻痹，其後，他僅有的創意，便是在如何消除染鬢這件事情上，亦即如何使青春永駐這件事上。為什麼他的獨創力會衰退得如此迅速呢？

最大原因無非是他不再努力的緣故。

柏拉圖的論點或許可在 R·L· 史蒂文生的生涯中獲得證明。史蒂文生在 44 歲將死之前，還不斷從事於創作，如果他沒有罹患結核，仍能像一般人一樣過著正常而健康的生活；不可否認，他的成就將和歌德、朗費羅一樣，永垂不朽。

異常的稟賦有時候會使人生的早期大放異彩，然後逐漸枯竭，「天才」這個名詞便是如此來的，然而，這樣也不能證明柏拉圖的論點是先見之明。O·W· 霍姆茲博士曾說：「如果你在 40 歲以前還不能成名的話，最好趁早放棄。」這句話可以說是柏拉圖論點的翻版。

然而，霍姆茲一生的經歷卻與其論點互相矛盾，他在 48 歲以前，還是一名默默無聞的醫生，可是當他在將近 50 歲時，卻以《餐桌上的獨裁者》一書舉世聞名。50 ～ 75 歲是他創作生涯中最為活躍的期間，《愛默生傳》便是在這段期間完成的。

O·W· 霍姆茲的兒子的生涯，足以用來反駁獨創力會隨著年紀的增大而逐漸衰退的理論，小霍姆茲的偉大著作《哥蒙多》是他在 72 歲的耄耋之年完成的。當他 93 歲時，恰逢 1933 年的世界大恐慌，當時的美國總統仍向他請教挽救之道。作家的壽命都不會很長，這是一般人常會產生的錯覺，然而，事實上並非如此。密爾頓在 44 歲時雖已失明，可是他卻在 57 歲時完成《失樂園》這部巨著，在 62 歲時又完成了《複樂園》。大衛· 貝拉士哥也是過了 70 歲以後，才寫出扣人心弦的歌劇。蜚聲國際的馬克· 吐溫在 71 歲時才發表《夏娃的日記》和《3 萬美金的宴會》。

米里亞·W· 赫於 43 歲開始著書，可是他一生中最傑出的著作卻是在 91 歲的時候寫成。蕭伯納獲得諾貝爾獎時，將近 70 歲。

傑弗遜總統於 66 歲引退，隱居於維吉尼亞州的鄉野中，當七八十歲的他接受訪問時，這位老人卻提出種種令訪問者瞠目結舌的嶄新方案來。富蘭克林是政治家兼發明家，同時也是富有創意的作家，他的一大傑作便是向政府請願廢除奴隸制度的請願書，而這篇請願書是他在 1790 年 84 歲的高齡時寫的。

在具有獨創力的科學家中，喬治· 華盛頓· 卡巴博士到 80 歲時，仍不斷發表新的創意，由於他的創意實在是太多了，因此《紐約時報》稱讚他是對南部的農業改革最有貢獻的人。科學家亞歷山大·G· 貝爾 58 歲時發明電話，在 70 多歲時，解決了如何使飛機平穩平行的問題。

心理學家喬治羅敦認為：「人類的智力將一直發展到60歲。」根據羅敦的主張，智力衰退的速度十分緩慢，所以一位 80 歲的老人與一位 30 歲的青年人，智力並沒有多大差別，老年人仍然容易喪失記憶力，可是獨創的想像力卻與年齡無關。

俄亥俄大學的教授亨利·C· 雷曼在研究獨創力與年齡的關係問題時，搜集了 1000 多件富有創意的作品，發現這些作品的作者平均年齡是 74 歲。

奇異公司的專利審議部曾將申請專利的人加以分類，結果發現在某些時候，發明的數量會隨著年齡的增長而減少。然而，這只是說明努力的程度和精神狀態會影響發明的數量。因為成功容易使人鬆弛下來，這也是人之常情，不足以為怪。除非你想永遠享受高層的地位，否則你便不會像以往那樣努力。

此外，社會福利制度也是影響獨創力的一個重要因素。即使這種與生俱來的能力不會繼續成長，可是只要我們不斷努力，獨創力便會成正比例地加強。英國詩人毛姆說：「想像力因訓練而成長，所以成年人的想像力比年輕人的想像力還要強。」

三、獨創力和教育

「智商很高的人並不一定是擁有獨創力的人，頭腦很聰明的學生並不一定是富有創意的學生。成績很好只是記憶很好的證明，然而，他是否能夠提出創意，頗令人懷疑。」這是威廉· 伊斯頓博士在他所寫的報告中所作出的結論。根據獨創力的科學性測驗發現，同齡的大學生與非大學生的獨創力並無多大差別。曾經獲得很多學位的威廉· 伊斯頓博士說：「教育並不是絕對的因素。許多受過高等教育的人幾乎未曾發揮過其獨創力，相反，未受正規教育的人卻有優越的成果。」有許多未曾受過專門教育的人提出了許多偉大的創意，這可從歷史獲得證明。譬如電報機是肖像畫家莫爾斯發明的，蒸汽輪船是畫家福爾敦所發明的。

第二次世界大戰之初，一個紐約市輸送公司的事務員發明了防爆具，自從珍珠港事件發生以來，他的發明挽救了無數寶貴的生命。這些都是未曾受過教育的人，要比受過教育的人想像力更豐富的強有力證據。

然而，如果沒有嘗試去做的心理需要，那麼，即使擁有了豐富的想像力也無任何效果，現舉一個例子來說明。假定你我現在都在一棟建築物的第 16 層，我對你說：「這裡有一張紙和一支鉛筆，如果你事先知道這座建築物在幾分鐘後會因地震而倒塌，請問你將怎麼辦？ 請在一分鐘內寫下你的答案。」我相信你一定會如此回答：「很遺憾，我想不出任何有效的對策。」然而，這時如果有一位演員突然衝進辦公室，大聲叫道「這棟建築在 2 分鐘之內倒塌。」然後裝出很逼真的表情來，我想你腦海中一定會立刻產生許多創意。

有些天才在表面上看來，似乎不用摩擦自己的神燈便能提出創意。亞歷山大· 伍魯克便是其中之一，他的才氣高得足以令人吃驚。別人常常為了想產生一點燭光而拼命摩擦那小得不能再小的神燈，可是他只要揮揮袖子便照亮整個房間。

其實，他的卓越才能是經過殫思竭慮以後才開發出來的。

大腦具有互相補助的功能，即一部分受到傷害時，另外的部分會起而代之，巴斯德曾經受到使其大腦的 1/2 慘遭破壞的打擊，可是他一生中最偉大的發明，卻是在受到打擊以後產生的。根據統計，人類頭腦的複雜程度，相當 1000 億單位的機械複雜度，螞蟻的組織能力是眾所周知的，然而，螞蟻的神經細胞只有 250 個，而人類的頭腦則由 100 億個神經細胞構成，換句話說，人類的潛在能力並不僅限於人類目前所表現出來的狀態。

如何發展創新思維

創新思維的根本——有志者，事竟成。傳統的思想觀念是創新的頭號勁敵，它會使你的心靈枯竭，動力喪失，它會阻礙你取得進步，干擾你進一步的發展。

發展創新思維的方法很多，以下逐條進行介紹：

一、要樂於接受各種創意

丟掉「不可能」、「辦不到」、「沒有用」這些思想吧！

拿破崙·希爾曾這樣告知一個在保險業中表現傑出的人：「你不要把自己裝得精明幹練，但你要記住，你是保險業中最好的一塊海綿，你要皆盡所能地去汲取所有良好的創意。」

二、要有實驗精神

廢除舊的例行習慣，去嘗試新的書籍、新的朋友及新的戲院，或是走一條不同以往的上班路線等等。如果你從事的是銷售工作，那麼試著培養一下你對生產、會計等方面的興趣，這樣你的能力會大有擴展，好為你以後所能擔當的重大職務做好準備。

三、要主動前進，而不是被動後退

成功的人都愛問：「怎樣才能做得更好？」

拿破崙·希爾曾教過一位僅從商 4 年就開了 4 家五金店的女學生，在初創業時，她的資金只有 3500 美元，在她的第五家新店開業時，拿破崙跑去向她祝賀，並向她詢問取得如此偉大成就的秘訣。

那女孩回答：「我確實下了不少功夫，但單靠早起與加班是不夠的，我的成功主要來自我的每週改良計畫，其實這也沒什麼，它只是使我每過一周，便能把工作做得更好罷了。」「每週一晚上，我都要花 4 小時檢視一遍自己寫下的各種構想，並考慮該如何才能將其應用在業務上。」她還繼續陳述了使她最初 3 個店鋪成功的小小創新行動，如：改變商品的陳列方式；實施「信用計畫」；使顧客得以延期付款等等，這樣做使她的店在淡季仍可以賺到很多的錢。

「請相信我，我的‘每週改良計畫’真的有效，此外，我還悟出了一條有關成功的生意經，我想這是每一個商人都應該知道的。」

「那是什麼呢？」

「那就是：你起先懂多少並不重要，重要的是你的店鋪開張後學到了什麼，及如何應用這些東西。」

四、要明白進步本身就是一種收穫

成功的人都會不斷為自己和別人設定較高的標準，不斷尋求增進效率的各種方法，以低成本獲得高回報。「最大的成功」從來都是保留給具有「我能把事情做得更好」的態度的人。

通用電器公司一直使用這一口號來激勵員工：進步本身就是公司的一項最重要的產品。

你是不是也考慮一下將進步納入你的產品中來呢？

以下的練習或許可以給你一些幫助。

每日工作前，花 10 分鐘想：「我今天怎樣才能把工作做好呢？」「我如何能使工作做得更有效率呢？」

這項練習雖然簡單，但很有效果。你的心理態度決定著你的能力，你認為你能做多少你就能做多少。你若真的相信自己能做得更多，你就能創造出更多的東西。

五、要迎合消費者的喜好

成功的公司都會投入大筆資金來研究消費者的心理需要，詢問關於產品的品質、包裝等方面的意見。

許多資料都會透過你的耳朵進行傳輸，然後透過你的大腦將之轉化為獨具新穎的創造力。我們雖不能從這樣的提問中學到什麼，但它卻能給我們的創造帶來源泉。

拿破崙希爾認為，一個人的身份、地位越高就越懂得「鼓勵別人說話」的藝術;

反之，則會滔滔不絕，口無遮攔。

大人物擅長「聽」別人說話；小人物則喜歡「搶」人家的話。

在你決定各種決策之前，所需的「原料」都是從別人那裡借鑒或「偷」來的。當然別奢望有現成的結果送到你門前，別人的想法只是一條導火線，而你的創造力還得靠你自己發揮出來。

六、把握投資良機

有一個油漆製造公司的會計，告訴希爾他的一項很成功的投機生意。「以前我對房地產沒興趣，」他陳述道，「但忽然有一日，在一個朋友家的聚會中，我認識了一個德高望重的老先生。他談了一些其後幾年的經濟問題，並作了很詳盡的預測和分析。

「他的話很令我震動，因為他說到我心眼裡了。

「於是，我開始研究‘如何根據這個去賺錢’。首先我在離市 22 里處買下一塊荒地。然後在那裡種下好多樹，我要讓顧客明白，幾年後這裡將會翠綠一片。後來我又把這塊地分成 10 份銷售。現在我已在這上面賺到了錢，並得到了好處。

「現在想想那個聚會，如果沒有它，便不會有現在的我了。」

創新應不畏艱難險阻

在事業的征途上沒有平坦的大道，只有不畏艱難困苦地沿著陡峭山路頑強攀登的人，才有希望到達成功的巔峰。

人類的進步需要新生事物來推動，人類需要永遠不停歇的創新精神。可人類的進步又將使人類保守起來，以圖墨守成規，安於現狀，並阻礙新生事物的產生，人類的保守排斥著新生事物的出現。

新生事物的出現必然要面臨大自然的千般刁難和人類自身萬般的阻撓。所謂大自然的刁難，是指大自然中的偶然性的因素，即機遇。機遇可遇不可求，一晃而過，千載難逢。

為此，我們在創新的過程中，要堅持，堅持再堅持。

據說有這樣一個故事：法蘭克曾對愛因斯坦說，有一位科學家在研究一些非常困難的問題時發現了許多新問題，但他沒有堅持研究下去。愛因斯坦感歎地說：「我雖然尊敬這種人。但我不能容忍這樣的科學家，他們總是拿出一塊木板來，尋找最薄的地方，然後在容易鑽透的地方鑽許多孔。」

愛因斯坦不能容忍的這種科學家確實存在，他們或短於見識，或急於名利，或迫於應付，匆匆忙忙地「鑽了許多孔」，數量可觀，但品質不高。既無實用價值，又未能解決重大理論問題，縱使忙忙碌碌，他們的論文仍逃不出被拋進廢紙堆的命運。

要想成為優秀的成功者，就必須有與人鬥、與天鬥的大無畏精神。既要像布魯諾那樣與黑暗勢力鬥，又要與種種困難鬥。

不能持久的與艱苦作戰，絕不可能在事業上獲得重大的成就。大發現、大發明，都是長期艱苦勞動的產物，是汗水過後的結晶。

鐳的發現，是一個富有教育意義的故事。為了研究放射性元素，居里夫婦數十年如一日，百折不撓，堅持不懈地進行著繁重的工作。「衣帶漸寬終不悔，為伊消得人憔悴」，他們一公斤一公斤地煉製鈾瀝青礦的殘渣，從數噸鈾礦殘餘物中提煉出只有幾毫克的純鐳的氯化物。他們工作的條件非常艱苦，奧斯特瓦爾德參觀了他們的實現室後說：「看那景象，竟是一所既類似馬廄，又宛如馬鈴薯窖的屋子，十分簡陋。」他們在困難條件下艱苦奮鬥，終於成績卓著，不能不令人肅然起敬。

攀登有心唯久鍥，攻關無前在熟謀。無志者萬事空，有志者事竟成，的確是如此！

如果說「與世無爭」是一種傳統美德的話，那麼帕拉塞爾蘇斯的確是大逆不道，他似乎生來就是為了向這個世界挑戰。他蔑視一切傳統學問，尤其是對當時的醫學實踐更是不屑一顧。他主張放棄一切傳統的醫學手段，從實踐中創新出一種全新的化學療法。他曾嘗試著用鹽、水銀等物質去治療令整個歐洲束手無策的一種前所未有的疾病——梅毒得以治癒，為絕望之際的醫學帶來了一縷希望的曙光，這種療法的效果使皓首窮經的傳統醫學界瞠目結舌。帕拉塞爾蘇斯是一個很不討人喜歡的人，不僅他的說教，甚至連他的生活都難以讓傳統勢力所接受。然而人類的進步，科學的發現並非都是靠那些討人喜歡的人去推動的，人和人的行為本身並無好壞之分，只有當他的行為與社會和歷史發生碰撞後，才能從所產生的後果中辨別出好壞。從這個意義上講，帕拉塞爾蘇斯的貢獻是無可比擬、彌足珍貴的。

遺憾的是，人們對不符合自己習慣的事總是蜚短流長、說三道四，即使是給他們自己以生命和幸福的人也絕不輕易放過，這的確是人類的一大悲哀。可喜的是，生命的多樣性又是人類的本質所在，正是有了像帕拉塞爾蘇斯這樣一些滿懷激情的人，才使今天有了如此絢麗多彩的社會生活，我們沒有任何理由不對他們表示敬意。

帕拉塞爾蘇斯給人類帶來了一個明確啟示，那就是任何發明、發現和創造，實際上都產生於一種人格，即人們對人生和事業無畏地去探索、去追求、去奮鬥的人格。只有具備這種人格的人，才能在實現自己的理想的道路上有所前進，有所進步，獲得成功。而那些死背教條、墨守成規的人，即使皓首窮經、飽學終生也無濟於事，他們往往與成功擦肩而過。因為科學和進步不可能回首反顧，那樣，人類就永遠不會走出自己童年的搖籃。

人類責難帕拉塞爾蘇斯，但人類的進步需要類似帕拉塞爾蘇斯的精神來推動。用拿破崙·希爾的話來講，人類需要進步，人類需要創新，創新需要不畏艱難。

管理創新潛能

創新是思想的果實，但是只有在適當的管理之後才有其真正的價值。

每一棵橡樹都會結出許多橡樹種子，但說不定只有一兩顆種子能長成橡樹，因為松鼠會吃掉大部分的橡樹種子。

創新也一樣，一般的創新都顯得很脆弱，如果不好好維護，就會被消極保守的思想破壞殆盡。從創新萌芽，直到變成功效很大的實用方法，都得經過特殊處理。請你利用下面的方法來管理和發展自己的創新潛能。

一、隨時記錄

我們每天都有許多隨時迸發而出的新點子，卻因為沒有立刻記下來而從記憶裡消失。所以，一想到什麼，就馬上寫下來，要養成一個經常隨身帶著筆和紙的習慣。

每當一種新的創新思維在大腦閃現時，立刻記下來。有豐富的創新心靈的人都知道：創意可隨時隨地翩然而至也可能隨時隨地轉身溜走。不要讓它無緣無故地飛走，錯失了你予以創新的良機。

二、定期複習

把創新的東西裝進檔案中，這種檔案可以裝在櫃子、抽屜中，甚至連你的鞋盒也可以用。從此定期檢查自己的檔案，其中有些可能沒有價值，就乾脆扔掉，把有意義的保留下來。

三、合理完善

要增加創新的深度和範圍，把相關的內容聯繫起來，從各種角度去仔細研究。待時機一成熟，就把它運用到生活、工作以及你將來的事業上，以便有所改善。

當建築師得到一個創新靈感時，他會勾勒出一張藍圖；當一個廣告商想到一個促銷廣告時，他會畫成一系列的圖畫；當作家寫作以前，也要準備一份提綱。

盡可能將創新靈感明確、具體地寫出來。因為，當它有了具體的形象時，會很容易找到裡面的漏洞，同時在進一步修改時，很容易看到需要補充什麼。接著，還要想辦法把創新的東西推銷出去，不管對象是你的顧客、員工、老闆、朋友、你自己，以至於投資人，反正一定要使你的創新發揮它應有的作用，否則創新就會變得毫無意義。

四、構造靈感

人類和其他動物的基本區別，就在於人具有創新思維的能力。

創新的靈感是人類很早很早就有了的一種能力，只是至今還一點都弄不清楚它究竟是怎麼回事。

一位著名的學者說：「當我將要找一個問題的答案時，最重要的是，專心工作一段時間。在這個時候，一種本能的反應似乎就出現了。在我的潛意識裡容納了這麼多可變的因素，我不能容許它們輕易被打斷。如果被打斷，這種創新的靈感就可能不會再出現。」

每一個靈感都是一種新構想，抓住了它，你就有可能獲得一次成功。

五、抓住機遇

在長期的生活實踐中，有時會得到一些偶然的發現。說是偶然，其實並不神秘，當人們對所研究的物件還認識不清而又不斷和它打交道時，就可能閃現出一些出乎意料的新東西。

對待偶然發現，一是不要輕易放過，二是要弄清它的原因。

有些偶然發現，正因為它不在預料之中，正因為它不屬於舊的思想體系，正因為它獨樹一幟，所以往往可以成為研究的新起點，為科學寶庫增光添彩，為我們事業的成功奠定基礎。

1820 年前，哥本哈根的奧斯特偶然發現：通有電流的導線周圍的磁鍼，會受到力的作用而偏轉。這一發現說明電流會產生磁場，電學和磁從此結合起來了。

為了研究胰臟的消化功能，明可夫斯基給狗作胰臟切除術。這隻狗的尿引來了許多蒼蠅，對尿進行分析後，發現尿中有糖，於是領悟到胰臟和糖尿病有密切的關係。

「踏破鐵鞋無覓處，得來全不費功夫。」如果我們不存心在「覓」上下功夫，那麼再大的機遇也會視而不見的。我們要想獲得成功，就要善於發現，而且要善於捕捉已經做出了的發現。人們在辛勤勞動中，對問題有過長期的潛心鑽研，只有肯下苦功夫的人，才會有高度的創新敏感性，才可能達到成功的彼岸。

六、及時捕捉

可以肯定，幾乎所有的成功者都是在自身實力的基礎上看準時機，及時捕捉到它，藉此衝向目標。

有許許多多的成功範例，都是由現實生活中的小事所觸發的靈感而引起的。克魯姆在薩拉托加市高級餐館中擔任廚師，一天晚上，餐館裡來了位法國人，他吹毛求疵地總挑剔克魯姆的菜不夠味，特別是油炸食品太膩，無法下嚥，令人噁心。克魯姆氣憤之餘，隨手拿起一個馬鈴薯，切成極薄的片，罵了一句便扔進了沸油中，結果好吃極了。不久，這種金黃色、具有特殊風味的油炸馬鈴薯片，就成了美國別具風味的小吃並且還進入了總統府。馬鈴薯片至今仍是美國國宴中的重要食品之一。

多留心生活，一點兒小事可能就是將你引上成功之路的千載難逢的機遇。

美國大西洋城有一位名叫尊本伯特的藥劑師，煞費苦心研製一種用於治療頭痛、頭暈的糖漿。配方研製出來後，他囑咐店員用水沖化，製成糖水。

有一天，一位店員因為粗心出了差錯，把放在桌上的蘇打水當作白開水，沒想到一沖下去，「糖漿」冒氣泡了。這讓老闆知道了可不好辦，店員想把它喝掉，在嘗試過味道後感覺還挺不錯的，越嘗越感到夠味，聞名世界、年銷量驚人的可口可樂就是這樣發明的。

有時候，創新會自己找上門來，就看你能不能發現。創新只垂青於那些勤於思考的人，不然，為什麼那麼多人刮鬍子、用鉛筆，而發明安全刀片、橡皮擦和鉛筆的卻只有一個？

對生活充滿信心吧，堅信你的未來不是夢！

第 17 章 培養良好的習慣

好習慣與壞習慣同樣力量強大

拿破崙· 希爾認為，好習慣是一個人的成功保護神，壞習慣則是毀滅成功的一顆定時炸彈。

保羅· 蓋蒂對此深有體會。蓋蒂曾是美國第一富豪，有一段時間，他抽香煙抽得很凶。有一次他出去度假，開車經過法國，正逢下雨，雨很大，地面泥濘不堪，十分難行，他好不容易才在一個小城找了個旅館。吃過晚飯後，蓋蒂便倒在床上睡著了。

時間大約是淩晨兩點，蓋蒂突然醒來，急切地想吸支煙，可他翻遍了所有的衣袋，都是空空如也。此時的蓋蒂越發焦躁，心中似乎滋生出一種願望，越是被壓抑，要求就越強烈。他心煩意亂地趿著鞋在屋裡打轉，要知道，此刻唯一能得到香煙的辦法就是一個人徒步走到六條街外的火車站去買。而此刻，窗外的雨狂瀉著，暈黃的路燈穿不透雨霧的朦朧，想想一個人，沒有車，沒有光，雨大、路滑、天冷，蓋蒂不覺有些遲疑。然而，他此刻確實太想吸煙了，就一支，哪怕就一支。他想像著香煙吸進體內後的那種舒適感覺，立刻做了一個決斷，斬斷了那些外界環境所帶來的遲疑，似乎對一切都失去了感覺，對一切都不在乎，不管是雨，是黑還是冷，此刻的他只要一支煙。於是他急切地扯下睡衣，換上外套，穿上雨鞋，披上雨衣，一切準備就緒。突然，他停住了，仿佛被電擊了一下。接著，他開始大笑，笑得不可遏止，而且越笑越覺得可笑，看看自己的樣子，三更半夜，從暖和的被窩裡爬起來，穿上雨鞋、雨衣，打算冒著雨出去，僅僅是為了去買一包香煙，像一個任性的小孩子，簡直是荒謬至極。

蓋蒂最終止住了自己的笑，靜靜地站在那兒思索著，腦子裡反思著自己剛才近乎失去理智的舉動，這是他生平第一次意識到這個問題。以前，他也有過，雖不是在雨夜、在淩晨，但那也同樣是在這種衝動下進行的沒有理智的舉動。也許要感謝這場異地的雨，給了他一剎那的遲疑，他才意識到此刻及以前所做的一切，注意到自己已經被一個壞習慣牽制住，就像陷進泥沼一樣不能自拔，為了滿足它，他甘願犧牲自己極大的舒適，哪怕是在半夜裡冒著雨也在所不惜。感性若經過了理性的分析便會使人得出正確的結論。所以，他很快清醒了，即刻作出了決定——不去買煙。

蓋蒂抓過依舊放在桌上的空煙盒，對它笑了一下，隨手丟進廢紙簍裡，然後重新換上睡衣，倒臥在床。燈熄了，蓋蒂閉上眼睛，聽著窗外嘩嘩的雨聲，感到自己贏得了這場心靈之戰，他覺得這是一次心靈的解脫，自己似乎從來沒有如此輕鬆過。想著想著，便睡著了。從此之後，蓋蒂再也沒有吸過煙，甚至連吸煙的慾望都消失了。

蓋蒂說：「我並不是把這件事擺出來指責香煙和抽煙的人，只是想告訴大家，就我那時的情形來說，已被一個壞習慣控制，差不多到了不可救藥的程度，幾乎讓自己成了它的俘虜！」

所謂習慣，也就是常常做相同的事所保持下來的慣性，這種慣性有著極大的力量，但人類也有著極大的自控能力。所以，我們有能力養成一種習慣，同樣也有能力除去我們所認為不好的習慣，不管這個習慣有多強大，我們總能戰勝它。

舉個例子來說，一定的樂觀和熱忱是一個商人所必須具備的。因為它能使工作變得輕鬆而有效，並且還可以給同僚和下屬以激勵和鼓舞。可習慣性的樂觀和熱忱，常常會造成危險。拿破崙·希爾有一個叫史密斯的朋友，他的樂觀給他的工廠和主顧們帶來裨益，也給他帶來大量財富，使得他春風得意。

但是，事態總是突然變化的，不久，史密斯的工廠進入了經濟蕭條期。在這種情況下，經驗豐富的商人就會多少收斂一點，壓縮開支，小心翼翼地等待經濟復甦。然而史密斯完全不懂得如何應對新情況。他依然盲目地樂觀著，在該減速的時候，他卻加大了馬力，並且滿心以為前途光明。

經過不長的時間，史密斯已無力在這種情況下生存。他過度的樂觀給他帶來的是破產。

第 17 章 培養良好的習慣

好習慣與壞習慣同樣力量強大

有這麼種說法：學壞容易，學好難。其實也不儘然，還是主要看個人毅力。

實際地講，習慣就是習慣，沒有充足的論據說明養成壞習慣比好習慣容易。

我們的一生中需要養成的好習慣有許多。一個人不是養成準時的好習慣就是養成遲到的壞習慣，一個有準時習慣的人會從中得到很大的好處。不管在哪一方面——約會，還錢或是實現承諾。

拿破崙· 希爾認為，對於一個商人來說，守時是一筆很有價值的資產。常言說「時間就是金錢」。這話兒一點兒也沒錯，而在這個時代顯得尤為重要。現代企業分秒必爭，一日千里，主管和工作人員的日程排得很滿。他們不敢浪費點滴時間，就像負擔不起生產線上的任何耽擱一樣。

蒙哥馬利華德百貨公司每天利用自己公司的飛機運送職員。本來所有的職員都是可以自己搭乘民航客機的，那樣的話會比公司自己運送節省 30% 的費用。

「不過這樣做我們可以節省職員 60% 的旅行時間。」公司的一位負責人說，「時間就是效率，就是金錢。職員利用節省下來的時間會創造出更大的價值，這遠遠超過了運送職員的費用，這是我們看重的。」

像蒙哥馬利華德一樣，許多公司都了解節省時間比節省金錢更劃得來的道理。

所以，遵守時間的人，不但可以在人前樹立起一個好的形象，更重要的是他已經獲得了無形中的一筆財富。

成功的商人和公司必定是遵守信用的。他們準時接受訂單、交貨、提供服務。一旦他們對某個顧客失信了，就有可能失去所有顧客。

另外，節儉也是事業成功的一個重要因素。

天性節儉的人其成功機會往往較條件相同者要多。他們懂得透過節儉減少開支，降低成本，從而賺取更多的利潤。

一個人一旦養成節儉的習慣，將會使他終身受用。節儉是一筆看不見卻相當可觀的財富，它能幫人積聚財富，必要時渡過難關。節儉的人很少去借錢或貸款，但卻有很大的擴張能力。

一個懂得節儉的人是聰明的。他們時常體會到這給他們帶來的好處。

總之，節儉是一個人想獲得成功所必須養成的習慣。懂得了這個道理，接下來一個應該努力培養的習慣對你的成功來說至關重要。

倘若你已經是一個商人，不知你是否有過這樣的經歷，那就是在你做出每一個重大決定之前，你是否會強迫自己冷靜下來，腦海裡像放電影一般把關係到整個決定的關鍵點再仔細琢磨一遍，認認真真地想想。

這種做法有點像小學生考算術，交卷之前迅速而全面地做一次檢查，不放過每一個細節。

這種最後的檢查是極易被缺乏成功頭腦的商人所忽略掉的。然而檢查的收穫卻非常之大。它在某個關鍵時刻會啟發你的靈感。

這有點兒像電影或話劇演員，在正式上台之前，總要反覆地把劇本和自己的角色細細地琢磨一番。

一個獲得成功的推銷員告訴拿破崙·希爾，一開始他就養成了這種習慣，並且從中受益匪淺。

每次他去向顧客推銷之前，他總是沏一杯咖啡，讓自己靜下心來，仔細考慮他要面對的顧客，根據他們的職業推想他們的性格、脾氣。這樣，在他踏進顧客的辦公室之時，他就能從容應對。這樣做，使他獲得了巨大的成功。

良好的習慣對你的莫大幫助，可能是你在真正取得成功之後才能深刻體會的。

從現在開始，學著養成良好的習慣，竭力剔除不良習慣，你便掌握了獲得成功的最佳方法。

良好的習慣是開啟成功之門的鑰匙

一、增強心理暗示

拿破崙曾說：「不想當將軍的士兵不是好士兵。」同樣，不希望取得成功的商人也不是好商人。

獲得成功需要良好習慣的養成，而且，要相信好習慣的回報便是成功。

成功學家曼狄諾是拿破崙·希爾的好友，他曾對拿破崙·希爾道出了一項培養成功的心理暗示，他反覆不停地對自己說：「今天我要重新振作起來，將那飽嘗失敗的生命，毀滅了從頭再來。」

「今天我要重新開始生命，你看那翠綠的葡萄樂園，那裡的花朵鮮豔，水果豐盛。」

「我要摘下那最大最甜的葡萄，把它放在金色的盤裡，細細品嘗。」

「那是成功的果實，是我播種的成功的種子。」

「你看那騰躍而出的朝陽，永遠也不會悲觀和失望。我選擇了遠方，我準備了希望。」

「你看我怎樣渡過那波濤洶湧的海洋，並且不必擔心迷失了方向。羅盤針就掛在我的胸前，我不怕有千難萬險。」

「失敗像天使一樣，她努力扇動著一雙翅膀，引導我找到成功的方向。」

「失敗就像魔鬼一樣，不過他已喪失了邪惡的魔法，並且被那全能的上帝，關進了一個長頸的瓶子。」

「成功的背後是失敗的烙印，我在挫折中勇敢地鼓足勇氣。」

「造物主總是那麼神奇。我曾經是一隻醜小鴨，但現在是白天鵝。」

「我曾經像一個洋蔥一樣生長，我現在厭煩了，誰也不能阻止我，我要成為最了不起的橄欖樹。」

「我要到達成功之岸。」

二、促進事業成功

如果你既沒有創立宏大事業的知識，又沒有任何經驗，而且曾經在無知中遊蕩，甚至還跌進過自憐的深淵。那麼，你該怎樣養成那些良好的習慣呢？ 事實上，這個答案很簡單。在沒有知識和經驗的情況下，仍然可以開始你的旅程，因為造物主已經給你遠比森林裡面任何獸類都多的知識和本能。只是人們將經驗估價得太高了。

說實在的，經驗是對教訓的一種總結，但是要獲得經驗必須花上很多年的時間，而且，等到人們獲得它的知識的時候，其價值已隨著時間的流逝而減低了。結果呢，經驗豐富了，其人也死了。再說，經驗只是一時的，一個今天很有用的措施，明天不一定依然有效和實用。

只有原則可以經久不變，而這些原則現在都在你的手裡。因為這些帶你走向成功之路的原則，都寫在這裡，它的教導，會使你防止失敗，獲得成功。

事實上，已經失敗了的人和已經成功了的人之間，唯一不同之點，在於他們本身具有不同的習慣。良好的習慣，是一切成功的鑰匙。壞的習慣，是一切失敗的根源。因此，我們應該遵守的第一個法則就是：養成良好的習慣，全心全力去實行。你若會為感情而衝動，就要全力培養良好習慣。在你一生過去的行為當中，你的行動受俗念、情感、偏見、貪婪、恐懼、惡劣環境、習慣所支配，而這些行為裡，最壞的是習慣。

因此，如果決定要全心全力養成習慣的話，一定要全心全力養成良好的習慣。必須將壞習慣全部摧毀，準備在新的田畦，播下新的種子，一定要大聲告訴自己：「我要養成良好的習慣！」並全力以赴。

我們必須革除生活上的壞習慣，培養一種能使我們走向成功之路的好習慣。

三、增強元氣活力

良好的習慣隱藏著人類本能的秘訣。當你每天堅持培養良好習慣的時候，它們很快就會成為你精神生活的一部分。而最重要的是，它們會灌進你的心靈，變成奇妙的源泉，永不停止，創造出無限的財富，並使你事業的航船不斷地駛向成功的彼岸。

當培養良好習慣的話語被奇妙的心靈完全吸收的時候，每天早晨，你便開始帶著以前從未有過的一種活力醒過來。你的元氣將會增加，你的熱情將會升高，你事業成功的慾望，將會使你克服一切恐懼，你將會變得更快樂。

最後，你發現自己已有了應付一切情況的方法。不久，這些方法就能運用自如了。因為，任何方法只要經過練習，就會熟能生巧轉難為易了。

因此，一個好的習慣就產生了。當一種方法，由於經常反覆地練習而變得容易的時候，你就會喜歡去做。你一旦喜歡去做，就願意時常去做，這是人的天性。當你時常去做的時候，它就成了你的一種習慣，你也就成為它的奴僕。因為它是一種好習慣，也就是你的意願。

四、堅定成功信念

良好的習慣能使我們堅定成功的信念。

我們要鄭重對自己宣誓說，沒有東西能夠阻礙我們事業成功的信念。我們要堅持閱讀成功勵志方面的書籍，養成不間斷地閱讀這本成功潛能培訓書籍的習慣。實際上，每天在這新的習慣上花費幾分鐘，對將要屬於你的那種快樂和成功來說，只是付出微小的一點代價，但已經播下了成功的種子。

只要你按照這種成功潛能培訓方法所講的精神去認真做，你就能培養出良好的習慣，消除不好的壞習慣。

養成好習慣

成功和失敗，都源於你所養成的習慣。有些人做每一件事，都能選定一個目標，全力以赴。另外一種人則習慣隨波逐流，凡事碰運氣。不論你是哪一種人，一旦養成了某種習慣，都很難改變。這種情形我們稱之為「慣性」，是自然共通的法則。

大自然利用慣性定律，維持宇宙萬物彼此之間的關係，小至原子的排列組合，大至星球的運行。一年四季、疾病與健康、生和死，都形成了井然有序的系統。

一粒橡子可以長成橡樹，松子萌芽長成松樹；大自然從來不會出差錯，不會讓橡子長出松樹，或是讓松子長成橡樹。這些都是你一定看得到的事實。但你是否看得出來，這些都不是偶然發生的？ 有一種力量造就他們？ 同樣的力量，能使我們養成習慣之後就不再改變。造物者讓人類有權利依照自己的慾望，養成適當的習慣。

我們每一個人都受到習慣的束縛，習慣是由一再重複的思想和行為所形成的。因此，要能夠掌握思想，養成正確的習慣，我們就可以掌握自己的命運。每一個人都可以做得到，養成良好的習慣，就可以取代原來不良的習慣。

每一種生物的習慣都是由所謂的「直覺」所形成，只有人類例外。造物主賜予人類完整的、無可匹敵的權利，掌握思考的力量，運用這種力量，我們就可以達到所有期望的目標。

慣性的作用不足為奇，也不會無中生有，更不是一成不變，但是它的確會幫助甚至強迫一個人去追求目標，將思想付諸行動。

養成一種能讓你成功的好習慣，一心一意地專注於你想要追求的目標，等到時機成熟時，這些好習慣，將為你帶來預期的名譽與財富。

這裡首先討論如何防止疲勞的問題。為什麼要講如何防止疲勞的問題呢？很簡單，因為疲勞容易使人產生憂慮，或者至少會使你較容易憂慮。疲勞同樣會減低你對憂慮和恐懼等感覺的抵抗力，所以防止疲勞也就可以防止憂慮。

任何一種精神和情緒上的緊張狀態，完全放鬆之後就不可能再存在了。這就是說，如果你能放鬆緊張的情緒，就不會再繼續憂慮下去。

要防止疲勞和憂慮，先要做到：按時休息，在你感到疲倦以前就休息。

一個人的心臟每天產生的血液是很多的，每 24 小時所供應出來的能量，足夠用鏟車把 20 噸的煤鏟上一個 3 尺高的平台。你的心臟能完成這麼多令普通人難以想像的工作量，而且持續 50、70 甚至可能 90 年之久。你的心臟怎麼能夠受得了呢？哈佛醫院的華特· 坎農博士解釋說：「絕大多數的人都認為，人的心臟整天不停地在跳動著。事實上，在每一次收縮之後，它有完全靜止的一段時間。當心臟按正常速度每分鐘跳動 70 下的時候，一天 24 小時裡，實際的工作時間只有 9 小時。也就是說，心臟每天休息了整整 15 個小時」。

休息並不是絕對的什麼事都不做，休息就是修補。短短的一點休息時間裡，能有很強的修補能力，即使只打五分鐘的瞌睡也有助於防止疲勞。

無窮的精力和耐力，來自於能隨時想睡就睡的習慣。如果你沒有辦法在中午睡個午覺，至少要在吃晚飯之前躺下來休息一個小時，如果你能在下午五六點或者 7 點左右睡 1 個小時，你就可以在你生活中每天多增加一小時的清醒時間。為什麼呢？因為晚飯前睡的那 1 個小時，加上夜裡所睡的 6 個小時一共是 7 小時，這對你的好處比連續睡 8 個小時更多。

從事體力勞動的人，休息時間多的話，每天就可以做更多的工作。常常休息，照你自己心臟做事的辦法去做，在你感到疲勞之前先休息，然後你每天清醒的時間，就可以多增加一小時。

下面是一個很令人吃驚而且非常重要的事實：只是用腦不會使你疲倦。這句話聽起來非常荒謬，可是幾年以前，科學家曾試圖了解，人類的腦子能夠工作多久而不至於「工作能量減低」，也就是科學上對疲勞的定義。令這些科學家們非常吃驚的是，他們發現透過活動中的腦細胞的血液，毫無疲勞的跡象。如果只討論腦的話，那麼它在 8 個或者 12 個小時之後，工作能量還和開始時一樣地迅速和有效率，腦部是完全不會疲倦的。那麼是什麼使你疲倦呢？

心理治療專家們都說，我們所感到的疲勞，多半是由精神和情感因素所引起的。絕大部分我們所感到的疲勞，是由於心理影響。事實上，由生理引起的疲勞是很少的。

一個坐著的工作者，如果健康情形良好的話，他的疲勞百分之百是受心理因素也就是情感因素的影響。

什麼心理因素會影響到坐著不動的工作者，使他們疲勞呢？是快樂和滿足嗎？不，是煩悶、是悔恨，一種不被欣賞的感覺，一種無用的感覺，太過匆忙、焦急、憂慮的感覺，這些都是使那些坐著工作的人筋疲力盡的心理因素。

困難的工作本身，很少造成好好休息之後仍不能消除的疲勞。憂慮，緊張和情緒不安，才是產生疲勞的三大原因。通常我們以為是由勞心勞力所產生的疲勞，實際上都是由這三個原因引起的。

請你檢查一下自己：你念這幾行字的時候，有沒有皺著眉頭？你是否覺得兩眼之間有一種無形的壓力？你是否正輕鬆地坐在你的椅子裡？還是聳起肩膀？你臉上的肌肉是否很緊張呢？除非你的全身放鬆得像一個舊的布娃娃一樣軟，否則你這一剎那就是在製造神經和骨肉的緊張，就是製造疲勞。

為什麼我們在勞心的時候也會產生不必要的緊張呢？何西林說：「我發現主要的原因是，幾乎所有的人都相信，愈是困難的工作，愈是要有一種用力的感覺，否則做出來的成績就不夠好。」所以我們一集中精神就皺起了眉頭，聳起了肩膀，要所有的肌肉都來「用力」。事實上這對我們的思考，根本沒有絲毫幫助。

碰到這種精神上的疲勞，應該怎麼辦呢？要放鬆！放鬆！再放鬆！要學會在工作時放輕鬆一點。

要做到放鬆並不容易，可是做這種努力是值得的，因為這樣可以使你的生活起革命性的變化。生活中過度緊張、坐立不安、著急以及緊張痛苦等，都是不折不扣的壞習慣。緊張是一種壞習慣，放鬆是一種好習慣，壞習慣應該祛除，好習慣應該養成。

那麼你怎樣才能使自己放鬆下來呢？是該先從思想開始，還是該從你的神經開始呢？兩樣都不是，你應該先放鬆你的肌肉。

我們先從眼睛開始，先把這段讀完。當你讀完之後，把頭向後靠，閉起你的眼睛，然後默不出聲地對你的眼睛說:「放鬆、放鬆，不要緊張，不要皺眉頭，放鬆。」如此慢慢地重複念一分鐘。

你是否注意到，經過幾秒鐘之後，眼睛的肌肉就開始服從你的命令了？你是否覺得，有一隻無形的手把這些緊張的情緒給挪開了。雖然看起來令人難以置信，可是在這一分鐘裡，你已經試過了放鬆情緒藝術的全部關鍵和秘訣。你可以用同樣的辦法放鬆你的臉部肌肉、你的頭部、你的肩膀、你整個身體。但是全身最重要的器官，還是你的眼睛。

芝加哥大學的艾德蒙·傑可布森博士曾說，如果你能完全放鬆你的眼部肌肉，你就可以忘記你所有的煩惱了。在消除神經緊張時，眼睛之所以這樣重要，是因為眼睛消耗了全身散發出來的能量的1/4，這也就是為什麼很多眼力很好的人，卻感到「眼部緊張」，因為他們自己使眼部感到緊張。

下面是對放鬆提出的幾項建議：

1. 隨時放鬆你自己，使你的身體軟得像一塊海綿。如果你做不到像一塊海綿的話，一隻貓也可以。你有沒有抱過在太陽底下睡覺的貓呢？當你抱起它來的時候，它的頭就像打濕了的報紙一樣塌下去。如果你想要放鬆，應該多去瞧瞧貓。要是你能像貓那樣放鬆自己，大概就能避免這些問題了。
2. 工作時採取舒適的姿勢。要記住，身體的緊張會產生肩膀的疼痛和精神上的疲勞。

3. 每天自我檢討五次，問問你自己：「我有沒有使我的工作變得比實際上更重要？ 我有沒有用一些和我的工作毫無關係的肌肉？」這些都有助於你養成放鬆的好習慣。就如大衛· 哈羅· 芬克博士所說的：「那些對心理學最了解的人們，都知道疲倦有 2/3 是習慣性的」。
4. 每天晚上再檢討一次，詢問你自己：「我有多疲倦？ 如果我感覺疲倦，這不是我過分勞心的緣故，而是因為我做事的方法不對。」

「我計算自己的成績，」丹尼爾· 可西林說，「不是看我在一天完了之後有多疲倦，而是看我有多不疲倦。」他說：「當那一天過去而我感到特別疲倦時，或者是我感覺精神特別疲乏的時候，我會毫無問題地知道，這一天不論在工作的質和量上都做得不夠。如果每一個人都會這一點，那因為神經緊張而引起疾病的致死比率，就會馬上降低了。而且在我們的精神療養院裡，也不會再有那些因為疲勞和憂慮導致精神崩潰的人。」

5. 當你神經緊張時，你可以默念，也可以用平靜的聲音說道：「我要放鬆，我要放鬆，放鬆，放鬆，放鬆……」
6. 把心事說出來，那麼怎樣做到這一點呢？ 必須遵照以下幾點：

(1) 準備一本「供給靈感」的剪貼簿，你可以在上面貼上自己喜歡也能夠鼓舞你的詩，或是名人的格言。往後，如果你感到精神頹喪時，也許在本子裡就可以找到治療的藥方。在波士頓醫院的很多病人，都把這種剪貼簿保存好多年，他們說這等於是替自己在精神上「打了一針」。

(2) 不要為別人的缺點太操心。也許在看過他所有的優點之後，你會發現他正是你希望遇到的那種人。

(3) 對你的鄰居產生興趣。對那些和你在同一條街上共同生活的人，要有一種很友善也很健康的興趣。有一個很孤獨的女人，覺得自己非常「孤立」，她一個朋友也沒有。有人要她試著把她下一個碰到的人作為主角，編一個故事。於是她開始在公共汽車上，為她所看到的人編造故事。她假想那個人的背景和生活情形，試著去想像他的生活怎樣。後來，她碰到別人就談天，今天她非常的快樂，變成一個很討人喜歡的人，也消除了她的「痛苦」。

(4) 神經緊張、疲勞時，向你的朋友、親人寫信，向他們傾訴你的煩惱，或寫給自己也可以達到放鬆的目的。

練習使自己身心放鬆。每天上床睡覺前，並不急著入睡，先使自己身體徹底放鬆，呼吸也傾向平穩。醒來後，覺得已有充分的休息，這就是一大進步。

一定要放鬆，想躺下時，隨時就可躺下。你不妨這樣試試：

只要你覺得疲倦了，就躺在地板上，盡量把你的身體向前伸，如果你想要轉身的話就轉身，每天做兩次。

閉上你的兩隻眼睛對自己說：「太陽在頭上照著，天空藍得發亮，大自然非常的沉靜，控制著整個世界——而我，是大自然的孩子，也能和整個宇宙調和一致。」

如果你不能躺下來，也許因為你沒有時間，那麼，只要你能坐在一張椅子上，得到的效果也完全相同。

現在，慢慢地把你的10只腳指頭蜷曲起來，然後讓他們放鬆，收緊你的腿部肌肉，然後讓它們放鬆，慢慢地朝上，運動各部分的肌肉，最後一直到你的頸部。然後讓你自己的頭向四周轉動著，好像你的頭是一個足球。要不斷地對你的肌肉說：「放鬆……放鬆……」

用很慢、很穩定的深呼吸來平定你的神經，深呼吸是安撫神經最好的方法。

想想你臉上的皺紋，盡量使它們抹平，鬆開你皺緊的眉頭，不要閉緊嘴巴。如此每天做兩次，也許你就不必再到美容院去按摩了，也許這些皺紋就會從此消失了。

拿破崙·希爾，這位成功學的引路人告訴我們，養成以下九種良好的工作習慣是非常重要的。

一、辦公桌上只保留正要處理的有關的紙張

芝加哥和西北鐵道公司的董事長羅南·威廉士稱「這是提高效率的第一步」。著名詩人波普曾寫過這樣一句話：「秩序，是天國的第一條法則。」秩序也應是成功

人士的第一條法則。試想桌子上堆滿了沒有回的信、報告、備忘錄等，讓人一看見就會產生混亂和憂慮的情緒，甚至會使你憂慮得患上高血壓、心臟病和胃潰瘍。

著名的醫學博士約翰· 史托克教授曾談起過他的一篇論文《生理疾病所引起的心理併發症》。在其中一項《病人心理狀況研究》的題目下，列出 11 種情況，下面是其中一種：

「一種必要的或是不得不做的感覺，好像必須要做完的事情，永遠也做不完。」像清理桌子這些基本的事情，怎麼能幫你避免那些很重的壓力——那種不得不做卻好像永遠也做不完的感覺呢？

著名心理學家威廉· 山德爾博士，曾用這種方法幫助一位高級主管避免了精神崩潰。他回憶當時的情況說，這位元病人來診所時，緊張而且憂慮，需要有人說明他。

「我們正準備交談時，有電話打進來，是醫院來徵求我的意見，我當場便做了答覆。緊接著又一個電話，是一件緊急的事，我和對方進行了短暫的討論。然後，我的一個同事就一位重病的病人來徵求我的意見。我們討論完之後，我準備向我的這位一直等待的病人道歉，然而他的表情有了很大變化，他在朝我微笑。」山德爾博士說。

「我要謝謝你，醫師，」這個病人對山德爾說，「我知道問題出在哪裡了，我要改變我的工作習慣。而且，我想看看你的書桌。」

山德爾博士讓他看了幾乎是空著的抽屜。那位病人問，「你沒有辦完的公事放在哪裡了？」

「都辦完了。」山德爾回答。

「那你該回的信呢？」

「也都回了。」山德爾告訴他，「我決不拖延，信收到便立即口述回信。」

兩個月後，那位高級主管把山德爾博士請到他的辦公室，他的情況有了很大變化，他打開抽屜，裡面沒有拖延的公事。他高興地對山德爾博士說：「以前我的工作似乎總也做不完，我的辦公室裡總要擺上 3 張寫字台。而現在，我在工作時只需要 1 張寫字台，那些舊的檔和報表都被清理出去了。再也沒有堆積如山、永遠也做不完的公事來威脅我，我再也不緊張、憂慮了。而且一有工作我就馬上做完。現在感覺好多了，讓我意想不到的是，我完全恢復了健康，一點病都沒有了。」

二、按事情的重要程度來做事

富蘭克林· 白吉爾，這位美國成功的保險推銷員善於計畫自己的工作。他總在頭一天晚上把第二天的計畫做好，不會等到早上起來才計畫當天的工作。他為自己每一天的工作訂下目標，訂下他每天要做成多少保險的目標。如果他沒有達到目標，差額就要加到第二天，這樣依此類推。

我們的確不能總是按事情的重要程度來決定做事情的先後次序，但是有一點是肯定的，那就是按計劃做事總比毫無計畫要好得多。

蕭伯納正是因為堅持了「該先做的事情就先做」這個原則，才使自己由一個銀行出納員一步步成為一名出色的作家。魯賓遜在荒島上漂流時也訂出每天的計畫，為自己安排好每一個鐘點應該做的事情。

三、碰到問題時，最好當場做出決定，不要猶豫不決

美國鋼鐵公司在霍華任董事長時，開董事會往往要花很長時間，因為在會議上要討論很多問題，但是達成的協議卻不多。所以會後每一位董事都要帶著一大堆報表回家看。那些沒有解決的問題讓大家都感到很憂慮不堪。

後來，在霍華先生的建議下，董事會每次開會只討論一個問題，在會上做出結論，不再拖延到會後。在開始討論下一個問題之前，這個問題一定會得到某種程度上的解決。這樣做的效果是驚人的，所有的陳年舊賬都弄清了，工作日曆上也是乾乾淨淨的，效率也非常的高，董事們再也不用把報表之類的材料帶回家看，為沒有解決的問題而擔憂了。

四、學會如何組織、分層負責和監督

許多人因為不懂得如何把責任分攤給別人而使得自己勞累過度，因為他們得事事身躬力行。所以他們總是被一些枝枝節節的小事而擾亂，使他們覺得焦慮和緊張。

要做好分工負責不是件容易的事，如果用人不當會惹上更多的新麻煩。但是，作為上級主管，即使知道分層負責有困難，也要這樣做，因為只有這樣才能使自己避免過度疲勞、緊張和憂慮。

幾年前約瑟夫· 巴馬克博士在《心理學報》上發表了一篇報告，論述了煩悶會產生疲勞。他提到了學生們沒有興趣聽課時，所有的學生都覺得疲倦、打瞌睡、頭痛、眼睛疲勞、容易發脾氣，甚至還有幾個覺得胃不舒服。他說，一個人感到煩悶的時候，他的身體的血壓和氧化作用真的會降低。相反，當一個人覺得他的工作很有趣時，整個身體的新陳代謝作用就會立刻加速。

心理因素會影響人的工作情緒，所以每天早上給自己打打氣，每個小時跟自己說一遍「我很好」，你就能多想想快樂的事情，使自己得到力量，給自己平和的心態。

多和自己談些值得感謝的事情吧！ 這樣你的腦子裡就會充滿積極向上的思想。

要使工作變得快樂起來，首先，你的想法得正確。要知道，對自己的工作感興趣會帶給你許多好處。當然，老闆希望這樣，因為他可以賺更多的錢。我們先不管老闆要什麼，我們自己首先要清楚，自己每天清醒的時間有一半以上要花在工作上，那麼，如果你在工作上得不到快樂，在別的地方也不會找到快樂。所以，要提醒自己，對工作感興趣就能使你不再憂慮，而且很可能會給你帶來升職和加薪。即使不能這樣，你也會減少工作中的疲勞，從而能好好享受你工作以外的閒暇時間。

五、讓自己得到充足的睡眠

大自然的規律告訴我們，一個人無論有多強的意志力，都要有一個高品質的睡眠。人可以長久不吃東西，但不能長久不睡覺。

拿破崙· 希爾建議我們，要想不為失眠症而憂慮，就遵守下面五條規則：

1. 睡不著的時候，就起來工作或看書，直到你打瞌睡為止；
2. 不要害怕失眠，你不會因缺乏睡眠而死，為失眠而引起的憂慮，對你的損害會更大；
3. 試著冥想；

4. 放鬆你的全身，你想了解更多，請看一看使人放鬆神經的書；
5. 多運動，運動會使身體疲勞。

六、待人處世要胸襟開闊

拿破崙·希爾認為，選擇做一名焦點人物，才能使自己在人生的舞台上扮演重要的角色，而這需要塑造自己的性格，使自己的性格得人心，就接近成功了。

「性格」在人際交往中非常重要。由於彼此個性的衝突，造成了許多家庭的破碎、友誼的決裂、勞資的矛盾等等，大至國家也會因為觀點不相一致而干戈相見。許多困擾和難題的產生均是由於人與人之間不能和諧相處的緣故。可見，性格不和會使你與他人格格不入，阻礙你的發展。

那麼，我們如何選擇我們的性格，我們選擇什麼樣的角色去扮演，就成為問題的關鍵。你可以使自己成為一個友善的人，也可以做一個難於相處的人；你可以對別人熱心，也可以拒他人於千里之外；你可以使自己激動，也可以使自己冷靜；你可以虛心待人，也可以固執己見；你可以生氣發脾氣，也可以泰然處之；你可以成為一個和善可親的人，也可以成為一個尖酸刻薄的人；你可以以為人人都敵視你，也可以認為大家都喜歡你；你可以信任別人，也可以處處設防；你可以志存高遠，也可以無所事事；你可以乾淨清爽，也可以不修邊幅……這些你都可以選擇，當然也要由你自己來選。

七、勇於糾正自己的一些缺點

富蘭克林有一天突然意識到了他之所以經常失去身邊最要好的朋友，是因為他太逞強好勝，總是與別人難以相處的緣故。有一天，大概是過年的前幾天，他坐下來給自己列了一張清單，把自己個性上所表現出的一些缺點全都列在上面，並且，從最致命的大缺點到不足掛齒的小毛病依次排列。他下決心一個個地改掉，每當改掉一個毛病後，他就從單子上把那一條劃去，直到刪完為止。結果，他變成了美國最得人心的人物之一。可以說，富蘭克林是被公認的自我改造最成功的例子之一。假設富蘭克林依然如故，不去檢討並改掉自己的毛病，那麼整個美國歷史恐怕也將要改寫了。

一個人的性格竟然能影響一個國家的命運。可是，在我們周圍有很多人還在到處抱怨說：「我能怎麼辦？」

由於一個人的問題影響家裡的其他成員，這樣的例子並不罕見。由於父母的不可理喻，導致其子女深恨家庭，這種例子太多了。但是，只要他運用自己天賦的做選擇的能力，就完全可以給周圍的人尤其是家人帶來美好的生活感受。

八、處理事情應該從容不迫

培養從容不迫的習慣是非常重要的，這樣，我們就可以在任何場合都能應付自如。

我們所熟悉的偉大人物都是「鎮靜」的高手。他們之所以能鎮定自若，是因為他們都懂得，「慌張」對解決問題是毫無意義可言的。相反，不僅會使自己無法正常思考，而且會讓周圍的人慌作一團。我們經常會看到這樣一個場面，面對突然變故，一些核心人物總會大喝一聲：「慌什麼？」這句話一半是提醒別人，另一半則是在暗示自己。

驚慌容易使人失去正常的思考能力，使人丟三落四，語無倫次。遭遇驚慌，要有意放慢你動作的節奏，愈慢愈好，並提醒自己說：「不要慌！ 不要慌！」

這樣，你就會慢慢地變得鎮靜，從而恢復大腦正常的思維，以應付突變。

如果你從未在大場面中露過面，那麼，你一到人多的場所，尤其是在講話或做報告時，就會馬上渾身不自在。克服這種情況是要在心理上把所有的人都當作朋友，向他們點點頭，大聲地打招呼，他們也會向你致意，這無疑會拉近你們之間的距離，儘管他們可能永遠也想不起曾經在哪兒見過你，但你卻因此而擺脫了緊張的心理。

只要有機會你就主動站出來當眾講話。這是一種簡便易行的鍛煉方法。自我考驗，有意識地鍛煉，你就會養成從容不迫的習慣。

九、適時地多運動

拿破崙·希爾指出：當你肉體疲倦的時候，精神便隨之得到休息。當你煩惱的時候，試著多用肌肉，少用腦筋，其結果會令你驚訝不已。

在生活中，任何人都會遇到煩惱。有時，我們會覺得精神如同埃及駱駝尋找水源那樣猛繞著圈子轉個不停，這時，不妨利用自己的體能練習，來幫你驅逐這些煩惱。

這些活動很隨意，可以是跑步，可以是郊遊，可以去打沙袋或者網球。不管你做什麼活動，都將會使你的精神為之一振。

拿破崙·希爾就是這樣，每到週末，他都會從事多項活動，比如繞高爾夫球場跑步，打一場激烈的網球，或到阿第倫達克山去滑雪。就這樣，每次當他再回去工作時，總能精神清爽，充滿活力。其實，這一點在我們的日常生活中都或多或少有所感受。

煩惱的最佳「解毒劑」就是運動，就是要培養運動的習慣。當你煩惱時，多用肌肉，少用腦筋，其結果會讓你驚訝不已。當運動開始時，煩惱就消失了。

改掉壞習慣

《最偉大的力量》一書的作者 J· 馬丁· 科爾曾引用過這樣一個故事：

亞歷山大圖書館被燒之後，只有一本書保存了下來，但並不是一本很有價值的書，於是一個識得幾個字的窮人用幾個銅板買下了這本書。這本書並不怎麼有趣，但裡面卻有一個非常有趣的東西，那是窄窄的一條羊皮紙，上面寫著「點金石」的秘密。

點金石是一塊小小的石子，它能將任何一種普通金屬變成純金。羊皮紙上的文字解釋說，點金石就在黑海的海灘上，和成千上萬與它看起來一模一樣的小石子混在一起，但真正的點金石摸上去很溫暖，而普通的石子摸上去是冰涼的。然後這個人變賣了他為數不多的財產，買了一些簡單的裝備，在黑海邊紮起帳篷，開始尋找那些石子。

他知道，如果他撿起一塊摸上去冰涼的普通石子就將其扔在地上的話，他就很有可能幾百次撿拾起同一塊石子，所以當他摸著冰涼的石子的時候，就將它扔進大海裡。他這樣幹了一整天，卻沒有撿到一塊點金石。然後他又這樣幹了一個星期、一個月、一年、三年，但是他還是沒有找到點金石。他就這樣重複幹下去：撿起一塊石子，是涼的，將它扔進海裡；又去撿起另一顆，還是涼的，再把它扔進海裡；又一顆……

但是有一天他撿起了一塊石子，而這塊石子是溫暖的，但是出於一種慣性，他仍然將它扔進了海裡。他已經習慣於做扔石子的動作，以至於當他真正想要的那一塊點金石被他撿到時，他竟將其扔進了海裡！

看來，習慣有時會成為阻礙你成功的障礙，讓你扔掉握在手裡的機會——壞的習慣尤其如此。

生活中有許多壞習慣都是人們不可接受的，你應該力戒以下的習慣：

一、喋喋不休

這種人無論到哪都說個不停，既不看談話情形，也不管別人想不想聽，只管自個兒咕咕唧唧、嘮嘮叨叨、沒完沒了，結果是空耗了別人的時間。這種無端占用別人時間的人最不受歡迎。

二、喜好爭辯

你說長，他偏說短；你說方，他偏說圓。什麼事都喜歡與人爭論不休，不千方百計把人駁得啞口無言不算完。天長日久，人們對這種人都會敬而遠之。

三、傳播隱私

無論跟誰交往，他們都神神秘秘，喜好窺探他人的隱私，傳播別人的奇聞秘事，到處煽風點火，並且以此為樂。這種人，人見人避，因為沒有人願意讓自己的隱私在大庭廣眾之下被別人到處傳揚。

四、說三道四

不是當面給人提出批評、建議，出謀劃策，而是在背後論人長短，說三道四，評頭論足，歪曲事實。他們總是戴著有色眼鏡看人、論事，把別人說得走了形變了樣，以顯示自己真理在握、高人一等。這種人，人們都不願意與之為伍。

五、隨便許諾

把珍貴的諾言當做卑賤的種子，隨處播撒，卻從不打算去澆水、施肥、耕耘。許下諾言時信口開河，根本不考慮自己的兌現能力，甚至把諾言當做收買人心的籌碼。別人鄭重其事，信以為真，滿心期望，他卻早把諾言拋到九霄雲外，既誤人又誤己。人們最討厭這種說話不算數、食言而肥的人。

六、背信棄義

這種人沒有明確的立身行事的準則，與人相約不守時，與人相交不守德，今天與你稱兄道弟，明天就會翻臉無情。你跟他掏心窩子說真話，他反倒借機倒打一耙，置你於死地。

七、耍小聰明

這種人說話不真，待人不誠，說話做事喜歡繞彎子。想去打檯球，卻說去會朋友；自己不同意，偏說別人有意見。每逢有事要做，總是推三阻四，找理由逃避。

八、不拘小節

當眾摳鼻子、挖耳朵、脫鞋子；不敲門徑直闖入別人家，進門後一口把痰吐在地板上；臨出門又把主人正在讀的書刊拿走。這種人隨隨便便，大大咧咧，只圖自己一時痛快，不顧別人方便與否。這種不拘小節的行為實際上是一種輕視別人的行為，是不尊重他人的一種表現，最不討人喜歡。

九、為人吝嗇

一塊外出吃飯，總是同伴出錢，乘車、看電影也是朋友出錢。從不把自己的東西借給別人，唯恐人家不還他，本來可以助人，卻不幫人一把。說話做事斤斤計較，錙銖必較。這種人，朋友都會慢慢離他而去。

十、刨根問底。

喜歡打聽別人的閒事，對對方不願說、不甚了解、不感興趣、無法回答的問題硬要刨根問到底，非要人家說出個子丑寅卯來，否則便不甘休地追問下去。與這種人相處，你會有一種被審問的感覺。

倘若你發現了諸如以上的壞習慣，就要及時改正，那麼如何糾正呢？ 下面的方法，你不妨試試：

1. 選擇適當時間。事不宜遲，想改變壞習慣而又一再地拖延，會更加變本加厲。在較為輕鬆的日子下決心，即使面臨考驗也較易應付，因此選擇的時間應沒有太多限期完成的工作待辦。不要選擇在年底之前，年底既要準備過節，又要趕辦年終的工作，不免忙碌緊張，那種壓力只會使惡習加深，令人故態復萌。
2. 運用意願而非意志。習慣之所以形成，是因為潛意識把這種行為跟愉快、慰藉或滿足聯繫起來。潛意識不屬於理性思考的範疇，而是情緒活動的中心。「這種習慣會毀掉你的一生。」理智這樣說，潛意識卻不理會，它「害怕」放棄一種一向令它得到安慰的習慣。

運用理智對抗潛意識，簡直難以制勝。因此，要改掉壞習慣，意志不及「意願」有效。

怎樣才能辦得到呢？ 找一張舒適的椅子，閉上眼睛，深呼吸，想像自己置身於氣氛寧靜的愜意場所，再想像自己已經戒掉惡習。因為不再吸煙，就能嗅到花香和海風；因為不再嘴饞，就可以穿三點式泳裝，展示苗條身材。潛意識會接受這些資訊。

3. 找個替代品。另外培養一種新的好習慣，那麼破除舊習慣就會容易得多。

有兩種好習慣特別有助於戒除差不多所有的壞習慣。第一種是採用一個有營養和調節得宜的食譜。情緒不穩定使人更依賴壞習慣所帶來的慰藉，防止因不良飲食習慣而造成的血糖時升時降，則有助於穩定情緒。第二種是經常做適度運動。這不僅能促進身體健康，也會刺激腦啡——腦內一種天然類嗎啡化學物質的產生。近年來的科學研究指出，慢跑的人之所以能感受到自然產生的「奔跑快感」，全是腦啡的作用。

善於利用目標的「吸引力」。如果目標太大，就把它化整為零。

達成一項小目標時不妨自我獎勵一下，藉以加強目標的吸引力。

4. 按部就班。一旦決定形成習慣，就擬訂當月的目標，要切合實際。
5. 切勿氣餒。成功值得獎勵，但失敗也不必懲罰。在改變習慣的日子裡如果偶有失誤，不要引咎自責或放棄，一次失誤不見得是故態復萌。

人們往往認為，重拾壞習慣的強烈願望如果不能達到，終會成為破壞力量。這種看法不正確。「只要轉移注意力，即使是幾分鐘，那種願望也會消散，而自制力則會因此加強」。

避免重染舊習比最初戒掉時更困難。但是你能夠把新形象維持得越久，就越有把握不重蹈覆轍。

國家圖書館出版品預行編目（CIP）資料

你為什麼總是失敗：拿破崙 . 希爾的成功法則 , 人生勝利組方程式 (案例加強版)/ 拿破崙 . 希爾 著 . -- 第一版 . -- 臺北市 : 崧燁文化 , 2020.07
面； 公分
POD 版

ISBN 978-986-516-275-7(平裝)

1. 職場成功法

494.35 109009699

書　　名：你為什麼總是失敗：拿破崙· 希爾的成功法則，人生勝利組方程式 (案例加強版)
作　　者：（美）拿破崙 . 希爾 著 , 宋奕婕 譯
發 行 人：黃振庭
出 版 者：崧燁文化事業有限公司
發 行 者：崧燁文化事業有限公司
E-mail：sonbookservice@gmail.com
粉 絲 頁：　　網 址：
地　　址：台北市中正區重慶南路一段六十一號八樓 815 室
8F.-815, No.61, Sec. 1, Chongqing S. Rd., Zhongzheng Dist., Taipei City 100, Taiwan (R.O.C.)
電　　話：(02)2370-3310 傳　真：(02) 2388-1990
總 經 銷：紅螞蟻圖書有限公司
地　　址: 台北市內湖區舊宗路二段 121 巷 19 號
電　　話:02-2795-3656 傳真 :02-2795-4100　　網址：
印　　刷：京峯彩色印刷有限公司（京峰數位）

定　　價：580 元
發行日期：2020 年 07 月第一版
◎ 本書以 POD 印製發行